高等职业教育机械类专业系列教材
湖北装备制造职业教育品牌建设成果教材/加工制造类相关专业

模具设计基础

主　编　杨志立　欧阳德祥
副主编　刘　凯
参　编　熊　达　朱　红

机械工业出版社

本教材共9章。前5章为冲压模具设计基础知识，分别讲述了冲压成形基础知识、冲裁模设计、弯曲模设计、拉深模设计、其他冲压成形模具设计等内容；后4章为塑料模具设计基础知识，分别讲述了塑料成型基础知识、单分型面注射模设计、双分型面及侧抽芯注射模设计、其他塑料成型模具设计等内容。本教材不仅为冲压模具、塑料模具的设计提供相关资料和数据，而且详细介绍了冲压模具、塑料模具的设计方法，并提供典型模具设计实例。

本教材可作为高职高专制造大类相关专业的教学用书，也可作为从事冲压模具与塑料模具设计的工程技术人员的参考用书。

本教材配有电子课件，凡使用本教材的教师均可登录机械工业出版社教育服务网（http://www.cmpedu.com），注册后免费下载。咨询电话：010-88379375。

图书在版编目（CIP）数据

模具设计基础/杨志立，欧阳德祥主编. —北京：机械工业出版社，2020.6（2025.1重印）
高等职业教育机械类专业系列教材
ISBN 978-7-111-65089-8

Ⅰ.①模… Ⅱ.①杨… ②欧… Ⅲ.①模具-设计-高等职业教育-教材 Ⅳ.①TG76

中国版本图书馆CIP数据核字（2020）第042766号

机械工业出版社（北京市百万庄大街22号 邮政编码100037）
策划编辑：于奇慧 责任编辑：于奇慧
责任校对：陈 越 封面设计：马精明
责任印制：邓 博
北京盛通数码印刷有限公司印刷
2025年1月第1版第7次印刷
184mm×260mm · 14.75印张 · 363千字
标准书号：ISBN 978-7-111-65089-8
定价：39.80元

电话服务	网络服务
客服电话：010-88361066	机 工 官 网：www.cmpbook.com
010-88379833	机 工 官 博：weibo.com/cmp1952
010-68326294	金 书 网：www.golden-book.com
封底无防伪标均为盗版	机工教育服务网：www.cmpedu.com

前　言

本教材是为高职院校模具设计与制造、机械制造与自动化、数控技术、机电一体化等机械类专业编写的，是湖北装备制造职业教育品牌建设成果系列教材之一。

“模具设计基础”是高职院校机械类专业的一门专业课程。随着教学改革的深入，高职院校的专业课程基本采用了单元教学、模块教学或一体化教学等工学结合的教学形式。本教材既适应以上教学形式的需要，又注重理论与实践的紧密联系；既保证了必要、足够的理论知识内容，又增强了理论知识的应用性、实用性。本教材以实例作为引导，讲述了冲压模具、塑料模具设计的基础知识、设计方法和步骤，并采用现行设计标准，是一本方便教学、突出实用的模具设计教材。

本教材共9章，前5章为冲压模具设计基础知识，分别讲述了冲压成形基础知识、冲裁模设计、弯曲模设计、拉深模设计、其他冲压成形模具设计等内容；后4章为塑料模具设计基础知识，分别讲述了塑料成型基础知识、单分型面注射模设计、双分型面及侧抽芯注射模设计、其他塑料成型模具设计等内容。不仅为冲压模具、塑料模具的设计提供相关资料和数据，而且详细介绍了冲压模具、塑料模具的设计方法，并提供典型模具设计实例。

本教材由武汉职业技术学院杨志立、欧阳德祥任主编，刘凯任副主编。编写分工：熊达编写第1章，刘凯编写第2、3章，朱红编写第4章，杨志立编写第5、9章及附录，欧阳德祥编写第6、7、8章。全书由杨志立统稿。

由于编者水平有限，教材中难免出现疏忽和错误之处，敬请各位读者批评指正。

编　者

目　　录

第 1 章　冲压成形基础知识

1.1　冲压工艺与冲压模具

1.1.1　冲压工艺

1. 冲压工艺概述

冲压是金属塑性成形的基本方法之一，它是利用冲模在压力机上对金属（或非金属）板材、带材等施加压力，使之产生塑性变形或使其分离，从而得到一定形状并且满足一定使用要求的制件的加工方法。

冲压与锻造合称为锻压。由于通常是在常温（冷态）下进行的，所以冲压又称为冷冲压；又由于它主要用于加工板料，所以有时也叫板料冲压。

冲压工艺广泛应用于汽车、电器、仪器仪表、航空、航天等行业，是现代工业生产的重要手段和发展方向。

2. 冲压工序分类

由于冲压加工制件的形状、尺寸、精度、批量、原材料等各不相同，冲压方法也就多种多样，冲压工序各有不同。总体来说，冲压工序可分为分离工序和变形工序两大类。

分离工序是将本来为一体的材料相互分开；而变形工序则使材料产生形状和尺寸的变化，进而成为所需要的制件。

常用冲压工序分类见表 1-1。

表 1-1　常用冲压工序分类

工序分类	工序特征	工序名称	工序简图	形成特点
分离工序	冲裁	落料	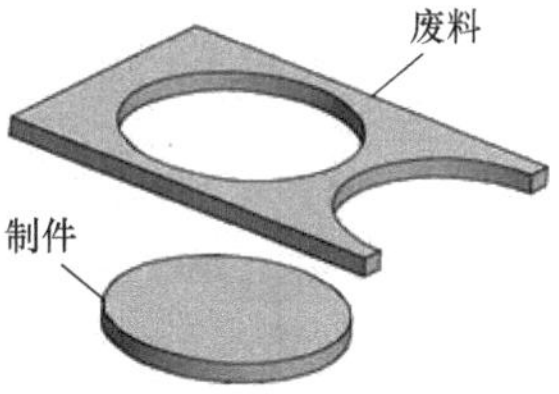	冲裁后，落下的部分是制件，剩余的部分是废料

（续）

工序分类	工序特征	工序名称	工序简图	形成特点
分离工序	冲裁	冲孔	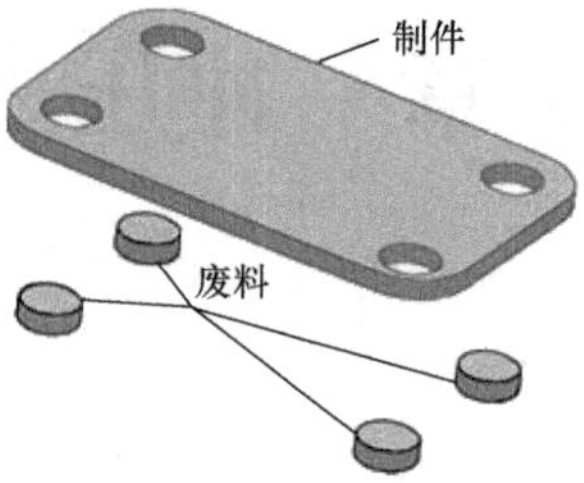	冲裁后，落下的部分是废料，剩余的部分是制件
		切断	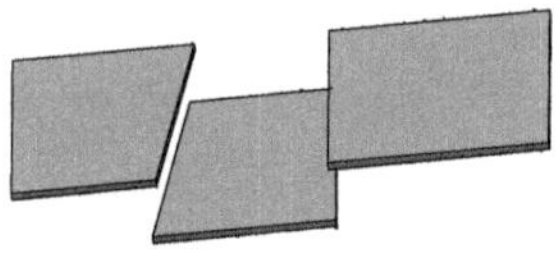	将板料相互分离，产生制件
		切边		将制件边缘处形状不规整的部分冲裁下来
		剖切	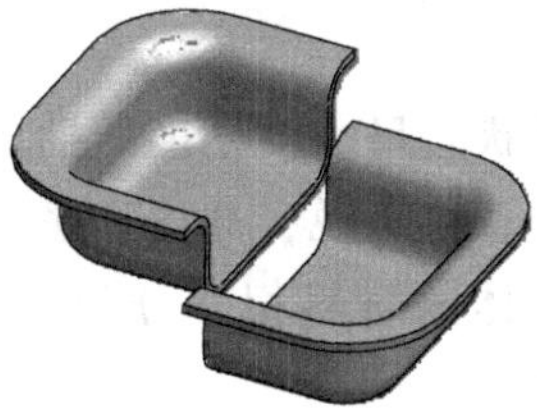	将对称形状的半成品沿着对称面切开，成为制件
		切舌	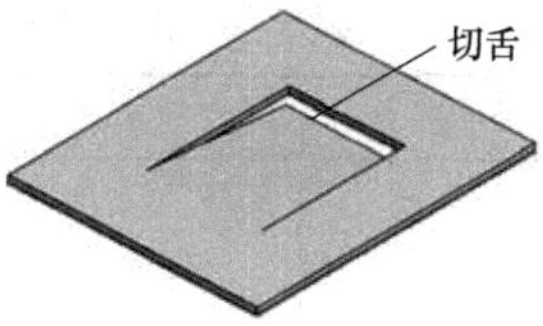	切口不封闭，并使切口内板料沿着未切部分弯曲
变形工序	弯曲	压弯	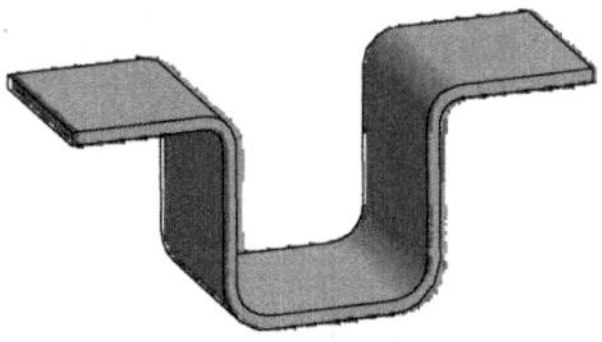	将平板冲压成弯曲形状的制件

（续）

工序分类	工序特征	工序名称	工序简图	形成特点
变形工序	弯曲	卷边	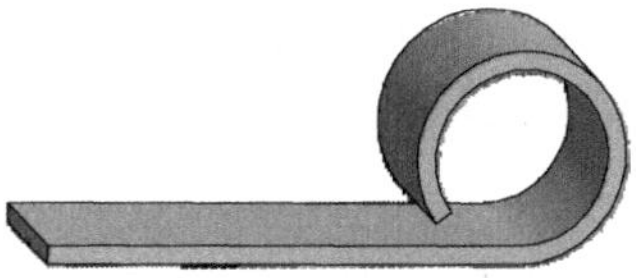	将板料一端弯曲成接近圆筒形状
	拉深	拉深	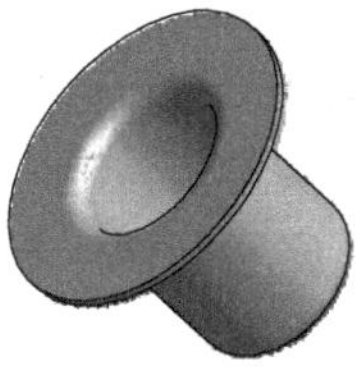	将板料冲压成开口空心形状的制件
	成形	翻边	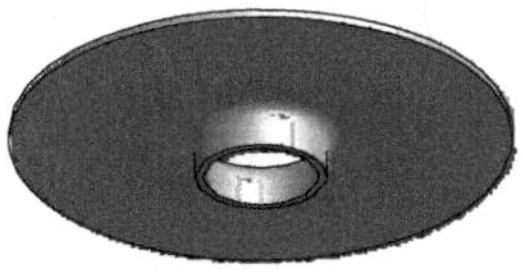	将孔附近的材料变形成有限高度的筒形
		缩口	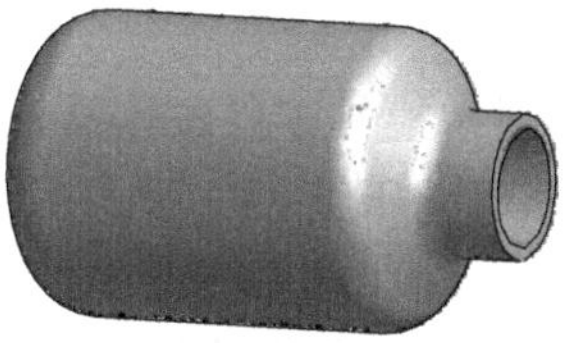	使管子形状的端部直径缩小
		胀形	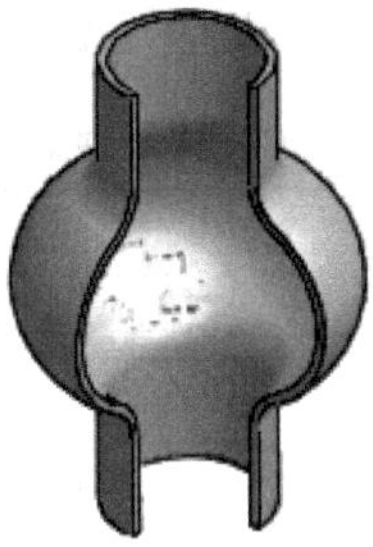	使空心件中间部位的形状胀大
		起伏	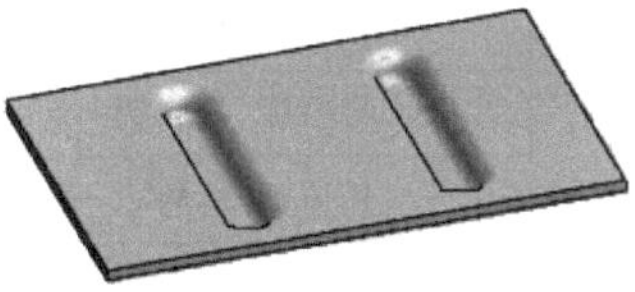	使板料局部凹陷或凸起

1.1.2　冲压模具

1. 模具分类

根据模具完成的冲压工序，以及模具的结构和类型，模具有不同的分类方法。

（1）按完成工序特征分类　可分为冲裁模、弯曲模、拉深模、成形模等。

（2）按模具的导向形式分类　可分为无导向模具和导向模具；其中，导向模具又分为导板导向模具、导柱导套导向模具。

（3）按模具完成的冲压工序内容分类　可分为单工序模具、组合工序模具；其中，组合工序模具又可分为复合模和级进模。

2. 模具结构

以工序特征为例，对冲裁模、弯曲模、拉深模简介如下。

（1）冲裁模

1）模具结构介绍。图 1-1 所示是导柱式单工序冲裁模。模具分上模部分和下模部分。上模部分通过模柄与压力机滑块连接，随压力机的滑块上下运动完成冲裁过程；下模部分用压板与工作台连接。上、下模座和导柱、导套装配组成的部件称为模架。

该模具利用导柱 5 和导套 7 实现上、下模精确导向定位。凸模、凹模在进行冲裁之前，导柱已经进入导套，从而保证在冲裁过程中凸模和凹模之间的间隙均匀一致。

这种模具的结构特点是：导柱与下模座孔采用 H7/r6（或 R7/h6）过盈配合，导套与上模座孔也为 H7/r6 过盈配合，其主要目的是防止工作时导柱从下模座孔中被拔出和导套从上模座中脱落下来。为了使导向准确和运动灵活，导柱与导套的配合采用 H7/h6 的间隙配合。

冲模工作时，条料靠导料板（与固定卸料板 1 做成了一个整体）和钩形固定挡料销 8 实现定位，以保证冲裁时条料上的搭边值均匀一致。这副冲模采用了固定卸料板 1 卸料，冲出的制件通过凹模孔洞落下。

2）零件分类及作用。通常模具零件按用途可分为工艺零件与结构零件两大类。

工艺零件：直接参与完成冲压工艺过程，并和坯料直接发生作用。

结构零件：不直接参与完成冲压工艺过程，也不和坯料直接发生作用，只对模具完成工艺过程起保证作用或对模具的功能起完善作用。

两大类零件又可细分成 6 类，见表 1-2。

表 1-2　冲裁模零件的结构组成及其零件的作用

零件种类		零件名称	零件作用
工艺零件	工作零件	凸模、凹模	直接对坯料进行加工，完成板料的分离的零件
		凸凹模	
		刃口镶块	
	定位零件	定位销（定位板）	确定冲裁加工中坯料或工序件在冲模中正确位置的零件
		挡料销、导正销	
		导料板、导料销	
		侧压板、承料板	
		定距侧刃	
	压料、卸料及出件零件	卸料板	使制件与废料得以出模，保证顺利实现正常冲裁生产的零件
		压料板	
		顶件块	
		推件块	
		废料切刀	

（续）

零件种类		零件名称	零件作用
结构零件	导向零件	导套	保证上、下模的正确相对位置，以保证冲裁精度
		导柱	
		导板	
		导筒	
	支承零件	上、下模座	承装模具零件或将模具紧固在压力机上并与压力机发生直接联系用的零件
		模柄	
		凸模固定板、凹模固定板	
		垫板	
		限位器	
	连接零件及其他零件	螺钉	模具零件之间的相互连接件等，销起稳固定位作用
		销	
		键	
		弹簧等其他零件	

在图 1-1 中，这 6 类零件分别是：

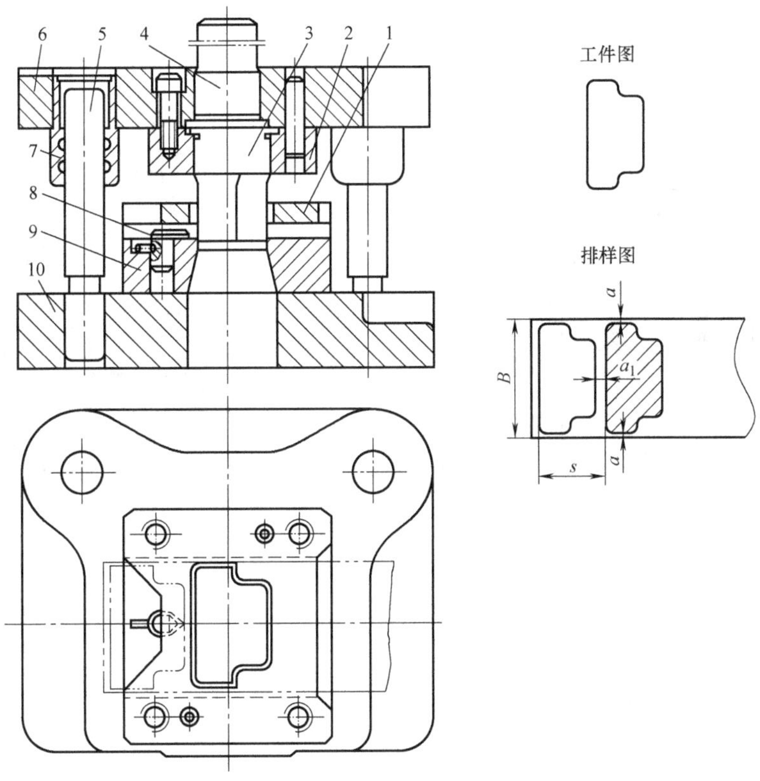

图 1-1　导柱式单工序冲裁模

1—固定卸料板　2—凸模固定板　3—凸模　4—模柄　5—导柱　6—上模座
7—导套　8—钩形固定挡料销　9—凹模　10—下模座

① 工作零件。直接对坯料、板料进行冲压加工的冲模零件，如凸模 3、凹模 9。

② 定位零件。确定条料或坯料在冲模中准确位置的零件，如兼做导料板的固定卸料板 1、固定挡料销 8。

③ 卸料及压料零件。将冲切后的制件或废料从模具中卸下来的零件，如固定卸料板 1。

④ 导向零件。用以确定上、下模的相对位置，保证运动导向精度的零件，如导套 7、导柱 5 等。

⑤ 支承零件。将凸模、凹模固定于上、下模座上，以及将上、下模固定在压力机上的零件，如上模座 6、下模座 10、凸模固定板 2 和模柄 4 等。

⑥ 连接零件。把模具上所有零件连接成一个整体的零件，如螺钉、销等。

应该指出，不是所有的冲模都具备上述 6 类零件，尤其是简单冲裁模，但是工作零件和必要的支承零件总是不可缺少的。

（2）弯曲模　图 1-2 所示为 U 形件弯曲模，适用于两直边相等的 U 形件弯曲。主要由凸模 1、凹模 3、定位板 2 等零件组成。弯曲时，制件沿凹模圆角滑动进入凸模与凹模之间的间隙；凸模回升时，顶料装置将制件顶出。由于材料的回弹，制件一般不会包在凸模上。

（3）拉深模　图 1-3 所示为有压料装置的首次拉深模。主要由凸模 1、凹模 4、定位板 3、压料圈 2 等零件组成。该类模具适用于拉深板料较薄及拉深高度大、容易起皱的制件。工作时，凸模下降，压料圈也一同下降；当压料圈与坯料接触后，上模部分继续下降，压料圈压住坯料进行拉深。

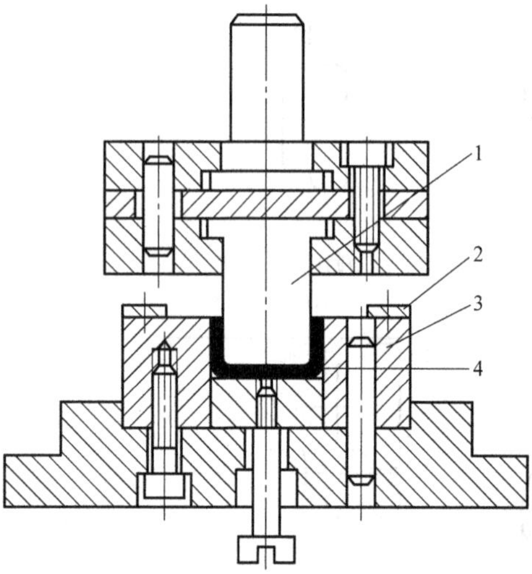

图 1-2　U 形件弯曲模

1—凸模　2—定位板　3—凹模　4—制件

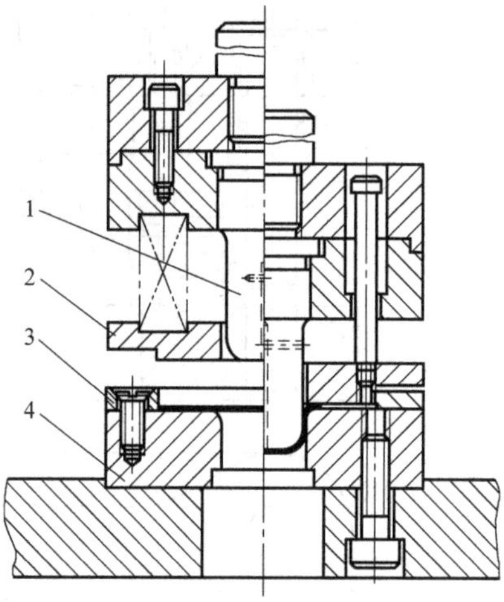

图 1-3　首次拉深模

1—凸模　2—压料圈　3—定位板　4—凹模

1.2　冲压设备与冲压材料

1.2.1　冲压设备

冲压设备属于锻压机械，我国锻压机械分类及代号见表 1-3。冲压加工用的设备主要是机械压力机和液压机两大类。

表 1-3　锻压机械分类及代号

类别	机械压力机	液压机	自动锻压（成形）机	锤	锻机	剪切与切割机	弯曲校正机	其他、综合类
字母代号	J	Y	Z	C	D	Q	W	T

1. 冲压用压力机的分类和型号

（1）冲压用压力机的分类

1）按驱动滑块的动力种类，可分为机械压力机、液压机、气动压力机。

2）按滑块的数量，可分为单动压力机、双动压力机、三动压力机。

3）按滑块驱动机构类型，可分为曲柄压力机、摩擦压力机。

4）按床身结构，可分为开式压力机、闭式压力机。

5）按驱动滑块的连杆数量，可分为单点压力机、双点压力机、四点压力机。

（2）冲压用压力机的型号　压力机的代号用汉语拼音字母和数字表示，以 JC23-63A 为例：

J C 23-63 A

- A —— 第一次改进（产品重要基本参数变化代号）
- 63 —— 公称力为 630kN（主参数）
- 23 —— 开式可倾压力机（组、型代号）
- C —— 第三种变型（系列或产品重大结构变化代号）
- J —— 机械压力机（类代号）

常用冲压设备如图 1-4 所示。

2. 常用冲压用压力机结构和参数

冲压设备种类很多，下面主要介绍曲柄压力机的结构和主要参数。

a) 开式单点曲柄压力机　　b) 闭式曲柄压力机

图 1-4　常用冲压设备

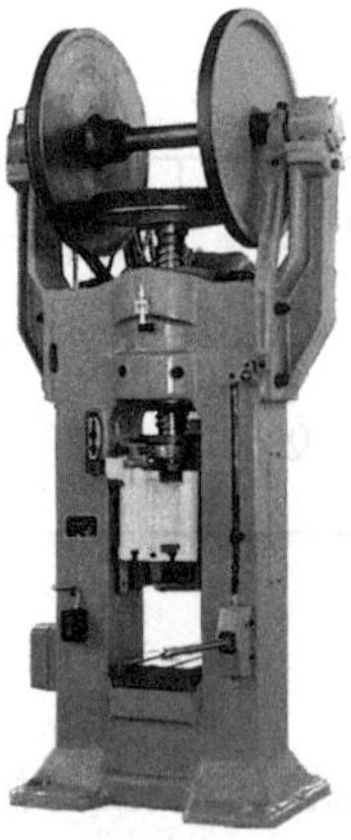

c) 摩擦压力机

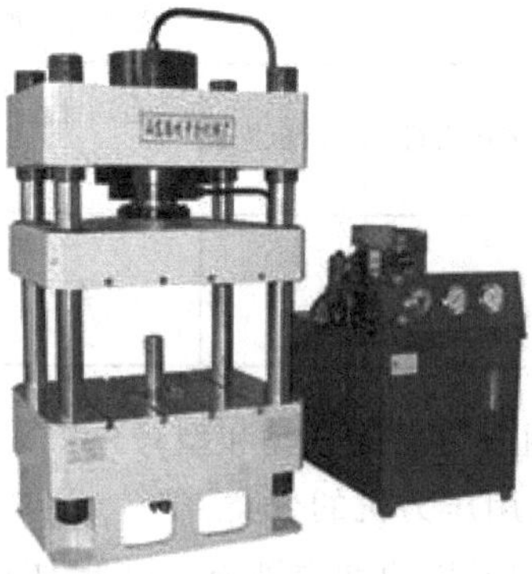

d) 液压机

e) 双动拉深液压机

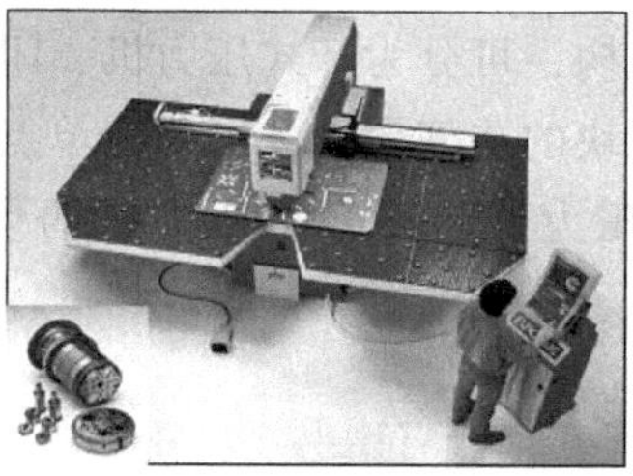

f) 数控压力机

图 1-4　常用冲压设备（续）

（1）曲柄压力机的工作原理　以开式压力机为例，其运动原理如图 1-5 所示。电动机 1 通过 V 带把运动传递给大带轮 3，再经过小齿轮 4、大齿轮 5 传递给曲轴 7。连杆 9 上端装在曲轴上，下端与滑块 10 连接，把曲轴的旋转运动变为滑块的直线往复运动。滑块运动的最高位置称为上死点，最低位置称为下死点。冲压模具的上模 11 装在滑块上，下模 12 装在垫板 13（或工作台 14）上。因此，当坯料放在上、下模之间时，滑块向下移动进行冲压，即可获得制件。在使用压力机时，电动机始终在不停地运转，但由于生产工艺的需要，滑块有时运动，有时停止，因此装有离合器 6 和制动器 8。普通压力机在整个工作周期内进行工艺操作的时间很短，大部分是无负荷的空行程时间。为了使电动机的负荷均匀并有效地利用能量，可安装飞轮。大带轮 3 同时起飞轮的作用。

（2）曲柄压力机的主要技术参数

① 公称力。它是指滑块在下死点前某个特定距离或曲柄旋转到下死点前某个特定角度时，滑块上所允许承受的最大作用力。例如 J31-315 型压力机的公称力为 3150kN，公称力是压力机的一个主要技术参数，我国压力机的公称力已经系列化。

② 滑块行程。它是指滑块从上死点到下死点所经过的距离，其大小随工艺用途和公称力的不同而不同。例如，冲裁用的压力机的滑块行程较小，拉深用的压力机的滑块行程较大。

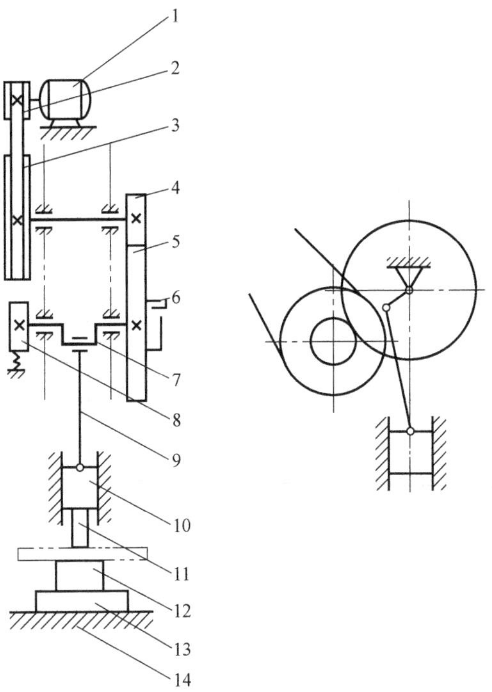

图 1-5　曲柄压力机运动原理

1—电动机　2—小带轮　3—大带轮　4—小齿轮　5—大齿轮　6—离合器　7—曲轴
8—制动器　9—连杆　10—滑块　11—上模　12—下模　13—垫板　14—工作台

③ 行程次数。它是指滑块每分钟从上死点到下死点，再回到上死点所往复的次数。一般小型压力机和用于冲裁的压力机的行程次数较多，大型压力机和用于拉深的压力机的行程次数较少。

④ 闭合高度。它是指滑块在下死点时，滑块下平面到工作台上平面的距离。当闭合高度调节装置将滑块调整到最上位置时，闭合高度最大，称为最大闭合高度；将滑块调整到最下位置时，闭合高度最小，称为最小闭合高度。闭合高度从最大到最小可以调节的范围，称为闭合高度调节量。

⑤ 装模高度。当工作台面上装有工作垫板且滑块在下死点时，滑块下平面到垫板上平面的距离称为装模高度。在最大闭合高度状态时的装模高度，称为最大装模高度；在最小闭合高度状态时的装模高度，称为最小装模高度。装模高度与闭合高度之差为垫板厚度。

⑥ 连杆调节长度。连杆调节长度又称为装模高度调节量。曲柄压力机的连杆通常做成两部分，使其长度可以调整。通过改变连杆长度可以改变压力机的闭合高度，以适应不同高度模具的安装要求。

除上述主要参数外，技术参数还有工作台尺寸、模柄孔尺寸等。

开式双柱可倾式压力机的规格型号与技术参数见表 1-4。其他开式压力机的技术参数可查阅 GB/T 14347—2009《开式压力机　型式与基本参数》。

表 1-4 开式双柱可倾式压力机的规格型号与技术参数

型号	公称力 /kN	滑块行程 /mm	滑块行程次数 /(次/min)	最大闭合高度 /mm	连杆调节长度 /mm	工作台尺寸(前后×左右) /(mm×mm)	电动机功率 /kW	模柄孔尺寸 /(mm×mm)
J23-10A	100	60	145	180	35	240×360	1.1	ϕ30×50
J23-16	160	55	120	220	45	300×450	1.5	ϕ40×60
J23-25	250	65	55/105①	270	55	370×560	2.2	
JD23-25	250	10～100	55	270	50	370×560	2.2	
J23-40	400	80	45/90①	330	65	460×700	5.5	ϕ50×70
JC23-40	400	90	65	210	50	380×630	4	
J23-63	630	130	50	360	80	480×710	5.5	
JB23-63	630	100	40/80①	400	80	570×860	7.5	
JC23-63	630	120	50	360	80	480×710	5.5	
J23-80	800	130	45	380	90	540×800	7.5	ϕ60×75
JB23-80	800	115	45	417	80	480×720	7	
J23-100	1000	130	38	480	100	710×1080	10	
J23-100A	1000	16～140	45	400	100	600×900	7.5	
JA23-100	1000	150	60	430	120	710×1080	10	
JB23-100	1000	150	60	430	120	710×1080	10	
J23-125	1250	130	38	480	110	710×1080	10	
J23-160	1600	200	40	570	120	900×1360	15	ϕ70×80

① 此种形式表示该机床有两种规格的滑块行程次数。

3. 冲压设备的选用

冲压设备的选用主要包括选择压力机的类型和确定压力机的规格。

（1）设备类型选择　根据冲压工艺性质、制件批量大小、模具尺寸精度、变形力大小、设备情况等确定压力机类型。冲压用压力机及其应用场合参见表 1-5。

表 1-5 冲压用压力机及其应用场合

冲压压力机	基本特点及使用场合
曲柄(偏心)压力机	适用于落料模、冲孔模、弯曲模和拉深模(浅拉深)。C 形床身的开式曲柄压力机具有操作方便及容易安装机械化附属设备等优点,适用于中小型冲模。闭式机身的曲柄压力机刚性较好,精度较高,适用于大中型或精度要求较高的冲模
液压机	适用于小批生产大型厚板的弯曲模、拉深模、成形模和校平模。它不会因为板材的厚度超差而过载,特别是对于施力行程较大的加工,具有明显的优点
摩擦压力机	适用于中、小型件的校平模、压印模和成形模。当超载时,只会引起飞轮与摩擦盘之间的滑动,而不致损坏机件。其缺点是飞轮轮缘磨损大,生产率比曲柄压力机低
双动压力机	适用于大量生产大型、较复杂拉深件的拉深模。模具结构简单,压料可靠,容易调节
三动压力机	其结构与工作原理和双动压力机类似,同样用于较复杂大型拉深件的大量生产;但由于在底座中增设了一个与上滑块运动相反的下滑块,从而增加了使用灵活性

（续）

冲压压力机	基本特点及使用场合
多工位压力机	适用于同时装在其上的、按工序排列的多副模具，也用于不宜用连续模生产的、大批量成形制件的生产
弯曲机	是自动化机床的一种，有多个滑块及自动送料装置，可对带料和盘丝进行切断、冲裁、弯曲等加工。由于它的每一个动作都是利用凸轮、连杆和滑块单独驱动的，所以装在其上的模具各活动部分也成为独立的单一体，从而可大大简化模具结构。适用于复杂小型弯曲件的大量生产
精密冲裁压力机	适用于用精密冲裁模生产、能冲裁出具有光洁平直剪切面的精密冲裁件，也可以进行冲裁-弯曲、冲裁-成形等连续工序加工。精密冲裁压力机的机身精度高、刚性好且冲裁速度较低；除主滑块外，还设有压边装置和反压装置，其压力可分别调整
高速压力机	是一种高效率、高精度的自动化冲压设备，一般配有卷料架、校平和送料装置、废料切刀等附属设施，适用于用级进模进行的大量生产

（2）设备规格选择　确定压力机的规格时应遵循如下原则：

1）压力机的公称力必须大于冲压工序所需压力。当冲压行程较长时，还应注意在全部工作行程上，压力机许可力曲线应高于冲压变形力曲线。

2）压力机滑块行程应满足制件在高度上能获得所需尺寸，并在冲压工序完成后能顺利地从模具上取出来的要求。对于拉深件，滑块行程应大于制件高度的两倍以上。

3）压力机的行程次数应符合生产率和材料变形速度的要求。

4）压力机的闭合高度、工作台尺寸、滑块尺寸、模柄孔尺寸等应能满足模具正确安装的要求。对于曲柄压力机，模具的闭合高度与压力机闭合高度之间要符合以下关系

$$H_{max}-5\text{mm} \geqslant H+H_1 \geqslant H_{min}+10\text{mm}$$

式中　H——模具闭合高度；

H_{max}——压力机的最大装模高度；

H_{min}——压力机的最小装模高度；

H_1——压力机工作台上的垫板厚度。

模具的闭合高度与压力机装模高度的关系如图 1-6 所示（图中 M 为连杆调节量）。

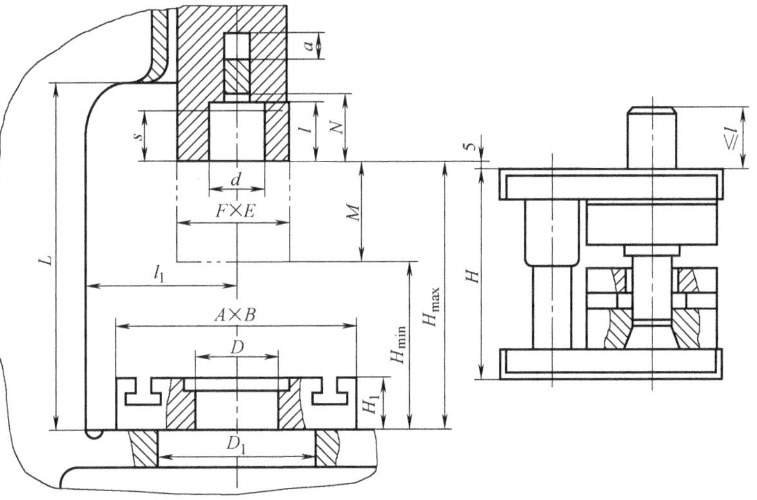

图 1-6　模具闭合高度 H 与压力机装模高度 H_{max}、H_{min} 的关系

工作台（垫板）的尺寸 $A \times B$ 一般应比模具下模座的相应尺寸大 50～70mm，以便于安装。垫板孔径 D 应大于制件或废料的投影尺寸，以便于漏料。模柄孔尺寸（或加衬套）应与模柄的尺寸相符。

1.2.2 冲压材料

冲压生产中使用的材料相当广泛，主要是板料。通常金属材料既适合于成形工序，也适合于分离工序，而非金属材料只适合于分离工序。

1. 冲压工艺对材料的要求

冲压工艺使用的材料除了要满足其使用要求（如强度、刚度、导电性、耐蚀性等）外，还必须满足冲压工艺的要求。

（1）对冲压成形性能的要求　对于成形工序来说，材料应具有良好的冲压成形性能。材料的冲压成形性能与力学性能有着密切的关系，一般情况下，力学性能指标中的塑性（断后伸长率 A）高、屈强比（屈服强度与抗拉强度的比值）小、弹性模量（E）大、硬化指数（n）高、板厚方向塑性应变比（r）大和板平面各向异性度（Δr）小，则有利于冲压成形。

金属板料按冲压成形性能分为 Z（最深拉深级）、S（深拉深级）、P（普通拉深级）3 个级别。

（2）对表面质量的要求　材料表面应光洁平整，无氧化皮、裂纹、划伤、锈斑等缺陷。材料的表面质量好，成形时既不易破裂和擦伤模具，还可获得表面质量好的制件。

冷轧钢板的表面质量分为 FB（较高级表面）和 FC（高级表面）和 FD（超高级表面）3 个级别。

（3）对板料厚度公差的要求　模具凸模、凹模之间的间隙是根据板料厚度来确定的。如果板料的厚度公差太大，不仅会影响制件的质量，严重时还会对模具或压力机造成一定程度的损害。

钢板厚度的轧制精度分为 PT. A（普通厚度精度）和 PT. B（较高厚度精度）2 个级别。

2. 冲压常用材料及形态

（1）冲压常用金属材料　冲压常用金属材料见表 1-6。

表 1-6　冲压常用金属材料

名称	牌号	名称	牌号	名称	牌号
碳素结构钢	Q195	碳素工具钢	T7A	铝及铝合金	1060
	Q215		T8A		1200
	Q235		T9A		2A12
	Q275		T10A		5A12
优质碳素结构钢	08F		T13A		7A04
	10F	不锈钢	13Cr13	铜及铜合金	T1、T3
	15F		10Cr17		H62
	30		06Cr19Ni10		HPb59-1
	40		12Cr18Ni9		QSn4-3
	50		06Cr18Ni11Ti		TU2
	65Mn	电工钢	DR510	钛合金	TA2
低合金高强度结构钢	Q295				TA3
	Q355		DR490		TA5

(2) 常用钢材的形态和标记方法　冲压加工中使用最广泛的是碳素结构钢冷轧板（简称冷轧薄钢板）。冷轧薄钢板是由碳素结构钢热轧钢带经过进一步冷轧制成的厚度不大于4mm、宽度不小于600mm 的宽钢带。冲压用金属材料的供应形式是钢板和钢带。钢板是由宽钢带横切而成的，适合于大型制件的加工，也可以按照排样尺寸剪裁成条料后用于中、小型制件的加工。钢带是由宽钢带纵切而成并成卷，一般适用于大批量生产的自动送料，其优点是有足够的长度，其不足是开卷后需要整平。

板料供货状态分为退火状态和其他热处理状态两种。

有关材料的牌号、规格、化学成分、力学性能可查阅相关的设计资料和标准。

(3) 冲压常用非金属材料　冲压用非金属材料包括纸板、胶木板、橡胶板、塑料板、纤维板和云母等。

思考与练习

1. 什么是冲压？它与其他加工方法相比有什么特点？
2. 冲压工序可分为哪两大类？它们的主要区别和特点是什么？
3. 冲压用板材有哪些种类？举例说明各类板材的适用场合。
4. 简述曲柄压力机的工作原理。曲柄压力机的主要参数有哪些？
5. 冲裁模一般由哪几类零件组成？它们在冲裁模中分别起什么作用？

第 2 章　冲裁模设计

冲裁是利用模具使板料的一部分沿一定的轮廓形状与另一部分产生分离，以获得制件的工艺。若冲裁的目的在于获得一定形状和尺寸的孔，封闭曲线以外的部分为制件，称为冲孔；若冲裁的目的在于获得具有一定外形轮廓和尺寸的制件，封闭曲线以内的部分为制件，称为落料。落料和冲孔的性质完全相同，在设计模具工作零件尺寸时，应分开加以考虑。

冲裁工艺是冲压生产的主要工艺方法之一。冲裁既可以直接冲制出成品制件，又可为其他成形工序，如弯曲、拉深和成形等准备坯料，还可在已成形的制件上进行修边和冲孔等。

2.1　冲裁模典型结构

2.1.1　单工序模

在冲压的一次行程过程中，只能完成一个冲压工序的模具，称为单工序模。

1. 导板式落料模

导板式落料模如图 2-1 所示，其上、下模的导向是依靠导板 9 与凸模 5 的间隙配合（H7/h6）进行的，故又称导板模。

冲裁模的工作零件为凸模 5 和凹模 13；定位零件为导料板 10 和固定挡料销 16、始用挡料销 20；导向零件是导板 9（兼起固定卸料板作用）；支承零件是凸模固定板 7、垫板 6、上模座 3、模柄 1、下模座 15；此外还有紧固螺钉、销等。

根据排样的需要，这副冲裁模的固定挡料销 16 所设置的位置对冲裁起不到定位作用，为此采用了始用挡料销 20。在首件冲裁之前，用手将始用挡料销压入，以限定条料的位置；在以后各次冲裁中，放开始用挡料销，始用挡料销被弹簧弹出，不再起挡料作用，而靠固定挡料销对条料定位。

这副冲裁模的冲裁过程为：当条料沿导料板 10 送到始用挡料销 20 时，凸模 5 由导板 9 导向而进入凹模，完成首次冲裁，冲出一个制件。条料继续送至固定挡料销 16 时，进行第二次冲裁，第二次冲裁时落下两个制件。此后，条料继续送进，其送进距离就由固定挡料销 16 控制，而且每一次冲压都是同时落下两个制件。分离后的制件靠凸模从凹模洞口中依次推出。

这种冲裁模的主要特征是凸模、凹模的正确配合依靠导板导向。为了保证导向精度和导板的使用寿命，工作过程中不允许凸模离开导板，为此，要求压力机行程较小。根据这个要求，选用行程较小且可调节的偏心式压力机较合适。在结构上，为了拆装和调整间隙的方便，固定导板的两排螺钉和销内缘之间的距离（见图 2-1 的俯视图）应大于上模相应的轮廓

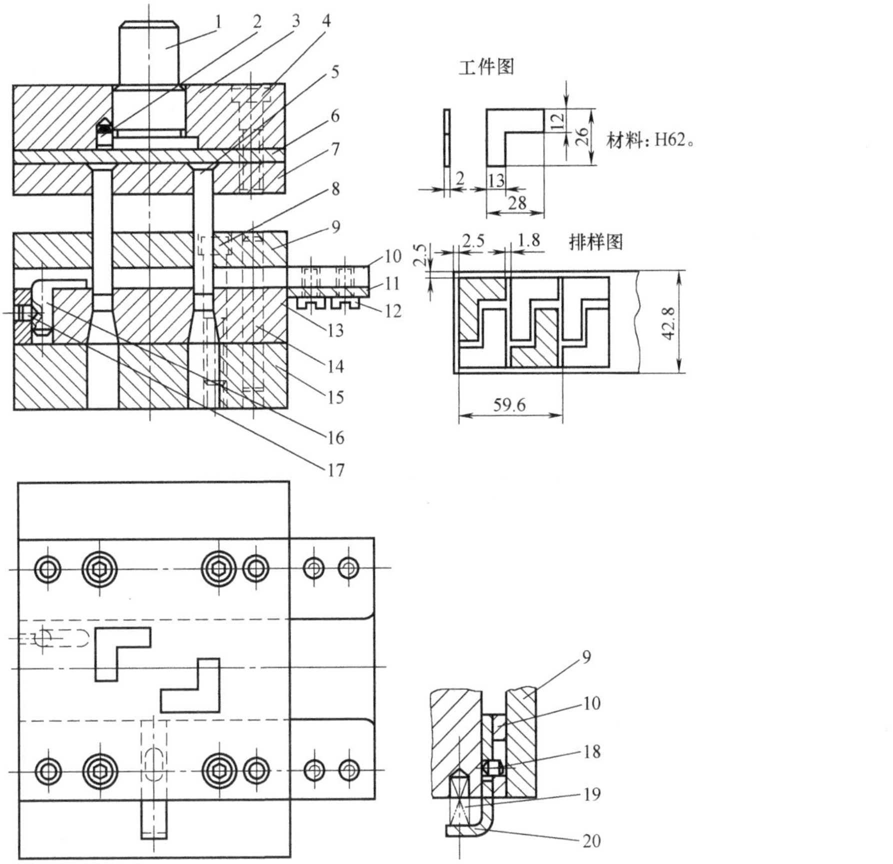

图 2-1　导板式落料模

1—模柄　2、17—止动销　3—上模座　4、8—内六角螺钉　5—凸模　6—垫板　7—凸模固定板　9—导板　10—导料板　11—承料板　12 —螺钉　13—凹模　14—圆柱销　15—下模座　16—固定挡料销　18—限位销　19—弹簧　20—始用挡料销

宽度。

导板式冲裁模使用时安装较容易，卸料可靠，操作较安全，轮廓尺寸也不大。导板式冲裁模一般用于冲裁形状比较简单、尺寸不大、厚度大于 0.3mm 的冲裁件。

2. 导柱式落料模

导柱式落料模如图 2-2 所示。该模具的结构特点是：利用安装在上模座 11 中的两个导套 13 与安装在下模座 18 中的两个导柱 14（导柱 14 与下模座 18 的配合、导套 13 与上模座 11 的配合均为 H7/r6）之间 H7/h6 或 H6/h5 的滑动配合导向，实现上、下模的精确定位。凸模、凹模在进行冲裁之前，导柱已经进入导套，从而保证了在冲裁过程中凸模 12 和凹模 16 之间间隙的均匀性。

上、下模座和导套、导柱装配组成的部件为模架。凹模 16 用内六角螺钉、销与下模座 18 紧固并定位。凸模 12 用凸模固定板 5、螺钉、销与上模座 11 紧固并定位，凸模 12 背面垫上垫板 8。压入式模柄 7 装入上模座 11 并以止动销 9 防止其转动。

条料沿导料螺栓 2 送至挡料销 3 定位后进行落料。箍在凸模 12 上的边料靠弹压卸料装置进行卸料，弹压卸料装置由卸料板 15、卸料螺钉 10 和弹簧 4 组成。在凸模、凹模进行冲裁工作之前，由于弹簧力的作用，卸料板先压住条料，上模继续下压时进行冲裁分离，此时弹簧被压缩（如图 2-2 左半边所示）。上模回程时，弹簧回复，推动卸料板把箍在凸模上的边料卸下。

导柱式冲裁模的导向比导板式冲裁模可靠，精度高，寿命长，使用安装方便；但轮廓尺寸较大，模具较重、制造工艺复杂、成本较高。它广泛用于生产批量大、精度要求高的冲裁件。

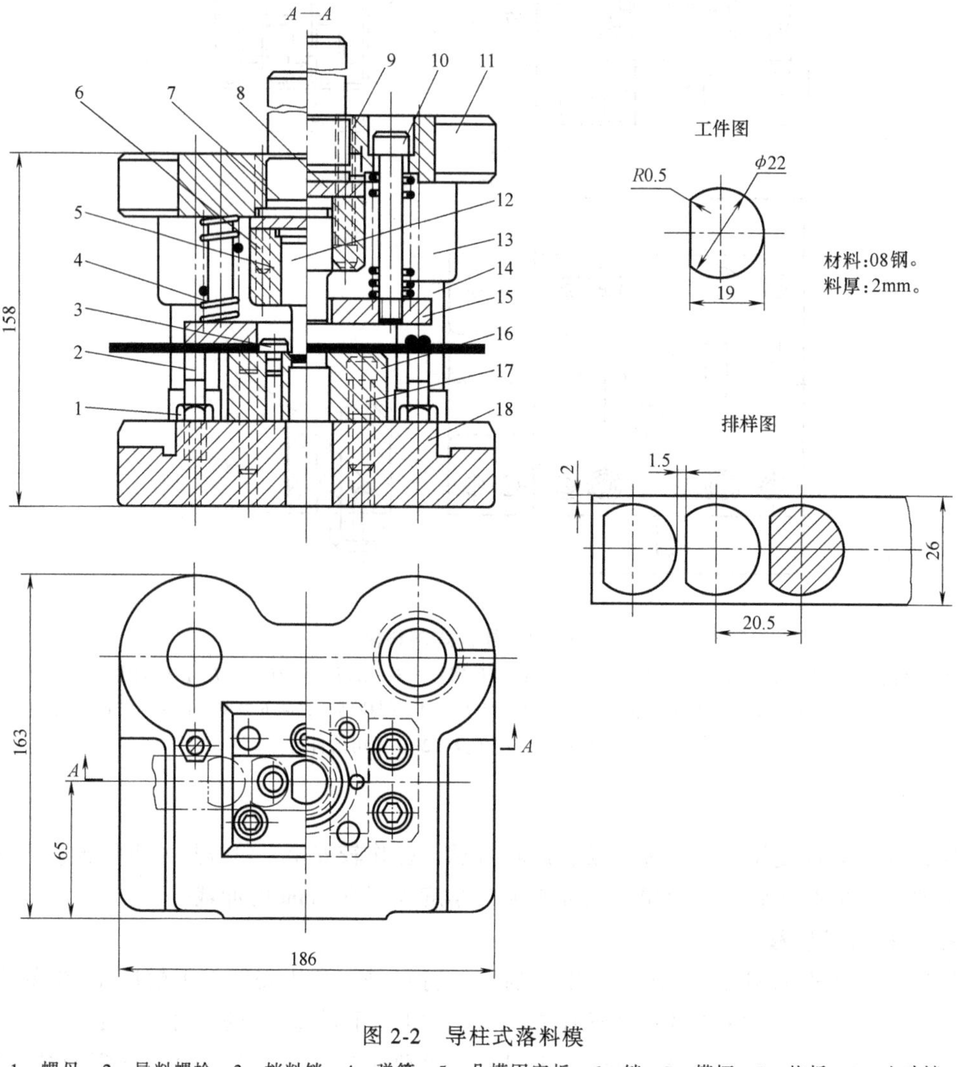

图 2-2　导柱式落料模

1—螺母　2—导料螺栓　3—挡料销　4—弹簧　5—凸模固定板　6—销　7—模柄　8—垫板　9—止动销　10—卸料螺钉　11—上模座　12—凸模　13—导套　14—导柱　15—卸料板　16—凹模　17—内六角螺钉　18—下模座

2.1.2　级进模

在冲压的一次行程过程中，在不同的工位上同时完成两道或两道以上冲压工序的模具，称为级进模（连续模）。

由于级进模工位数较多，因而采用级进模时必须解决条料或带料的准确定位问题，才有可能保证制件的质量。根据级进模定位零件的特征，级进模有以下几种典型结构。

1. 导正销定位的冲孔落料级进模

导正销定位的冲孔落料级进模如图 2-3 所示。该模具的结构特点是：上、下模用导板导向，冲孔凸模 3 与落料凸模 4 之间的距离就是送料步距 s。送料时，由固定挡料销 6 进行粗定位，由两个装在落料凸模 4 上的导正销 5 进行精确定位。导正销 5 与落料凸模 4 的配合为 H7/r6，其连接应保证在修磨凸模时装拆方便。因此，落料凸模上安装导正销的孔是个通孔。导正销头部的形状应有利于在导正时插入已冲的孔，它与孔的配合应略有间隙。

为了保证首个制件的正确定距，在带导正销的级进模中，常采用始用挡料装置。它安装在导板下的导料板中间。在条料上冲制首个制件时，用手推始用挡料销 7，使它从导料板中伸出并抵住条料的前端即可冲首个制件上的两个孔。以后各次冲裁时，都由固定挡料销 6 控

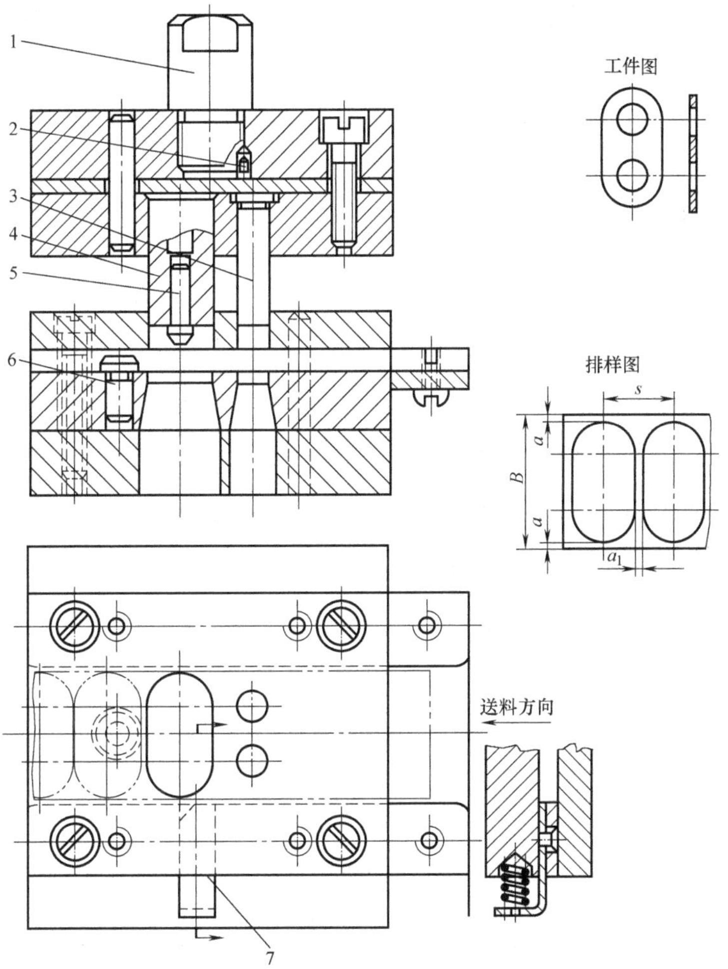

图 2-3　导正销定位的冲孔落料级进模

1—模柄　2—螺钉　3—冲孔凸模　4—落料凸模　5—导正销

6—固定挡料销　7—始用挡料销

制送料定位。

上述定距方式多用于板料较厚、制件上有孔、精度低于IT12的冲裁件。它不适用于软料或板厚小于0.3mm的冲裁件，也不适用于孔径小于1.5mm或落料凸模较小的冲裁件。

2. 双侧刃定距的冲孔落料级进模

双侧刃定距的冲孔落料级进模如图2-4所示。该模具的结构特点是：以侧刃16代替了始用挡料销、挡料销和导正销控制送料步距。

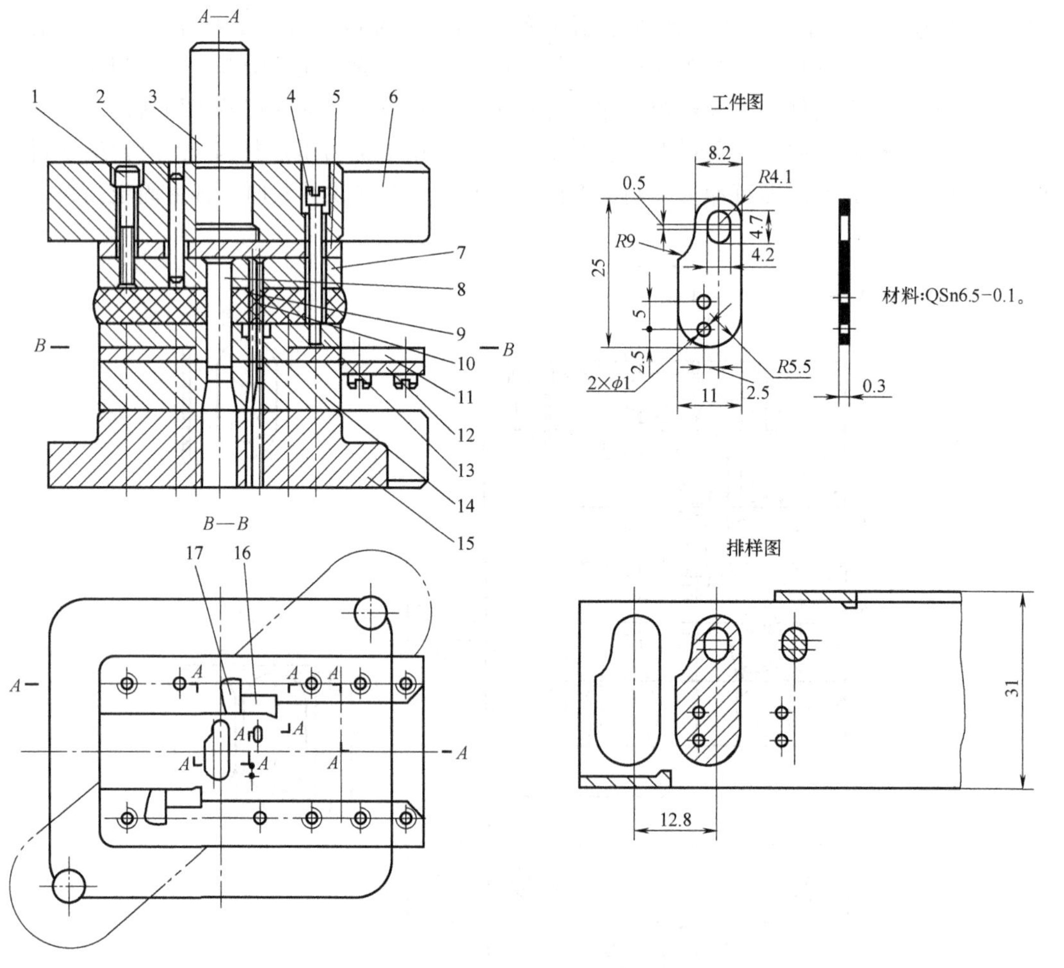

图2-4　双侧刃定距的冲孔落料级进模

1—内六角螺钉　2—销　3—模柄　4—卸料螺钉　5—垫板　6—上模座　7—凸模固定板　8、9、10—凸模　11—导料板　12—承料板　13—卸料板　14—凹模　15—下模座　16—侧刃　17—侧刃挡块

侧刃是特殊功用的凸模，其作用是在压力机的每次冲压行程中，沿条料边缘切下一块长度等于送料步距的料边。由于沿送料方向上，在侧刃前后两导料板间距不同，前宽后窄形成一个凸肩，所以条料上只有切去料边的部分方能通过，通过的距离即等于送料步距。为了减少料尾损耗，尤其是工位较多的级进模，可采用两个侧刃前后对角排列。由于该模具冲裁的板料较薄，所以选用弹压卸料方式。

与单工序模相比，级进模的生产效率、工作精度较高，减少了模具和设备的数量，便于实现生产自动化。但级进模轮廓尺寸较大，制造较复杂，成本较高，一般适用于小型冲裁件的大批量生产。

2.1.3 复合模

复合模是一种多工序的冲模，是在压力机的一次工作行程中，在模具同一部位同时完成数道分离工序的模具。复合模的设计难点是如何在同一工作位置上合理地布置几对凸模和凹模。复合模在结构上的主要特征是有一个既是落料凸模又是冲孔凹模的凸凹模。按照工作零件的安装位置不同，复合模分为正装式复合模和倒装式复合模两种。

1. 正装式复合模

正装式（又称顺装式）落料冲孔复合模如图 2-5 所示。该模具的结构特点是：凸凹模 6 装在上模，落料凹模 8 和冲孔凸模 11 装在下模。

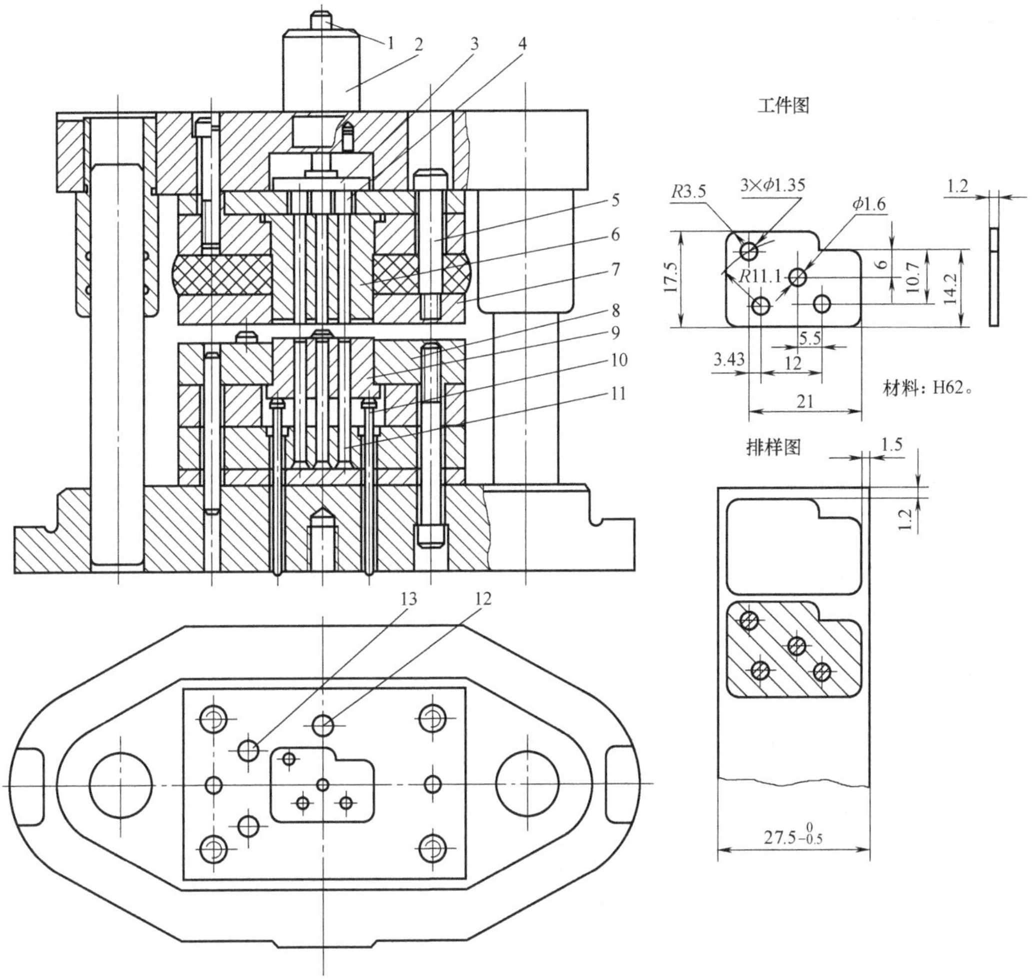

图 2-5　正装式落料冲孔复合模

1—打杆　2—模柄　3—推板　4—推杆　5—卸料螺钉　6—凸凹模　7—卸料板　8—落料凹模　9—顶件块　10—带肩顶杆　11—冲孔凸模　12—挡料销　13—导料销

工作时，带料以导料销 13 和挡料销 12 定位。上模下压，凸凹模 6 外轮廓和落料凹模 8 配合进行落料，落下的料（制件）卡在落料凹模 8 中；同时冲孔凸模 11 与凸凹模 6 内孔配合进行冲孔，冲孔废料卡在凸凹模 6 的孔内。卡在落料凹模 8 中的制件由顶件装置顶出凹模面。顶件装置由带肩顶杆 10、顶件块 9 及装在下模座底下的弹顶器组成。

该模具采用装在下模座底下的弹顶器（弹顶器图中未表示）推动带肩顶杆 10 和顶件块 9，弹性元件高度不受模具空间的限制，顶件力大小容易调节，可获得较大的顶件力。

卡在凸凹模 6 内的冲孔废料由推件装置推出。推件装置由打杆 1、推板 3 和推杆 4 组成。当上模上行至上死点时，把废料推出。每冲裁一次，冲孔废料被推下一次，凸凹模孔内不积存废料，胀力小，不易破裂。

但冲孔废料落在下模工作面上，需要及时清除废料，尤其孔较多时。边料由弹压卸料装置卸下，由于采用固定挡料销和导料销，在卸料板上需钻出让位孔，或者采用伸缩式活动导料销和挡料销。

从上述工作过程可以看出，正装式复合模工作时，板料是在压紧的状态下分离，冲出的制件平面度较高。但由于弹顶器和弹压卸料装置的作用，分离后的制件容易被嵌入边料中而影响操作，从而影响了生产率。

2. 倒装式复合模

倒装式复合模如图 2-6 所示。该模具的结构特点是：凸凹模 18 装在下模，落料凹模 17 和冲孔凸模 14、16 装在上模。倒装式复合模通常采用刚性推件装置把卡在凹模中的制件推下。刚性推件装置由打杆 12、推板 11、连接推杆 10 和推件块 9 组成。

冲孔废料直接由冲孔凸模从凸凹模 18 的内孔推下，无须附加顶件装置，结构简单，操作方便。但如果采用直刃壁凹模洞口，则凸凹模内会有积存废料，胀力较大，当凸凹模壁厚较小时，可能导致凸凹模破裂。

板料的定位靠导料销 22 和弹簧弹顶的活动挡料销 5 来完成。在非工作行程中，活动挡料销 5 由弹簧 3 顶起，可供定位；在工作行程中，活动挡料销 5 被压下，上端面与板料平齐。由于采用弹簧弹顶挡料装置，所以在凹模上不必钻相应的让位孔；但这种挡料装置的工作可靠性较差。

采用刚性推件的倒装式复合模，板料不是处在被压紧的状态下冲裁，因而制件的平面度不高。这种结构适用于冲裁较硬的或厚度大于 0.3mm 的板料。如果在上模内设置弹性元件，即采用弹性推件装置，就可以用于冲制材质较软或板料厚度小于 0.3mm 且平面度要求较高的冲裁件。

从正装式和倒装式复合模的结构分析中可以看出，两者各有优缺点，见表 2-1。正装式复合模较适用于冲制材质较软或板料较薄，平面度要求较高的冲裁件，还可以冲制孔边距较小的冲裁件；倒装式复合模不适用于冲制孔边距较小的冲裁件，但倒装式复合模结构简单，又可以直接利用压力机的打杆装置进行推件，卸件可靠，便于操作，并为机械化出件提供了有利条件，故应用十分广泛。

复合模的特点是生产率高，制件的孔和外缘的相对位置精度高，板料的定位精度要求比级进模低，模具的轮廓尺寸较小。但复合模的结构复杂，制造精度要求高，成本高。复合模主要用于生产批量大、精度要求高的冲裁件。

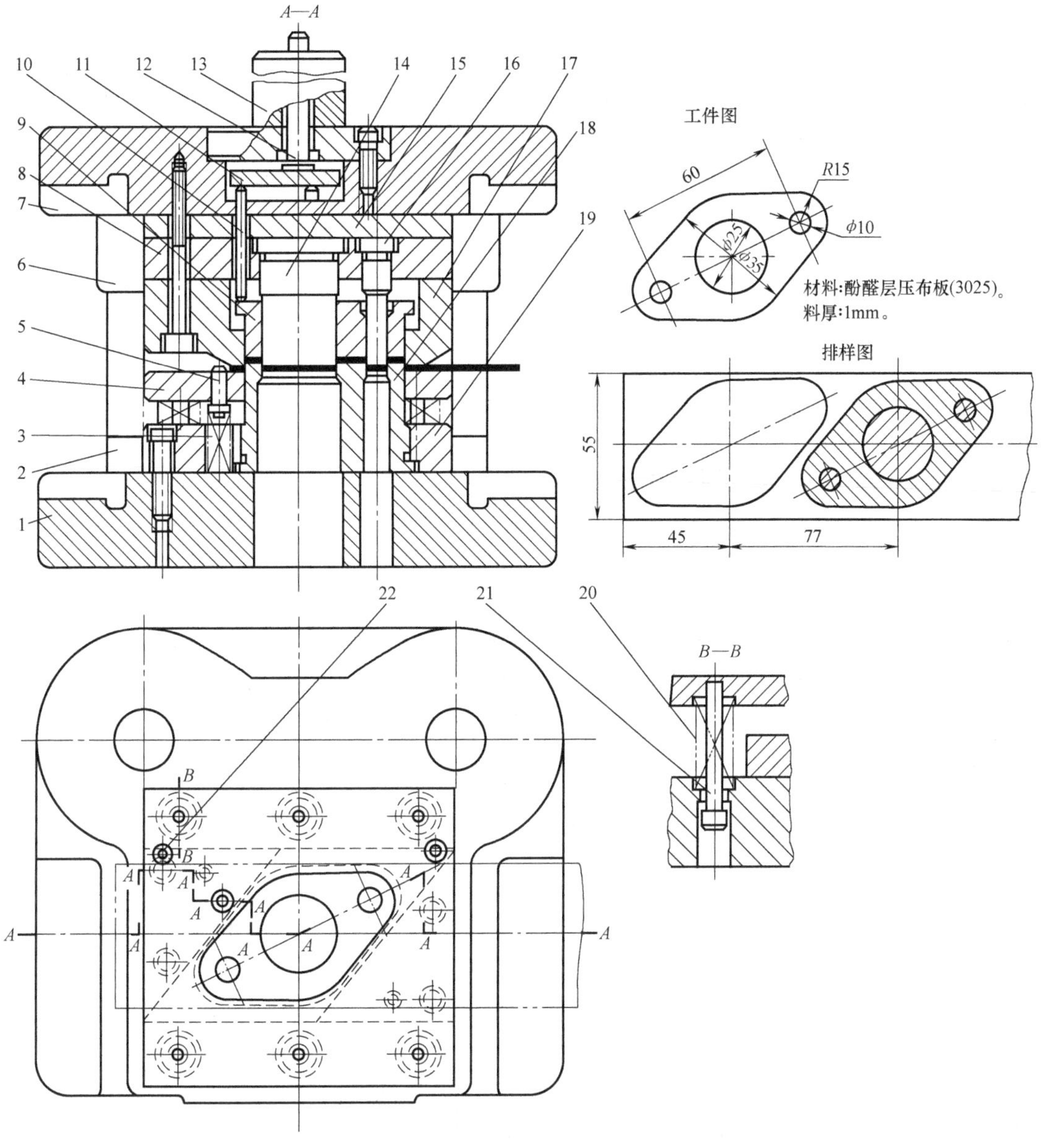

图 2-6 倒装式复合模

1—下模座 2—导柱 3、20—弹簧 4—卸料板 5—活动挡料销 6—导套 7—上模座 8—凸模固定板 9—推件块 10—连接推杆 11—推板 12—打杆 13—模柄 14、16—冲孔凸模 15—垫板 17—落料凹模 18—凸凹模 19—固定板 21—卸料螺钉 22—导料销

表 2-1 正装式和倒装式复合模比较

序号	正装式复合模	倒装式复合模
1	凸凹模安装在上模	凸凹模安装在下模
2	顶件装置顶出制件，冲孔废料由推件装置推出，操作不方便、不安全	推件装置推出制件，冲孔废料直接从凸凹模的内孔落下，操作方便，能装自动拨料装置，既能提高生产率又能保证安全生产

(续)

序号	正装式复合模	倒装式复合模
3	凸凹模孔内不积存废料,孔内废料的胀力小,有利于减少凸凹模最小壁厚	废料在凸凹模孔内积聚,凸凹模要求有较大的壁厚以增加强度
4	先压紧后冲裁,对于材质软、薄的冲裁件能达到平整要求	板料不是处在被压紧的状态下冲裁,不能达到平整要求
5	可冲制孔边距较小的冲裁件	不宜冲制孔边距较小的冲裁件
6	安装凹模的面积较大,有利于复杂冲裁件用拼块结构	如凸凹模较大,可直接将凸凹模固定在底座上,省去固定板
7	结构复杂	结构相对简单

2.2 冲裁模主要零部件设计

中小型冲模已经制订了相应的国家标准。国家标准根据模具类型、导向方式、送料方向、凹模形状等的不同,规定了 14 种典型组合形式。每一种典型组合形式中,又规定了多种凹模周界尺寸(长×宽)以及相配合的凹模厚度、凸模高度、模架类型和尺寸,以及固定板、卸料板、垫板、导料板等的具体尺寸。这样在进行模具设计时,可重点设计工作零件,其他零件尽量选用标准件或选用标准件后再进行二次加工,以简化模具设计,缩短设计周期。本节着重叙述冲裁模主要零部件的构造、设计要点、零件材料及热处理要求。

2.2.1 工作零件设计

1. 凸模设计

一般凸模的结构及固定方法如图 2-7 所示。凸模部件包括凸模 3 和 4、凸模固定板 2、垫板 1 和防转销 5 等,并用螺钉、销固定在上模座 6 上。

冲裁凸模通常有两种基本类型。一种是直通式凸模,其工作部分和固定部分的形状与尺寸做成一样,如图 2-7 中的凸模 4。这类凸模可以采用成形磨削、线切割等方法进行加工,加工容易,但固定板型孔的加工较复杂。这种凸模的工作端应进行淬火,淬火长度约为全长的 1/3;另一端处于软状态,便于与固定板铆接。为了铆接,其总长度应增加 1mm。直通式凸模常用于非圆形截面的凸模。

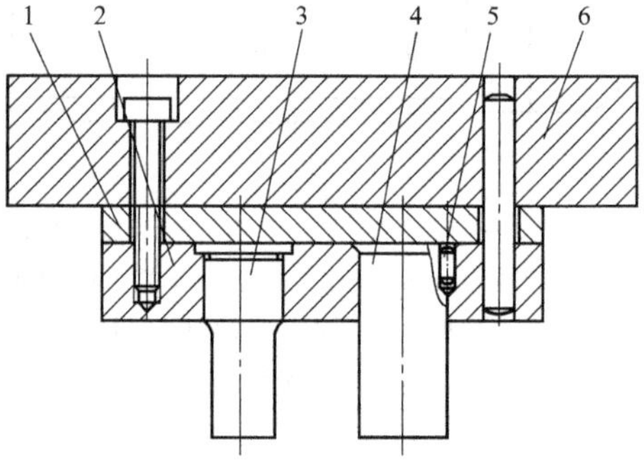

图 2-7 凸模的结构及固定方法

1—垫板 2—凸模固定板 3、4—凸模 5—防转销 6—上模座

另一种是台阶式凸模,如图 2-7 中的凸模 3。工作部分和固定部分的形状与尺寸不同,固定部分多做成圆形或矩形。这时凸模固定板的型孔为标准尺寸孔,加工容易。对于圆形凸模,广泛采用这种台阶式结构,冲模标准中制订了这类凸模的标准结构形式与尺寸规格。对于非圆形凸

模，若其固定部分采用圆形结构，则其与固定板配合时必须采用防转的结构，以使其在圆周方向有可靠定位。

冲裁凸模一般采用固定板固定（如果是整体式凸模，可以直接用螺钉、销固定）。固定板的外形尺寸一般与凹模大小一样，可由标准中查得。固定凸模用的型孔与凸模固定部分相适应。型孔位置应与凹模型孔位置协调一致。

凸模固定板内凸模的固定方法通常是将凸模压入固定板内，其配合采用 H7/m6，直通式凸模采用 N7/h5、P7/h6。对于大尺寸的凸模，也可直接用螺钉、销固定到模座上。对于小凸模，还可以采用黏结固定。

凸模的长度一般根据结构需要确定。结构如图 2-8 所示，使用固定卸料板时，凸模长度可用下式计算

$$L=H_1+H_2+H_3+Y$$

式中 H_1——凸模固定板的厚度；

H_2——卸料板的厚度；

H_3——导料板的厚度；

Y——附加的长度，包括凸模刃口的修磨量，凸模进入凹模的深度（0.5~1 mm），凸模固定板与卸料板的安全距离 A 等，其中 A 取 15~20mm。

由于冲裁模刃口要有高的耐磨性，并能承受冲裁时的冲击力，因此凸模应有高的硬度与适当的韧性。形状简单的凸模通常选用 T8A、T10A 等材料制造。形状复杂、淬火变形大，特别是用线切割方法加工时，凸模材料应选用合金工具钢，如 Cr12、9Mn2V、CrWMn、Cr6WV 等，其热处理硬度取 58~62HRC。

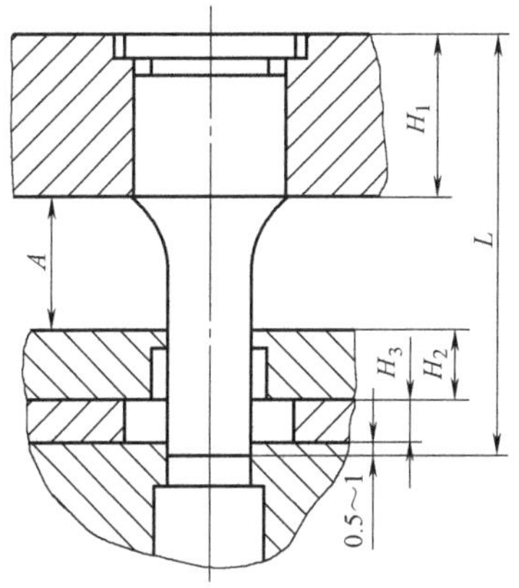

图 2-8 凸模长度的确定

凸模工作部分的表面粗糙度为 $Ra0.8\sim0.4\mu m$，固定部分为 $Ra1.6\sim0.8\mu m$。

凸模一般不必进行强度核算，只有当冲裁板料很厚、强度很大，凸模很小、细长比大时才进行核算。

2. 凹模设计

（1）凹模刃口形式　常用凹模刃口形式如图 2-9 所示。其中，图 2-9a、b 所示为直筒式刃口，其特点是制造方便，刃口强度高，刃磨后工作部分尺寸不变，广泛用于冲裁件公差较小、形状复杂的精密制件。但因废料（或制件）的聚集而增大了推件力和对凹模的胀力，给凸模、凹模的强度都带来了不利的影响。图 2-9c 所示为锥筒式刃口，在凹模内不会聚集废料或制件，侧壁磨损小；但刃口强度差，刃磨后刃口径向尺寸略有增大。

凹模锥角 α、后角 β 和刃口高度 h 均随制件材料厚度的增加而增大，一般取 $\alpha=15'\sim1°$、$\beta=3°\sim5°$、$h=5\sim10$mm。

（2）凹模结构及固定形式　凹模的结构与冲裁件结构类似，常见的有镶套式和整体式两种结构形式，其固定方法如图 2-10 所示。图 2-10a 所示结构形式的凹模尺寸不大，通常直接安装固定在凹模固定板中，与凹模固定板采用过渡配合，其配合孔的尺寸及位置精度要求

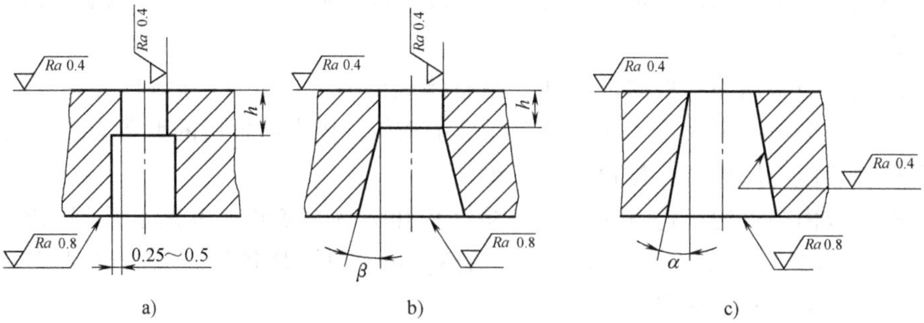

图 2-9 凹模刃口形式

较高，通常主要用于冲孔、冲缺口、切口、切边等较小尺寸的冲裁工艺。图 2-10b 所示为采用螺钉和销直接固定在模板（座）上的整体式凹模，这种整体式凹模由销进行位置定位，螺钉进行紧固连接。整体式凹模采用螺钉和销定位连接的同时，要保证螺孔、螺钉沉孔、销孔与凹模刃口壁间的距离不能太近，否则会影响模具寿命。

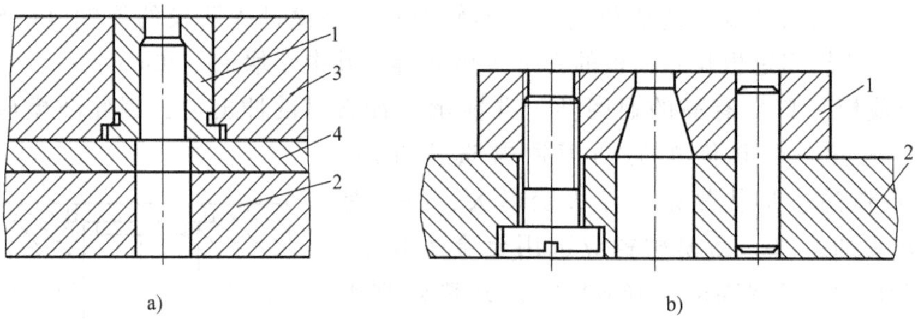

图 2-10 常见凹模结构与固定方法

1—凹模 2—模板（座） 3—凹模固定板 4—垫板

（3）凹模轮廓尺寸的确定 冲裁时凹模承受冲裁力和侧向挤压力的作用。由于凹模结构形式及固定方法不同，受力情况又比较复杂，在生产中，通常根据冲裁的板料厚度和冲裁件的轮廓尺寸，或凹模孔口刃壁间距离，按经验公式来确定凹模轮廓尺寸，如图 2-11 所示。

凹模厚（高）度

$$H=Kb \qquad (H \geqslant 15\text{mm}) \qquad (2\text{-}1)$$

凹模壁厚

$$c=(1.5\sim2)H \qquad (c \geqslant 30\sim40\text{mm}) \qquad (2\text{-}2)$$

式中 b——凹模刃口的最大尺寸；

K——凹模厚度系数（考虑板料厚度的影响），见表 2-2。

根据凹模壁厚即可算出其相应凹模外形尺寸的长与宽，然后可在冲模标准中选取标准值。凹模的材料与凸模一样，其热处理硬度应略高于凸模，达到 60~64HRC。

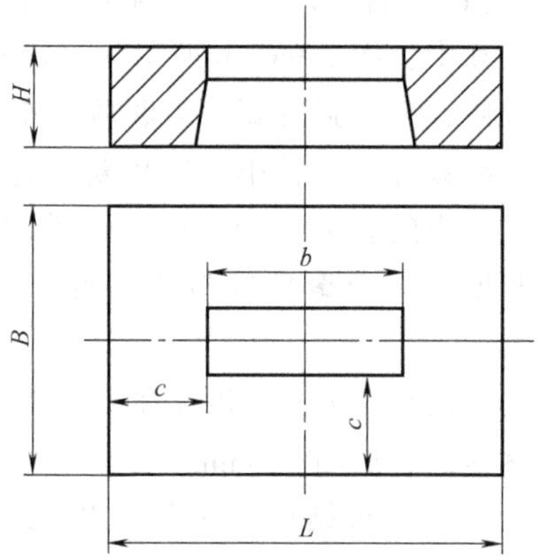

图 2-11 凹模轮廓尺寸确定

表 2-2　凹模厚度系数 K

刃口最大尺寸 b/mm	板料厚度 t/mm		
	≤1	>1~3	>3~6
≤50	0.30~0.40	0.35~0.50	0.45~0.60
>50~100	0.20~0.30	0.22~0.35	0.30~0.45
>100~200	0.15~0.20	0.18~0.22	0.22~0.30
>200	0.10~0.15	0.12~0.18	0.15~0.22

对于多孔凹模，刃口与刃口之间的距离应满足强度要求，可按复合模的凸凹模最小壁厚进行设计。

3. 凸凹模设计

凸凹模是复合模中同时具有落料凸模和冲孔凹模作用的工作零件。它的内、外缘均为刃口，内、外缘之间的壁厚取决于冲裁件的尺寸。从强度方面考虑，其壁厚应受最小值限制。凸凹模的最小壁厚与模具结构有关：当模具为正装结构时，内孔不积存废料，胀力小，最小壁厚可以小些；当模具为倒装结构时，若内孔为直筒形刃口形式且采用下出料方式，则内孔会积存废料，胀力大，故最小壁厚应大些。

凸凹模的最小壁厚值，目前一般按经验数据确定，倒装式复合模的凸凹模最小壁厚见表2-3。正装式复合模的凸凹模最小壁厚可比倒装式的小些。

表 2-3　倒装式复合模凸凹模最小壁厚 δ　　　　（单位：mm）

简图	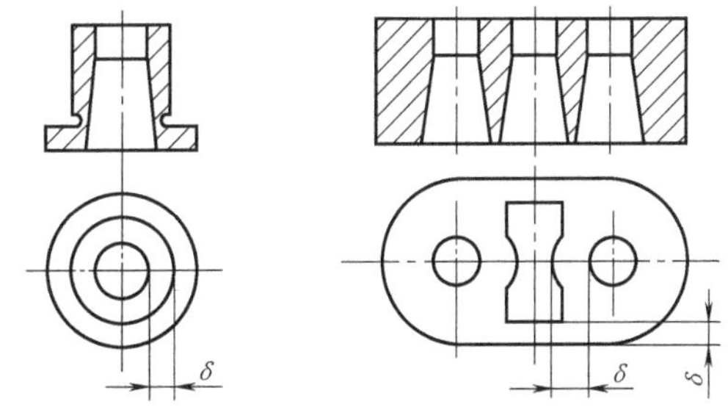										
材料厚度 t	0.4	0.6	0.8	1.0	1.2	1.4	1.6	1.8	2.0	2.2	2.5
最小壁厚 δ	1.4	1.8	2.3	2.7	3.2	3.6	4.0	4.4	4.9	5.2	5.8
材料厚度 t	2.8	3.0	3.2	3.5	3.8	4.0	4.2	4.4	4.6	4.8	5.0
最小壁厚 δ	6.4	6.7	7.1	7.6	8.1	8.5	8.8	9.1	9.4	9.7	10

2.2.2　定位零件设计

冲裁模的定位零件是用来保证条料的正确送进及在模具中的正确位置。控制送料步距的定位，称为挡料；控制条料宽度方向上的定位，称为导料。导料零件有导料板和导料销等；控制送料步距的有挡料销和定距侧刃等。在级进模中，保证冲孔与外形相对位置除采用定距侧刃外，还可采用导正销。单个坯料的定位则采用定位钉或定位板。

冲裁模中与冲裁件（制件）接触的定位零件，其材料通常采用 45 钢，热处理硬度为 43~48HRC。

1. 导料销、导料板

导料销或导料板是对条料或带料的侧向进行导向，以免送偏的定位零件。

条料靠着导料板（又称导尺）或导料销的一侧导向送进，以免送偏。导料销一般为两个，多用于单工序模和复合模。导料板常用于单工序模、级进模和复合模中。导料板有与固定料板分离和制成整体两种结构，如图 2-12 所示。

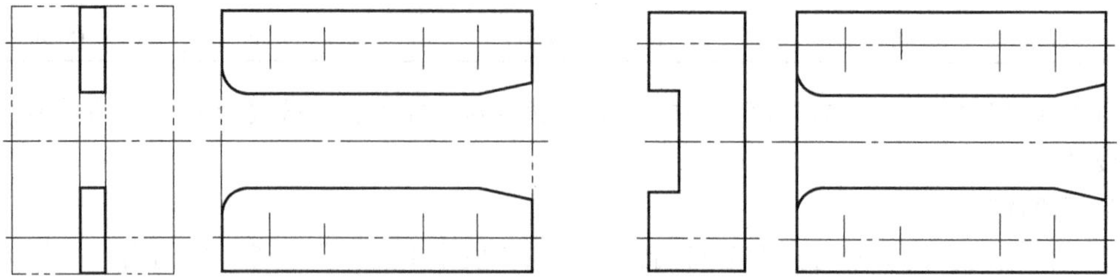

a)　　b)

图 2-12　导料板结构

在模具结构中，通常从右向左送料时，与条料相靠的导料板或导料销装在后侧；从前向后送料时，基准导料板装在左侧。为使条料顺利通过，两导料板间的距离应等于条料宽度加上一个间隙值（见后续排样及条料宽度计算）。导料板的厚度取决于导料方式和板料厚度。

2. 侧压装置

为保证条料紧靠导料板一侧送料，常采用侧压装置，其结构如图 2-13 所示。一般料厚小于 0.3 mm，或用滚轴自动送料时，不宜采用侧压装置。图 2-13a 所示为簧片压块式结构侧压力小，常用于料厚小于 1 mm 的薄料冲裁，一般设置 2~3 个；图 2-13b 所示为弹簧压块式结构，侧压力较大，可用于冲裁厚料。

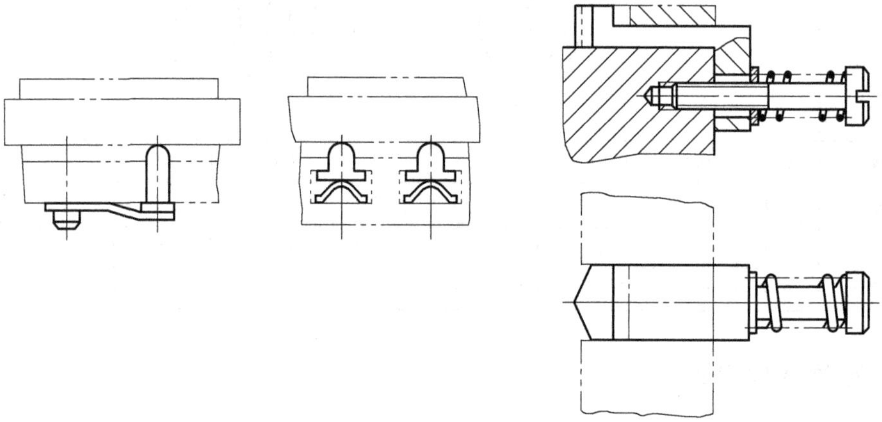

a)　　b)

图 2-13　侧压装置结构形式

3. 挡料销

挡料销起定位作用，用它挡住搭边或制件轮廓，以限定条料送进距离。常用的有固定挡料销、活动挡料销和始用挡料销三种结构形式。

（1）固定挡料销　常用固定挡料销如图 2-14 所示。图 2-14a 所示 A 型挡料销结构简单，制造容易，广泛用于冲制中、小型冲裁件的挡料定距；其缺点是销孔离凹模刃壁较近，削弱了凹模的强度。图 2-14b 所示 B 型挡料销是一种钩形挡料销，这种挡料销的销孔距离凹模刃壁较远，不会削弱凹模强度，但为了防止钩头在使用过程中发生转动，需考虑防转。

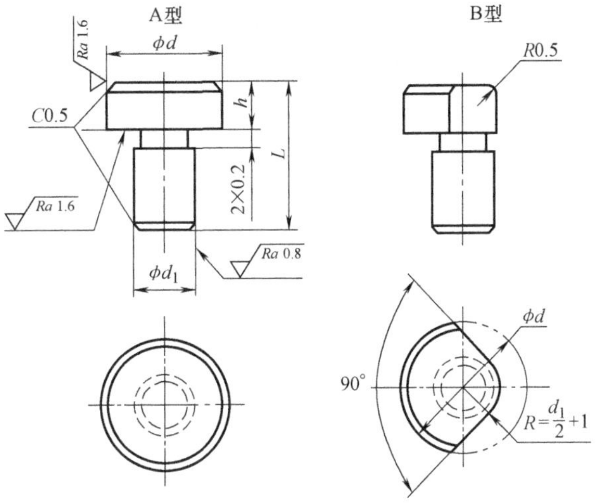

a)　　b)

图 2-14　固定挡料销

（2）活动挡料销　常用活动挡料销的应用示例如图 2-15 所示。图 2-15a 所示为弹簧弹顶挡料装置；图 2-15b 所示为橡胶（直接依靠卸料装置中的弹性橡胶）弹顶挡料装置。

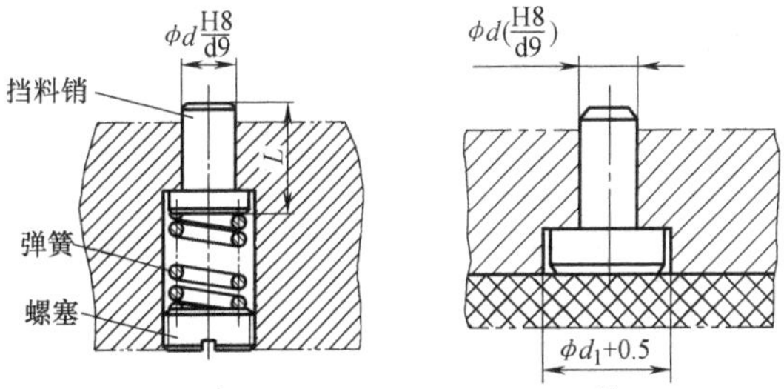

a)　　b)

图 2-15　常用活动挡料销的应用示例

（3）始用挡料销　在级进模中，始用挡料销一般用于条料送进的初始定位。图 2-16 所示为标准结构的始用挡料装置。始用挡料装置一般用于以导料板送料导向的级进模和单工序模中。一副模具用几个始用挡料销，取决于冲裁排样方法及工位数。采用始用挡料销可提高材料利用率。

4. 定距侧刃

定距侧刃常用于级进模中控制送料步距，其标准结构如图 2-17a 所示。按定距侧刃的断面形状，可分为矩形侧刃与成形侧刃两类。图 2-17a 中 A 型为矩形侧刃，其结构与制造较简单，但当刃口尖角磨损后，在条料被冲去的一边会产生毛刺，如图 2-17b 所示，影响正常送进。B、C 型为成形侧刃，产生的毛刺位于条料侧边凹进处，如图 2-17c 所示，所以不会影响送料，但制造难度增加，冲裁废料也增多。B 型为单角成形侧刃，C 型为双角成形侧刃；采用 C 型侧刃时，冲裁受力均匀，且在两侧使用时可减少侧刃种类。

按定距侧刃的工作端面的形状，可分为平形（Ⅰ型）和台阶形（Ⅱ型）两种。Ⅱ型多用于冲裁 1mm 以上较厚的板料，冲裁前凸出部分先进入凹模导向，以改善侧刃在单边受力

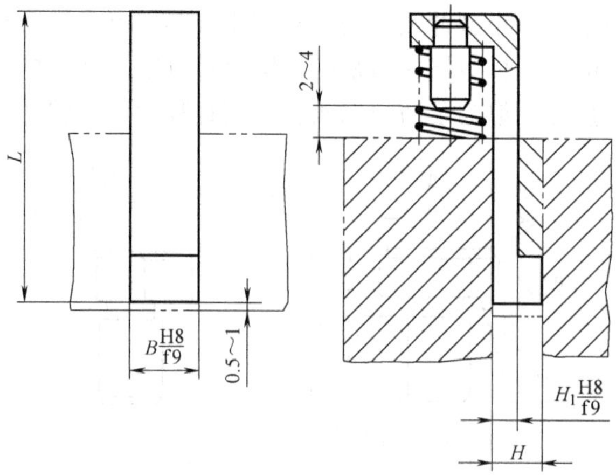

图 2-16　始用挡料装置

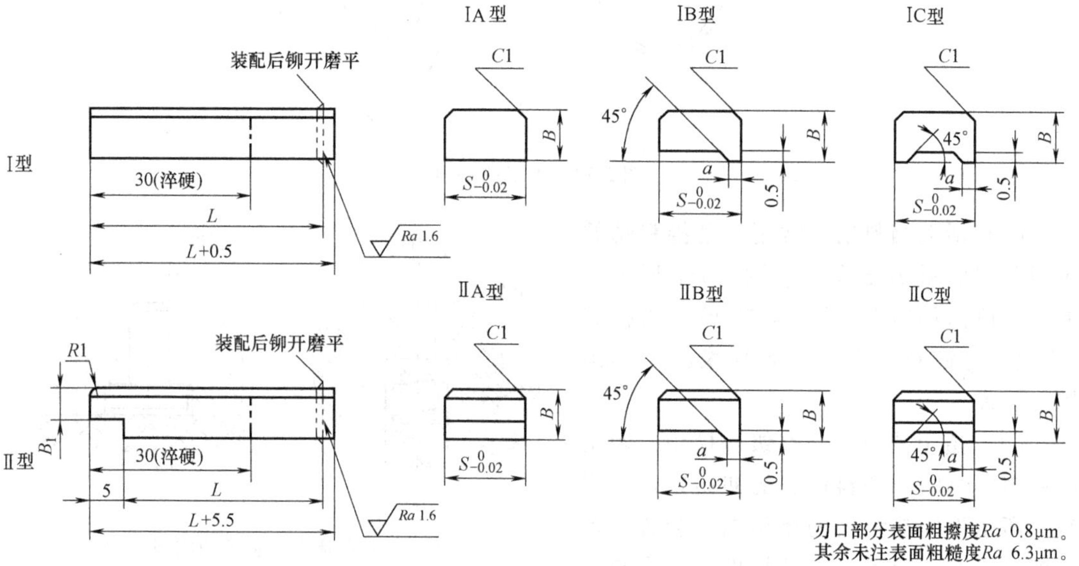

a) 标准结构(Ⅰ型、Ⅱ型)

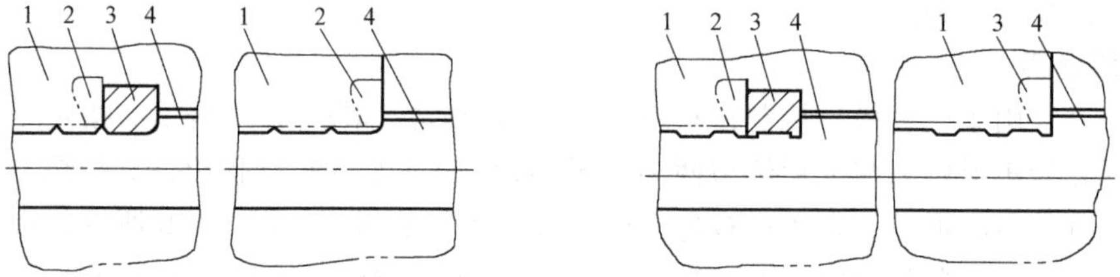

b) 用矩形侧刃产生毛刺,影响送进精度　　c) 用成形侧刃情况

图 2-17　定距侧刃结构

1—导料板　2—侧刃挡块　3—侧刃　4—条料

时的工作条件。定距侧刃的数量可以是一个，也可以是两个；两个侧刃可以有两侧对称或两侧对角两种布置方式，前者用于提高冲裁件的精度或直接形成冲裁件的外形，后者可以保证料尾的充分利用。

5. 导正销

导正销通常与挡料销配合使用，也可以与定距侧刃配合使用。使用导正销的目的是消除送进导向和送料步距或定位板等粗定位的误差，保证孔与外形相对位置公差的要求。导正销主要用于级进模，也可用于单工序模。

国家标准的导正销结构形式有 A、B、C、D 4 种，主要根据孔的尺寸来选择使用，其应用示例如图 2-18 所示。A 型用于导正 $d=2\sim12$mm 的孔，B 型用于导正 $d\leqslant10$mm 的孔，C 型用于导正 $d=4\sim12$mm 的孔，D 型用于导正 $d=12\sim50$mm 的孔。为了使导正销工作可靠，避免折断，其直径一般应大于 2mm。

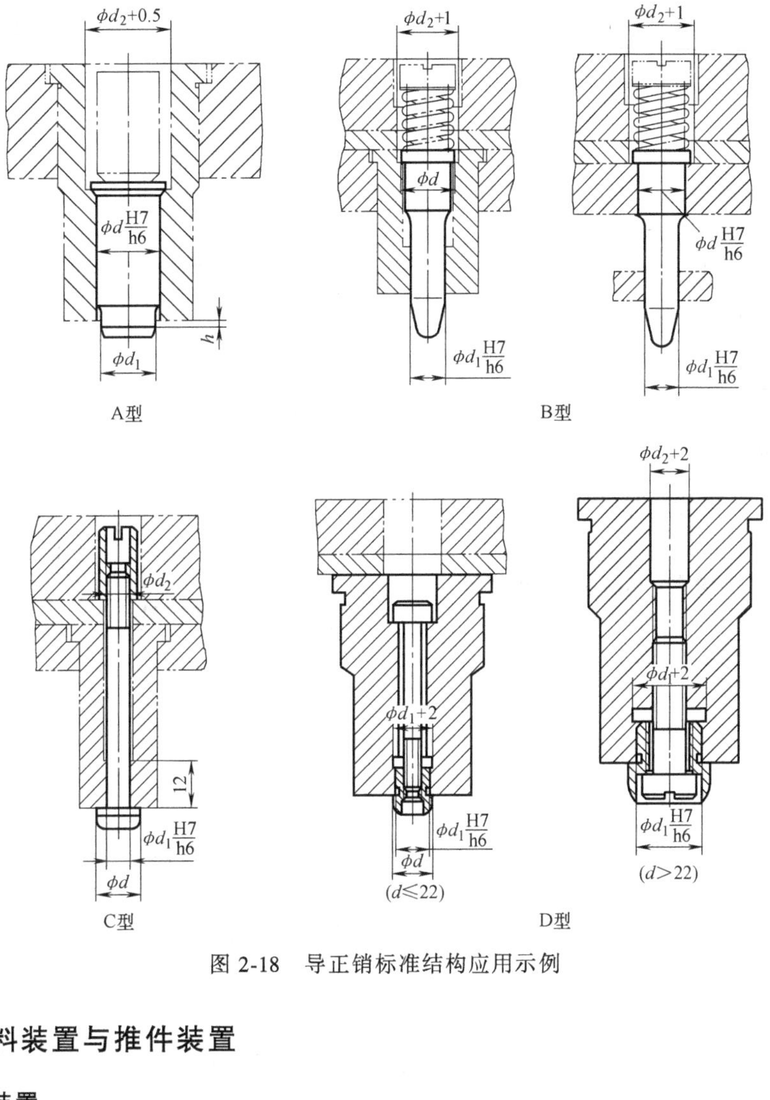

图 2-18　导正销标准结构应用示例

2.2.3　卸料装置与推件装置

1. 卸料装置

从凸模或复合模的凸凹模上，把冲裁后的材料、制件或工序件卸下来的装置，称为卸料装置。卸料装置通常有固定卸料板、弹压卸料装置、废料切刀等几种。

（1）固定卸料板　固定卸料板如图 2-19 所示。图 2-19a、b 所示卸料板用于平板的冲裁卸料：图 2-19a 所示卸料板与导料板为一个整体；图 2-19b 所示卸料板与导料板是分开的。图 2-19c、d 所示卸料板一般用于成形后的工序件的冲裁卸料。

固定卸料板的卸料力大，卸料可靠。由于固定卸料板与制件之间存在着间隙，所以使用固定卸料板的制件平面度不好，设计使用时应根据制件的具体要求而定。

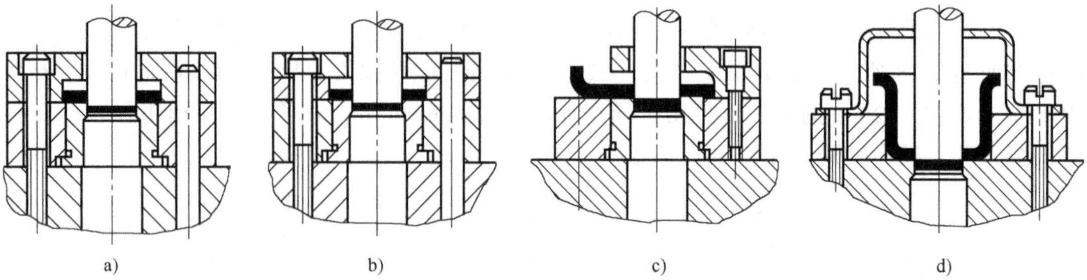

图 2-19　固定卸料板

（2）弹压卸料装置　如图 2-20 所示，弹压卸料装置由卸料板、弹性元件（弹簧或橡胶）、卸料螺钉等零件组成。

弹压卸料装置既起卸料作用又起压料作用，所得制件质量较好，平面度较高。因此，质量要求较高的冲裁件或薄板冲裁宜采用弹压卸料装置。

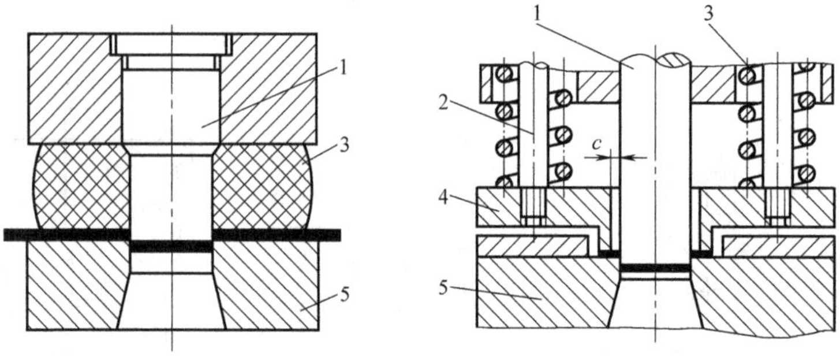

图 2-20　弹压卸料装置

1—凸模　2—卸料螺钉　3—弹性元件　4—卸料板　5—凹模

（3）废料切刀　对于落料或成形件的切边，如果制件尺寸大，卸料力大，往往采用废料切刀代替卸料板，将废料切开而卸料。废料切刀的工作原理如图 2-21 所示。上模部分的凹模向下冲裁、与凸模进行切边，同时把已切下的废料压向废料切刀，通过挤压将其切开。制件形状简单的冲裁模，一般设两个废料切刀；制件形状复杂的冲裁模，可以采用弹压卸料装置加废料切刀进行卸料。

废料切刀的刃口长度应比废料宽度大些，刃口比凸模刃口低，其高度差值 h 大约为板料厚度 t 的 2.5~4 倍，并且不小于 2mm，如图 2-21 所示。

图 2-22 所示为标准的废料切刀的结构。图 2-22a 所示为圆形废料切刀，用于小型模具和

切薄板废料；图 2-22b 所示为方形废料切刀，用于大型模具和切厚板废料。

2. 推件和顶件装置

推件和顶件的目的都是从凹模中卸下制件或废料。向下推出的机构称为推件装置，一般装在上模内；向上顶出的机构称为顶件装置，一般装在下模内。

(1) 推件装置　推件装置主要有刚性推件装置和弹性推件装置两种。

刚性推件装置如图 2-23 所示。它由打杆、推板、连接推杆和推件块组成。有的刚性推件装置不需要推板和连接推杆组成中间传递结构，而由打杆直接推动推件块，甚至直接由打杆推件，如图 2-23b 所示。其工作原理是在冲压结束后上模回程时，利用压力机滑块上的打料杆撞击上模内的打杆与推件板（块），将凹模内的制件推出，其推件力大，工作可靠。

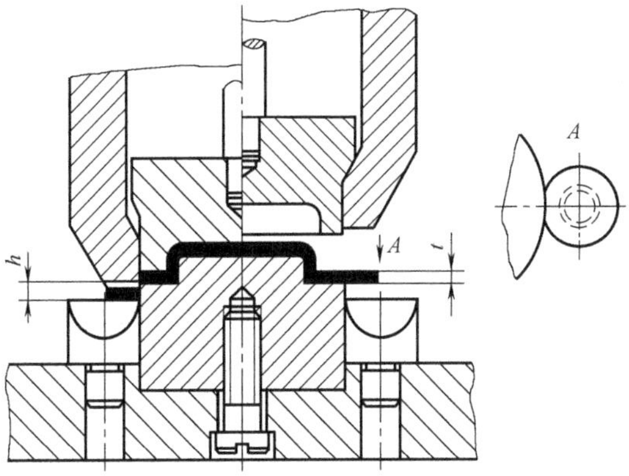

图 2-21　废料切刀的工作原理

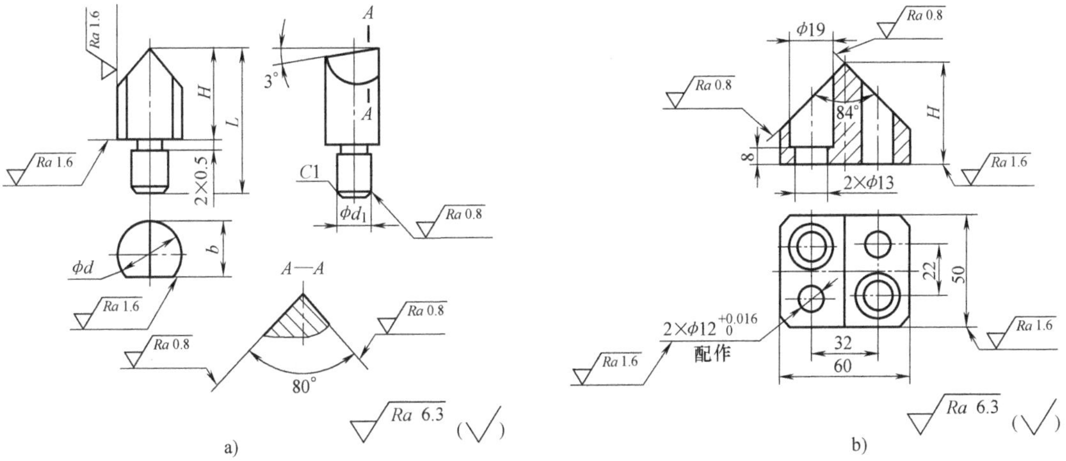

图 2-22　标准废料切刀结构

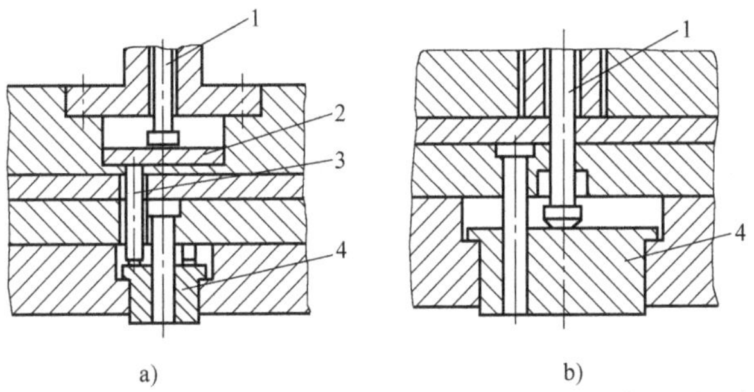

图 2-23　刚性推件装置

1—打杆　2—推板　3—连接推杆　4—推件块

弹性推件装置的弹力来源于弹性元件，它同时起压料和卸料作用，如图 2-24 所示。尽管推件力不大，但推件平稳无撞击，制件质量较高，多用于冲压大型薄板以及制件精度要求较高的模具。

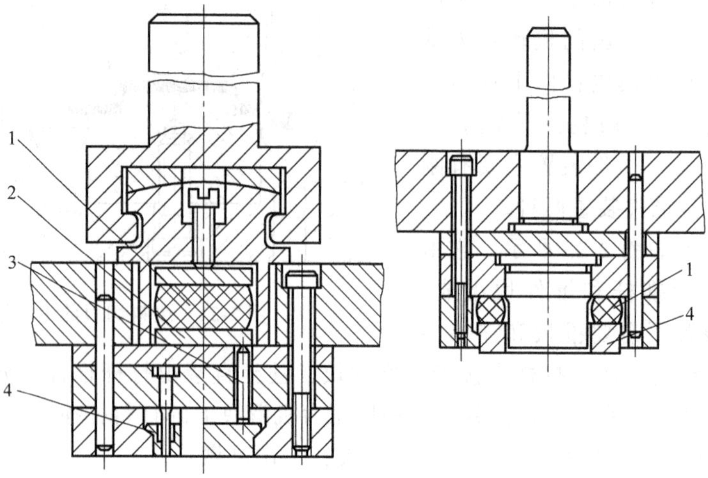

图 2-24　弹性推件装置

1—橡胶　2—推板　3—连接推杆　4—推件块

（2）顶件装置　顶件装置一般是弹性的，其基本组成有顶杆、顶件块和装在下模底下的弹顶器，如图 2-25 所示。弹顶器可以做成通用的，其弹性元件是弹簧或橡胶。这种结构的顶件力容易调节，工作可靠，制件平面度较高。

推件块或顶件块在冲裁过程中是在凹模中运动的零件，对其有如下要求：模具处于闭合状态时，其背后有一定空间，以备修磨和调整的需要；模具处于开启状态时，必须顺利复位，其工作面高出凹模平面，以便继续冲裁；它与凹模和凸模的配合应保证顺利滑动，不发生干涉。为此，推件块和顶件块与凹模为间隙配合，其外形尺寸一般按国标 h8 精度等级制造；也可以根据板料厚度取适当间隙。推件块和顶件块与凸模的配合一般呈较松的间隙配合，也可以根据板料厚度取适当间隙。

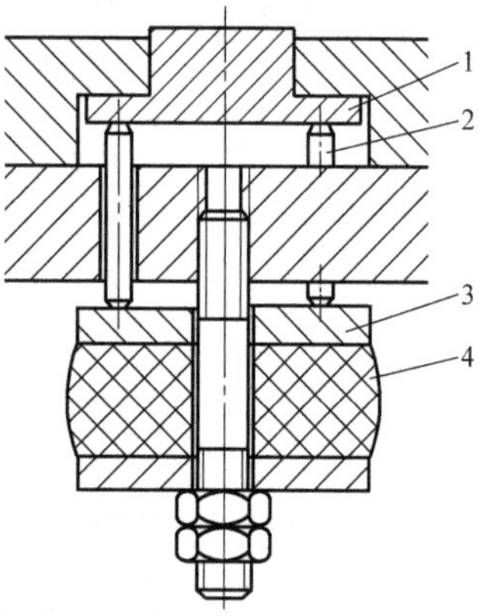

图 2-25　弹性顶件装置

1—顶件块　2—顶杆

3—托板　4—橡胶

2.2.4　标准模架

通常模架是由上模座、下模座、导柱、导套 4 个部分组成，一般标准模架不包括模柄。模架是整副模具的骨架，它是连接冲模主要零件的载体。模具的全部零件都固定在它的上面，并承受冲压过程的全部载荷。模架的上模座和下模座分别与冲压设备的滑块和工作台固定。上、下模间的精确位置，由导柱、导套的导向来实现。

按国家标准，根据模架的导向机构及其摩擦性质的不同，分为滑动导向模架和滚动导向模架两大类。每类模架中，由于导柱的安装位置和导柱数量不同，又分为多种模架形式。

1. 滑动导向模架

冲模滑动导向模架的国家标准代号为 GB/T 2851—2008。模架的结构形式有 5 种，分别为对角导柱模架、后侧导柱模架、中间导柱模架、中间导柱圆形模架和四导柱模架，如图 2-26 所示。滑动导向模架的导柱、导套结构简单，加工、装配方便，应用最广泛。

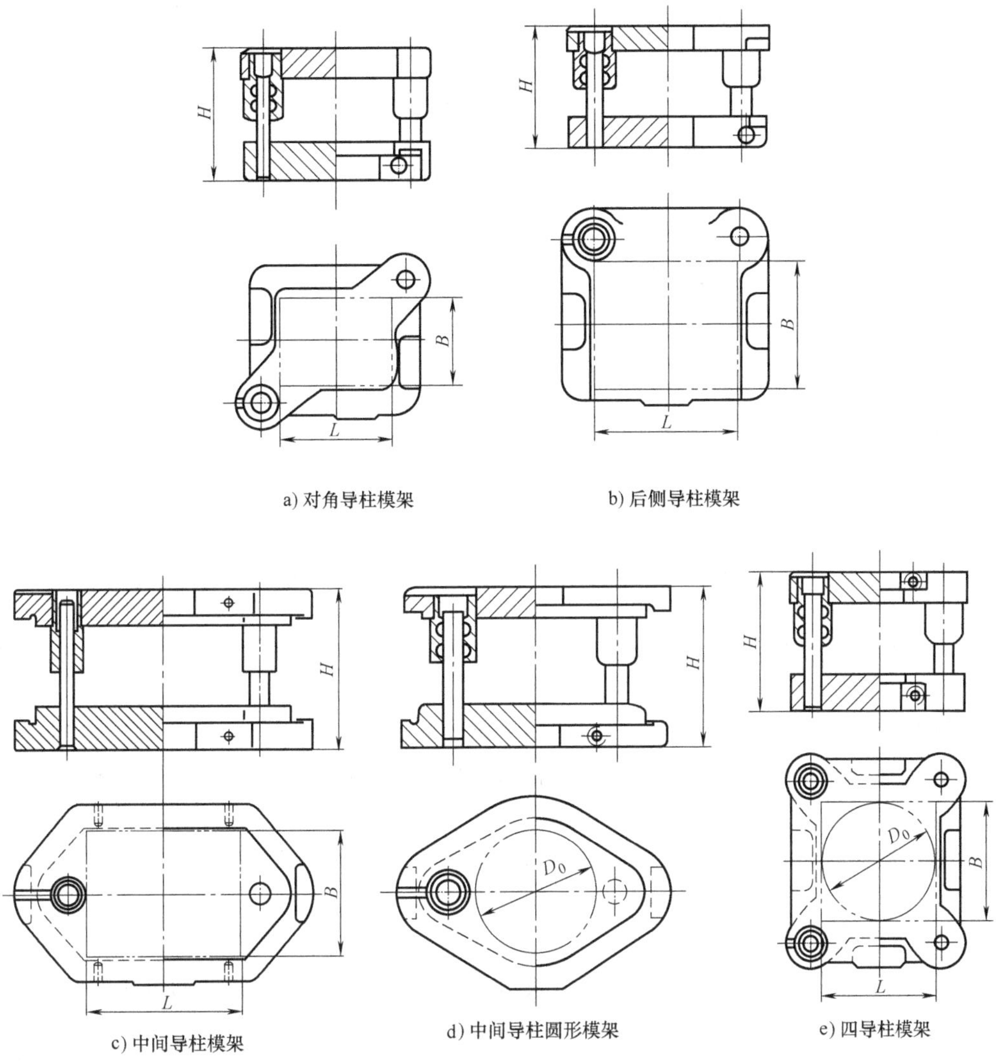

图 2-26 冲模滑动导向模架

2. 滚动导向模架

冲模滚动导向模架的国家标准代号为 GB/T 2852—2008。模架的结构形式有 4 种，分别为对角导柱模架、中间导柱模架、四导柱模架和后侧导柱模架，如图 2-27 所示。

滚动导向模架在导套内镶有成行的滚珠，导柱通过滚珠与导套实现有微量过盈的无间隙配合。因此，滚动导向模架的导向精度高，使用寿命长，运动平稳。

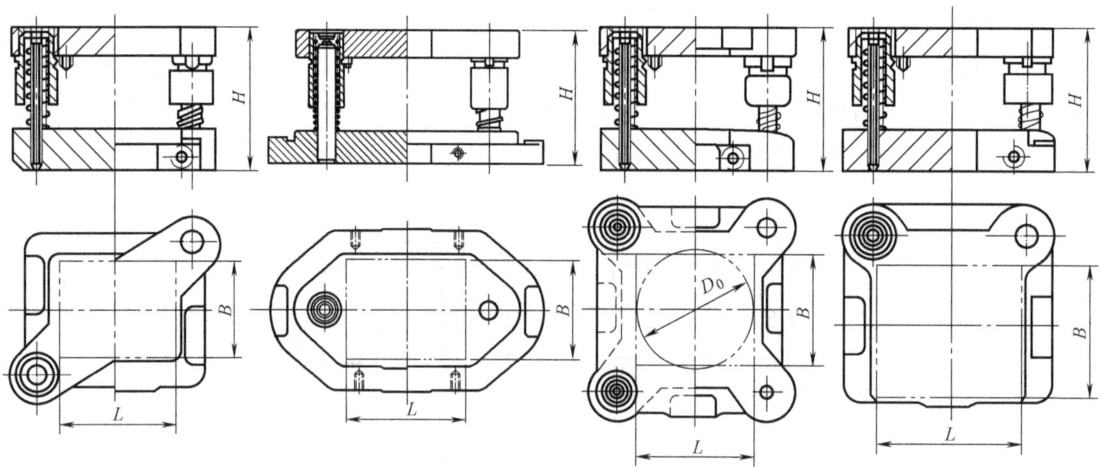

a) 对角导柱模架　b) 中间导柱模架　c) 四导柱模架　d) 后侧导柱模架

图 2-27　冲模滚动导向模架

3. 模架的选用

对角导柱模架、中间导柱模架、四角导柱模架的共同特点是：导向装置都是安装在模具的对称线上，运动平稳，导向准确可靠。所以要求导向精确可靠时都采用这 3 种结构形式。

对角导柱模架的上、下模座的工作平面横向尺寸 L 一般大于纵向尺寸 B，常用于横向送料的级进模、纵向送料的单工序模或复合模。

中间导柱模架只能纵向送料，一般用于单工序模或复合模。

四角导柱模架常用于精度要求较高或尺寸较大的冲裁件的生产，以及大批量生产用的自动模。

后侧导柱模架的特点是导向装置在后侧，横向和纵向送料都比较方便，但如果有偏心载荷，压力机导向又不精确，就会造成上模歪斜，导向装置和凸模、凹模都容易磨损，从而影响模具寿命。此模架一般用于较小的冲模。

模架中的导柱、导套，上、下模座的结构与尺寸，在确定凹模周界尺寸后都可直接由标准中选取。

4. 模柄

中小型模具都是通过模柄固定在压力机滑块上的。对于大型模具，则可用螺钉、压板直接将上模座固定在滑块上。对模柄的基本要求是：一要与压力机滑块上的模柄孔正确配合，安装可靠；二要与上模正确而可靠地连接。标准的模柄结构形式如图 2-28 所示。

（1）压入式模柄　压入式模柄如图 2-28a 所示，它与上模座孔采用过渡配合 H7/m6、H7/h6，并加销以防转动。这种模柄可较好保证其轴线与上模座的垂直度。适用于各种中、小型冲模，生产中最常见。

（2）旋入式模柄　旋入式模柄如图 2-28b 所示，它通过螺纹与上模座连接，并加螺钉防止松动。这种模具拆装方便，但模柄轴线与上模座的垂直度较差，多用于有导柱的中、小型冲模。

（3）凸缘模柄　凸缘模柄如图 2-28c 所示，它用 3～4 个螺钉紧固于上模座，模柄的凸

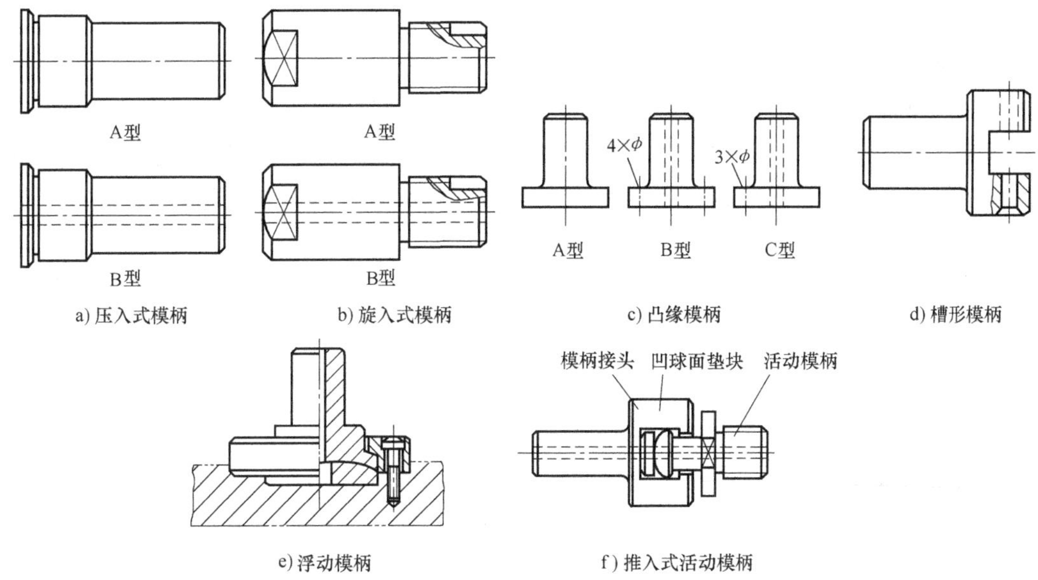

图 2-28　模柄结构形式

缘与上模座的孔采用 H7/js6 过渡配合，多用于较大型的模具。

（4）槽形模柄　槽形模柄如图 2-28d 所示，用于直接固定凸模。它更换凸模方便，也可称为带模座的模柄，主要用于简易模具。

（5）浮动模柄　浮动模柄如图 2-28e 所示，其主要特点是压力机的压力通过凹球面模柄和凸球面垫块传递到上模，以消除压力机导向误差对模具导向精度的影响。它主要用于硬质合金模等精密导柱模。

（6）推入式活动模柄　推入式活动模柄如图 2-28f 所示，它也是一种浮动模柄。压力机的压力通过模柄接头、凹球面垫块和活动模柄传递到上模。因模柄单面开通（呈 U 形），所以使用时，导柱导套不宜脱离。它主要用于精密模具。

2.3　冲裁模设计有关工艺计算

2.3.1　冲裁变形过程

图 2-29 所示为无弹压板时金属材料的冲裁变形过程。当凸模、凹模间隙正常时，其冲裁过程大致可以分为以下 3 个阶段。

（1）弹性变形阶段　凸模的压力作用使材料产生弹性压缩、弯曲和拉伸等变形，材料略被挤入凹模腔内。此时，凸模下的材料略呈下凹形（锅底形），凹模上的材料

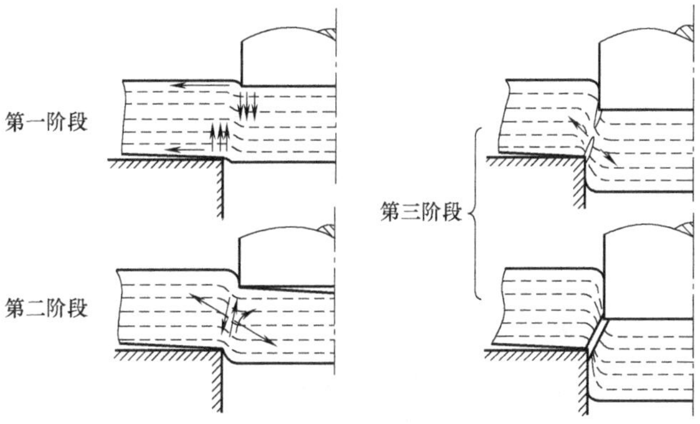

图 2-29　冲裁变形过程

略有上翘；间隙越大，下凹和上翘越严重。在这一阶段中，因材料内部的应力没有超过弹性极限，处于弹性变形状态，当凸模卸载后，材料即恢复原状。

（2）塑性变形阶段　凸模继续下压，材料内的应力达到屈服强度，材料开始产生塑性剪切变形，同时因凸模、凹模间存在间隙，故伴随有材料的弯曲与拉伸变形（间隙越大，变形越大）。随着凸模的不断压入，材料变形抗力不断增加，硬化加剧，变形抗力不断上升，刃口附近产生应力集中，达到塑变应力极限（等于材料的抗剪强度），材料发生塑性变形。

（3）断裂分离阶段　当刃口附近的应力达到材料破坏应力时，凸模、凹模间的材料先后在靠近凸、凹模刃口侧面处产生裂纹，并沿最大切应力方向向材料内层扩展，使材料分离。

2.3.2　冲裁件质量与冲裁间隙

1. 冲裁件质量

冲裁件质量是指断面质量、尺寸精度和形状误差。断面尽可能垂直、光滑、毛刺小；尺寸精度应保证在图样规定的公差范围内；外形应满足图样要求；表面尽可能平直，拱弯小。影响冲裁件质量的因素有：材料性能、间隙大小及均匀性、模具刃口质量、模具结构及排样方法、模具精度等。

冲裁件的断面质量评定包括塌角带 a、光亮带 b、断裂带 c 和毛刺 d 等 4 个方面，如图 2-30 所示。较高质量冲裁件的断面应该是：光亮带较宽，约占整个断面的 1/3 以上，塌角、断裂带和毛刺都很小，整个冲裁件平面无凹、翘现象。

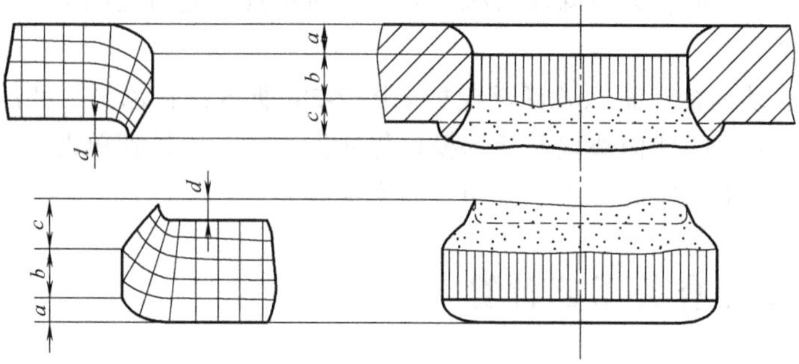

图 2-30　冲裁件的断面状况

冲裁件的尺寸精度是指冲裁件的实际尺寸与公称尺寸之差。差值越小，精度就越高。这个差值包括冲裁件相对于凸模或凹模尺寸的偏差和模具本身的制造偏差两方面。冲裁件的尺寸精度与冲裁模制造精度、材料性质、冲裁间隙和冲裁件的形状等因素有关。

冲裁件的形状误差是指翘曲、扭曲和变形等缺陷。

用普通冲裁方法所能得到的冲裁件，其尺寸精度与断面质量都不太高。金属冲裁件所能达到的尺寸精度为 IT10 ~ IT14，要求高的可达到 IT8 ~ IT10。冲裁件的断面表面粗糙度为 $Ra3.2 \sim 12.5\mu m$，厚料比薄料更差。若要进一步提高冲裁件的质量要求，则要在冲裁后加整修工序或采用精密冲裁法。

2. 冲裁间隙

冲裁间隙是指冲裁模中凸模、凹模刃口横向尺寸的差值。双边间隙用 Z 表示，单边间隙为 $Z/2$。其值可为正，也可为负，但在普通冲裁中，均为正值。间隙值对冲裁件质量、冲裁力和模具寿命均有很大影响，是冲裁工艺与冲裁模设计中的一个非常重要的工艺参数。

（1）冲裁间隙对冲裁件质量的影响　在冲裁间隙合理的条件下，所得冲裁件的断面有一个微小的塌角，有与板平面垂直的光亮带，其断裂带虽然粗糙但比较平坦，虽有斜度但并不大，所产生的毛刺也是不明显的，如图 2-31a 所示。

冲裁间隙过小，会使凸模产生的裂纹向外移动一个距离，如图 2-31b 所示。上、下裂纹不重合，产生第二次剪切，而在剪切面上形成了略带倒锥的第二个光亮带。在第二个光亮带下面存在着潜伏的裂纹。由于间隙过小，板料与模具的挤压作用加大，在最后板料被分离时，冲裁件上有较尖锐的挤出毛刺。

冲裁间隙过大，使凸模产生的裂纹相对于凹模产生的裂纹向里移动一个距离，如图 2-31c 所示。板料受拉伸、弯曲的作用加大，使剪切断面塌角加大，光亮带的高度缩短，断裂带的高度增加、锥度也加大，有明显的拉断毛刺，冲裁件平面可能产生凹、翘现象。

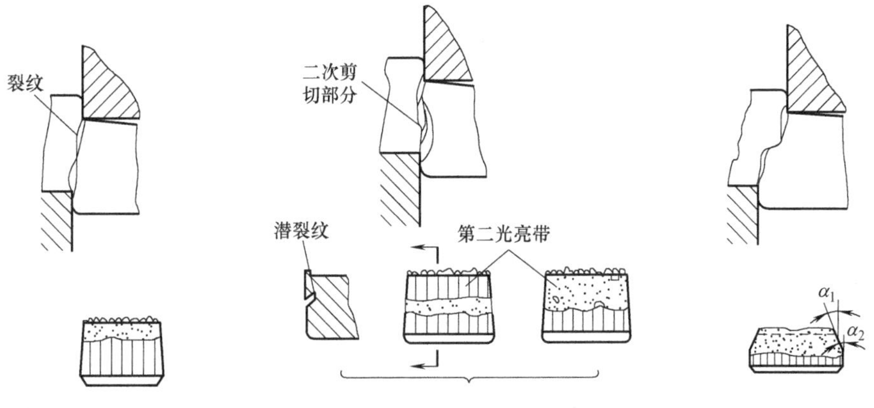

a) 间隙合适　　b) 间隙过小　　c) 间隙过大

图 2-31　冲裁间隙大小对冲裁件断面质量的影响

（2）冲裁间隙对冲裁力的影响　冲裁间隙对冲裁力有明显的影响，特别是对卸料力的影响更为显著。随着间隙的增大，材料所受的拉应力增大，容易断裂分离，因此冲裁力减小；但若继续增大间隙，因裂纹不重合，冲裁力下降缓慢。随着间隙增大，使光亮带变窄，材料的弹性变形使落料件尺寸小于凹模刃口尺寸、冲孔尺寸大于凸模刃口尺寸，因而使卸料力、推件力或顶件力随之减小。反之，随着间隙减小，冲裁力、卸料力、推件力、顶件力都增大。

（3）冲裁间隙对模具寿命的影响　模具寿命分为刃磨寿命和模具总寿命。刃磨寿命是模具在两次刃磨之间所冲出的合格冲裁件的个数；模具总寿命是模具从开始使用到失效为止所冲出的所有合格冲裁件总的个数。

模具的失效形式一般有磨损、崩刃、变形、胀裂、断裂等，冲裁间隙主要影响模具的磨损和胀裂。通常间隙减小时，模具磨损加剧，凹模刃口受到的胀裂力增大，使模具寿命缩短。当间隙增大时，模具磨损减弱，凹模刃口受到的胀裂力减小，有利于延长模具寿命。

为了提高模具寿命，一般需要选用较大间隙。若采用小间隙，就必须提高模具硬度，减小模具的表面粗糙度值，并提供良好润滑，以减小磨损。

3. 间隙值的确定

由于冲裁间隙对冲裁工艺有重大影响，我国制定了国家标准 GB/T 16743—2010《冲裁间隙》，将冲裁间隙值分为 5 类，见表 2-4。

表 2-4 是一个经验数据表。表中 I 类冲裁间隙适用于冲裁件剪切面、尺寸精度要求高的场合；Ⅱ类冲裁间隙适用于冲裁件剪切面、尺寸精度要求较高的场合；Ⅲ类冲裁间隙适用于冲裁件剪切面、尺寸精度要求一般的场合，因残余应力小，能减少破裂现象，适用于继续塑性变形的工件的场合；Ⅳ类冲裁间隙适用于冲裁件剪切面、尺寸精度要求不高的场合，此时应优先采用较大间隙，以利于提高冲裁模的寿命；V 类冲裁间隙适用于冲裁件剪切面、尺寸精度要求较低的场合。

表 2-4　金属板料冲裁间隙值

材　　料	初始间隙(单边间隙)/(%t)				
	Ⅰ类	Ⅱ类	Ⅲ类	Ⅳ类	Ⅴ类
低碳钢 08F、10F、10、20、Q235A	1~2	3~7	7~10	10~12.5	21
中碳钢 45、不锈钢 06Cr18Ni11Ti、40Cr13、膨胀合金 4J29	1~2	3.5~8	8~11	11~15	23
高碳钢 T8A、T10A、65Mn	2.5~5	8~12	12~15	15~18	25
纯铝 1060、1050A、1035、1200，铝合金(软)3A21，黄铜(软)H62，纯铜(软)Tl、T2、T3	0.5~1	2~4	4.5~6	6.5~9	17
黄铜(硬)H62、铅黄铜 HPb59-1、纯铜(硬)Tl、T2、T3	0.5~2	3~5	5~8	8.5~11	25
铝合金(硬)2A12、锡磷青铜 QSn4-4-2.5、铝青铜 QA17、铍青铜 QBe2	0.5~1	3.5~6	7~10	11~13.5	20
镁合金 M2M、ME20M	0.5~1	1.5~2.5	3.5~4.5	5~7	16
电工钢 50Q530、50Q440、50Q360	—	2.5~5	5~9	—	—

注：t 为板料厚度。

表 2-4 所列冲裁间隙值适用于厚度为 $t \leqslant 10$mm 的金属板料。考虑到料厚对间隙的影响，实际选用时可将料厚 t 分成≤1.0mm；1.0~2.5mm；2.5~4.5mm；4.5~7.0mm；7.0~10mm 五档。当料厚 $t \leqslant 1.0$mm 时，各类间隙取其下限值，并以此为基数，随着料厚的增加，逐档递增。

为了方便设计，本书在附录 C 中列出了落料、冲孔模刃口初始双边间隙 Z，可用于一般条件下的冲裁。

2.3.3　凸模与凹模刃口尺寸计算

冲裁件的尺寸精度主要取决于凸模和凹模的刃口尺寸精度，模具的合理间隙也必须靠凸模和凹模刃口来保证。因此，正确确定凸模、凹模刃口尺寸及其公差，是设计冲裁模的主要任务之一。模具工作零件尺寸及其公差的计算方法与加工方法有关，基本上可分为两类。

1. 凸模和凹模分开加工法

这种方法主要适用于圆形或简单刃口。设计时，需在图样上分别标注凸模和凹模的刃口尺寸及其公差，并且保证冲裁模的制造公差与冲裁间隙之间应满足下列条件：

$$|\delta_{凹}|+|\delta_{凸}|\leqslant Z_{max}-Z_{min} \tag{2-3}$$

或取

$$\delta_{凹}=0.6(Z_{max}-Z_{min}) \tag{2-4}$$

$$\delta_{凸}=0.4(Z_{max}-Z_{min}) \tag{2-5}$$

也就是说，新制造的模具应该保证 $|\delta_{凹}|+|\delta_{凸}|+Z_{min}\leqslant Z_{max}$。否则，模具的间隙就超过了允许的变动范围 $Z_{min}\sim Z_{max}$，从而影响模具的使用寿命。

凸模和凹模刃口尺寸的计算公式如下：

落料

$$D_{凹}=(D_{max}-x\Delta)_{0}^{+\delta_{凹}} \tag{2-6}$$

$$D_{凸}=(D_{凹}-Z_{min})_{-\delta_{凸}}^{0}=(D_{max}-x\Delta-Z_{min})_{-\delta_{凸}}^{0} \tag{2-7}$$

冲孔

$$d_{凸}=(d_{min}+x\Delta)_{-\delta_{凸}}^{0} \tag{2-8}$$

$$d_{凹}=(d_{凸}+Z_{min})_{0}^{+\delta_{凹}}=(d_{min}+x\Delta+Z_{min})_{0}^{+\delta_{凹}} \tag{2-9}$$

式中　$D_{凹}$、$D_{凸}$——分别为落料凹模和凸模的公称尺寸；

$d_{凸}$、$d_{凹}$——分别为冲孔凸模和凹模的公称尺寸；

D_{max}——落料件的上极限尺寸；

d_{min}——冲孔件的下极限尺寸；

Δ——冲裁件的尺寸公差；

x——磨损系数，与冲裁件精度有关，当冲裁件公差等级为 IT10 以上时，取 $x=1$；当冲裁件公差等级为 IT11～IT13 时，取 $x=0.75$；当冲裁件公差等级为 IT14 以下时，取 $x=0.5$；

$\delta_{凹}$、$\delta_{凸}$——分别为凹模和凸模的制造公差，一般零件可按冲裁件公差 Δ 的 $\frac{1}{4}\sim\frac{1}{3}$ 来选取，也可分别按照 IT7 和 IT6 选取，公差值可由 GB/T 1800.2—2009 查得，见附录 B。

凸模、凹模分开加工可使凸模、凹模自身具有互换性，便于模具成批制造，但需要较高的公差等级才能保证合理间隙，模具制造困难，加工成本高。

【例 1】 冲制图 2-32 所示冲裁件，材料为 Q215 钢，料厚 $t=0.5$mm。计算冲裁凸模、凹模刃口尺寸及其公差。已知 $Z_{min}=0.04$ mm，$Z_{max}=0.06$mm。

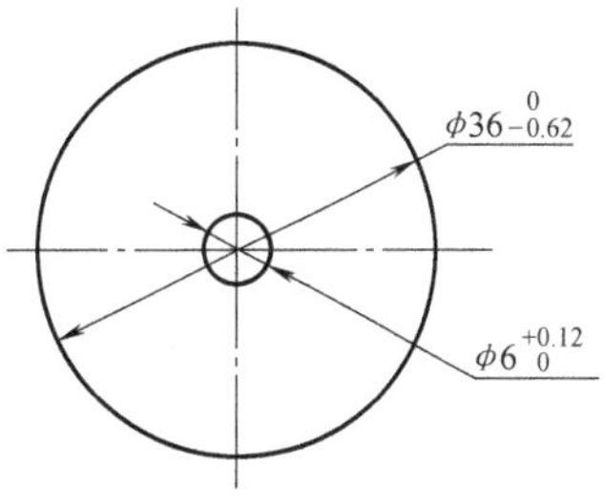

图 2-32　例 1 冲裁件

解：由图可知，该冲裁件属于无特殊要求的一般冲孔、落料件。外形 $\phi 36_{-0.62}^{0}$mm 由落料获得，$\phi 6_{0}^{+0.12}$mm 孔由冲孔获得。

$$Z_{max}-Z_{min}=(0.06-0.04)\text{mm}=0.02\text{mm}$$

$\phi 36_{-0.62}^{0}$mm 的公差等级为 IT14，$x=0.5$；$\phi 6_{0}^{+0.12}$mm 的公差等级为 IT12，$x=0.75$。

凸模、凹模制造公差取

$$\delta_{凸}=0.4(Z_{max}-Z_{min})=0.008\text{mm}$$

$$\delta_{凹}=0.6(Z_{max}-Z_{min})=0.012\text{mm}$$

冲孔时：

$$d_{凸}=(d_{min}+x\Delta)_{-\delta_{凸}}^{0}=(6+0.75\times0.12)_{-0.008}^{0}\text{mm}=6.09_{-0.008}^{0}\text{mm}$$

$$d_{凹}=(d_{凸}+Z_{min})_{0}^{+\delta_{凹}}=(d_{min}+x\Delta+Z_{min})_{0}^{+\delta_{凹}}=(6.09+0.04)_{0}^{+0.012}\text{mm}=6.13_{0}^{+0.012}\text{mm}$$

落料时：

$$D_{凹}=(D_{max}-x\Delta)_{0}^{+\delta_{凹}}=(36-0.5\times0.62)_{0}^{+0.012}\text{mm}=35.69_{0}^{+0.012}\text{mm}$$

$$D_{凸}=(D_{凹}-Z_{min})_{-\delta_{凸}}^{0}=(35.69-0.04)_{-0.008}^{0}\text{mm}=35.65_{-0.008}^{0}\text{mm}$$

2. 凸模和凹模配合加工法

配合加工法，就是先按尺寸和公差制造出凹模或凸模（一般落料先加工出凹模，冲孔先加工出凸模），然后以此为基准件，按最小合理间隙配做另一件。

采用这种方法不仅容易保证冲裁间隙，而且还可以放大基准件的公差，不必检验$|\delta_{凹}|+|\delta_{凸}|\leqslant Z_{max}-Z_{min}$。设计时，基准件的刃口尺寸及其公差应详细标注，而另一非基准件上只标注公称尺寸，不注公差，但应在图样上注明：“凸（凹）模刃口按凹（凸）模实际刃口尺寸配作，保证双边合理间隙值$Z_{min}\sim Z_{max}$。”

目前，工厂对单件生产的模具或冲制复杂形状冲裁件的模具，广泛采用配合加工法进行设计制造。由于复杂形状冲裁件的各部分尺寸性质不同，凸模和凹模磨损情况也不同，存在3类尺寸。

第1类：凸模或凹模在磨损后会增大的尺寸。

第2类：凸模或凹模在磨损后会减小的尺寸。

第3类：凸模或凹模在磨损后基本不变的尺寸。

配合加工法的关键是要正确判断模具刃口各个尺寸在磨损过程中是增大、减小，还是不变这3种情况，具体计算方法如下。

(1) 落料　落料模是以凹模为基准件来配作凸模。根据凹模刃口磨损后尺寸变化情况，分3种情况进行计算，如图2-33所示。

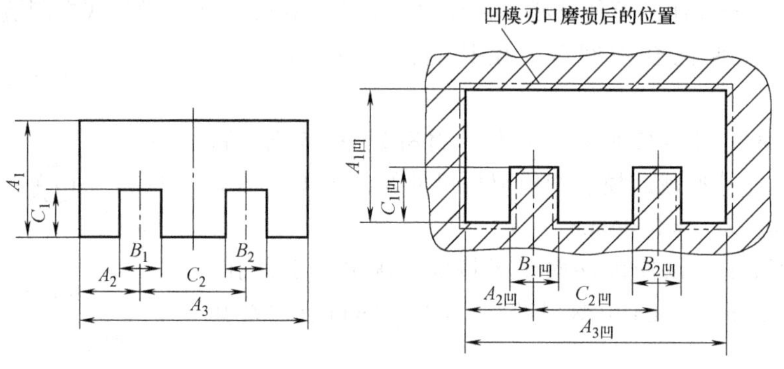

a) 冲裁件尺寸　　b) 凹模刃口轮廓

图2-33　凹模刃口磨损后尺寸变化

凹模磨损后变大的尺寸（A类尺寸，图中A_1、A_2、A_3），按一般落料凹模尺寸公式计算，即

$$A_{凹}=(A_{max}-x\Delta)_{0}^{+\delta_{凹}} \tag{2-10}$$

凹模磨损后变小的尺寸（B类尺寸，图中B_1、B_2），按一般冲孔凸模尺寸公式计算，即

$$B_凹=(B_{min}+x\Delta)_{-\delta_凹}^{0} \tag{2-11}$$

凹模磨损后基本不变的尺寸（C 类尺寸，图中 C_1、C_2），计算公式为

$$C_凹=(C_{min}+0.5\Delta)\pm0.5\delta_凹 \tag{2-12}$$

式中　$A_凹$、$B_凹$、$C_凹$——相应的凹模刃口尺寸；

A_{max}——冲裁件上极限尺寸；

B_{min}、C_{min}——冲裁件下极限尺寸；

Δ——冲裁件尺寸公差；

$\delta_凹$——凹模制造公差，通常取 $\delta_凹=\Delta/4$ 或按 IT7～IT8 选取。

（2）冲孔　冲孔模是以凸模为基准件来配作凹模。凸模刃口尺寸的计算，同样考虑不同的磨损情况分别计算，如图 2-34 所示。

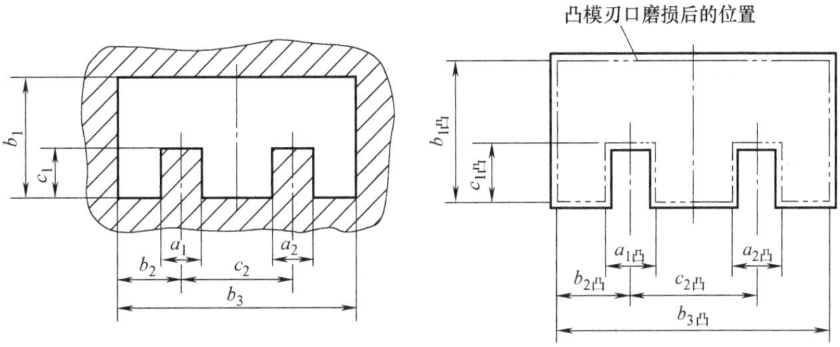

a) 冲裁件内孔尺寸　　b) 冲孔凸模刃口轮廓

图 2-34　冲孔凸模刃口磨损后的变化情况

凸模磨损后变大的尺寸（a 类尺寸，图中 a_1、a_2），因其在冲孔凸模上相当于落料凹模尺寸，故按落料凹模尺寸公式计算，即

$$a_凸=(a_{max}-x\Delta)_{0}^{+\delta_凸} \tag{2-13}$$

凸模磨损后变小的尺寸（b 类尺寸，图中 b_1、b_2、b_3），按冲孔凸模尺寸公式计算，即

$$b_凸=(b_{min}+x\Delta)_{-\delta_凸}^{0} \tag{2-14}$$

凸模磨损后基本不变的尺寸（c 类尺寸，图中 c_1、c_2），计算公式为

$$c_凸=(c_{min}+0.5\Delta)\pm0.5\delta_凸 \tag{2-15}$$

式中　$a_凸$、$b_凸$、$c_凸$——相应的凸模刃口尺寸；

a_{max}——冲裁件内孔上极限尺寸；

b_{min}、c_{min}——冲裁件内孔下极限尺寸；

Δ——冲裁件尺寸公差；

$\delta_凸$——凸模制造公差，通常取 $\delta_凸=\Delta/4$ 或按 IT6～IT7 选取。

当用电火花加工冲裁模时，一般采用成形磨削的方法加工凸模与电极，然后用尺寸与凸模相同或相近的电极（有时甚至直接用凸模作电极）在电火花机床上加工凹模。因此机械加工的尺寸公差只适用于凸模，而凹模的尺寸精度主要取决于电极的尺寸精度和电火花加工间隙的误差。所以，从实质上来说，电火花加工属于配作加工的一种工艺，一般都是在凸模上标注尺寸和公差，而凹模则在图样上注明：“凹模刃口尺寸按凸模实际尺寸配作，保证双

边间隙值为 Z_{min} ~ Z_{max}。”

无论是分开加工法还是配合加工法，在同一工步中冲出冲裁件上的两个孔时，凹模两孔中心距可按下式计算，即

$$L_{凹} = (L_{min} + 0.5\Delta) \pm 0.5\delta_{凹} \quad (2\text{-}16)$$

式中 L_{min}——冲裁件孔距下极限尺寸；

Δ——冲裁件孔距公差；

$\delta_{凹}$——凹模制造公差，通常取 $\delta_{凹} = \Delta/4$ 或按 IT7 ~ IT8 选取。

【例 2】 如图 2-35 所示的落料件，板料厚度 t = 1mm，材料为 10 钢。采用配合加工法，试计算冲裁模的凸模、凹模刃口尺寸及其公差。

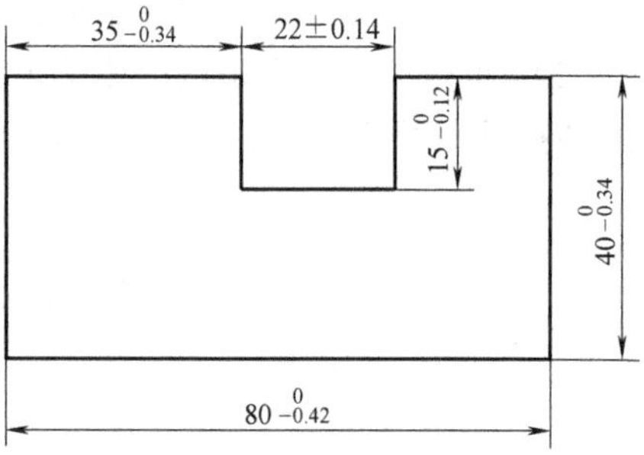

图 2-35 例 2 落料件

其中 Z_{min} = 0.10mm，Z_{max} = 0.14mm。

解： 该冲裁件属落料件，选凹模为设计基准件，只需要计算落料凹模刃口尺寸及其公差，凸模刃口尺寸由凹模实际尺寸按间隙要求配作。

查附录 B 得各尺寸的公差等级对应的 x 值均为 0.75。落料凹模的刃口尺寸计算如下。

第 1 类尺寸：磨损后增大的尺寸

$$A_{凹1} = (80 - 0.75 \times 0.42)^{+0.42/4}_{\ \ 0}\text{mm} = 79.69^{+0.105}_{\ \ 0}\text{mm}$$

$$A_{凹2} = (40 - 0.75 \times 0.34)^{+0.34/4}_{\ \ 0}\text{mm} = 39.75^{+0.085}_{\ \ 0}\text{mm}$$

$$A_{凹3} = (35 - 0.75 \times 0.34)^{+0.34/4}_{\ \ 0}\text{mm} = 34.75^{+0.085}_{\ \ 0}\text{mm}$$

第 2 类尺寸：磨损后减小的尺寸

$$B_{凹1} = (22 - 0.14 + 0.75 \times 0.28)^{\ \ 0}_{-0.28/4}\text{mm} = 22.07^{\ \ 0}_{-0.07}\text{mm}$$

第 3 类尺寸：磨损后基本不变的尺寸

$$C_{凹1} = [(15 - 0.12 + 0.5 \times 0.12) \pm 0.5 \times 0.12/4]\text{mm} = (14.94 \pm 0.015)\text{mm}$$

落料凸模的公称尺寸与凹模相同，分别是 79.69mm，39.75mm，34.75mm，22.07mm，14.94mm，不必标注公差，但要在技术条件中注明：凸模实际刃口尺寸与落料凹模配作，保证最小双边合理间隙值为 0.10mm。

2.3.4 排样

冲裁件在板料、带料或条料上的布置方法称为排样。合理的排样是降低成本和保证冲裁件质量及模具寿命的有效措施。

1. 排样

根据材料的利用情况，排样的方法可分为 3 种，如图 2-36 所示。

（1）有废料排样 如图 2-36a 所示，沿冲裁件的全部外形冲裁，冲裁件与冲裁件之间、冲裁件与条料侧边之间都存在搭边废料。采用有废料排样，冲裁件质量高、模具寿命长，但材料利用率低。

（2）少废料排样 如图 2-36b 所示，沿冲裁件的部分外形切断或冲裁，只在冲裁件与冲裁件之间或冲裁件与条料侧边之间留有搭边。采用这种排样，材料利用率较高，可用于某些

尺寸精度不高的冲裁件排样。

（3）无废料排样　如图 2-36c 所示，冲裁件与冲裁件之间、冲裁件与条料侧边之间均无搭边废料。冲裁件与冲裁件之间沿直线或曲线切断而分开。采用这种排样，材料利用率最高，但对冲裁件的结构形状有要求。设计冲裁件时，应考虑这方面的工艺性。

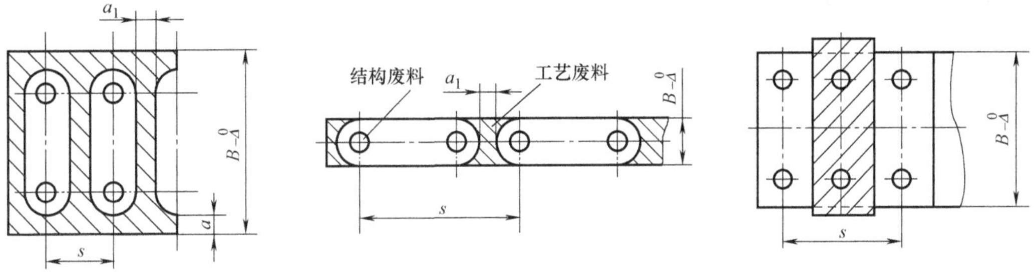

a) 有废料排样　　b) 少废料排样　　c) 无废料排样

图 2-36　排样方法

2. 搭边

排样中相邻两个冲裁件之间的余料或冲裁件与条料边缘间的余料称为搭边。搭边的作用是补偿定位误差，保持条料有一定的刚度，以保证冲裁件质量和送料方便。

搭边值一般由经验确定，可参考表 2-5。

表 2-5　最小搭边值（低碳钢）　（单位：mm）

材料厚度 t	圆形及 $r>2t$ 的冲裁件		矩形冲裁件边长 $L<50$		矩形冲裁件边长 $L\geqslant50$ 或 $r\leqslant2t$ 的冲裁件	
	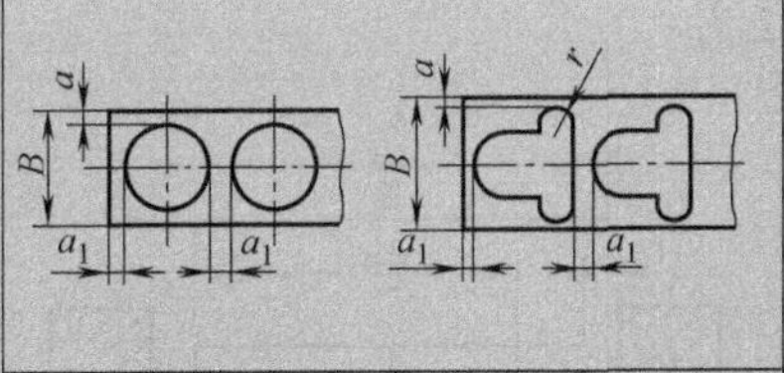		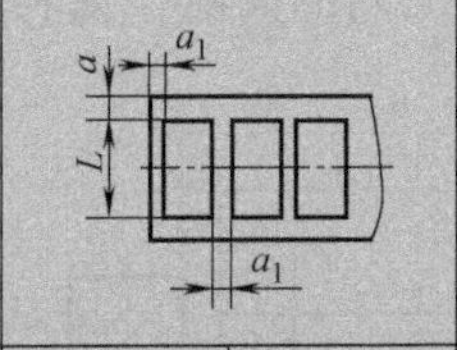		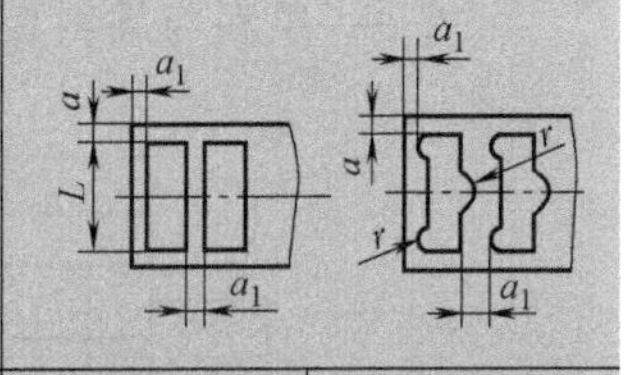	
	冲裁件间搭边 a_1	侧搭边 a	冲裁件间搭边 a_1	侧搭边 a	冲裁件间搭边 a_1	侧搭边 a
<0.25	1.8	2.0	2.2	2.5	2.8	3.0
0.25~0.5	1.2	1.5	1.8	2.0	2.2	2.5
0.5~0.8	1.0	1.2	1.5	1.8	1.8	2.0
0.8~1.2	0.8	1.0	1.2	1.5	1.5	1.8
1.2~1.6	1.0	1.2	1.5	1.8	1.8	2.0
1.6~2.0	1.2	1.5	1.8	2.0	2.0	2.2
2.0~2.5	1.5	1.8	2.0	2.2	2.2	2.5
2.5~3.0	1.8	2.2	2.2	2.5	2.5	2.8
3.0~3.5	2.2	2.5	2.5	2.8	2.8	3.2
3.5~4.0	2.5	2.8	2.5	3.2	3.2	3.5
4.0~5.0	3.0	3.5	3.5	4.0	4.0	4.5
5.0~12	$0.6t$	$0.7t$	$0.7t$	$0.8t$	$0.8t$	$0.9t$

注：表中所列搭边值为低碳钢普通冲裁时的经验数据。其他材料的搭边值可将表中数值乘以相应系数，对于中碳钢，系数为 0.9；对于高碳钢，系数为 0.8；对于硬黄铜，系数为 1~1.1；对于硬铝，系数为 1~1.2；对于软黄铜、纯铜，系数为 1.2；对于铝，系数为 1.3~1.4；对于非金属（皮革、纸、纤维板），系数为 1.5~2。

3. 送料步距

条料在模具上每次送进的距离称为送料步距（简称步距或进距）。每个送料步距冲出一个冲裁件，也可以冲出几个冲裁件。送料步距的大小应为条料上两个对应冲裁件的对应点之间的距离，如图 2-36 中的 s。

4. 条料宽度计算

条料宽度的确定原则是：最小条料宽度要保证冲裁时冲裁件周边有足够的搭边值；最大条料宽度要能使条料顺利地在导料板之间送进，并与导料板之间有一定的间隙。因此，在确定条料宽度时必须考虑模具的结构中是否采用侧压装置和侧刃，根据不同结构进行计算。

（1）有侧压装置　如图 2-37a 所示，导料板间有侧压装置时或用手将条料紧贴单边导料板（销）时，按下式计算条料宽度

$$B_{-\Delta}^{\ 0}=(D_{\max}+2a)_{-\Delta}^{\ 0} \tag{2-17}$$

（2）无侧压装置。如图 2-37b 所示，条料在无侧压装置的导料板间送进时，按下式计算条料宽度

$$B_{-\Delta}^{\ 0}=(D_{\max}+2a+C)_{-\Delta}^{\ 0} \tag{2-18}$$

式中　B——条料宽度；

a——冲裁件与条料侧边之间的搭边值，见表 2-5；

$D_{\max}$——冲裁件垂直于送料方向的最大尺寸；

Δ——条料剪料时的下偏差，见表 2-6；

C——条料与导料板之间的间隙，见表 2-7。

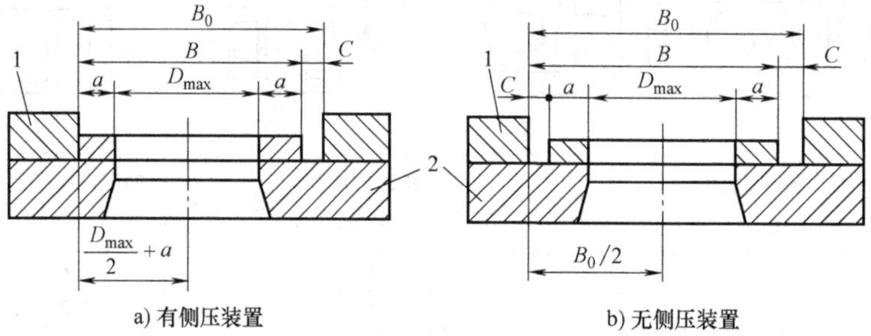

图 2-37　条料宽度的确定

1—导料板　2—凹模

表 2-6　剪板机剪料的下偏差 Δ　（单位：mm）

条料厚度	条料宽度			
	≤50	>50~100	>100~200	>200~400
≤1	0.5	0.5	0.5	1.0
>1~3	0.5	1.0	1.0	1.0
>3~4	1.0	1.0	1.0	1.5
>4~6	1.0	1.0	1.5	2.0

表 2-7 条料与导料板之间的间隙 C （单位：mm）

条料厚度	无侧压装置			有侧压装置	
	条料宽度				
	≤100	>100~200	>200~300	≤100	>100
≤1	0.5	0.5	1	5	8
>1~5	0.8	1	1	5	8

5. 材料利用率计算

材料利用率是一个送料步距内制件的实际面积与所需板料面积之比的百分率，一般 η 表示，即

$$\eta=\frac{S}{S_0}\times100\%=\frac{S}{AB}\times100\% \tag{2-19}$$

式中 A——在送料方向，排样图中相邻两个制件对应边的距离；

B——条料宽度；

S——一个送料步距内制件的实际面积；

S_0——一个送料步距所需板料面积。

2.3.5 冲压力的计算

冲压力是指冲裁力、卸料力、推件力和顶件力的总称。

1. 冲裁力的计算

$$F=KLt\tau_b \tag{2-20}$$

或

$$F\approx LtR_m \tag{2-21}$$

式中 F——冲裁力（N）；

τ_b——材料的抗剪强度（见附录 A）（MPa）；

L——冲裁件周边长度（mm）；

t——材料厚度（mm）；

K——系数，一般取 $K=1.3$；

R_m——材料的抗拉强度（见附录 A）（MPa）。

2. 卸料力、推件力和顶件力的计算

卸料力、推件力和顶件力的计算如图 2-38 所示。

（1）卸料力 将箍在凸模上的材料卸下时所需的力。

$$F_{卸}=K_{卸}F \tag{2-22}$$

（2）推料力 将落料件顺着冲裁方向从凹模孔口推出时所需的力。

$$F_{推}=nK_{推}F \tag{2-23}$$

（3）顶件力 将落料件逆着冲裁方向顶出凹模刃口时所需的力。

$$F_{顶}=K_{顶}F \tag{2-24}$$

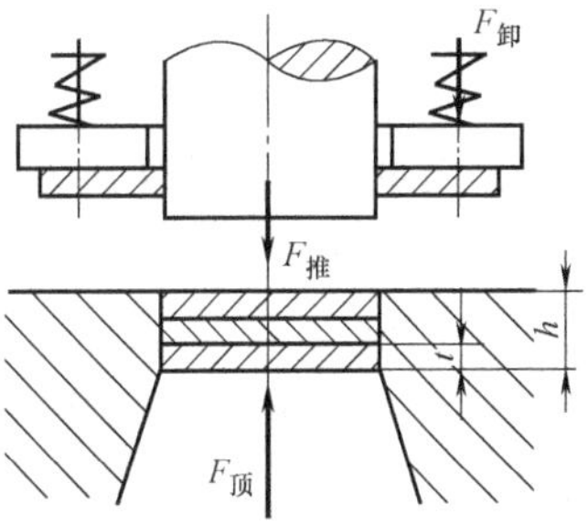

图 2-38 卸料力、推件力和顶件力的计算

式中 n——积存在凹模内的冲裁件数量，$n=h/t$；

h——凹模直壁孔口的高度；

t——板料厚度；

$F_{卸}$、$F_{推}$、$F_{顶}$——分别为卸料力、推件力和顶件力（N）；

$K_{卸}$、$K_{推}$、$K_{顶}$——分别为卸料力、推件力和顶件力系数，其值见表 2-8；

F——冲裁力。

表 2-8　卸料力、推件力和顶件力系数

材　料			$K_{卸}$	$K_{推}$	$K_{顶}$
钢	料厚 t/mm	≤0.1	0.065~0.075	0.1	0.14
		>0.1~0.5	0.045~0.055	0.065	0.08
		>0.5~2.5	0.04~0.05	0.055	0.06
		>2.5~6.5	0.03~0.04	0.045	0.05
		>6.5	0.02~0.03	0.025	0.03
铝、铝合金			0.025~0.08	0.03~0.07	
纯铜、黄铜			0.02~0.06	0.03~0.09	

3. 压力机公称力的确定

冲裁时，压力机的公称力必须大于或等于冲压力（$F_{总}$），$F_{总}$为冲裁力 F、卸料力 $F_{卸}$、推件力 $F_{推}$ 或顶件力 $F_{顶}$ 的总和。

当模具结构采用弹压卸料装置和下出件方式时：

$$F_{总}=F+F_{推}+F_{卸}$$

当模具结构采用弹压卸料装置和上出件方式时：

$$F_{总}=F+F_{顶}+F_{卸}$$

当模具结构采用刚性卸料装置和下出件方式时：

$$F_{总}=F+F_{推}$$

2.3.6　模具压力中心的计算

模具的压力中心是指冲压力合力的作用点。计算压力中心的目的是：

① 使冲裁压力中心与压力机滑块中心相重合，避免产生偏弯矩，以减少模具导向机构的不均匀磨损。

② 保持冲裁间隙的稳定性，防止刃口局部迅速变钝，从而提高冲裁件的质量和模具的使用寿命。

③ 合理布置凹模型孔位置。

1. 简单形状冲裁件压力中心的计算

1）对称形状的冲裁件，其压力中心位于刃口轮廓图形的几何中心上。

2）等半径 R 的圆弧段的压力中心，位于任意角 2α 的角平分线上，且距离圆心为 y 的点上，如图 2-39 所示，有

$$y=180R\sin\alpha/\pi\alpha=Rs/b \qquad (2\text{-}25)$$

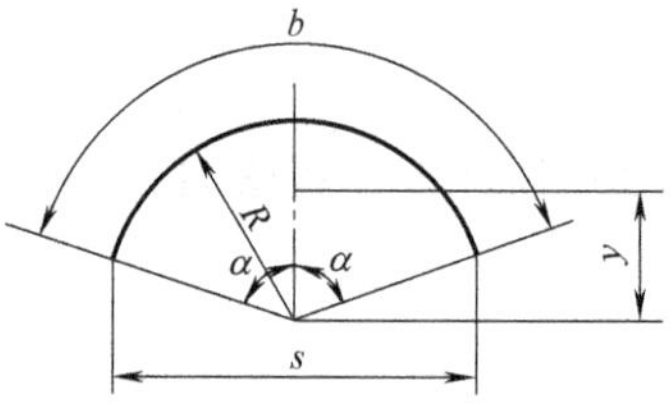

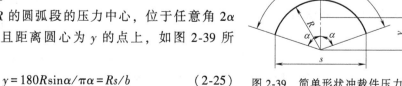

图 2-39　简单形状冲裁件压力中心

2. 多凸模冲裁件或复杂冲裁件压力中心的计算

多凸模冲裁件或复杂冲裁件的压力中心如图 2-40 所示。可根据力学中的力矩平衡原理进行计算，即各分力对某坐标轴力矩之和等于其合力对该坐标轴的力矩。计算步骤如下：

1）根据排样方案，按比例画出排样图（或冲裁件的轮廓图）。

2）根据排样图，选取特征点为原点建立坐标系 Oxy（或任选坐标系 Oxy，选取的坐标轴不同，则压力中心位置也不同）。

3）将冲裁件分解成若干基本线段 l_1、l_2、…、l_n，并确定各线段长度（因冲裁力与轮廓线长度成正比关系，故用轮廓线长度代替 F）。

4）确定各线段长度几何中心的坐标（x_i，y_i）。

5）计算各基本线段的重心到 y 轴的距离 x_1、x_2、…、x_n 和到 x 轴的距离 y_1、y_2、…、y_n，则根据力矩平衡原理可得压力中心的计算公式为

$$x_0=\frac{l_1x_1+l_2x_2+\cdots+l_nx_n}{l_1+l_2+\cdots+l_n} \tag{2-26}$$

$$y_0=\frac{l_1y_1+l_2y+\cdots+l_ny_n}{l_1+l_2+\cdots+l_n} \tag{2-27}$$

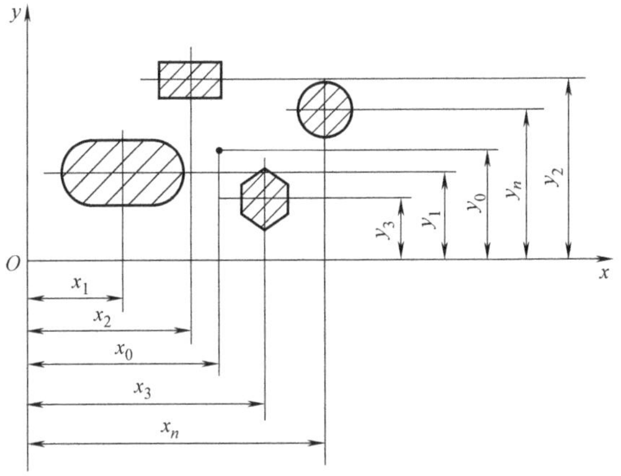

a) 多凸模冲裁件

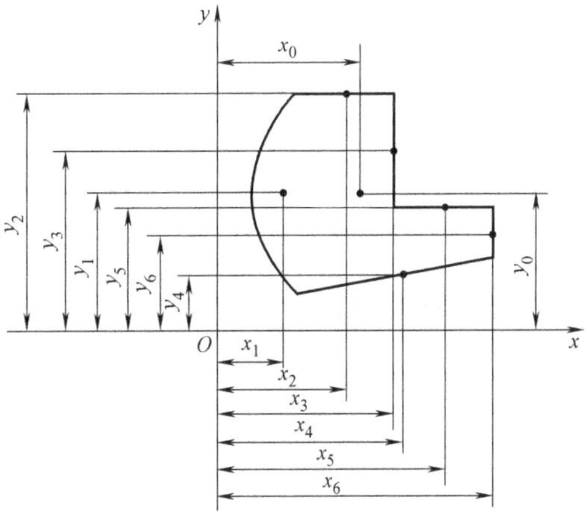

b) 复杂冲裁件

图 2-40　多凸模冲裁件或复杂冲裁件的压力中心

2.4　冲裁模设计步骤及实例

冲裁模设计的总原则是：在满足制件尺寸精度的前提下，力求使模具的结构简单，操作方便，材料消耗少，制件成本低。

2.4.1 冲裁模设计步骤

1. 分析产品制件的工艺性，拟定工艺方案

1）先审查产品制件是否符合冲裁工艺性要求。

2）在分析制件工艺性的基础上，确定冲裁工艺方案，这是制订冲裁工艺过程的核心。在确定冲裁工艺方案时，应考虑制件精度、批量、工厂条件、模具加工水平及工人操作水平等方面的因素，有时还需进行必要的工艺计算。

2. 冲裁工艺计算及设计

（1）排料及材料利用率的计算　选择合理的排料方式、决定搭边值、确定条料的宽度，力求取得最佳的材料利用率。

（2）刃口尺寸的计算　如前所述，确定凸模、凹模的加工方法，按其不同的加工方法分别计算出凸模、凹模的刃口尺寸。

（3）冲压力、压力中心的计算及冲压设备的初步选择　如前所述，计算出冲压力及压力中心，并根据冲压力初步选定冲压设备。此时仅按所需压力选择设备。冲压设备是否符合闭合高度要求，还需待确定模具结构后再做校核与选择，以最终确定设备的类型及规格。

3. 冲裁模结构设计

1）确定凹模尺寸。在计算出凹模的刃口尺寸的基础上，再计算出凹模的壁厚，并确定凹模外轮廓尺寸。在确定凹模壁厚时，要注意三个问题：①须考虑凹模上螺孔、销孔的布置；②应使压力中心与凹模的几何中心基本重合；③应尽量按国家标准选取凹模的外形尺寸。

2）根据凹模的外轮廓尺寸及冲压要求，从冲模标准中选出合适的模架类型。

3）画冲裁模装配图。

4）画冲裁模零件图。

5）编写技术文件。

2.4.2 冲裁模设计实例

冲裁件（压板）如图 2-41 所示，材料为 Q235，料厚为 2mm，材料的抗剪强度为 350MPa，制件小批量生产。试完成其冲裁工艺与模具设计。

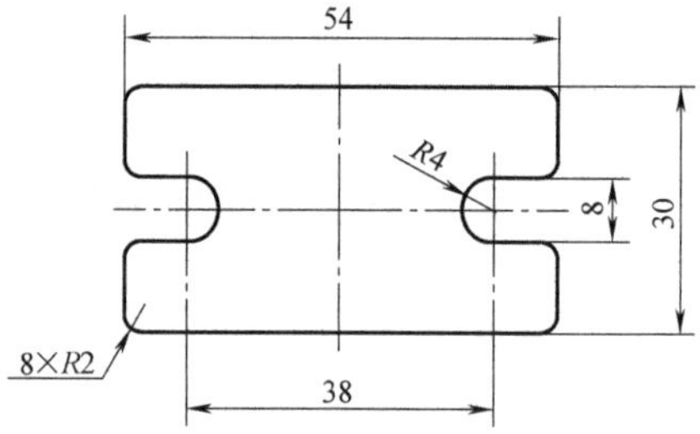

图 2-41　冲裁件（压板）

1. 冲裁件的工艺性分析

（1）结构工艺性　该冲裁件结构简单，形状对称，凹槽大于 1.5 倍料厚，可以直接冲出。

（2）精度　该冲裁件的尺寸均为自由公差，可以通过普通冲裁方式保证冲裁件的精度要求。

（3）原材料　Q235 是常用冲压材料，具有良好的塑性，适合冲裁加工。综上所述，该冲裁件具有良好的冲裁工艺性，适合冲裁加工。

2. 工艺方案确定

该冲裁件只需要完成落料一道工序，可采用单工序冲裁的方案。

3. **模具总体设计**

(1) 送料及定位方式　采用手工送料，浮动导料销导料，固定挡料销挡料。

(2) 卸料与出件方式　采用弹性卸料装置卸料，制件直接由凸模从凹模孔中推出。

(3) 模架的选用　选用中间导柱导向的滑动导向模架。

4. **工艺计算**

(1) 排样设计　根据冲裁件的形状，这里选用有废料的单排排样类型，查表2-5得搭边 $a_1=2.0\text{mm}$，侧搭边 $a=2.2\text{mm}$，则条料宽度 $B=54\text{mm}+2\text{mm}\times2.2=58.4\text{mm}$，送料步距 $s=(30+2)\text{mm}=32\text{mm}$。查表2-6得裁板下偏差 $\Delta=1.0\text{mm}$，于是得到图2-42所示的排样图。

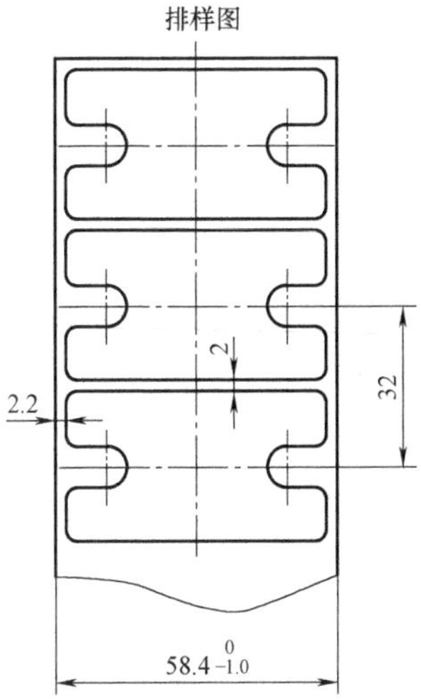

图2-42　排样图（压板）

根据公式（2-19），材料利用率为

$$\eta=\frac{S}{S_0}\times100\%=\frac{54\times30-2\times8\times8-3.14\times4^2}{58.4\times32}\times100\%=77\%$$

(2) 冲压力计算　由于采用单工序落料模，则总压力只有冲裁力，根据公式（2-20）得

$$F=KLt\tau_b=1.3\times(54\times2+22\times2+8\times4+3.14\times8)\times2\times350\text{N}$$
$$=190\text{kN}$$

(3) 初选设备　由计算出的冲压力，选择J23-25压力机，查得其主要参数如下。

公称力：250kN；

最大闭合高度：270mm，闭合高度调节量：55mm；

工作台尺寸：370mm×560mm；

模柄孔尺寸：ϕ50×70mm。

(4) 压力中心的计算　由于冲裁件简单对称，其压力中心不需计算，就在对称的几何中心上。

5. **模具零件设计**

(1) 工作零件设计　工作零件包括凸模和凹模。凸模和凹模采用配合加工法制造，即落料时以凹模为基准，只需要计算凹模刃口尺寸和公差，再按最小合理间隙配作凸模。

1) 冲裁间隙。由于冲裁件有平面度的要求，这里选用Ⅱ类冲裁间隙。由表2-4查得：$Z/2=(3\%\sim7\%)t$，即 $Z_{min}/2=0.03\times2\text{mm}=0.06\text{mm}$，$Z_{min}=0.12\text{mm}$；$Z_{max}/2=0.07\times2\text{mm}=0.14\text{mm}$，$Z_{max}=0.28\text{mm}$。

2) 凹模刃口的尺寸公差按照IT8选取；冲裁件尺寸公差按IT14选取，对应的 x 值为0.5，公差值由GB/T 1800.2—2009（见附录B）查得。落料凹模刃口尺寸计算如下：

第1类尺寸：磨损后增大的尺寸

$$A_{凹1}=(54-0.5\times0.74)_{\ 0}^{+0.046}\text{mm}=53.63_{\ 0}^{+0.046}\text{mm}$$

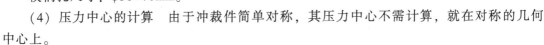

$$A_{凹2}=(30-0.5\times0.52)_{\ 0}^{+0.033}\text{mm}=29.74_{\ 0}^{+0.033}\text{mm}$$

$$A_{凹3}=(2-0.5\times0.25)^{+0.014}_{0}\text{mm}=1.88^{+0.14}_{0}\text{mm}$$

第 2 类尺寸：磨损后减小的尺寸

$$B_{凹1}=(8-0.18+0.5\times0.36)^{0}_{-0.022}\text{mm}=8^{0}_{-0.022}\text{mm}$$

$$B_{凹2}=(4-0.15+0.5\times0.3)^{0}_{-0.018}\text{mm}=4^{0}_{-0.018}\text{mm}$$

第 3 类尺寸：磨损后基本不变的尺寸

$$C_{凹1}=[(38-0.31+0.5\times0.62)\pm0.5\times0.039]\text{mm}=38\pm0.019\text{mm}$$

凸模的公称尺寸与凹模相同，分别是 53.63mm，29.74mm，8mm，4mm，38mm，不必标注公差，但要在技术条件中注明：凸模实际刃口尺寸与凹模配作，保证最小双边合理间隙值为 0.12mm。

3）凹模采用整体式结构，外形为矩形。首先由经验公式（2-1）、式（2-2）计算出凹模外形的参考尺寸，再查标准得到凹模外形的标准尺寸。

凹模厚（高）度　　$H=Kb=0.35\times54\text{mm}=18.9\text{mm}$，取 $H=25\text{mm}$

凹模壁厚　　$c=1.5H=1.5\times18.9\text{mm}=28.35\text{mm}$，取 $c=30\text{mm}$

凹模长　　$L=(53.63+2\times30)\text{mm}=113.63\text{mm}$

凹模宽　　$B=(29.74+2\times30)\text{mm}=89.74\text{mm}$

查 GB/T 2851—2008，中间导柱模架，取凹模外形标准值 $L\times B\times H$ 为 125mm×100mm×25mm。

（2）其他板类零件设计　当凹模外形尺寸确定后，即可根据凹模外形尺寸查有关标准或资料得到模座、凸模固定板、垫板、卸料板的外形尺寸。

查 GB/T 2851—2008，规格（$L\times B$）为 125mm×100mm 的中间导柱模架，其对应的上、下模座的尺寸分别由 GB/T 2855.1—2008、GB/T 2855.2—2008 查得：上、下模座的规格为 125mm×100mm×35mm。导柱尺寸由 GB/T 2861.1—2008 查得：左、右导柱的规格分别为 A22mm×130mm 和 A25mm×130mm。导套尺寸由 GB/T 2861.3—2008 查得：左、右导套的规格分别为 A22mm×80mm×28mm 和 A25mm×80mm×28mm。

凸模固定板的外形尺寸由 JB/T 7643.2—2008 查得为 125mm×100mm×20mm。垫板、卸料板的外形尺寸由 JB/T 7643.3—2008 查得为 125mm×100mm×8mm。

（3）模柄的选用　根据初选设备 J23-25 模柄孔的尺寸，查 JB/T 7646.1—2008 得：压入式模柄 A50mm×105mm。

6. 设备校核

设备校核主要指校验模具最大外形尺寸是否小于压力机工作台面尺寸，模具的闭合高度是否小于压力机最大闭合高度。

模具的最大外形尺寸（长度×宽度）为 296mm×163mm，J23-25 压力机的工作台面尺寸为 370mm×560mm；模具的高度为（35+25+8+20+20+8+35）mm＝151mm，J23-25 压力机的最大闭合高度为 270mm，因此所选设备合适。

7. 绘制模具装配图、零件图

压板落料模装配图如图 2-43 所示。

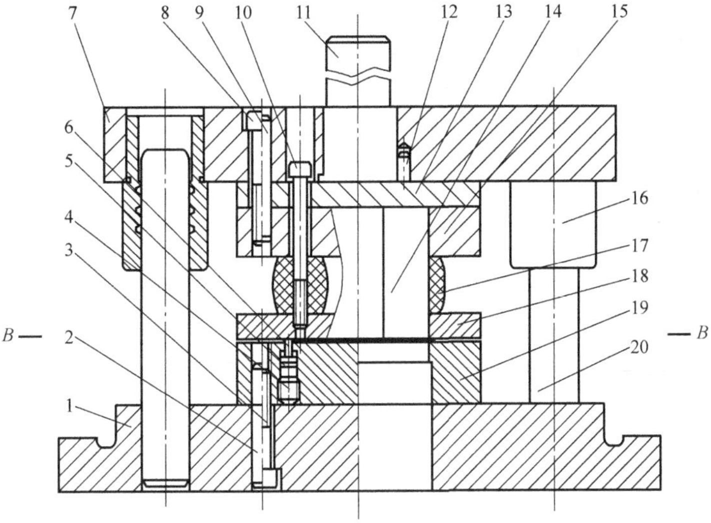

工件图

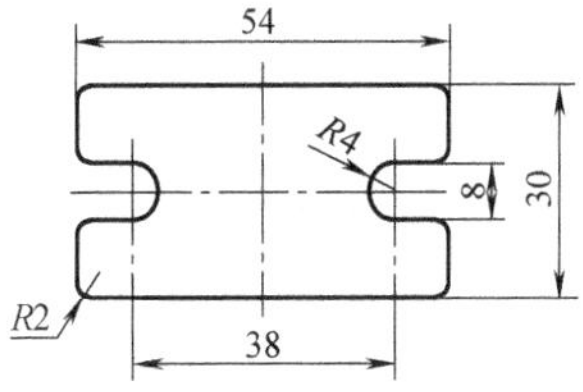

排样图

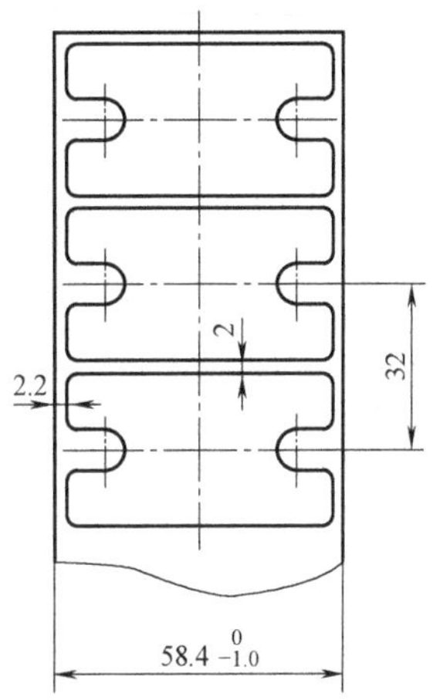

B—B

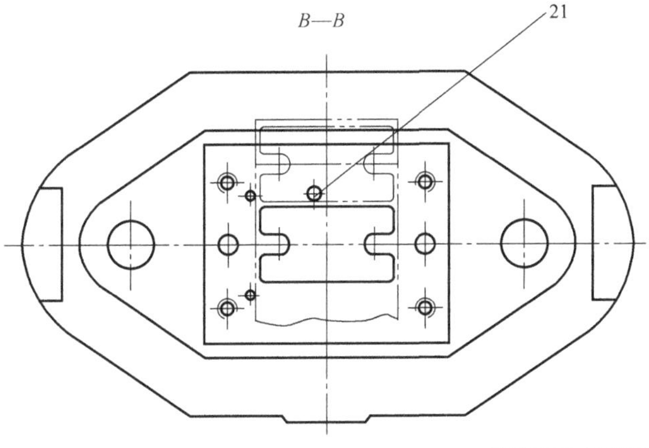

技术要求

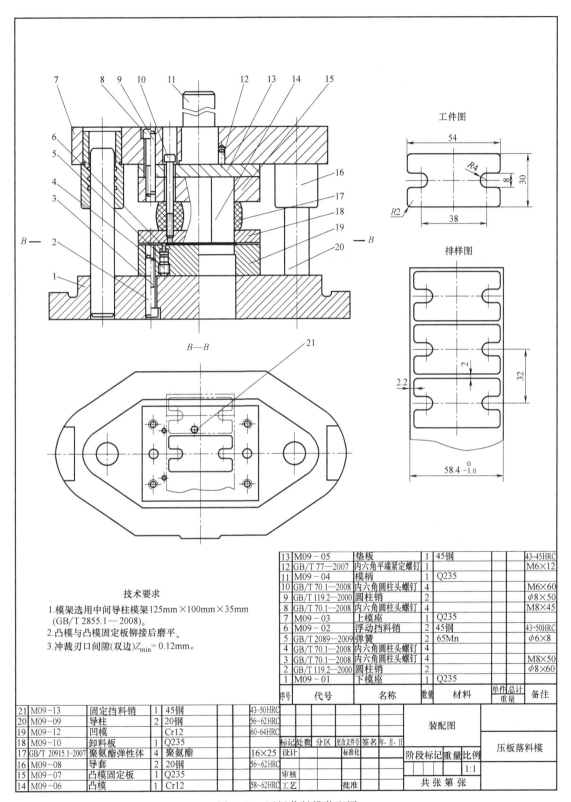

1.模架选用中间导柱模架125mm×100mm×35mm (GB/T 2855.1—2008)。
2.凸模与凸模固定板铆接后磨平。
3.冲裁刃口间隙(双边)Z_{min}= 0.12mm。

序号	代号	名称	数量	材料	单件重量	总计重量	备注
21	M09-13	固定挡料销	1	45钢			43~50HRC
20	M09-09	导柱	2	20钢			56~62HRC
19	M09-12	凹模		Cr12			60~64HRC
18	M09-10	卸料板	1	Q235			
17	GB/T 20915.1-2007	聚氨酯弹性体	4	聚氨酯			16×25
16	M09-08	导套	2	20钢			56~62HRC
15	M09-07	凸模固定板	1	Q235			
14	M09-06	凸模	1	Cr12			58~62HRC
13	M09-05	垫板	1	45钢			43~45HRC
12	GB/T 77—2007	内六角平端紧定螺钉	1				M6×12
11	M09-04	模柄	1	Q235			
10	GB/T 70.1—2008	内六角圆柱头螺钉	4				M6×60
9	GB/T 119.2—2000	圆柱销	2				ϕ8×50
8	GB/T 70.1—2008	内六角圆柱头螺钉	4				M8×45
7	M09-03	上模座	1	Q235			
6	M09-02	浮动挡料销	2	45钢			43~50HRC
5	GB/T 2089—2009	弹簧	2	65Mn			ϕ6×8
4	GB/T 70.1—2008	内六角圆柱头螺钉	4				
3	GB/T 70.1—2008	内六角圆柱头螺钉	4				M8×50
2	GB/T 119.2—2000	圆柱销	2				ϕ8×60
1	M09-01	下模座	1	Q235			

标记	处数	分区	更改文件号	签名	年、月、日	装配图			压板落料模
设计			标准化			阶段标记	重量	比例	
审核								1:1	
工艺			批准			共 张 第 张			

图 2-43　压板落料模装配图

落料凹模如图 2-44 所示，材料为 Cr12，热处理 60～64HRC。

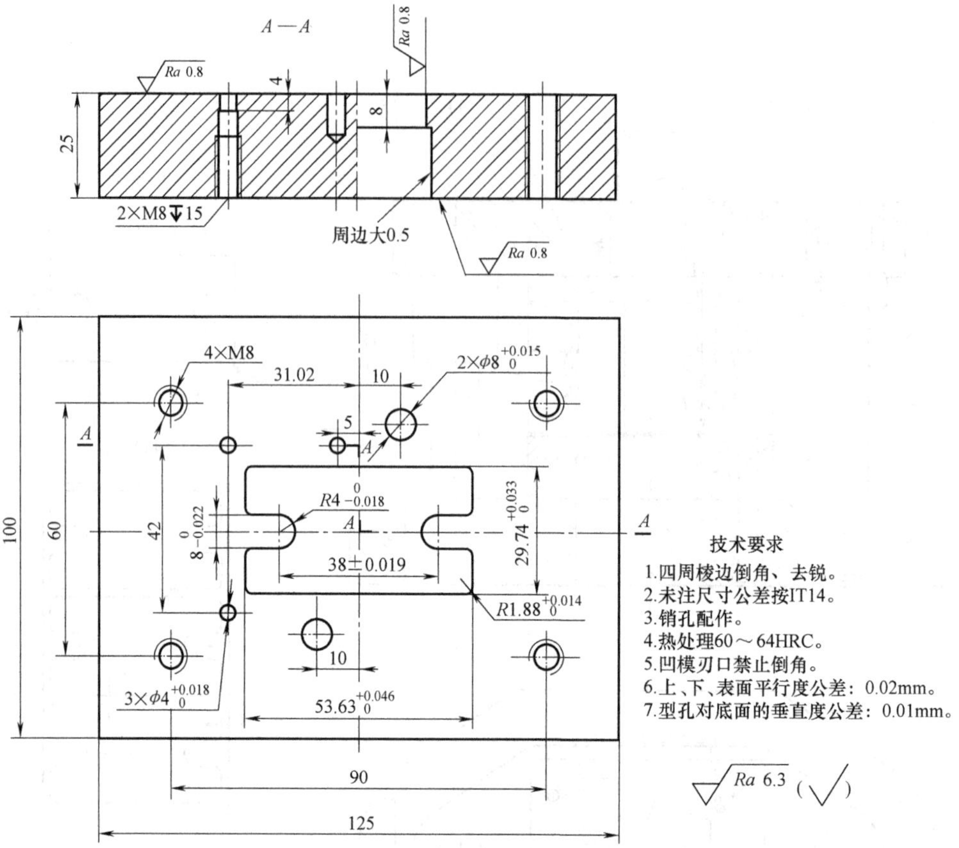

图 2-44　落料凹模

冲孔凸模如图 2-45 所示。材料选用 Cr12，热处理 58～62HRC。

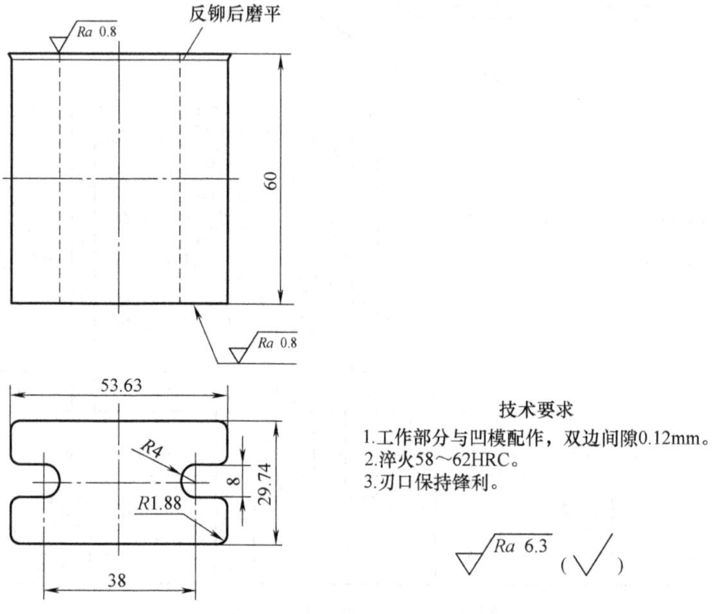

图 2-45　冲孔凸模

凸模固定板、卸料板分别如图 2-46、图 2-47 所示。

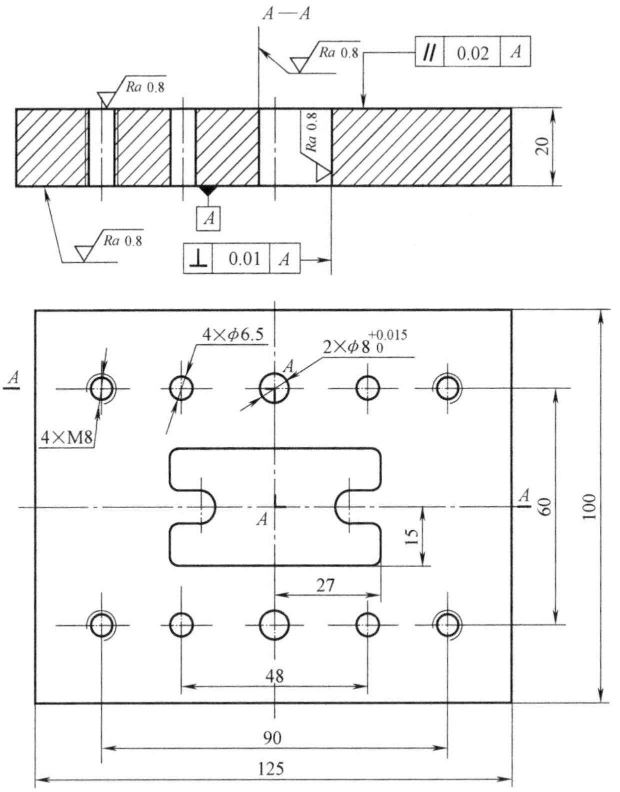

技术要求

1.型孔尺寸按凸模单边小0.01mm。
2.倒角、去锐。
3.未注尺寸公差按IT14。
4.销孔配作。

图 2-46　凸模固定板

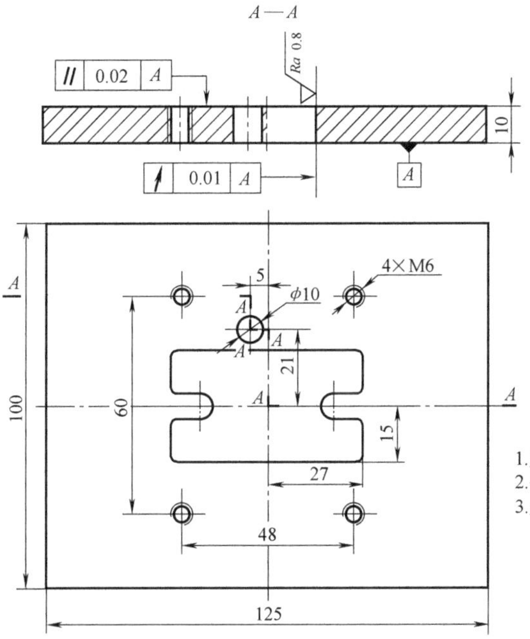

技术要求

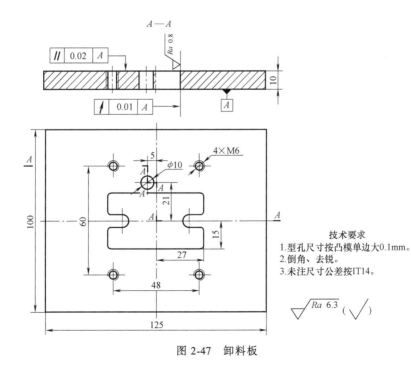

1.型孔尺寸按凸模单边大0.1mm。
2.倒角、去锐。
3.未注尺寸公差按IT14。

图 2-47　卸料板

思考与练习

1. 简述冲裁件的断面特征和影响断面特征的因素。

2. 分析冲裁间隙对冲裁件质量、冲裁力、模具寿命的影响。生产中如何选择合理的冲裁间隙？

3. 冲裁凸模、凹模刃口尺寸计算方法有哪几种？各有何特点？分别适用于什么场合？

4. 简述排样类型及排样类型的选择方法。

5. 试比较单工序模、级进模和复合模的结构特点及应用。

6. 按分开加工法计算图 2-48 所示冲裁件的凸模、凹模刃口尺寸及其公差。

7. 图 2-49 所示的冲裁件，材料为 15 钢，料厚为 2 mm，材料的抗剪强度 τ_b 为 450MPa，采用两工位级进冲裁，请计算：

(1) 冲裁力、冲裁压力中心。

(2) 冲裁凸模与凹模刃口部分尺寸。

(3) 分别绘制冲孔和落料的公差带图。

(4) 绘制模具结构图。

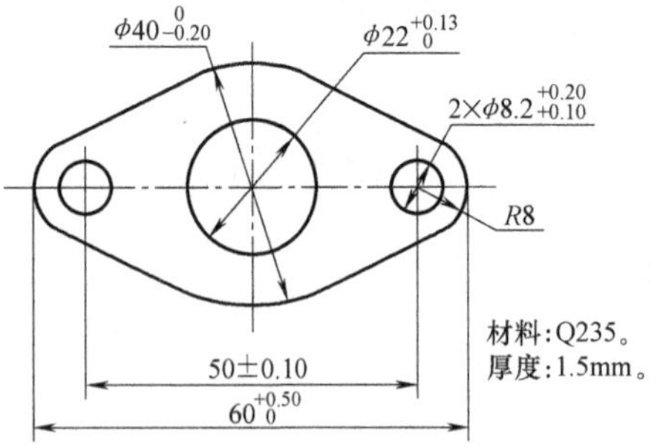

图 2-48　第 6 题图

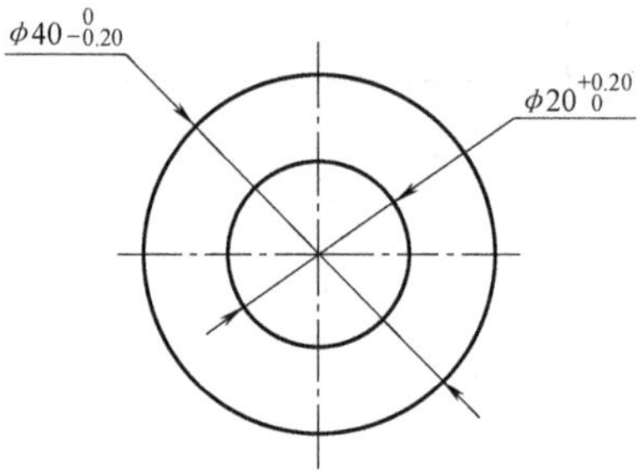

图 2-49　第 7 题图

第3章 弯曲模设计

将板料及棒料、管料、型材弯曲成具有一定形状和尺寸的弯曲制件的冲压工艺称为弯曲。弯曲是冲压加工的基本工艺之一，应用极为广泛。根据弯曲件的形状和弯曲工艺所用设备及工艺装备的不同，弯曲的方法分为压弯、折弯、滚弯和拉弯等。本章介绍在压力机上利用模具对板料进行压弯加工的弯曲模设计。

3.1 弯曲模典型结构

3.1.1 单工序弯曲模

1. V形件弯曲模

图3-1所示为V形件弯曲模，是弯曲V形件最常用的模具结构，主要由凸模3、凹模5、顶杆9和定位销10等零件组成。顶杆9在弯曲时起压料作用，可防止坯料偏移，提高制件精度。弯曲后，在弹簧作用下顶杆又起顶件作用。

该模具的优点有：结构简单，在压力机上安装、调整方便，对材料厚度公差要求不严格，可用于校正弯曲，制件误差小。适用于两直边相等的V形件弯曲。

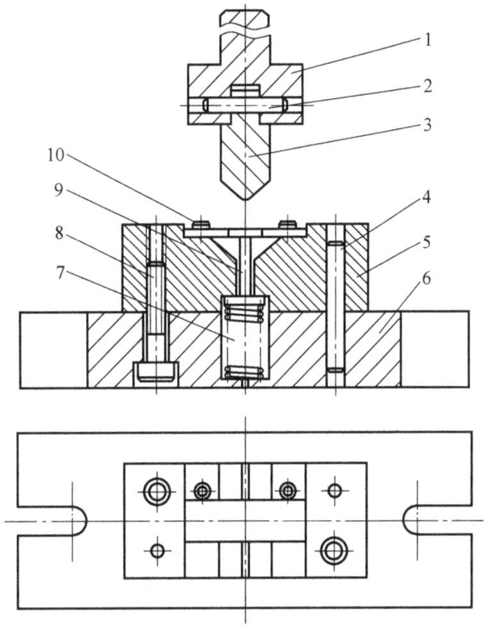

图3-1 V形件弯曲模

1—模柄 2、4—销钉 3—凸模 5—凹模 6—下模座 7—弹簧 8—螺钉 9—顶杆 10—定位销

2. U形件弯曲模

图3-2所示为U形件弯曲模的典型结构。凹模3由左、右两件构成，用螺栓1固定在下模座2的槽中。坯料由定位销7定位，弯曲时坯料底部由凸模6和顶板8压紧，顶板8以凹模3的侧面导向。弯曲终了时，顶板能对弯曲件进行校正。凸模回程时，弹顶器通过顶杆5使顶板8复位。该模具的凸模、凹模间隙可以调整。

3. Z形件弯曲模

图3-3所示为Z形件弯曲模。由于Z形件两直边的弯曲方向相反，为了防止单边翘曲，弯曲前活动凸模7和固定凸模6的端面平齐，弯曲件靠定位销9定位。弯曲开始

时，活动凸模 7 与顶板 1 先将坯件夹紧；然后，当橡胶垫 3 的弹压力大于弹顶器的弹顶力时，顶板 1 被迫向下运动，活动凸模 7 与凹模 10 一起完成左角的弯曲。待顶板 1 与下模座 8 接触后，活动凸模 7 停止下行，而固定凸模 6 与上模座 5 一起继续向下运动，由固定凸模 6 与顶板 1 一起完成右角的弯曲，直至限位块 4 与上模座 5 接触；对弯曲件进行校正后，上模回程。如果橡胶垫 3 的弹压力小于弹顶器的弹顶力，则先弯右角，后弯左角。

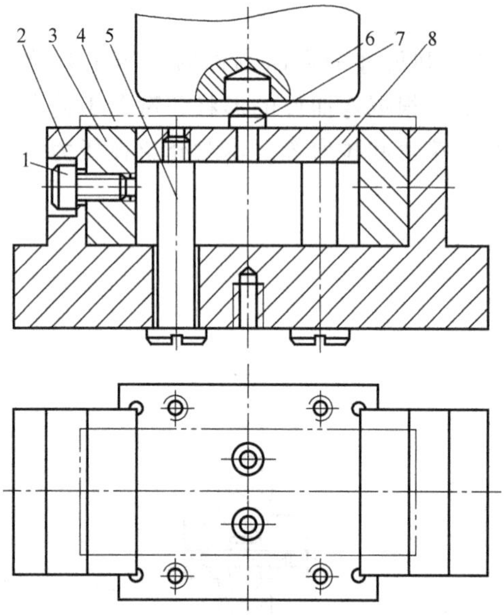

图 3-2　U 形件弯曲模

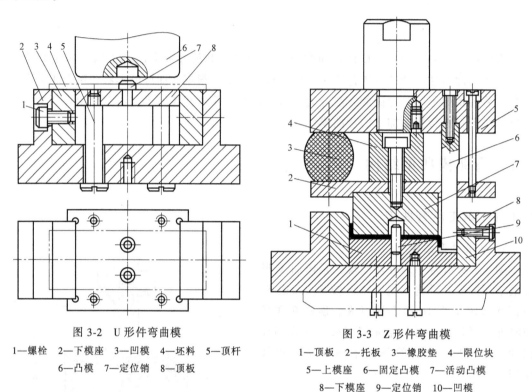

1—螺栓　2—下模座　3—凹模　4—坯料　5—顶杆　6—凸模　7—定位销　8—顶板

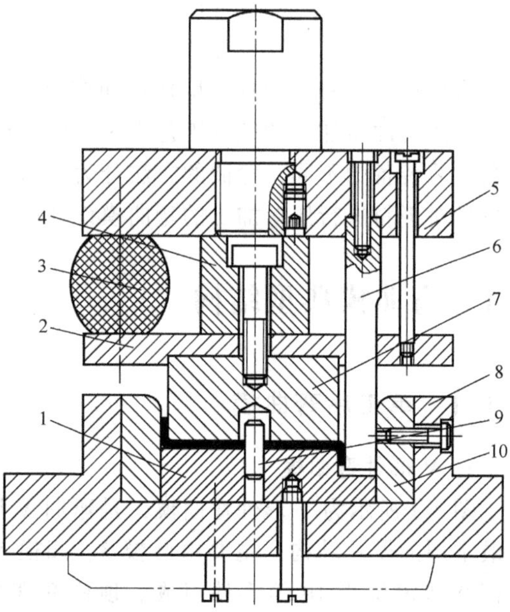

图 3-3　Z 形件弯曲模

1—顶板　2—托板　3—橡胶垫　4—限位块　5—上模座　6—固定凸模　7—活动凸模　8—下模座　9—定位销　10—凹模

4. 四角形件弯曲模

图 3-4 所示的弯曲模为四角形件分步弯曲模。坯料放在凹模面上，由定位板定位。开始弯曲时，凸凹模 1 将坯料首先弯成 U 形（图 3-4a）；随着活动凸模 3 继续下降，到行程终了时将 U 形件压成四角形（图 3-4b）。

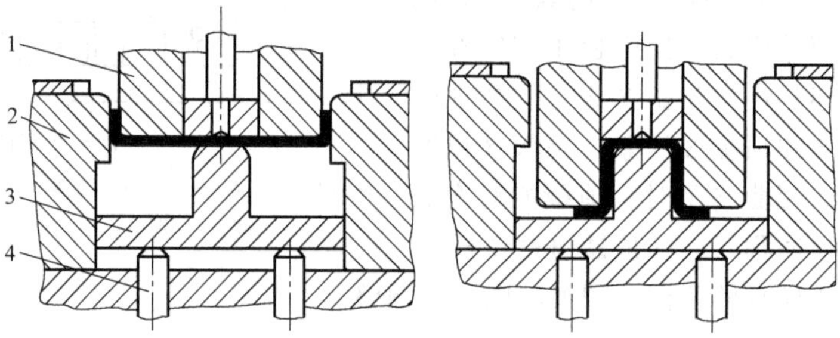

a)　　b)

图 3-4　四角形件分步弯曲模

1—凸凹模　2—凹模　3—活动凸模　4—顶杆

5. 圆形件弯曲模

圆形件采用简单弯曲模弯曲成形时，一般需要两次弯曲。直径小于或等于 5mm 的小圆形件，一般是先弯成 U 形，然后再弯成圆形，如图 3-5 所示。直径大于 20mm 的大圆形件，第一次弯曲先弯成波浪形，第二次弯曲再弯成圆形，如图 3-6 所示。

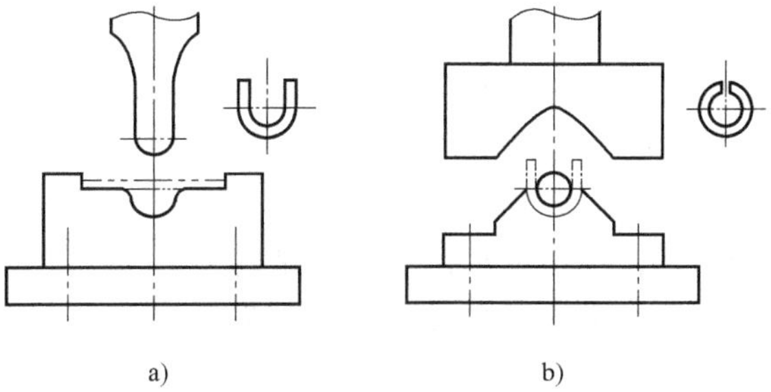

图 3-5　小圆两次弯曲模

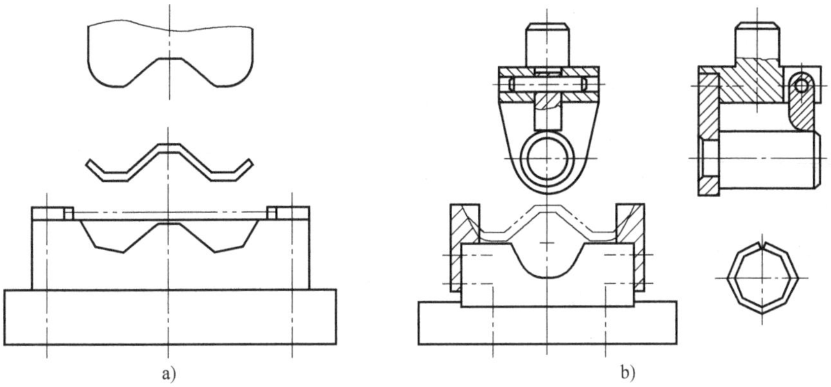

图 3-6　大圆两次弯曲模

为了提高生产率，可采用如图 3-7 所示的小圆一次弯曲成形模，它适用于软材料和中小

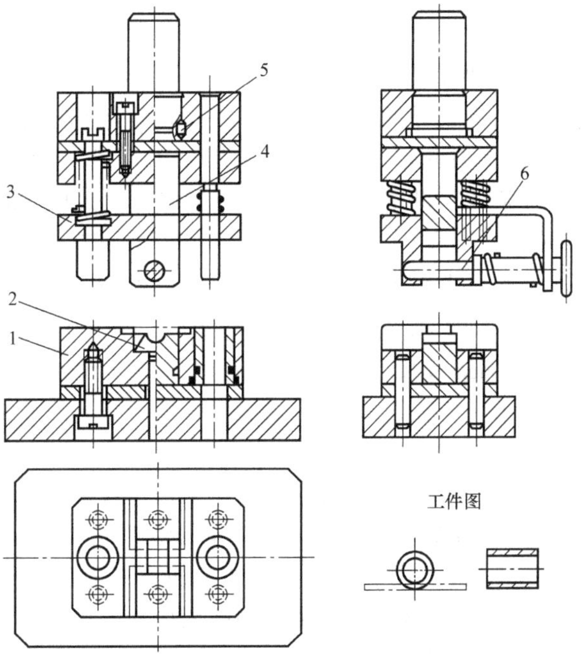

图 3-7　小圆一次弯曲成形模

1—凹模固定板　2—下凹模　3—压料板　4—上凹模　5—螺钉　6—芯轴凸模

直径圆形件的弯曲。坯料以凹模固定板 1 的定位槽定位。当上模下行时，芯轴凸模 6 与下凹模 2 首先将坯料弯成 U 形。上模继续下行时，芯轴凸模 6 带动压料板 3 压缩弹簧，由上凹模 4 将制件最后弯曲成形。上模回程后，制件留在芯轴凸模 6 上。拔出芯轴凸模，制件自动落下。该结构中的上模弹簧的压力必须大于首先将坯料压成 U 形时的弯曲力，才能最终将坯料弯曲成圆形。

同样，大圆的成形也可以采用如图 3-8 所示的带摆动凹模的一次弯曲成形模。芯轴凸模 2 下行，先将坯料压成 U 形。芯轴凸模 2 继续下行，摆动凹模 3 将 U 形件弯成圆形。弯曲成形后，推开支撑杆 1，将制件从芯轴凸模 2 上取下。这种弯曲方法的缺点是弯曲件上部得不到校正，回弹较大。

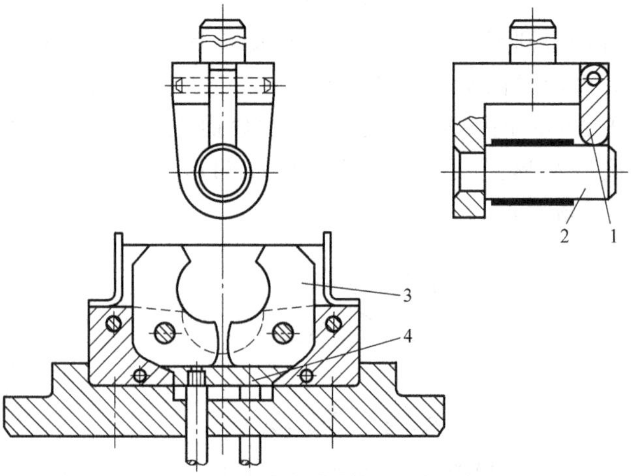

图 3-8　带摆动凹模的一次弯曲成形模

1—支撑杆　2—芯轴凸模　3—摆动凹模　4—顶板

3.1.2　级进弯曲模

对于批量大、尺寸小的弯曲件，为了提高生产率和安全性、保证产品质量，可以采用级进弯曲模进行多工位冲裁、弯曲、切断的连续工艺成形，如图 3-9 所示。

图 3-10 所示为同时进行冲孔、切断和弯曲的级进模。条料以导料板导向并从刚性卸料板下面送至挡块 1 右侧定位。上模下行时，凸凹模 3 将条料切断并随即将所切断的坯料压弯成形。与此同时，冲孔凸模 4 在条料上冲出孔。上模回程时，卸料板卸下条料，顶件销 2 则在弹簧的作用下推出制件，获得侧壁带孔的 U 形弯曲件。

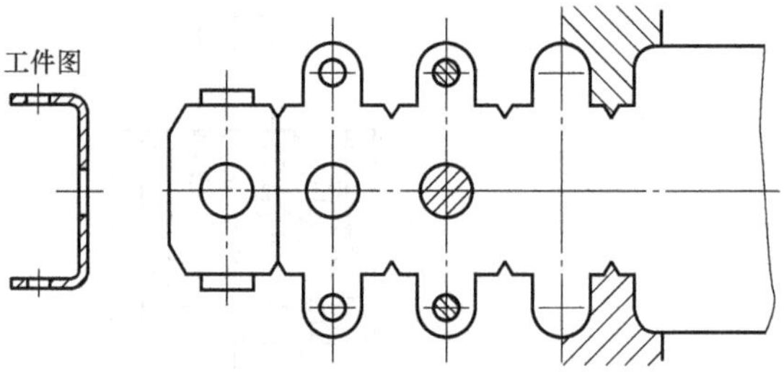

图 3-9　连续工艺成形

3.1.3　复合弯曲模

对于尺寸不大、精度要求较高的弯曲件，也可以采取复合模进行弯曲，即在压力机一个行程内，在模具同一位置上完成落料、弯曲、冲孔等几种不同工序。

图 3-11 所示为落料、弯曲复合模。装在上模的凸凹模 9 随压力机滑块下行，坯料首先落料；凸凹模 9 继续下行，分离的坯料在凸模 4 和凸凹模 9 的作用下弯曲成形。当压力机的滑块处在下死点时，上顶块 12 的端面与上垫板 8 接触，凸模 4 与上模的上顶块 12 将制件压死，对成形制件实施校正，以获得所需要的形状。弯曲的压边力由安装在下模内的下顶块与模具下部的弹顶机构共同提供。

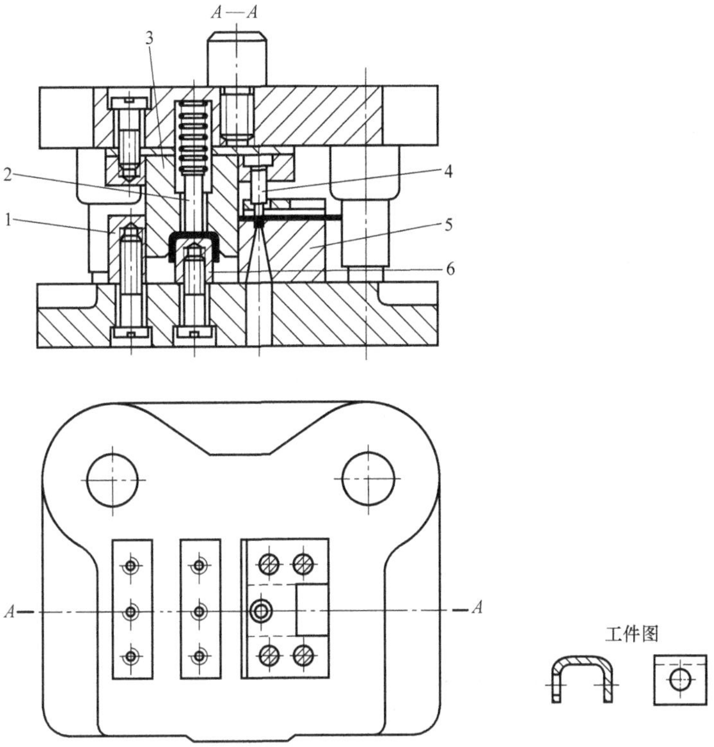

图 3-10　冲孔、切断、弯曲级进模

1—挡块　2—顶件销　3—凸凹模　4—冲孔凸模　5—冲孔凹模　6—弯曲凸模

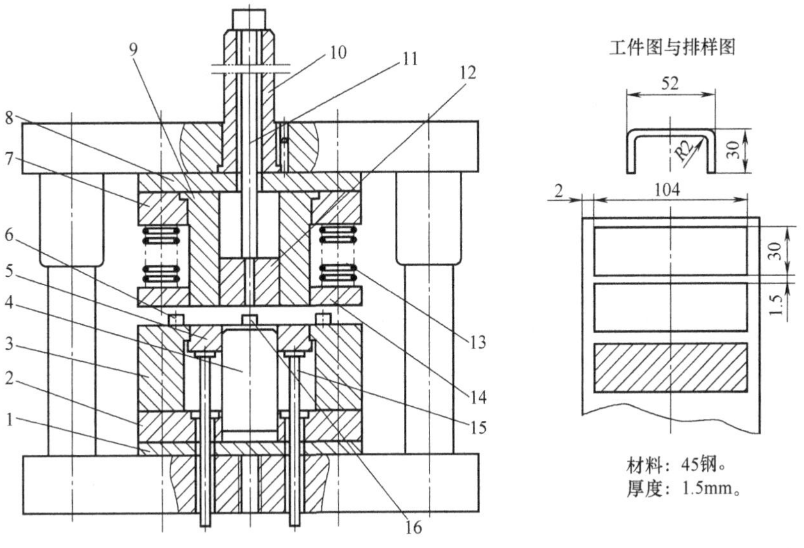

图 3-11　落料、弯曲复合模

1—下垫板　2—凸模固定板　3—落料凹模　4—凸模　5—下顶块　6—挡料销　7—上固定板　8—上垫板　9—凸凹模　10—模柄　11—打杆　12—上顶块　13—弹簧　14—卸料板　15—顶杆　16—定位销

3.2 弯曲模设计有关工艺计算

3.2.1 弯曲变形

1. 弯曲过程

图 3-12 所示为板料 V 形弯曲时的弯曲过程。将板料 2 放在凸模 1 和凹模 3 之间，凸模下压，迫使板料产生弯曲变形。

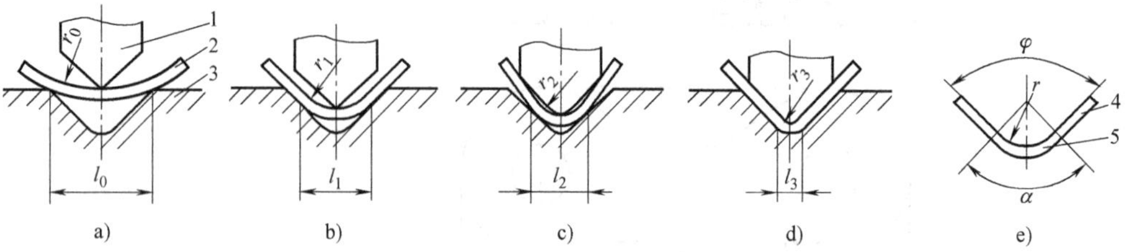

图 3-12 弯曲变形过程

1—凸模 2—板料 3—凹模 4—直边部分（非变形区） 5—圆角部分（弯曲变形区）

弯曲的初始阶段为弹性变形阶段，变形区材料的弯曲半径为 r_0，弯曲力臂为 l_0，如图 3-12a 所示。随着凸模下压，变形区材料的应力达到屈服强度而进入塑性变形阶段，板料的直边部分逐渐与凹模的 V 形表面贴紧，变形区弯曲半径和弯曲力臂逐步变小，分别由 r_0、l_0 变为 r_1、l_1，如图 3-12b 所示。凸模继续下压，板料弯曲变形区进一步变小，弯曲半径减小至 r_2，弯曲力臂减小至 l_2，如图 3-12c 所示。弯曲继续进行，直至板料的直边和圆角部分与凸模、凹模完全贴紧，如图 3-12d 所示。

凸模回升后，即得到所需的弯曲件。如果在板料和凸模、凹模完全贴紧后，凸模立即回升，这种弯曲称为自由弯曲；如果在板料和凸模、凹模完全贴紧后，凸模继续下行一段很小的距离，则变形区材料将受到很大的挤压力作用，这种弯曲称为校正弯曲。

2. 弯曲变形的特点

应用网格试验法可以观察和研究板料弯曲的变形情况。在板料的侧面画出矩形网格，如图 3-13a 所示。板料弯曲以后的网格变形情况如图 3-13b 所示。对照弯曲前后网格和变形区断面的变化情况，可以看出弯曲变形的特点如下：

1）变形主要产生在弯曲中心角 α 以内的圆角部分，中心角 α 以外的直边部分基本上不变形。

2）在变形区内，网格由正方形变为扇形，靠近凹模的外层材料由于受拉而长度伸长，靠近凸模的内层材料由于受压而长度缩短。在内、外层材料之间必然有一层材料既不受拉也不受压，其长度保持不变，这一层材料称为中性层。

3）由于变形前后体积保持不变，内层材料长度方向缩短，则厚度增加；外层材料长度伸

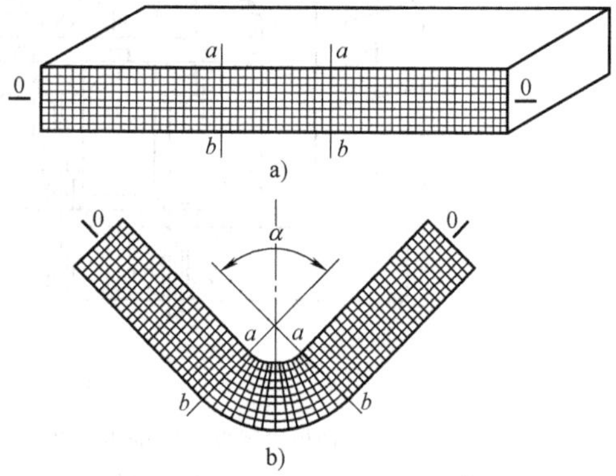

图 3-13 弯曲变形网格试验法

长，则厚度变薄。

3.2.2　弯曲件的回弹及其控制措施

1. 弯曲件的回弹

材料弯曲变形结束，去除外力作用，由于弹性回复，使弯曲件的弯曲角度和弯曲半径都与模具的形状和尺寸不一致，这种现象称为回弹。

回弹通常有两种表现形式：弯曲半径增大（$\Delta r = r_0 - r$）和弯曲角度增大（$\Delta\alpha = \alpha_0 - \alpha$），如图 3-14 所示。

2. 控制回弹的措施

压弯时弯曲件因回弹产生误差，很难得到合格的制件尺寸。生产中必须采取措施来控制或减小回弹。控制弯曲件回弹的措施如下：

1）改进弯曲件的设计。在变形区压出加强肋或成形边翼，增加弯曲件的刚性和成形边翼的变形量，可以减小回弹。

2）用校正弯曲代替自由弯曲。

3）从模具结构上采取措施。弯曲 V 形件时，将凸模角度减去一个回弹角。弯曲 U 形件时，将凸模两侧分别做出等于回弹量的斜度（图 3-15a）；或将凹模底部做成弧形（图 3-15b），利用底部向下回弹的作用，补偿两直边的向外回弹。

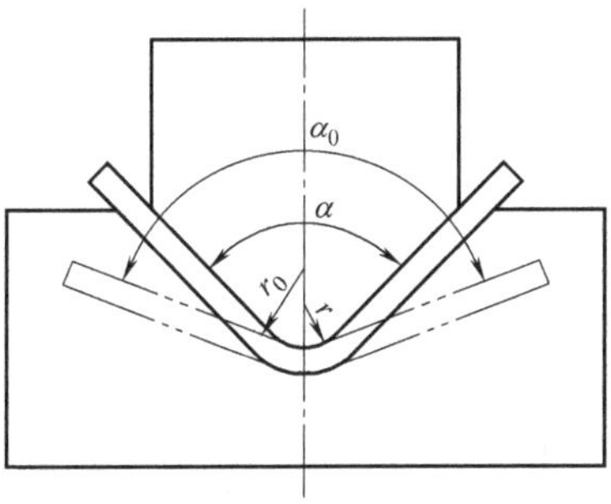

图 3-14　弯曲件的回弹

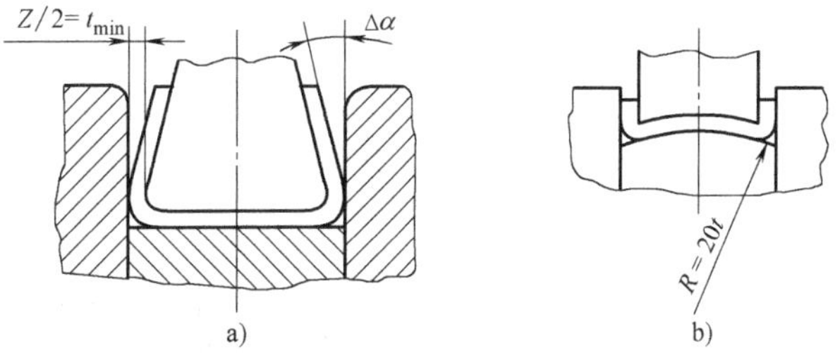

图 3-15　模具补偿回弹方法（一）

压弯材料厚度大于 0.8mm、材料塑性较好时，可将凸模做成如图 3-16 所示的形状，使

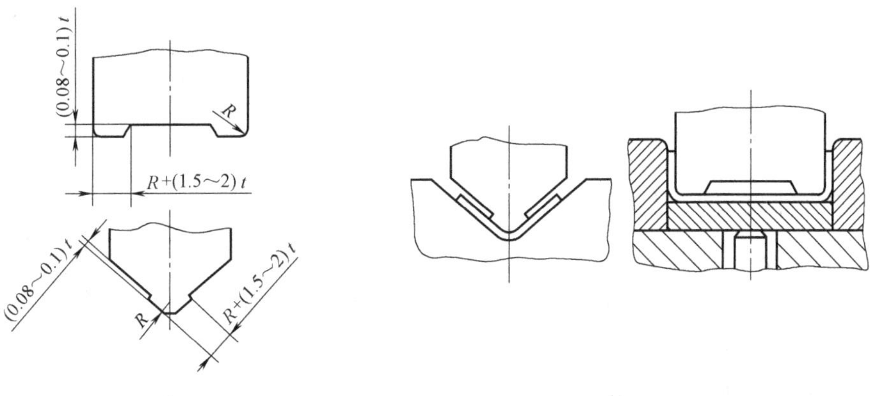

图 3-16　模具补偿回弹方法（二）

凸模的压力集中作用在弯曲变形区，加大变形区的变形量，改变弯曲变形区外拉内压的应力状态，使其成为三向受压的应力状态，从而减小回弹。

控制弯曲件回弹的措施还有很多，这里就不详述了。

3.2.3 弯曲件的偏移及其控制措施

1. 偏移现象的产生

坯料在弯曲过程中沿凹模圆角滑移时，会受到凹模圆角处摩擦阻力的作用。当坯料各边所受的摩擦阻力不等时，有可能使坯料在弯曲过程中沿弯曲件的长度方向产生移动，使弯曲件两直边的高度不符合图样的要求，这种现象称为偏移。产生偏移的原因很多，主要有弯曲件坯料形状不对称造成的偏移（图 3-17a、b），模具结构不合理造成的偏移，此外，凸模与凹模圆角不对称、间隙不对称等，也会导致弯曲时产生偏移现象。

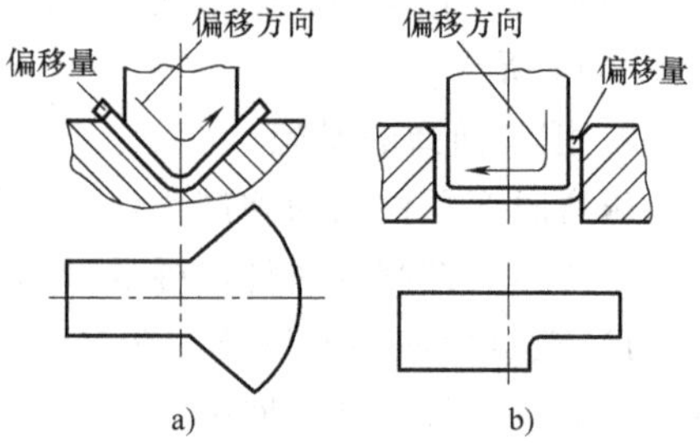

图 3-17　坯料形状不对称造成的偏移

2. 克服偏移的措施

1）采用压料装置，使坯料在压紧的状态下逐渐弯曲成形，从而防止坯料的滑动。这种措施还能得到较平整的弯曲件，如图 3-18a、b 所示。

2）利用坯料上的孔或先冲出工艺孔，用定位销插入孔内再弯曲，使坯料无法移动，如图 3-18c 所示。

3）将不对称形状的弯曲件组合成对称弯曲件，弯曲后再切开，使坯料弯曲时受力均匀，不容易产生偏移，如图 3-19 所示。

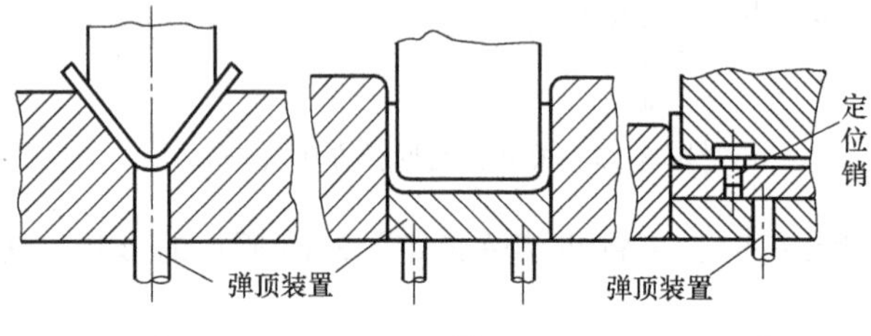

图 3-18　克服偏移的措施（一）

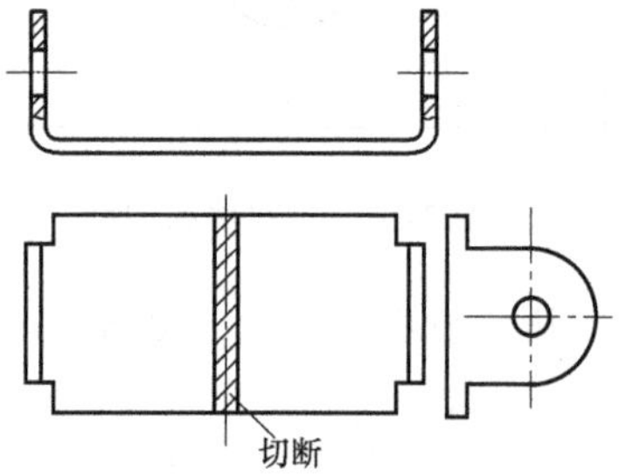

图 3-19　克服偏移的措施（二）

4）模具制造准确，间隙调整一致。

3.2.4 弯曲件展开尺寸及弯曲力计算

1. 弯曲件展开尺寸计算

在板料弯曲变形的弹性阶段，中性层位于板厚的中间，但弯曲变形主要是塑性变形，此时中性层的位置往往向弯曲的内侧偏移，如图 3-20 所示。中性层半径的大小可按下面经验公式确定，即

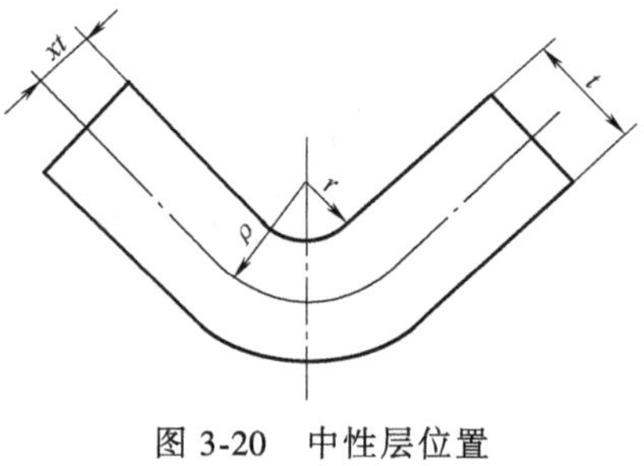

图 3-20　中性层位置

$$\rho = r + xt \tag{3-1}$$

式中　r——弯曲件的内弯曲半径；

t——板料厚度；

x——中性层位移系数。

中性层位移系数 x 可由表 3-1 查出。当中性层半径确定以后，就可以按照几何方法计算中性层展开长度，进而计算出板料的展开长度。

材料不同、弯曲方法不同，中性层的位置也不同。表 3-1 所列数值适用于矩形截面板料的弯曲件展开尺寸计算，一些典型弯曲件的展开尺寸可查阅有关计算资料。

表 3-1　中性层位移系数 x 值

r/t	0.1	0.2	0.3	0.4	0.5	0.6	0.7	0.8	1	1.2
x	0.21	0.22	0.23	0.24	0.25	0.26	0.28	0.3	0.32	0.33
r/t	1.3	1.5	2	2.5	3	4	5	6	7	≥8
x	0.34	0.36	0.38	0.39	0.4	0.42	0.44	0.46	0.48	0.5

计算出展开尺寸后，还需要反复试弯并不断修正，才能最后确定坯料的形状和尺寸。在实际生产中，一般先制造弯曲模，经过试模调试确定尺寸之后，再制造落料模。

2. 弯曲力计算

弯曲力是指弯曲件完成预定弯曲需要压力机所施加的压力，它是选择压力机和设计模具的重要依据之一。弯曲力不仅与材料性能、料厚、弯曲件形状、弯曲几何参数有关，而且与凸模、凹模间隙的大小等因素有关。

（1）自由弯曲的弯曲力计算

V 形弯曲件弯曲力的经验计算公式为

$$F_{自} = \frac{0.6KBt^2R_m}{r+t} \tag{3-2}$$

U 形弯曲件弯曲力的经验计算公式为

$$F_{自} = \frac{0.7KBt^2R_m}{r+t} \tag{3-3}$$

式中　$F_{自}$——自由弯曲在冲压行程结束时的弯曲力（N）；

B——弯曲件的宽度（mm）；

t——弯曲件板料的厚度（mm）；

r——弯曲件的内弯曲半径（mm）；

R_m——材料的抗拉强度（MPa）；

K——安全系数，一般取 $K=1.3$。

（2）校正弯曲时的弯曲力计算

$$F_{校} = Ap \tag{3-4}$$

式中　$F_{校}$——校正弯曲力（N）；

A——校正部分的投影面积（mm^2）；

p——单位面积校正力（MPa），见表 3-2。

表 3-2　单位面积校正力 p　　（单位：MPa）

材　料	料厚 t/mm	
	≤3	>3～10
铝	30～40	50～60
黄铜	60～80	80～100
10～20 钢	80～100	100～120
25～35 钢	100～120	120～150

（3）弯曲时的顶件力和压料力　对于设有顶件装置或压料装置的弯曲模，顶件力或压料力可近似取自由弯曲力的 30%～80%，且在一定的范围内可以根据实际需要进行调整。

（4）压力机公称力的确定　弯曲时压力机的选择原则为：压力机的公称力 $F_{压力机}$ 必须大于弯曲时所有工艺力之和 $F_{总}$。工艺力包括弯曲力、顶料力和压料力等。即

$$F_{压力机} \geqslant (1.1 \sim 1.2) F_{总}$$

校正弯曲时，压力机的公称力 $F_{压力机}$ 必须大于校正弯曲力。即

$$F_{压力机} \geqslant (1.1 \sim 1.2) F_{校}$$

3.2.5　弯曲模工作部分尺寸计算

弯曲模工作部分的尺寸是指与弯曲件弯曲成形直接有关的凸模、凹模尺寸和凹模的深度，模具间隙等，如图 3-21 所示。

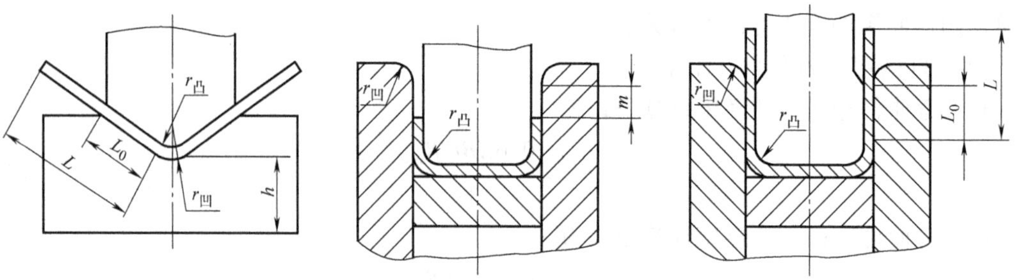

图 3-21　弯曲模工作部分的尺寸

1. 模具圆角半径的确定

（1）凸模圆角半径　一般凸模圆角半径 $r_{凸}$ 等于或小于弯曲件的弯曲半径。当弯曲件圆角半径较大（$r/t>10$）且精度有较高要求时，应考虑回弹的影响，并根据回弹量大小适当修正凸模的圆角半径。

（2）凹模圆角半径　凹模圆角半径 $r_{凹}$ 不直接影响弯曲件的尺寸，但是在弯曲过程中，凹模圆角太小会擦伤坯料表面，且对弯曲力也有影响。凹模圆角半径的大小与板料进入凹模的深度、弯边高度和板料厚度有关。一般可以根据板厚 t 选取：

当 $t<2$mm 时，$r_{凹}=(3\sim6)t$；当 $t=2\sim4$mm 时，$r_{凹}=(2\sim3)t$；当 $t>4$mm 时，$r_{凹}=2t$。

对于 V 形弯曲件的凹模，其底部可开退刀槽，或取 $r_{凹}=(0.6\sim0.8)(r_{凸}+t)$。

（3）凹模深度　凹模深度的选择要合理：如果选择过小，弯曲后两边自由长度太长，

回弹太大，不平直；如果选择过大，凹模增大，成本增加，且压力机行程也要加大。

弯曲 V 形件时，凹模深度 L_0 及底部最小厚度 h 可查表 3-3。

表 3-3　弯曲 V 形件的凹模深度 L_0 及底部最小厚度 h　（单位：mm）

弯曲件边长 L	板料厚度 t					
	<2		2~4		>4	
	h	L_0	h	L_0	h	L_0
10~25	20	10~15	22	15	—	—
25~50	22	15~20	27	25	32	30
50~75	27	20~25	32	30	37	35
75~100	32	25~30	37	35	42	40
100~150	37	30~35	42	40	47	50

弯曲 U 形件时，若弯边高度不大或要求两边平直，则凹模深度应大于弯曲件高度，如图 3-21b 所示，图中 m 的值参见表 3-4。如果弯曲件边长较大，而对平直度要求不高时，可采用图 3-21c 所示的凹模形式，凹模深度 L_0 的值参见表 3-5。

表 3-4　弯曲 U 形件的凹模的 m 值　（单位：mm）

板料厚度 t	≤1	>1~2	>2~3	>3~4	>4~5	>5~6	>6~7	>7~8	>8~10
m	3	4	5	6	8	10	15	20	25

表 3-5　弯曲 U 形件的凹模深度 L_0　（单位：mm）

弯曲件边长 L	板料厚度 t				
	≤1	>1~2	>2~4	>4~6	>6~10
<50	15	20	25	30	35
50~75	20	25	30	35	40
75~100	25	30	35	40	45
100~150	30	35	40	50	50
150~200	40	45	55	65	65

2. 模具间隙

V 形件弯曲时，凸模、凹模间隙是通过调节压力机装模高度来控制的，不需在模具上确定间隙。

U 形件弯曲时，则必须选择合理的模具间隙。间隙越小，弯曲力越大，使弯曲件侧壁变薄，同时降低凹模寿命；间隙越大，则回弹越大，弯曲件精度降低。U 形件弯曲模的凸模、凹模单边间隙一般按下式计算

$$Z/2 = t_{max} + ct = t + \Delta_t + ct \tag{3-5}$$

式中　$Z/2$——弯曲模凸模、凹模单边间隙；

t——弯曲件板料厚度；

Δ_t——板料厚度的正偏差；

c——间隙系数，可查表 3-6。

当弯曲件精度要求较高时，模具间隙应适当缩小，取 $Z/2=t$。

表 3-6 U 形件弯曲模凸模、凹模的间隙系数 c 值　（单位：mm）

弯曲件高度 H	弯曲件宽度≤2H				弯曲件宽度>2H				
	板料厚度 t								
	<0.5	0.6~2	2.1~4	4.1~5	<0.5	0.6~2	2.1~4	4.1~7.5	7.6~12
10	0.05	0.05	0.04	—	0.10	0.10	0.08	—	—
20	0.05	0.05	0.04	0.03	0.10	0.10	0.08	0.06	0.06
35	0.07	0.05	0.04	0.03	0.15	0.10	0.08	0.06	0.06
50	0.10	0.07	0.05	0.04	0.20	0.15	0.10	0.06	0.06
70	0.10	0.07	0.05	0.05	0.20	0.15	0.10	0.10	0.08
100	—	0.07	0.05	0.05	—	0.15	0.10	0.10	0.08
150	—	0.10	0.07	0.05	—	0.20	0.15	0.10	0.10
200	—	0.10	0.07	0.07	—	0.20	0.15	0.15	0.10

3. U 形件弯曲模凸模与凹模的横向尺寸及其公差

确定 U 形件弯曲模的凸模、凹模横向尺寸及其公差的原则为：弯曲件尺寸标注在外形时应以凹模为基准件，间隙取在凸模上；弯曲件尺寸标注在内形时，应以凸模为基准件，间隙取在凹模上。凸模、凹模的尺寸公差应根据弯曲件的尺寸、公差、回弹情况及模具磨损规律而定。弯曲件的尺寸标注及模具尺寸如图 3-22 所示，图中 Δ 为弯曲件横向尺寸的公差，$\Delta'=\frac{1}{2}\Delta$。

（1）尺寸标注在外形上的弯曲件（图 3-22a、b）

凹模尺寸为：
$$L_{凹}=(L_{max}-0.75\Delta)_{0}^{+\delta_{凹}} \tag{3-6}$$

凸模尺寸为：
$$L_{凸}=(L_{凹}-Z)_{-\delta_{凸}}^{0} \tag{3-7}$$

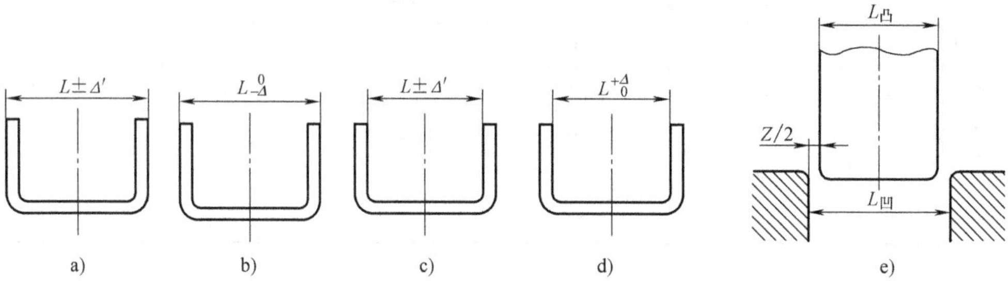

图 3-22　弯曲件的尺寸标注及模具尺寸

（2）尺寸标注在内形上的弯曲件（图 3-22c、d）

凸模尺寸为：
$$L_{凸}=(L_{min}+0.75\Delta)_{-\delta_{凸}}^{0} \tag{3-8}$$

凹模尺寸为：
$$L_{凹}=(L_{凸}+Z)_{0}^{+\delta_{凹}} \tag{3-9}$$

式中　$L_{凸}$、$L_{凹}$——凸模、凹模的横向尺寸；

L_{max}——弯曲件横向的上极限尺寸；

L_{min}——弯曲件横向的下极限尺寸；

Δ——弯曲件横向尺寸的公差，公差带对称时 $\Delta=2\Delta'$；

Z——凸模、凹模双边间隙；

$\delta_{凹}$、$\delta_{凸}$——分别为凹模和凸模的制造公差，可按 IT7~IT9 选取，一般取凸模的公差等级比凹模的公差等级高一级。

3.3　弯曲模设计实例

图 3-23 所示 U 形弯曲件，材料为 10 钢，料厚 $t=6\text{mm}$，材料的抗拉强度 $R_m=400\text{MPa}$，小批量生产。试完成该产品的弯曲工艺设计及模具设计。

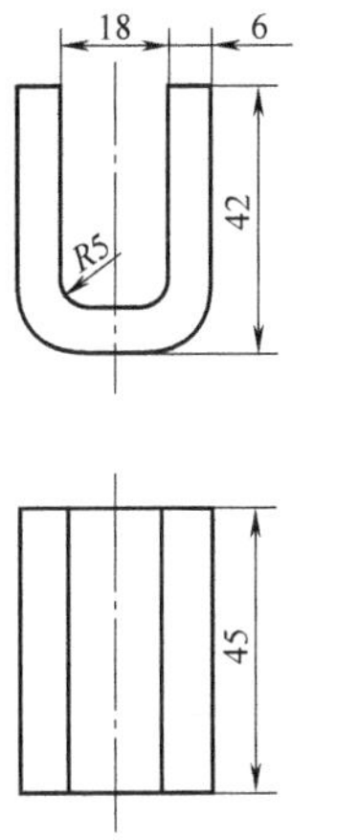

图 3-23　U 形弯曲件

1. 工艺性分析

该弯曲件结构比较简单，形状对称，适合弯曲。

弯曲件的弯曲直边高度为 $(42-6-5)\text{mm}=31\text{mm}$，远大于 $2t$，因此可以弯曲成形。

弯曲件是一个弯曲角度为 90°的弯曲件，所有尺寸公差均为未注公差，而当 $r/t<5$ 时，可以不考虑圆角半径的回弹，所以该弯曲件符合普通弯曲的经济精度要求。

弯曲件所用材料为 10 钢，是常用的冲压材料，塑性较好，适合进行冲压加工。

综上所述，该弯曲件的弯曲工艺性良好，适合进行弯曲加工。

2. 工艺方案确定

（1）弯曲件展开长度　如图 3-24 所示，总长度等于各直边长度加上各圆角展开长度之和，即

$$L=2L_1+2L_2+L_3$$

$$L_1=(42-6-5)\text{mm}=31\text{mm}$$

$L_2=(\pi\alpha/180°)(r+xt)=(3.14\times90°/180°)\times(5+0.3\times6)\text{mm}\approx10.676\text{mm}$（$x$ 由表 3-1 查得为 0.30）

$L_3=(18-2\times5)\text{mm}=8\text{mm}$

$L\approx91.35\text{mm}$

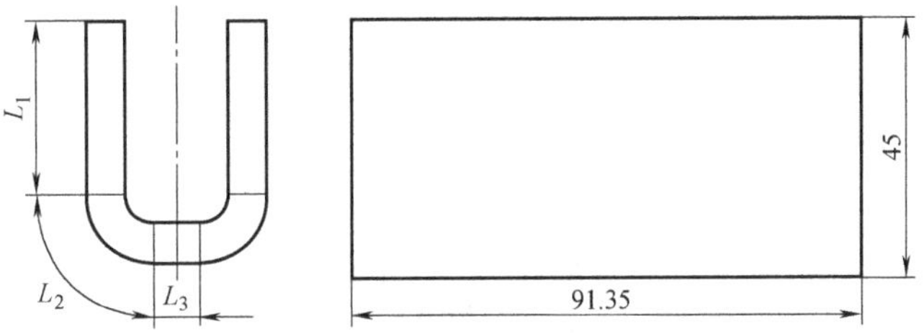

图 3-24　弯曲件展开图

（2）方案确定　该产品需要的基本冲压工序为落料、弯曲。由于采用小批量生产，根据上述工艺分析的结果，最终的工艺方案为先落料，再弯曲。

3. 工艺计算

（1）冲压力的计算　由 U 形弯曲件的弯曲力计算公式（3-3）得

$$F_{自}=\frac{0.7KBt^2R_m}{r+t}=[0.7\times1.3\times45\times6^2\times400/(5+6)]\text{N}=53607\text{N}=53.6\text{kN}$$

$$F_{顶}=0.3F_{自}=0.3\times53.6\text{kN}=16.1\text{kN}$$

$$F_{压力机}\geqslant1.2(F_{自}+F_{顶})=1.2(53.6+16.1)\text{kN}=83.6\text{kN}$$

故选用 100kN 的开式曲柄压力机 J23-10。

(2) 模具工作零件尺寸计算

1) 凸模、凹模间隙。由公式 (3-5) 得 $Z/2=t_{max}+ct=t+\Delta_t+ct$

查 GB/T 709—2006 普通精度板厚公差表，得板料厚度正偏差 $\Delta_t=0.31$mm；查表 3-6 得凸模、凹模间隙系数 $c=0.04$。代入得 $Z/2=(6+0.31+0.04\times6)$ mm $=6.55$mm。

2) 凸模、凹模宽度尺寸。弯曲件尺寸标注在内形上，因此以凸模为基准，先计算凸模宽度尺寸。由 GB/T 15055—2007 查得基本尺寸为 18mm，板厚为 6mm 的弯曲件，其未注公差为±1.3mm，则由式 (3-8)、式 (3-9) 得

$$L_{凸}=(L_{min}+0.75\Delta)_{-\delta_{凸}}^{\ 0}=(18-1.3+0.75\times2.6)_{-0.033}^{\ 0}\text{ mm}=18.65_{-0.033}^{\ 0}\text{mm}$$

$$L_{凹}=(L_{凸}+Z)_{\ 0}^{+\delta_{凹}}=(18.65+2\times6.55)_{\ 0}^{+0.062}\text{mm}=31.75_{\ 0}^{+0.062}\text{mm}$$

这里的凸模、凹模的制造偏差分别按 IT8、IT9 取得。

3) 凸模、凹模圆角半径的确定。由于一次能弯曲成形，因此可取凸模圆角半径等于弯曲件的弯曲半径，即 $r_{凸}=5$mm，由于 $t=6$mm，可取，$r_{凹}=2t=12$mm。

4) 凹模工作部分深度。查表 3-5 得凹模深度 $L_0=30$mm，凹模工作部分深度取为 30mm。

4. 模具总体结构形式确定

模具的总体结构如图 3-25 所示。坯料利用凹模上的定位板定位，顶件装置顶件并提供顶件力，同时防止坯料窜动。

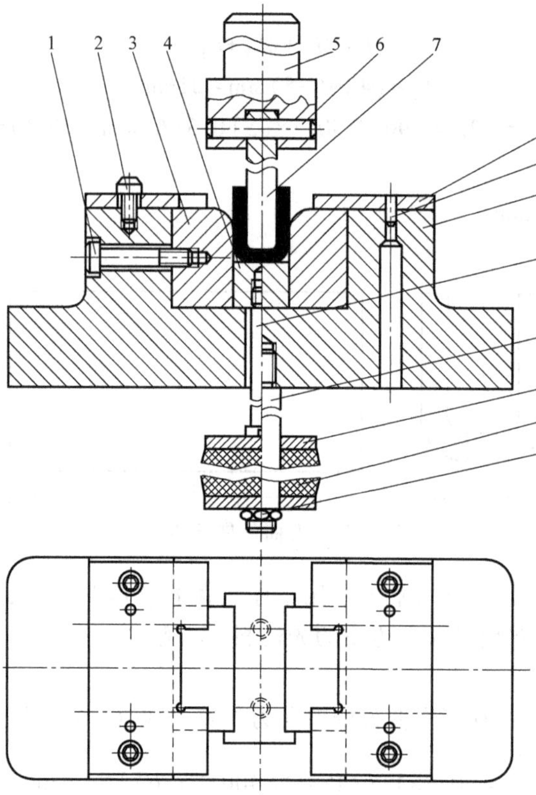

图 3-25 U 形件弯曲模装配图

1、2—螺钉 3—凹模 4—顶件板 5—模柄 6—圆柱销 7—凸模 8—定位板 9—圆柱销 10—下模座 11—顶料螺钉 12—螺杆 13—托板 14—橡胶 15—螺母

5. 模具主要零件设计

(1) 凸模　凸模的结构形式及尺寸如图 3-26 所示。材料选用 Cr12，热处理硬度 56~60HRC。

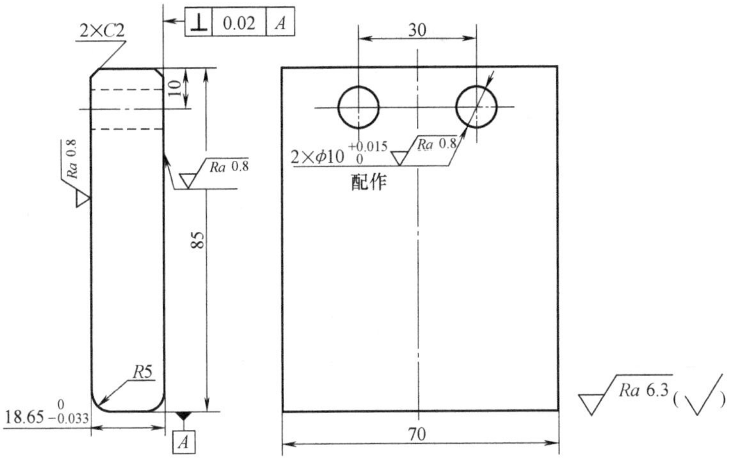

图 3-26　凸模

(2) 凹模　凹模的结构形式及尺寸如图 3-27 所示。材料选用 Cr12，热处理硬度 56~60HRC。

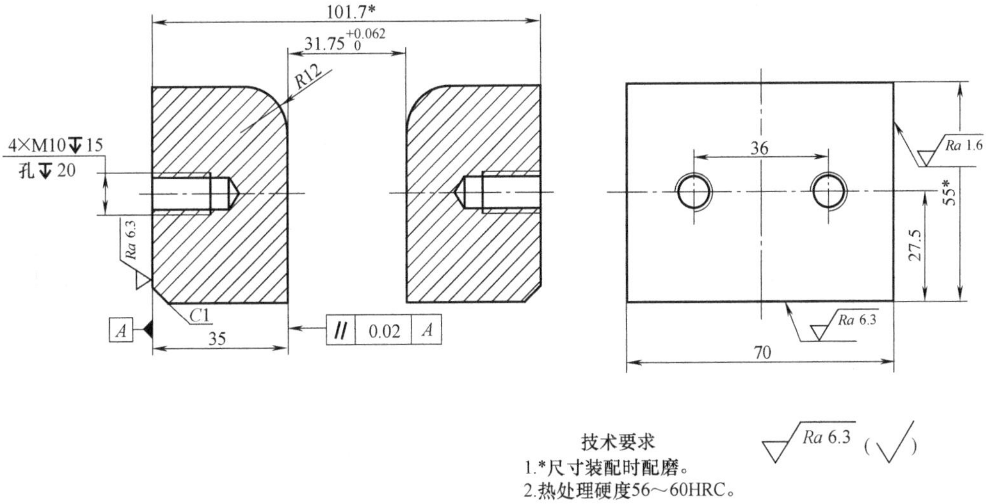

图 3-27　凹模

(3) 下模座　下模座的结构形式及尺寸如图 3-28 所示。材料选用 Q235，装配时，尺寸 $101.7^{+0.3}_{0}$mm 与凹模尺寸 $31.75^{+0.062}_{0}$mm 配作。

(4) 定位板　定位板的结构形式及尺寸如图 3-29 所示。材料选用 45 钢，热处理硬度 43~45HRC。

(5) 顶件板　顶件板的结构形式及尺寸如图 3-30 所示。材料选用 45 钢，热处理硬度 43~48HRC。

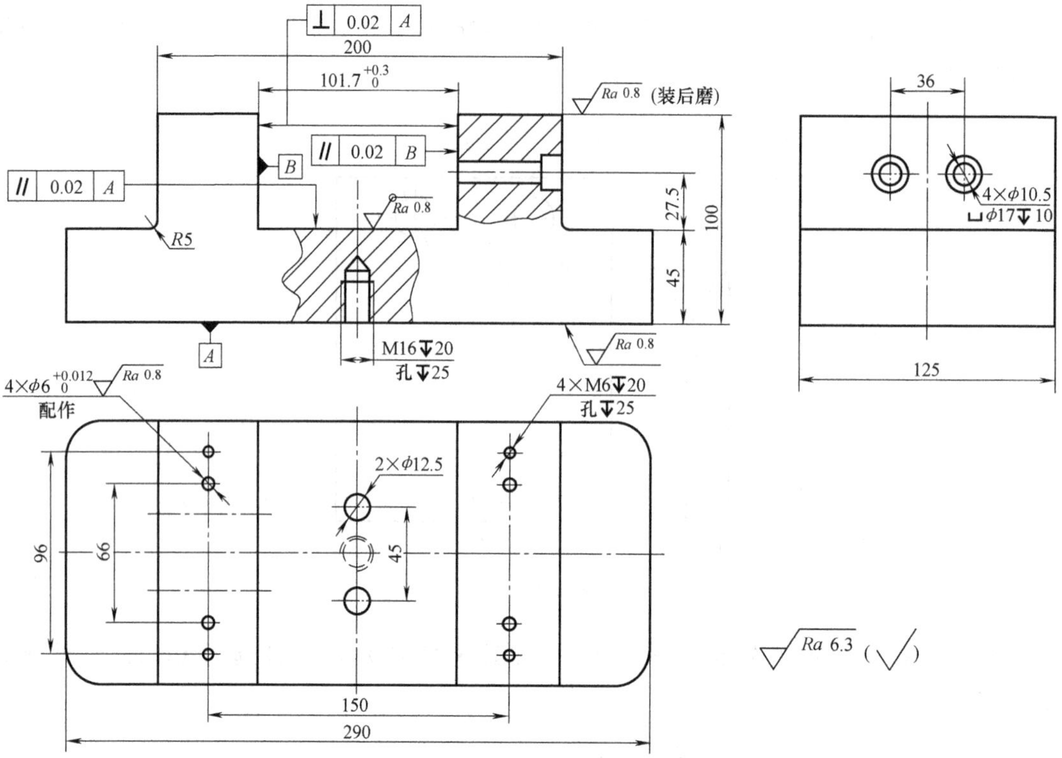

图 3-28　下模座

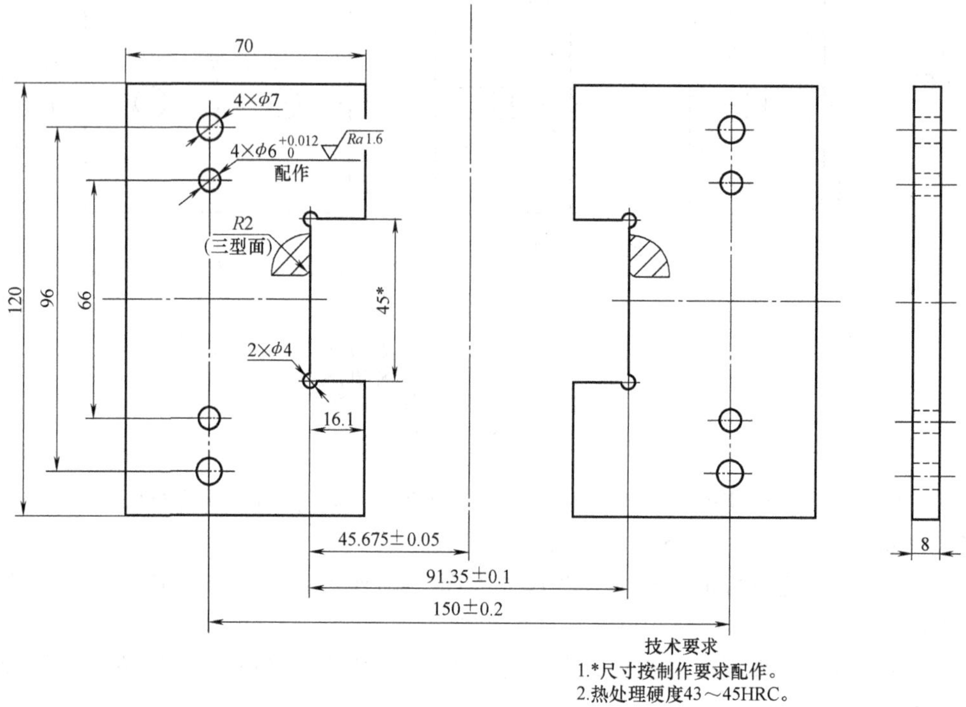

图 3-29　定位板

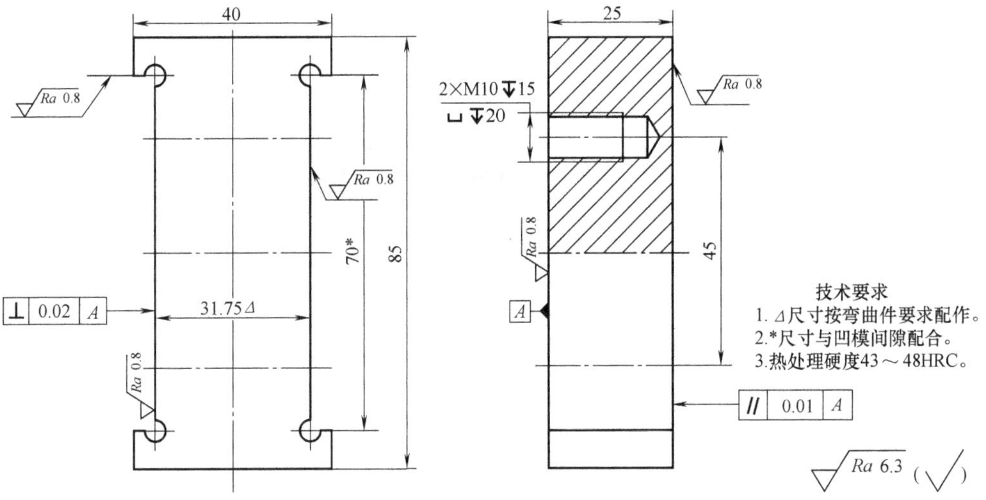

图 3-30　顶件板

思考与练习

1. 弯曲变形有哪些特点？宽板与窄板弯曲时的应力应变状态为何有所不同？
2. 弯曲过程中材料的变形区发生了哪些变化？
3. 弯曲的变形大小用什么来表示？
4. 弯曲回弹产生的原因是什么？试述减小弯曲回弹的常用措施。
5. 什么是弯曲应变中性层？应变中性层产生偏移的原因是什么？
6. 试分别计算图 3-31 所示弯曲件的展开长度。
7. 图 3-32 所示弯曲件，材料为 08F 钢，材料厚度为 1.5mm。请完成以下工作：
(1) 分析弯曲件的工艺性；
(2) 计算弯曲件的展开长度和弯曲力；
(3) 绘制弯曲模结构草图；
(4) 确定弯曲凸模、凹模工作部位尺寸，绘制凸模、凹模零件图。

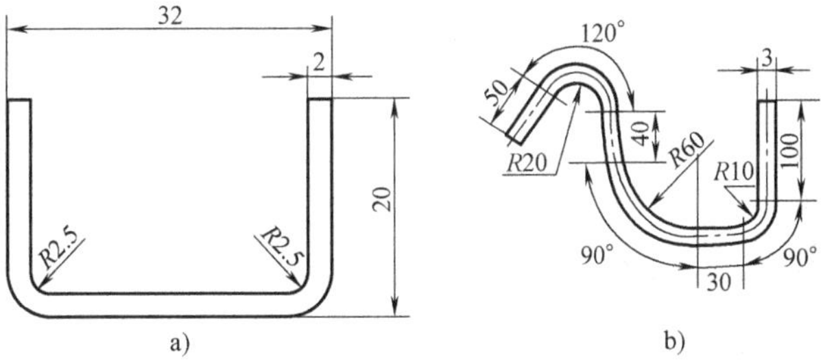

图 3-31　第 6 题图

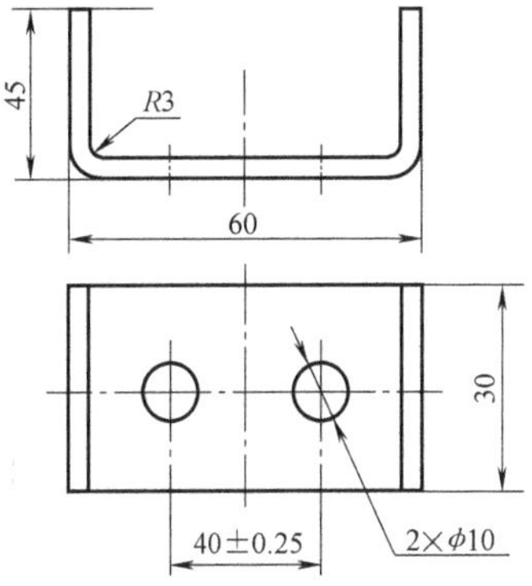

图 3-32　第 7 题图

第 4 章　拉深模设计

拉深是指将一定形状的平板坯料通过拉深模具冲压成各种开口空心制件，或以开口空心件为坯料通过拉深进一步改变其形状和尺寸的一种冲压工艺方法。

按照变形方法，拉深工艺可分为不变薄拉深和变薄拉深。不变薄拉深是通过减小坯料或半成品的直径来增加拉深件高度的，拉深过程中材料厚度的变化很小，可以近似认为拉深件壁厚等于坯料厚度。变薄拉深是以开口空心件为坯料，通过减小壁厚的方式来增加拉深件高度，拉深过程中筒壁厚度显著变薄。

本章主要讨论圆筒形拉深件的不变薄拉深。

4.1　拉深模典型结构

4.1.1　首次拉深模

1. 无压边装置的首次拉深模

无压边装置的首次拉深模如图 4-1 所示。该模具结构简单，常用于坯料塑性好，相对厚度（t/D 坯料厚度与坯料直径之比）较大的拉深件。工作过程是拉深件以定位圈 3 定位，拉深结束后的卸件工作由凹模底部的台阶完成。为了保证装模时间隙均匀，模具设有专门的校模圈 2，工作时应将它拿开。为了便于卸件，凸模上开设有通气孔。

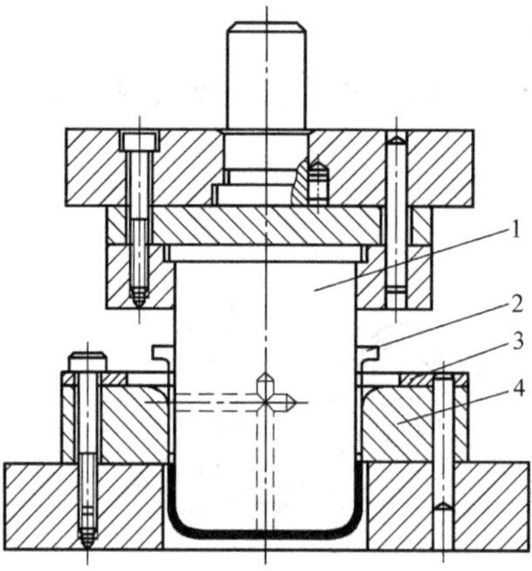

图 4-1　无压边装置的首次拉深模

1—凸模　2—校模圈　3—定位圈　4—凹模

2. 有压边装置的首次拉深模

有压边装置的首次拉深模如图 4-2 所示。这种结构应用广泛，压边力由弹性元件提供（弹性元件装在下模座下压力机工作台面的孔中，与卸料螺钉 8 相连）。工作过程是坯料由压边圈 7 上的定位槽定位，拉深结束模具开启时，制件在压边圈 7 的作用下留在凹模 5 内，最后由打杆 2 和推件块 3 组成的刚性推件装置推出。

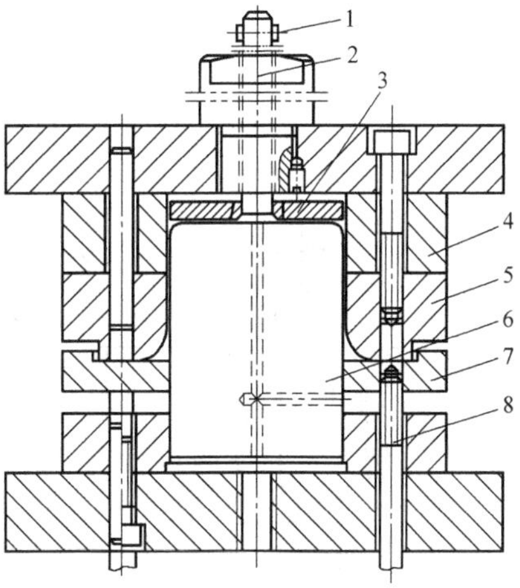

图 4-2　有压边装置的首次拉深模

1—挡销　2—打杆　3—推件块　4—垫块　5—凹模　6—凸模　7—压边圈　8—卸料螺钉

4.1.2　以后各次拉深模

在以后各次拉深中，因待拉深件已不是平板形状，而是已经拉深的半成品，所以模具上要有与半成品相适应的定位方法。

1. 无压边装置的以后各次拉深模

图 4-3 所示为无压边装置的以后各次拉深模。工序件（即半成品）由定位板定位，拉深后制件由凹模孔台阶卸下。这种模具仅用于直径缩小量不大的拉深。

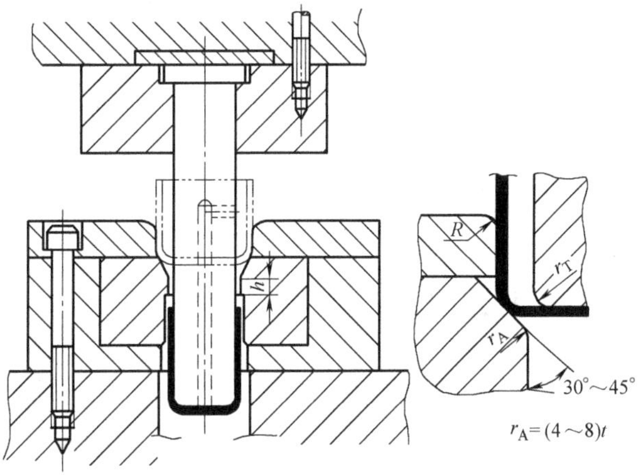

图 4-3　无压边装置的以后各次拉深模

2. 有压边装置的以后各次拉深模

图 4-4 所示为有压边装置的以后各次拉深模，这是一种最常见的结构形式。拉深前，半成品套在压边圈 4 上，所以压边圈的形状必须与上一次拉出的半成品相适应。拉深后，压边圈 4 将制件从凸模 3 上托出，推件板 1 将制件从凹模 2 中推出。

4.1.3　落料拉深复合模

图 4-5 所示为一副典型的落料拉深正装复合模。上模部分装有凸凹模 3（落料凸模、拉深凹模），下模部分装有落料凹模 7 与拉深凸模 8。从图中可以看出，拉深凸模 8 低于落料凹模 7 一个料厚，所以在冲压时能保证先落料再拉深。件 2 为弹性压边圈，压边装置安装在下模座上（与图 4-2 中压边装置类似）。

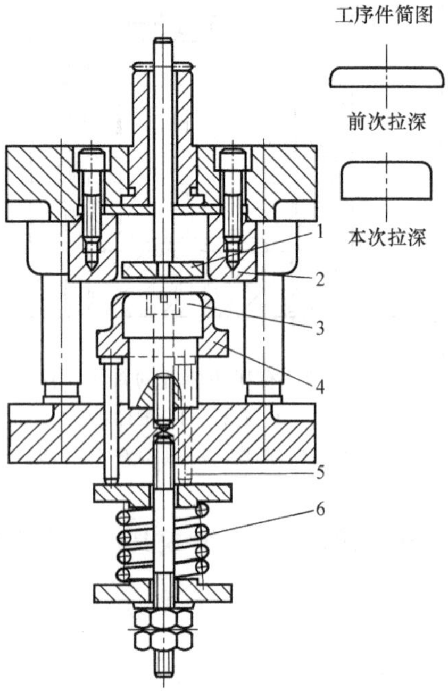

图 4-4　有压边装置的以后各次拉深模

1—推件板　2—凹模　3—凸模

4—压边圈　5—顶杆　6—弹簧

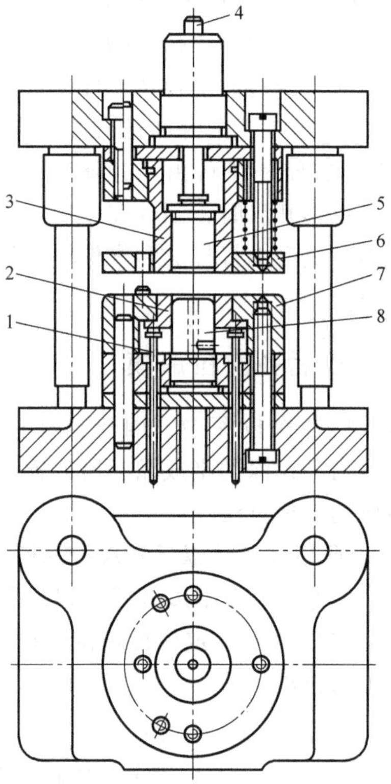

图 4-5　落料拉深复合模

1—顶杆　2—压边圈　3—凸凹模　4—推杆

5—推件板　6—卸料板　7—落料凹模　8—拉深凸模

4.2　拉深模设计有关工艺计算

4.2.1　拉深变形

1. 拉深变形过程

图 4-6 所示为用模具拉深圆筒形件的工艺过程。圆形平板坯料 3 放在凹模 4 上。上模下行时，先由压边圈 2 压住坯料，然后凸模 1 继续下行，将坯料拉入凹模。拉深完成后，上模回程，制件 5 脱模。在拉深过程中，坯料可分为平面凸缘部分、凹模圆角部分、筒壁部分、凸模圆角部分和筒底部分 5 个区域。

若不用模具，如何将一块圆形的平板坯料加工成开口的圆筒形件？只要去掉图 4-7 中的三角形阴影部分，再将剩余部分沿直径为 d 的圆周折弯起来并加以焊接，就可以得到一个筒径为 d、高度为 $h=(D-d)/2$、周边带有焊缝的开口圆筒形件。

但在实际拉深时并没有去除多余材料，多余的材料在模具的作用下产生了流动。

通过网格试验可以了解材料流动情况。拉深前，在坯料上画一些由等距离的同心圆和等角度的辐射线组成的网格（图 4-8）；拉深后，筒底部的网格变化不明显，而筒壁上的网格变化很大：

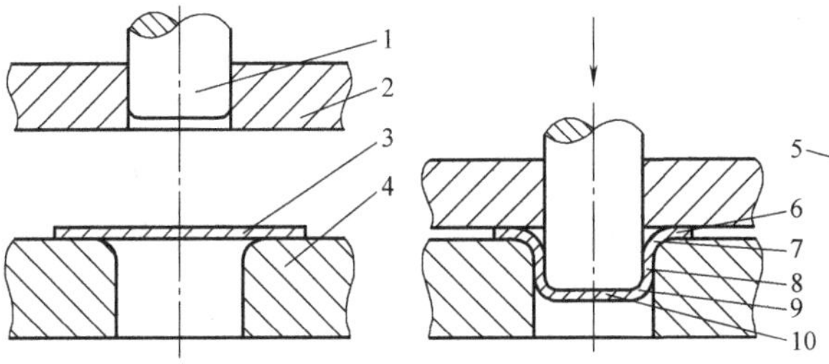

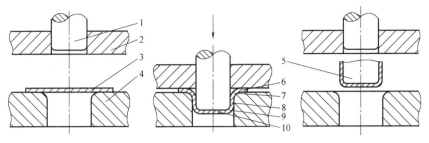

图 4-6　圆筒形件的拉深工艺过程

1—凸模　2—压边圈　3—坯料　4—凹模　5—制件　6—平面凸缘部分　7—凹模圆角部分　8—筒壁部分　9—凸模圆角部分　10—筒底部分

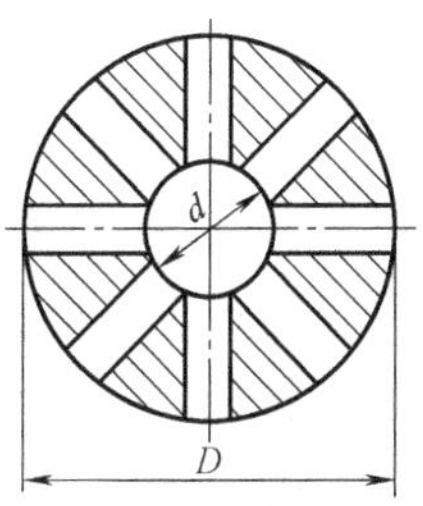

图 4-7　拉深时的材料转移

1）拉深前等距离的同心圆在拉深后变成了与筒底平行的不等距离的水平圆周线，越接近口部，圆周线的间距越大，即

$$a_1>a_2>a_3>\cdots>a$$

2）拉深前等角度的辐射线在拉深后变成了等距离的相互平行且垂直于底部的平行线，即

$$b_1=b_2=b_3=\cdots=b$$

3）扇形网格 dA_1 拉深后在拉深件的侧壁变成了等宽度的矩形 dA_2，离底部越远，矩形高度越大。筒壁高度 h 大于拉深前的半径差 $(D-d)/2$，说明材料沿高度方向产生了塑性流动。

任选一个扇形格子进行分析，如图 4-9 所示。扇形的宽度大于矩形的宽度，而高度却小于矩形的高度，因此扇形格子发生了径向受拉的伸长变形和切向挤压的收缩变形。故而 $D-d$ 的圆环部分在径向拉应力和切向压应力作用下，径向伸长，且越接近口部伸长得越多，切向缩短，且越接近口部缩短得越多；扇形格子就变成矩形格子，多余金属也就流动到拉深件口部，使高度增加了。

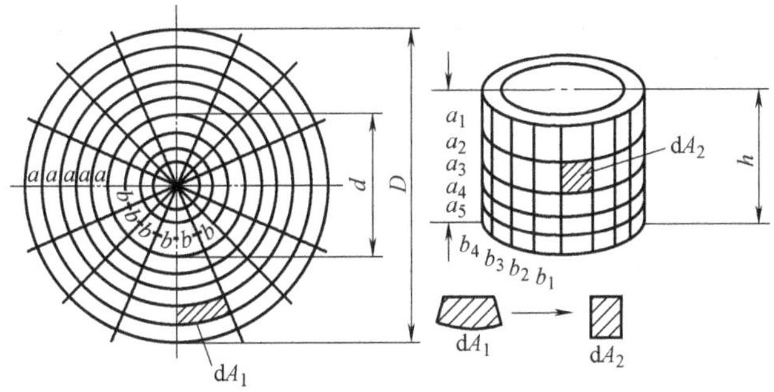

图 4-8　拉深网格变化

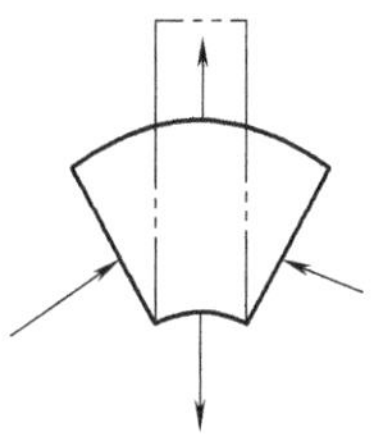

图 4-9　拉深时扇形单元受力与变形

2. 拉深变形的特点

由上述网格试验可知拉深变形的特点如下。

1）拉深后的圆筒由筒壁和筒底两部分组成。位于凸模下面的材料成为筒底，这部分材料几乎不变形，变形主要发生在位于凹模端面上的圆环形部分，这部分是拉深的主要变形区。

2）主要变形区变形不均匀：径向受拉伸长，切向受压缩短；越接近口部，伸长和缩短得越多。

3）拉深后筒壁厚度分布不均，口部增厚，筒壁下部减薄。

4）拉深件平面凸缘部分在切向压应力作用下会产生“起皱”；在凸模圆角部分厚度减薄最为严重，形成“危险断面”，此处可能出现拉裂。所以拉深过程中的主要破坏形式是起皱和拉裂。

4.2.2 拉深件的起皱、拉裂及其控制措施

1. 拉深件起皱

拉深时，凸缘变形区的每个小扇形块在切向均受到压应力 σ_3 的作用。若 σ_3 过大，扇形块又较薄，则扇形块就会失稳而弯曲拱起。在凸缘变形区沿切向就会形成高低不平的皱折，这种现象就叫起皱，如图4-10所示。

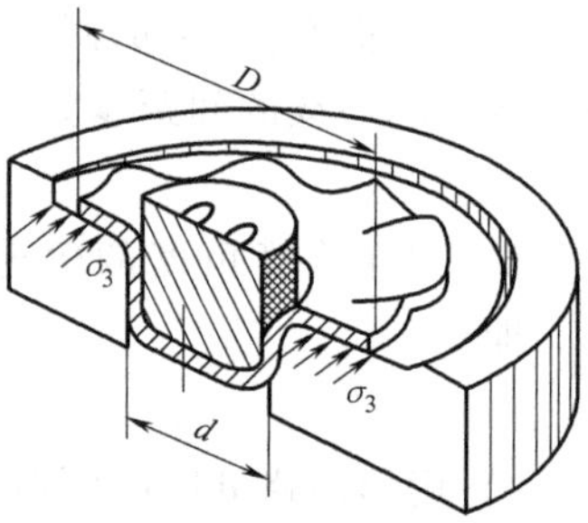

图 4-10 凸缘起皱

2. 防止起皱的措施

防止起皱常用的方法是采用压边圈并施加合适的压边力。加压边圈后，材料被强迫在压边圈和凹模平面间的间隙中流动，稳定性增加，起皱也就不容易发生了。

在生产中常用表4-1中的数据来判断拉深过程中是否采用压边圈。表中 t 为料厚，D 为坯料直径。

表 4-1 采用或不采用压边圈的条件

拉深方法	第1次拉深		以后各次拉深	
	$(t/D)\times100$	m_1	$(t/D)\times100$	m_n
用压边圈	< 1.5	< 0.6	< 1.0	< 0.8
可用可不用	1.5~2.0	0.6	1.0~1.5	0.8
不用压边圈	>2.0	>0.6	>1.5	>0.8

注：m_1 为第1次拉深的拉深系数；m_n 为以后各次拉深的拉深系数。

3. 拉深件拉裂

由前述分析可知，筒壁与筒底转角处偏上的地方是拉深过程中的危险断面。当拉深过程中坯料所受的总的变形抗力超过此时危险断面材料的抗拉强度，拉深件就在此处破裂，或者即使未被拉裂，由于变薄过于严重，也可能使产品报废，此即拉裂现象。

4. 防止拉裂的措施

为防止拉裂，可以从以下几方面考虑：根据坯料的成形性能，采用适当的拉深系数和压边力；增加凸模表面粗糙度值；改善凸缘部分的润滑条件；合理设计模具工作零件形状；选用拉深性能好的材料等。

4.2.3 拉深工艺计算

1. 直壁旋转体拉深件坯料尺寸计算

直壁旋转体拉深件包括无凸缘直壁圆筒形件、有凸缘直壁圆筒形件和直壁阶梯形件，其

中无凸缘直壁圆筒形件是最典型的拉深件，下面介绍它的工艺计算方法。

（1）坯料尺寸计算原理

1）体积不变原理。即拉深前和拉深后材料的体积不变。对于不变薄拉深，因假设变形中材料厚度不变，则认为拉深前坯料的表面积与拉深后拉深件的表面积近似相等。

2）相似原理。即坯料的形状一般与拉深件截面形状相似。如拉深件的横截面是圆形的，则拉深前坯料的形状基本上也是圆形的。

（2）坯料尺寸的计算方法

1）确定修边余量。由于材料的各向异性以及拉深时金属流动条件的差异，拉深后拉深件口部不平，通常需要修边，因此计算坯料尺寸时应在拉深件高度方向上增加修边余量 Δh。Δh 的值可根据拉深件的相对高度查表 4-2。

表 4-2　无凸缘圆筒形拉深件的修边余量 Δh（JB/T 6959—2008）　（单位：mm）

拉深件高度 h	拉深件相对高度 h/d				附　图
	>0.5~0.8	>0.8~1.6	>1.6~2.5	>2.5~4.0	
≤10	1.0	1.2	1.5	2.0	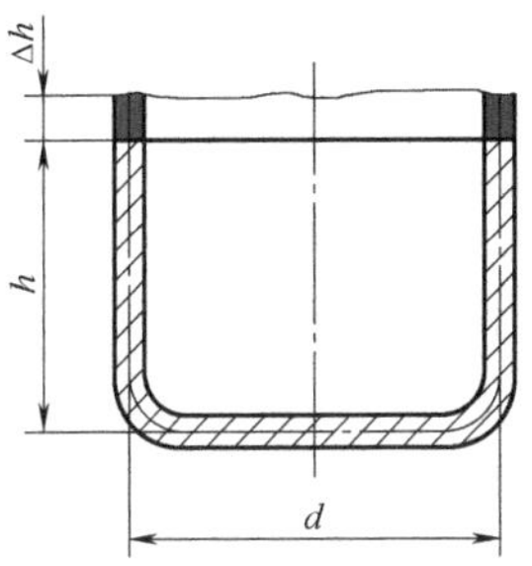
>10~20	1.2	1.6	2.0	2.5	
>20~50	2.0	2.5	3.3	4.0	
>50~100	3.0	3.8	5.0	6.0	
>100~150	4.0	5.0	6.5	8.0	
>150~200	5.0	6.3	8.0	10.0	
>200~250	6.0	7.5	9.0	11.0	
>250	7.0	8.5	10.0	12.0	

2）计算拉深件表面积。为了便于计算，把拉深件分解成若干个简单几何体，分别求出其表面积后再相加。图 4-11 所示的拉深件可看成由圆筒部分（A_1）、圆弧旋转而成的球台部分（A_2）及底部圆形平板（A_3）三部分组成。

圆筒部分的表面积为

$$A_1 = \pi d(H-r)$$

式中　d——圆筒部分的中径；

H——包含修边余量的拉深件的总高度，$H=h+\Delta h$；

r——拉深件中线在圆角处的圆角半径。

球台部分的表面积为

$$A_2 = \frac{\pi}{4}[2\pi r(d-2r)+8r^2]$$

底部圆形平板表面积为

$$A_3 = \frac{1}{4}\pi(d-2r)^2$$

拉深件的总面积为 A_1，A_2 和 A_3 三部分之和。

3）求出坯料尺寸。设坯料的直径为 D，根据坯料表面积等于拉深件表面积，则

$$\frac{1}{4}\pi D^2 = \pi d(H-r)+\frac{\pi}{4}[2\pi r(d-2r)+8r^2]+\frac{1}{4}\pi(d-2r)^2$$

式中，$H=h+\Delta h$，求解得

$$D=\sqrt{d^2-1.72dr-0.56r^2+4d(h+\Delta h)} \tag{4-1}$$

注意：对于上式，若坯料的厚度 $t<1\text{mm}$，以外径和外高或内部尺寸来计算，坯料尺寸的误差不大。若坯料的厚度 $t\geq 1\text{mm}$，则各个尺寸应以拉深件厚度的中线尺寸代入进行计算。

其他复杂形状拉深件的坯料尺寸计算具体公式可查阅相关手册。

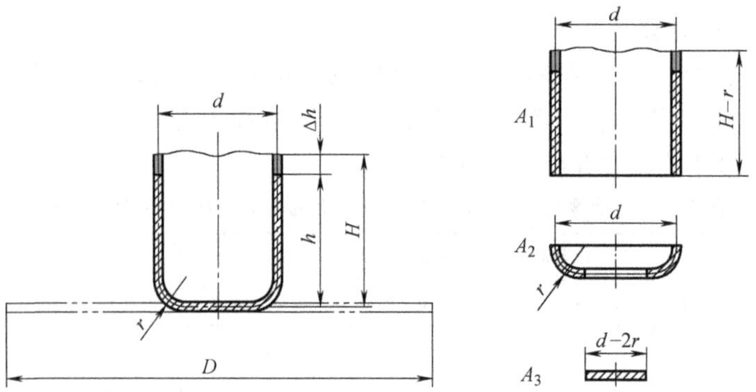

图 4-11　无凸缘直壁圆筒形件坯料尺寸计算分解图

2. 拉深系数的计算

拉深次数与每次拉深时材料所允许的变形程度有关，而拉深变形程度的大小可以用拉深系数来衡量，因此，首先确定拉深系数。

拉深系数是指拉深后圆筒形件的直径与拉深前坯料（或半成品）的直径之比。图 4-12 所示是用直径为 D 的坯料拉成直径为 d_n、高度为 h_n 的拉深件的工艺顺序。

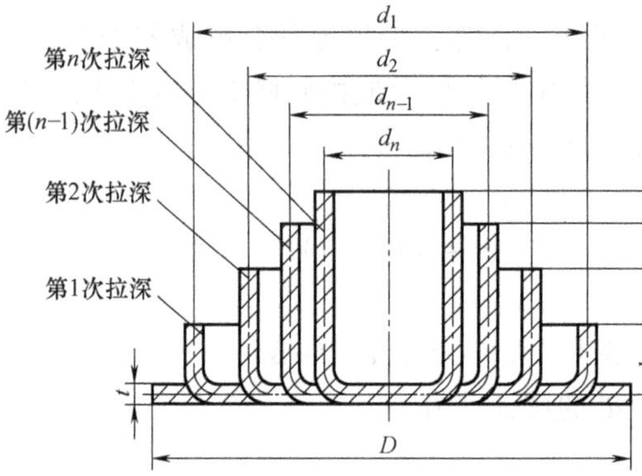

图 4-12　拉深工序示意图

第 1 次拉深的拉深系数

$$m_1=\frac{d_1}{D}$$

以后各次的拉深系数

$$m_2=\frac{d_2}{d_1},\cdots,m_n=\frac{d_n}{d_{n-1}}$$

总拉深系数为各次拉深系数的乘积

$$m=\frac{d_n}{D}=m_1m_2\cdots m_{n-1}m_n$$

拉深系数用来表示拉深过程中的变形程度，拉深系数值越小，说明变形程度越大。在制订拉深工艺时，如拉深系数取得过小，就会引起拉深件起皱、拉裂。因此称能够使拉深工艺顺利进行的最小拉深系数为极限拉深系数。当前生产实践中采用的圆筒形件带压边圈时的极限拉深系数见表 4-3。

表 4-3 无凸缘圆筒形件的极限拉深系数

各次极限拉深系数	坯料相对厚度 $t/D\times100$					
	>0.08~0.15	>0.15~0.3	>0.3~0.6	>0.6~1.0	>1.0~1.5	>1.5~2.0
$[m_1]$	0.63~0.60	0.60~0.58	0.58~0.55	0.55~0.53	0.53~0.50	0.50~0.48
$[m_2]$	0.82~0.80	0.80~0.79	0.79~0.78	0.78~0.76	0.76~0.75	0.75~0.73
$[m_3]$	0.84~0.82	0.82~0.81	0.81~0.80	0.80~0.79	0.79~0.78	0.78~0.76
$[m_4]$	0.86~0.85	0.85~0.83	0.83~0.82	0.82~0.81	0.81~0.80	0.80~0.78
$[m_5]$	0.88~0.87	0.87~0.86	0.86~0.85	0.85~0.84	0.84~0.82	0.82~0.80

注：1. 表中系数适用于 08、10S、15S 钢与软黄铜 H62、H68。当材料的塑性好、屈强比小、塑性应变比大时（05、08Z 及 10Z 钢等），应比表中的数值减小（1.5~2.0)%；而当材料的塑性差、屈强比大、塑性应变比小时（20、25、Q215、Q235、酸洗钢、硬铝、硬黄铜等），应比表中的数值增大（1.5~2.0)%。(符号 S 为深拉深钢；Z 为最深拉深钢。)

2. 凹模圆角半径较小时，即 $R_d=(4\sim8)t$，表中系数取大值；凹模圆角半径较大时，即 $R_d=(8\sim15)t$，表中系数取小值。

3. 拉深次数的确定

(1) 推算法　根据已知条件，由表 4-3 查得各次拉深系数 m_i，然后依次计算出各次拉深工序件的直径，即 $d_1=m_1D$，$d_2=m_2d_1$，…，$d_n=m_nd_{n-1}$，直到 $d_n\leqslant d$，即当计算所得直径小于或等于拉深件直径 d 时，计算的次数即为拉深次数。

(2) 查表法　在生产实际中也可采用查表法，即根据拉深件的相对高度 h/d 和坯料的相对厚度 t/D，直接由表 4-4 查得拉深次数。

表 4-4 拉深件相对高度 h/d 与拉深次数的关系（无凸缘圆筒形件，材料 08F、10F）

拉深次数	坯料相对厚度（t/D）×100					
	2.0~1.5	1.5~1.0	1.0~0.6	0.6~0.3	0.3~0.15	0.15~0.08
	拉深件相对高度 h/d					
1	0.94~0.77	0.84~0.65	0.71~0.57	0.62~0.5	0.52~0.45	0.46~0.38
2	1.88~1.54	1.60~1.32	1.3~1.1	1.13~0.94	0.96~0.83	0.9~0.7
3	3.5~2.7	2.8~2.2	2.3~1.8	1.9~1.5	1.6~1.3	1.3~1.1
4	5.6~4.3	4.3~3.5	3.6~2.9	2.9~2.4	2.4~2.0	2.0~1.5
5	8.9~6.6	6.6~5.1	5.2~4.1	4.1~3.3	3.3~2.7	2.7~2.0

注：1. 拉深凹模圆角半径较大，即 $R_凹=(8\sim15)t$ 时，h/d 取大值。

2. 拉深凹模圆角半径较小，即 $R_凹=(4\sim8)t$ 时，h/d 取小值。

4. 圆筒形件各工序尺寸的计算

(1) 工序件直径　从前面的介绍中已知，各次拉深工序件的直径可根据各次的拉深系数算得，即 $d_1=m_1D$，$d_2=m_2d_1$，…，$d_n=m_nd_{n-1}$，直到 $d_n\leqslant d$。

上述计算所得的最后一次拉深直径 d_n 必须等于拉深件直径 d。如果计算所得 d_n 小于拉深件直径 d，应调整各次拉深系数，使 $d_n=d$。调整时依照的原则为：变形程度逐次减小，即后继拉深系数逐次增大（应大于表 4-3 中的数值）。

（2）工序件的拉深高度　在设计和制造拉深模及选用合适的压力机时，还必须知道各工序件的拉深高度。在计算某工序拉深高度之前，应确定底部的圆角半径（即拉深凸模的圆角半径）。拉深凸模的圆角半径通常根据拉深凹模的圆角半径来确定。

拉深凹模的圆角半径 $R_{凹}$，可参照本章 4.2.4 中“拉深模凸模、凹模圆角半径的确定”的公式计算确定。

拉深凸模的圆角半径 $R_{凸}$，除最后一次应取与拉深件底部圆角半径相等外，中间各次取值可依据公式 $R_{凸}=(0.7\sim1.0)R_{凹}$ 计算确定。

根据拉深后工序件面积与坯料面积相等的原则，多次拉深后工序件的高度可按下面公式进行计算

$$h_1=0.25\left(\frac{D^2}{d_1}-d_1\right)+0.43\frac{r_1}{d_1}(d_1+0.32r_1)$$

$$h_2=0.25\left(\frac{D^2}{d_2}-d_2\right)+0.43\frac{r_2}{d_2}(d_2+0.32r_2)$$

$$\vdots$$

$$h_n=0.25\left(\frac{D^2}{d_n}-d_n\right)+0.43\frac{r_n}{d_n}(d_n+0.32r_n) \tag{4-2}$$

式中　h_1，h_2，h_3，…，h_n——工序件各次拉深后的高度；

D——坯料直径（mm）；

d_1，d_2，d_3，…，d_n——各次拉深后的直径；

r_1，r_2，r_3，…，r_n——各次拉深后的底部圆角半径。

5. 拉深力的计算

生产中常用以下经验公式计算拉深力：

第 1 次拉深力　$$F_1=\pi d_1tR_mK_1 \tag{4-3}$$

第 2 次拉深力　$$F_2=\pi d_2tR_mK_2 \tag{4-4}$$

式中　d_1、d_2——分别为第 1 次、第 2 次拉深后拉深件的直径或凸模直径；

t——坯料厚度；

R_m——材料的抗拉强度；

K_1、K_2——系数，其值可查表 4-5 及表 4-6（适用于低碳钢，$R_m=320\sim450\text{MPa}$）。

表 4-5　系数 K_1

坯料相对厚度 $(t/D)\times100$	拉深系数 m									
	0.45	0.48	0.50	0.52	0.55	0.60	0.65	0.70	0.75	0.80
5.0	0.95	0.85	0.75	0.65	0.60	0.50	0.43	0.35	0.28	0.20
2.0	1.1	1.0	0.90	0.80	0.75	0.60	0.50	0.42	0.35	0.25
1.2		1.1	1.0	0.90	0.80	0.68	0.56	0.47	0.37	0.30

（续）

坯料相对厚度 $(t/D)\times100$	拉深系数 m									
	0.45	0.48	0.50	0.52	0.55	0.60	0.65	0.70	0.75	0.80
0.8			1.1	1.0	0.90	0.75	0.60	0.50	0.40	0.33
0.5				1.1	1.0	0.82	0.67	0.55	0.45	0.36
0.2					1.1	0.90	0.75	0.60	0.50	0.40
0.1						1.1	0.90	0.75	0.60	0.50

表 4-6　系数 K_2

坯料相对厚度 $(t/D)\times100$	拉深系数 m									
	0.70	0.72	0.75	0.78	0.80	0.82	0.85	0.88	0.90	0.92
5.0	0.85	0.70	0.60	0.50	0.42	0.32	0.28	0.20	0.15	0.12
2.0	1.1	0.90	0.75	0.60	0.52	0.42	0.32	0.25	0.20	0.14
1.2		1.1	0.90	0.75	0.62	0.52	0.42	0.30	0.25	0.16
0.8			1.0	0.82	0.70	0.57	0.46	0.35	0.27	0.18
0.5			1.1	0.90	0.76	0.63	0.50	0.40	0.30	0.20
0.2				1.0	0.85	0.70	0.56	0.44	0.33	0.23
0.1				1.1	1.0	0.82	0.68	0.55	0.40	0.30

对于横截面为矩形、椭圆形等的拉深件，拉深力也可应用上式原理求得

$$F = KLtR_m \tag{4-5}$$

式中　L——横截面周边长度；

K——修正系数，可取 0.5~0.8。

6. 压边力的计算

解决拉深中的起皱问题，主要方法是采用压边圈并施加合适的压边力。如果压边力过大，则使变形区坯料与凹模、压边圈之间的摩擦力剧增，可能导致拉深件的过早拉裂；如果压边力太小，则起不到防止起皱的作用或作用很小，仍然不利于拉深。

压边力的大小按下列公式计算。

任何形状拉深件
$$F_{压} = Ap \tag{4-6}$$

圆筒形件第 1 次拉深
$$F_{1压} = \frac{\pi}{4}[D^2 - (d_1 + 2R_{凹})^2]p \tag{4-7}$$

圆筒形件以后各次拉深
$$F_{n压} = \frac{\pi}{4}[d_{n-1}^2 - (d_n + 2R_{凹})^2]p \tag{4-8}$$

式中　A——压边的面积；

p——单位压边力；p 值由实验确定，可按表 4-7 查得；

$R_{凹}$——凹模圆角半径。

由于压边力在操作时不便控制，而且变形区坯料压缩失稳时，只有当皱纹波超过一定高度时才会产生皱折，因此，假如能控制好不致产生皱褶的压边间隙（压边圈与凹模平面间的间隙），则实际上更有利于防止拉深起皱。

实验研究得到的最佳压边圈与凹模平面之间的间隙 δ 的值，见表 4-8。表中 t 为坯料厚度。

表 4-7　单位压边力 p　　　（单位：MPa）

材料名称	单位压边力 p
铝	0.8~1.2
纯铜、硬铝（已退火的）	1.2~1.8
黄铜	1.5~2.0
低碳钢、镀锡钢板	2.5~3.0
耐热钢（软化状态）	2.8~3.5
高合金钢、高锰钢、不锈钢	3.0~4.5

表 4-8　最佳压边间隙值

材　料	数值范围
低碳钢	$\delta=(0.95\sim1.10)t$
铝	$\delta=(1.00\sim1.15)t$
铜	$\delta=(1.00\sim1.10)t$

弹性压边装置用于单动压力机。压边力由气垫、弹簧或橡胶产生。气垫压边力不随凸模行程变化，压力效果较好。弹簧和橡胶的压边力随行程增大而上升，对拉深不利，只适合拉深高度不大的拉深件；但其结构简单，制造容易，特别是在凹模与压边圈之间装上控制压边力的限位器后，压边装置还是比较实用的，如图 4-13 所示。

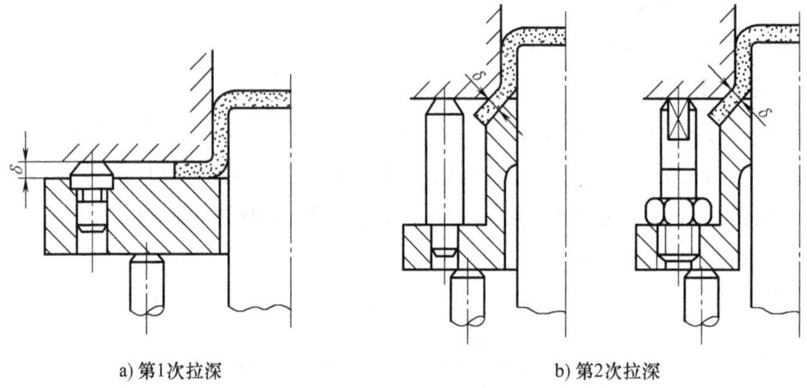

图 4-13　带限位装置的压边圈

7. 压力机公称力的选择

在实际生产中可以按下式来确定压力机的公称力：

浅拉深　　$F>(1.6\sim1.8)(F_{拉}+F_{压})$　　(4-9)

深拉深　　$F>(1.8\sim2.0)(F_{拉}+F_{压})$　　(4-10)

式中　F——压力机的公称力；

$F_{拉}$——拉深力；

$F_{压}$——压边力。

4.2.4　拉深模工作零件结构参数的确定

1. 拉深模凸模、凹模圆角半径的确定

（1）凹模圆角半径 $R_{凹}$　一般来说，$R_{凹}$ 应尽可能大一些。大的 $R_{凹}$ 可以降低极限拉深系数，还可以提高拉深件的质量。但 $R_{凹}$ 太大会削弱压边圈的作用，可能引起起皱现象，因此 $R_{凹}$ 的大小要适当。

圆筒形件首次拉深时的凹模圆角半径 $R_{凹}$ 可由下式确定

$$R_{凹}=c_1c_2t \tag{4-11}$$

或

$$R_{凹}=0.8\sqrt{(D-d_1)t} \tag{4-12}$$

式中　c_1——考虑材料力学性能的系数，对于软钢、硬铝，$c_1=1$；对于纯铜、黄铜、铝，$c_1=0.8$；

c_2——考虑坯料厚度与拉深系数的系数，见表 4-9。

以后各次拉深的凹模圆角半径 $R_{凹n}$ 可逐渐缩小，一般可取 $R_{凹n}=(0.6\sim0.8)R_{凹n-1}$，但不应小于 $2t$。

表 4-9　拉深凹模圆角半径系数 c_2

坯料厚度/mm	拉深件直径/mm	拉深系数 m_1		
		0.48~0.55	0.55~0.6	≥0.6
≤0.5	≤50	7~9.5	6~7.5	5~6
	50~200	8.5~10	7~8.5	6~7.5
	≥200	9~10	8~10	7~9
0.5~1.5	≤50	6~8	5~6.5	4~5.5
	50~200	7~9	6~7.5	5~6.5
	≥200	8~10	7~9	6~8
≥1.5~3	≤50	5~6.5	4.5~5.5	4~5
	50~200	6~7.5	5~6.5	4.5~5.5
	≥200	7~8.5	6~7.5	5~6.5

（2）凸模圆角半径 $R_{凸}$　$R_{凸}$ 对拉深的影响不像 $R_{凹}$ 那样显著，但是过小的 $R_{凸}$ 会降低筒壁传力区危险断面的有效抗拉强度。在多工序拉深时，后续工序压边圈的圆角半径等于前道工序的凸模圆角半径，所以当 $R_{凸}$ 过小时，在后续的拉深工序里坯料沿压边圈的滑动阻力也会增大，这对拉深是不利的。如果 $R_{凸}$ 过大，会使拉深初始阶段不与模具表面接触的坯料宽度加大，因而这部分坯料容易起皱（称此为内皱）。

凸模圆角半径 $R_{凸}$，除最后一次拉深应取与拉深件底部圆角半径相等的数值外，中间各次拉深时可以取和 $R_{凹}$ 相等或略小一些的数值，即

$$R_{凸}=(0.7\sim1.0)\ R_{凹} \tag{4-13}$$

并且各次拉深时凸模圆角半径 $R_{凸}$ 应逐次减小。

在实际设计工作中，拉深凸模、凹模的圆角半径先选取比计算略小一点的数值，这样便于在试模调整时再逐渐加大，直到拉深出合格制件为止。

2. 拉深模的间隙

拉深模的间隙是指单边间隙，即 $Z/2$。间隙过小会增加摩擦阻力，使拉深件容易破裂，且易擦伤拉深件表面，降低模具寿命；间隙过大，则拉深时对坯料的校直作用小，影响拉深件尺寸精度。因此，确定间隙的原则是既要考虑坯料厚度的公差，又要考虑圆筒形件口部的增厚现象，并根据拉深时是否采用压边圈及拉深件的尺寸精度要求合理确定。

圆筒形件拉深时，单边间隙 $Z/2$ 可按下列方法确定。

(1) 不用压边圈时　考虑起皱可能性，其间隙取

$$Z/2=(1\sim1.1)t_{max} \tag{4-14}$$

式中　$Z/2$——单边间隙值，末次拉深或精密拉深时取小值，中间拉深时取大值；

t_{max}——坯料厚度的上限值。

(2) 用压边圈时　间隙按表 4-10 选取。

表 4-10　有压边圈拉深时单边间隙值

总拉深次数	拉深工序	单边间隙 $Z/2$	总拉深次数	拉深工序	单边间隙 $Z/2$
1	第 1 次拉深	$(1\sim1.1)t$	4	第 1、2 次拉深	$1.2t$
2	第 1 次拉深	$1.1t$		第 3 次拉深	$1.1t$
	第 2 次拉深	$(1\sim1.05)t$		第 4 次拉深	$(1\sim1.05)t$
3	第 1 次拉深	$1.2t$	5	第 1、2、3 次拉深	$1.2t$
	第 2 次拉深	$1.1t$		第 4 次拉深	$1.1t$
	第 3 次拉深	$(1\sim1.05)t$		第 5 次拉深	$(1\sim1.05)t$

注：1. 坯料厚度取坯料允许偏差的中间值。
2. 对于精密拉深件，最末一次拉深时单边间隙取 $Z/2=t$。

(3) 精度要求较高的拉深件　为了减小拉深后的回弹，降低拉深件的表面粗糙度值，常采用负间隙拉深，拉深时单边间隙值取 $Z/2=(0.9\sim0.95)t$。

3. 拉深凸模和凹模工作部分的尺寸及其公差

最后一道工序的拉深模，其凸模和凹模尺寸及其公差应按拉深件的要求确定。

(1) 当拉深件要求外形尺寸时（图 4-14a）　以凹模尺寸为基准进行计算，即

凹模尺寸
$$D_{凹}=(D_{max}-0.75\Delta)^{+\delta_{凹}}_{0} \tag{4-15}$$

凸模尺寸
$$D_{凸}=(D_{max}-0.75\Delta-Z)^{0}_{-\delta_{凸}} \tag{4-16}$$

(2) 当拉深件要求内形尺寸时（图 4-14b）　以凸模尺寸为基准进行计算，即

凸模尺寸
$$d_{凸}=(d_{min}+0.4\Delta)^{0}_{-\delta_{凸}} \tag{4-17}$$

凹模尺寸
$$d_{凹}=(d_{min}+0.4\Delta+Z)^{+\delta_{凹}}_{0} \tag{4-18}$$

中间各道工序的拉深模，由于工序件的尺寸与公差没有必要予以严格限制，所以凸模和凹模尺寸只要取工序件的过渡尺寸即可。

在式（4-15）至式（4-18）中　D_{max}——拉深件外径的最大尺寸；

d_{min}——拉深件内径的最小尺寸；

Δ——拉深件的尺寸公差；

Z——拉深模双边间隙。

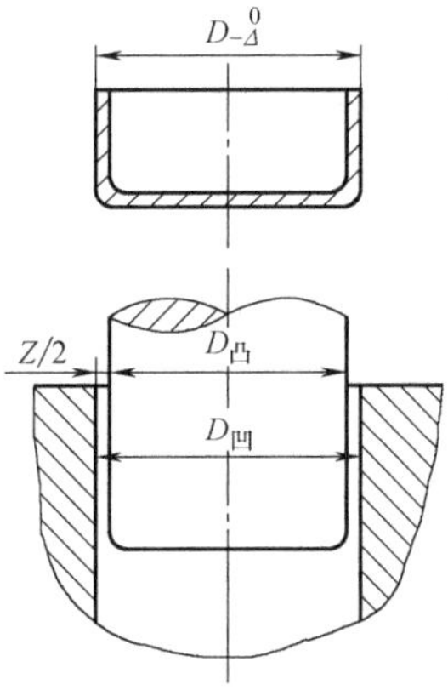

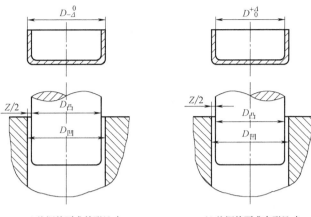

a) 拉深件要求外形尺寸　　b) 拉深件要求内形尺寸

图 4-14　拉深件尺寸与模具尺寸

凸模和凹模的制造公差 $\delta_{凸}$ 和 $\delta_{凹}$ 可按标准公差等级 IT6~IT8 选取，也可按表 4-11 选取。

表 4-11　凸模制造公差 $\delta_{凸}$ 与凹模制造公差 $\delta_{凹}$　　（单位：mm）

坯料厚度 t	拉深件直径					
	≤20		>20~100		>100	
	$\delta_{凹}$	$\delta_{凸}$	$\delta_{凹}$	$\delta_{凸}$	$\delta_{凹}$	$\delta_{凸}$
≤0.5	0.02	0.01	0.03	0.02	—	—
0.5~1.5	0.04	0.02	0.05	0.03	0.08	0.05
≥1.5	0.60	0.040	0.08	0.05	0.10	0.06

注：$\delta_{凸}$、$\delta_{凹}$ 在必要时可提高至 IT6~IT8。若拉深件公差在 IT13 以下，则 $\delta_{凸}$、$\delta_{凹}$ 可以采用 IT10。

4. 拉深凸模和凹模的结构

凸模和凹模结构形式的设计要有利于拉深变形，这不但可以提高拉深件质量，而且可以降低极限拉深系数。

下面介绍几种常用的结构形式。

（1）不用压边圈的拉深凸模和凹模　对于可一次拉深成形的浅拉深件，拉深凹模的结构如图 4-15 所示。图 4-15a 所示为普通带圆弧的平端面凹模，适用于大件；图 4-15b、c 所示结构适用于小件。

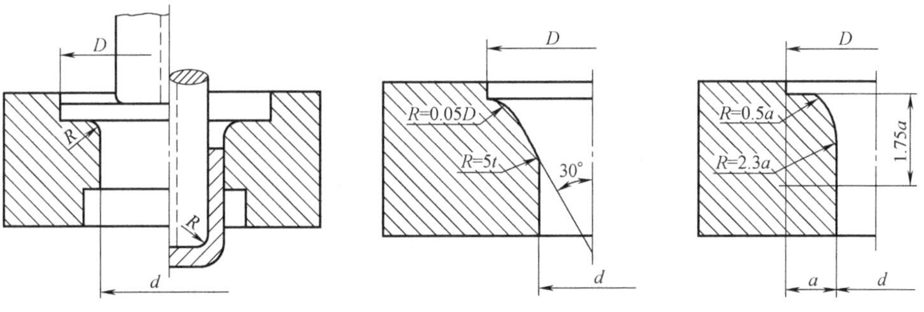

a) 带圆弧平端面凹模　　b) 锥形凹模口　　c) 渐开线形凹模口

图 4-15　不用压边圈的拉深凹模结构

图 4-15b（锥形凹模口）和图 4-15c（渐开线形凹模口）所示的凹模结构，使拉深时坯料的过渡形状呈曲面形状，因而增大了抗失稳能力，凹模口部对坯料变形区的作用力也有助于产生切向压缩变形，减小摩擦阻力和弯曲变形的阻力，所以对拉深变形有利（图 4-16），可以提高拉深件的质量，降低拉深系数。

对于两次以上的拉深件，拉深凸模和凹模的结构如图 4-17 所示。

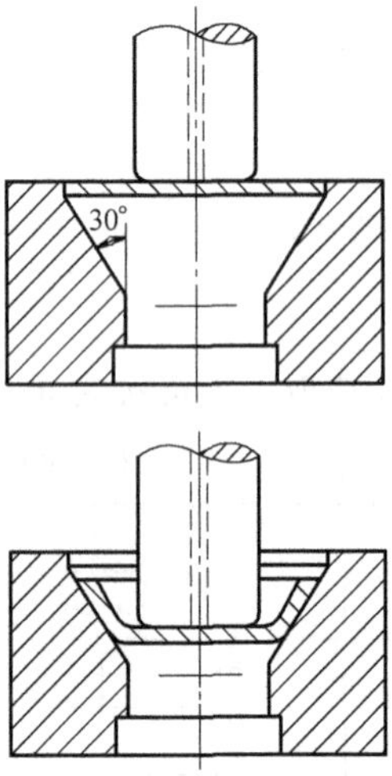

图 4-16　锥形凹模拉深特点

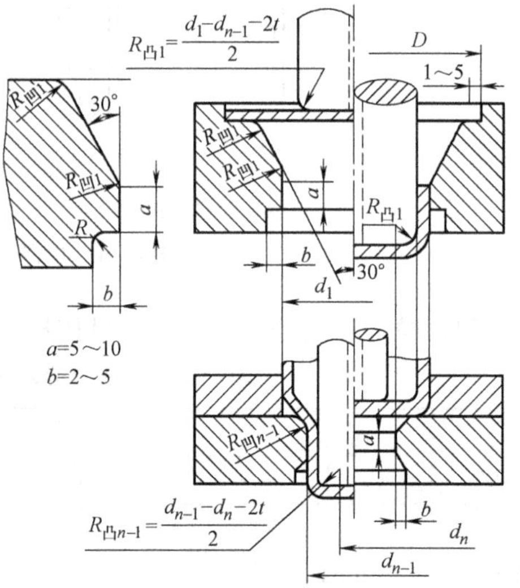

图 4-17　无压边圈的多次拉深模工作部分结构

（2）用压边圈的拉深凸模和凹模　图 4-18a 所示为有圆角半径的凸模和凹模，多用于拉深尺寸较小的拉深件（$d \leqslant 100$mm）。图 4-18b 所示为有斜角的凸模和凹模，采用这种结构不

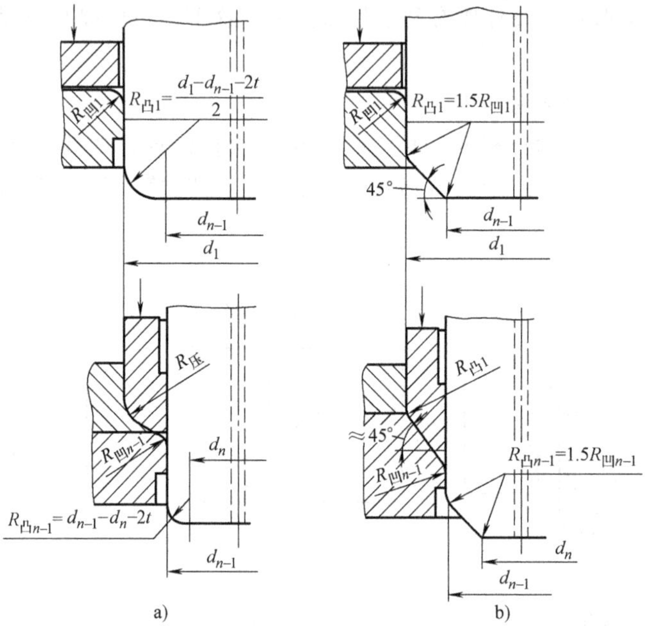

图 4-18　用压边圈的拉深凸模和凹模

仅使工序件在下个工序中容易定位，而且能减轻坯料的反复弯曲变形，改善了拉深时材料变形的条件，减少了材料的变薄，有利于提高拉深件侧壁的质量，多用于拉深尺寸较大的拉深件（d>100mm）。

不论采用哪种模具结构形式，都应注意前后工序的凸模和凹模圆角半径、压边圈的圆角半径之间的关系，如图 4-17 和图 4-18 所示。要使相邻的前后两道工序的冲模形状和尺寸具有正确的关系，要尽量做到前道工序制成的中间坯料的形状有利于在后续工序中成形。

（3）带限制型腔的拉深凹模　对于不经中间热处理的多次拉深的工序，在拉深之后或稍隔一段时间，在拉深件的口部往往会出现龟裂，这种现象对于硬化严重的金属，如不锈钢、耐热钢、黄铜等尤为严重。为了改善这一状况，可以采用限制型腔，即在凹模上部加坯料限制圈，如图 4-19 所示。其结构可以采用将凹模壁加高，也可以单独做成分离式。

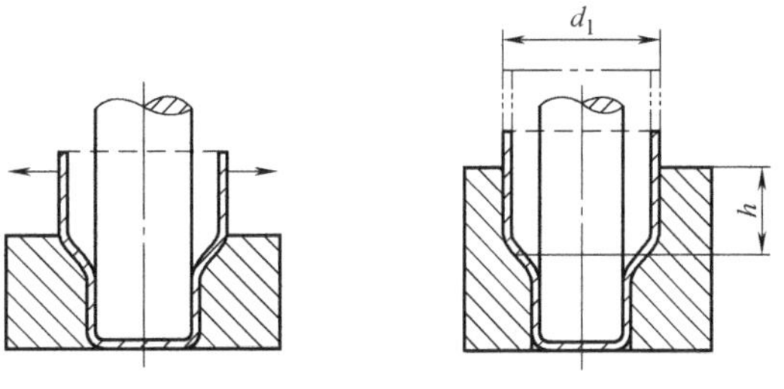

a) 不带限制型腔　　b) 带限制型腔

图 4-19　不带限制型腔与带限制型腔的凹模

限制型腔的高度 h 在各次拉深工序中可以认为是不变的，一般取

$$h=(0.4\sim0.6)d_1 \tag{4-19}$$

式中　d_1——第 1 次拉深的凹模直径。

限制型腔的直径应比前一道工序的凹模直径小 0.1~0.2mm。

4.2.5　其他形状拉深件的拉深特点

1. 带凸缘圆筒形件的拉深特点

带凸缘圆筒形件的拉深过程和无凸缘的圆筒形件相比，其区别仅在于前者将坯料拉深至某一时刻达到拉深件所要求的 d_t 时不再拉深，而不是将凸缘变形区的材料全部拉入凹模内，如图 4-20 所示。

（1）带凸缘圆筒形件拉深次数的确定　如果带凸缘圆筒形件能一次拉深成形，那么就不必专门讨论其工艺计算与拉深方法，只要直接将坯料拉至达到拉深件的要求即可。

而判断其是否能一次拉深成形，则不能用一般无凸缘的圆筒形件拉深的第 1 次拉深系数 m_1，因为它只有当全部凸缘都转变为拉深件的侧表面时才能适用。在拉深带凸缘圆筒形件时，可在同样的 $m_1=d_1/D$ 的情况下，也就是在采用相同的坯料直径 D 拉出相同的拉深件直径 d_1 时，拉深出各种不同凸缘直径 d_t 和不同高度 h 的拉深件，如图 4-21 所示。

显然，凸缘直径和拉深件高度不同时，其实际变形程度是不同的。凸缘直径越小，拉深件高度越大，其变形程度也越大。因此用一般的 $m_1=d_1/D$ 不能表达在拉深带凸缘拉深件时的各种不同情况（指不同的 d_t 和 h）下的实际变形程度。

带凸缘圆筒形件第 1 次拉深的实际变形程度主要取决于第 1 次拉深后的相对直径 d_t/d_1 及相对高度 h_1/d_1。带凸缘圆筒形件第 1 次拉深的许可变形程度可用对应于 d_t/d_1 不同比值的最大相对高度 h_1/d_1 来表示，见表 4-12。

当拉深件的相对拉深高度 $h/d>h_1/d_1$ 时，则该拉深件就不能采用一道工序拉深成形，而需要两次或多次拉深才能成形。

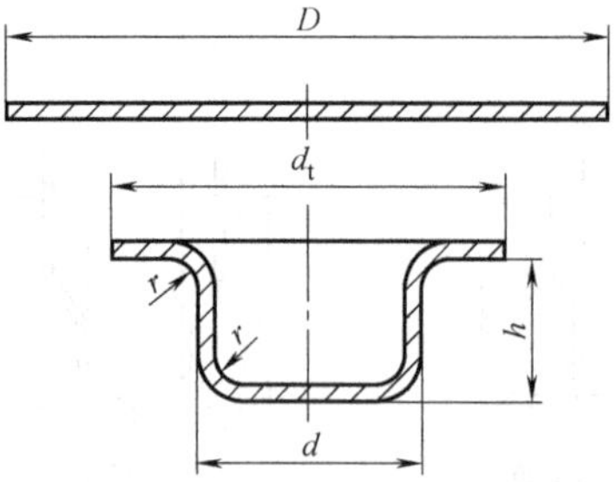

图 4-20　带凸缘圆筒形件的拉深

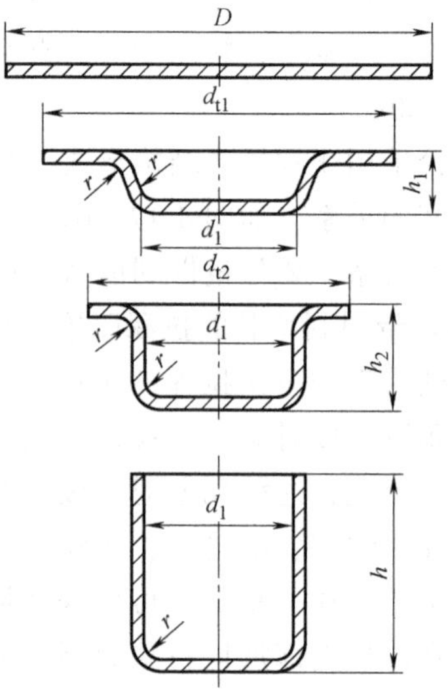

图 4-21　拉深过程中凸缘尺寸的变化

表 4-12　带凸缘圆筒形件第 1 次拉深的最大相对高度 h_1/d_1

凸缘相对直径 d_t/d_1	坯料相对厚度 $(t/D)\times100$				
	>0.06~0.2	>0.2~0.5	>0.5~1.0	>1.0~1.5	>1.5
≤1.1	0.45~0.52	0.50~0.62	0.57~0.70	0.60~0.80	0.75~0.90
>1.1~1.3	0.40~0.47	0.45~0.53	0.50~0.60	0.56~0.72	0.65~0.80
>1.3~1.5	0.35~0.42	0.40~0.48	0.45~0.53	0.50~0.63	0.58~0.70
>1.5~1.8	0.29~0.35	0.34~0.39	0.37~0.44	0.42~0.53	0.46~0.58
>1.8~2.0	0.25~0.30	0.29~0.34	0.32~0.38	0.36~0.46	0.42~0.51
>2.0~2.2	0.22~0.26	0.25~0.29	0.27~0.33	0.31~0.41	0.35~0.45
>2.2~2.5	0.17~0.21	0.20~0.23	0.22~0.27	0.25~0.32	0.28~0.35
>2.5~2.8	0.13~0.16	0.15~0.18	0.17~0.21	0.19~0.24	0.22~0.27
>2.8~3.0	0.10~0.13	0.12~0.15	0.14~0.17	0.16~0.20	0.18~0.22

注：1. 适用于 08、10 钢。

2. 较大值适用于拉深件圆角半径较大的情况，即 $R_凸$、$R_凹$ 为 $(10\sim20)t$；较小值相应于拉深件圆角半径较小的情况，即 $R_凸$、$R_凹$ 为 $(4\sim8)t$。

（2）带凸缘圆筒形件拉深方法　带凸缘圆筒形件需要多次拉深时，其拉深方法根据凸缘宽窄分为以下两类。

1）窄凸缘圆筒形件（$d_t/d=1.1\sim1.4$）。对这种拉深件的拉深，可在前几次拉深过程中不留凸缘，即先拉成圆筒形件，而在最后的几道拉深工序中形成锥形凸缘，最后将其压平，如图 4-22 所示。拉深系数的确定与拉深工艺计算与无凸缘的圆筒形拉深件完全相同。

2）宽凸缘圆筒形件（$d_t/d>1.4$）。宽凸缘圆筒形件在第 1 次拉深时，就将凸缘直径拉深到拉深件所需要的尺寸。以后各次拉深时，凸缘直径保持不变，仅改变筒体的形状和尺寸，如图 4-23 所示。在以后各次拉深时，逐步减小直径，增加高度，最后达到所要求的尺寸。

宽凸缘圆筒形件多次拉深时，其第 1 次拉深的极限拉深系数列于表 4-13。以后各次拉深时，拉深系数可相应地选取无凸缘圆筒形件的拉深系数（表 4-3）。

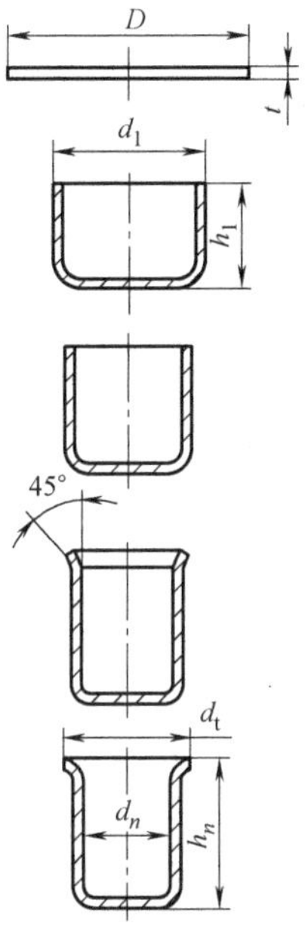

图 4-22　窄凸缘件的拉深方法

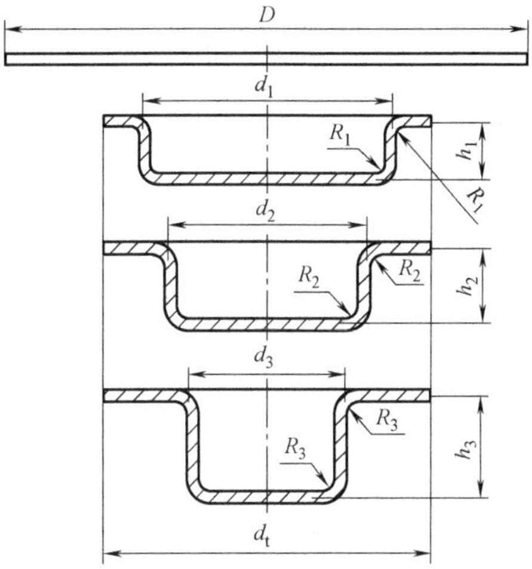

图 4-23　宽凸缘件的拉深方法

表 4-13　宽凸缘圆筒形件第 1 次拉深时的极限拉深系数 m_1（适用于 08、10 钢）

凸缘相对直径 d_t/d_1	坯料相对厚度 $(t/D)\times100$				
	>0.06~0.2	>0.2~0.5	>0.5~1.0	>1.0~1.5	>1.5
≤1.1	0.59	0.57	0.55	0.53	0.50
>1.1~1.3	0.55	0.54	0.53	0.51	0.49
>1.3~1.5	0.52	0.51	0.50	0.49	0.47
>1.5~1.8	0.48	0.48	0.47	0.46	0.45
>1.8~2.0	0.45	0.45	0.44	0.43	0.42
>2.0~2.2	0.42	0.42	0.42	0.41	0.40
>2.2~2.5	0.38	0.38	0.38	0.38	0.37
>2.5~2.8	0.35	0.34	0.34	0.34	0.33
>2.8~3.0	0.33	0.32	0.32	0.32	0.31

2. 阶梯形拉深件的拉深特点

旋转体阶梯形拉深件拉深时，其变形特点与圆筒形件相同，也就是说，每一阶梯相当于相应的圆筒形件的拉深，其拉深工艺过程和拉深次数的确定、工序顺序的安排应根据拉深件的尺寸与形状区别对待。

（1）判断能否一次拉深成形　当阶梯形拉深件（图 4-24）的相对厚度 $t/D>1\%$，而阶梯之间直径差和拉深件的高度较小时，可一次拉深成形。粗略的判断条件为

$$\frac{h_1+h_2+\cdots+h_n}{d_n}\leqslant\frac{h}{d} \tag{4-20}$$

式中 h/d 的值对应于表 4-4（拉深件相对高度 h/d 与拉深次数的关系）中拉深次数为 1

时的值。上式成立则可一次拉深成形。

当上述条件无法保证时，则需要多次拉深。

（2）多次拉深　拉深方法如下：

1）当每相邻阶梯的直径比 d_2/d_1，d_3/d_2，…，d_n/d_{n-1} 均大于相应的圆筒形拉深件的极限拉深系数时，则可以由大阶梯到小阶梯每次拉出一个阶梯，其拉深次数为阶梯数目，如图 4-25a 所示，图中Ⅰ、Ⅱ、Ⅲ为拉深工序顺序。

2）当某相邻的两个阶梯直径的比值小于相应的圆筒形拉深件的极限拉深系数时，应采用带凸缘拉深件的拉深工艺，先拉深小直径 d_2，再拉深大直径 d_1，如图 4-25b 所示。

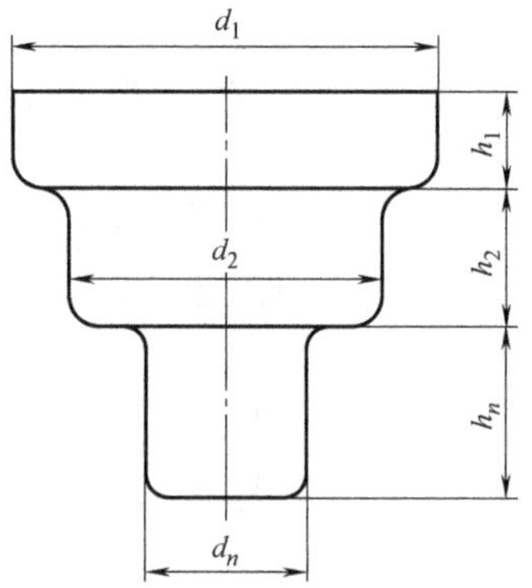

图 4-24　阶梯形拉深件

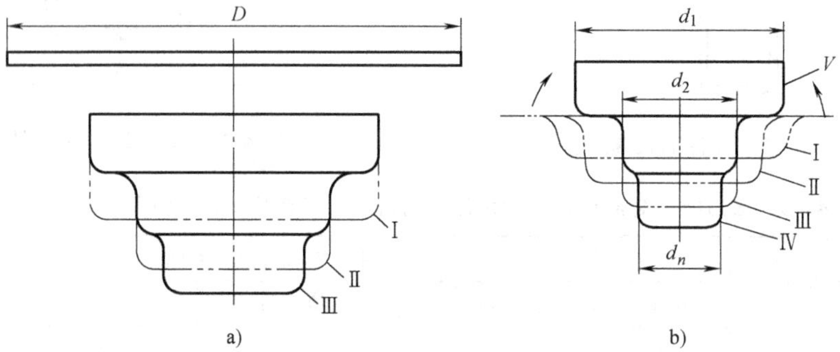

图 4-25　阶梯形拉深件的多次拉深方法

3）对于浅阶梯形拉深件，因阶梯直径差别较大而不能一次拉深成形时，可采用首先拉成球面形状（图 4-26a）或大圆角的圆筒形件（图 4-26b），然后用校形工序得到拉深件的形状和尺寸。

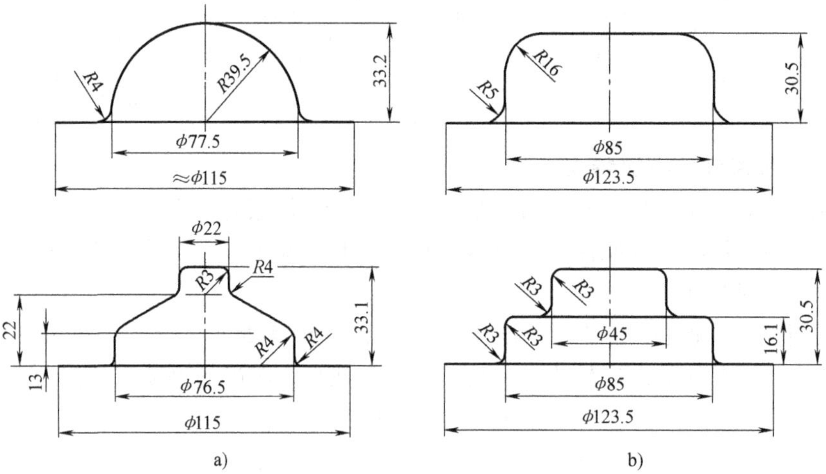

图 4-26　浅阶梯形拉深件的拉深方法

4.3　拉深模设计实例

图 4-27 所示为无凸缘的直壁圆筒形件，材料为 08F 钢，料厚为 1mm，材料的抗拉强度 $R_m=320\text{MPa}$，小批量生产。试完成该产品的拉深工艺设计。

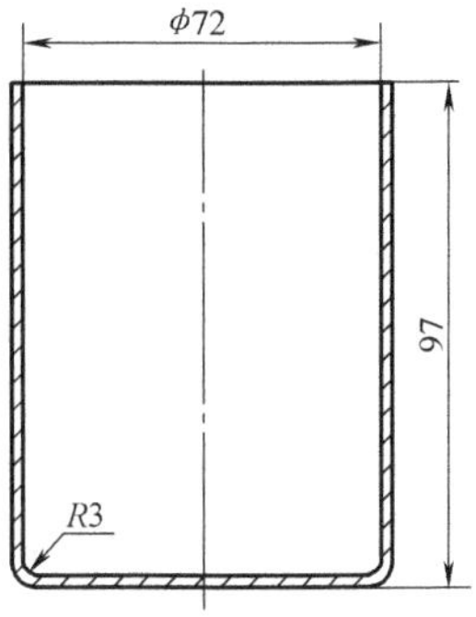

图 4-27　直壁圆筒

1. 产品的工艺性分析

该产品是无凸缘的直壁圆筒形件，形状简单、对称，无特殊要求，易于拉深成形。产品底部圆角半径为 3mm，满足拉深工艺对形状和尺寸的要求，可以直接成形。产品的所有尺寸均为未注公差尺寸，采用普通拉深较易达到要求。产品所用材料为 08F 钢，塑性较好，易于拉深成形，因此该产品的拉深工艺性较好。

2. 工艺方案确定

为了确定工艺方案，首先应计算坯料尺寸并确定拉深次数。由于料厚为 1mm，以下所有尺寸均以中线尺寸代入。

（1）确定修边余量

由 $\dfrac{h}{d}=\dfrac{97-0.5}{72+1}=1.32$，查表 4-2 得　$\Delta h=3.8\text{mm}$

（2）计算坯料直径　由公式（4-1）得

$$D=\sqrt{d^2-1.72dr-0.56r^2+4d(h+\Delta h)}$$
$$=\sqrt{(72+1)^2-1.72\times(72+1)\times(3+0.5)-0.56\times(3+0.5)^2+4\times(72+1)\times(97-0.5+3.8)}\text{mm}$$
$$=184.85\text{mm}\approx185\text{mm}$$

（3）确定拉深次数

1）判断是否需要压边圈。由坯料相对厚度 $(t/D)\times100=(1/185)\times100=0.541$，查表 4-1 可知需要采用压边圈。

2）确定拉深次数。由 $(t/D)\times100=0.541$，查表 4-3 得极限拉深系数为 $m_1=0.58$，$m_2=0.79$，$m_3=0.81$，$m_4=0.83$。各次拉深工序件的直径为

$$d_1=m_1D=0.58\times185\text{mm}=107.3\text{mm}$$
$$d_2=m_2d_1=0.79\times107.3\text{mm}=84.77\text{mm}$$
$$d_3=m_3d_2=0.81\times84.77\text{mm}=68.66\text{mm}<73\text{mm}$$

虽然 3 次拉深即可完成，但考虑到上述采用的都是极限拉深系数，而实际生产时所采用的拉深系数应比极限值大，因此将拉深次数调整为 4 次，各次的拉深系数也做相应调整。

（4）方案确定　该拉深件需要落料、4 次拉深、1 次切边才能最终成形，因此成形该拉深件的方案有以下几种。

方案一：单工序生产，即落料—拉深—拉深—拉深—拉深—切边。

方案二：首次复合，即落料拉深复合—拉深—拉深—拉深—切边。

方案三：级进拉深。

考虑到是小批量生产，因此上述方案中优选方案二，但首次拉深时坯料定位比较困难。

3. 工艺计算

（1）各次拉深半成品尺寸的确定

1）各次半成品的直径。对上述极限拉深系数进行调整，现分别确定如下：

$m_1=0.62$，$d_1=m_1D=0.62\times185\text{mm}=114.7\text{mm}$

$m_2=0.83$，$d_2=m_2d_1=0.83\times114.7\text{mm}=95.2\text{mm}$

$m_3=0.85$，$d_3=m_3d_2=0.85\times95.2\text{mm}=80.9\text{mm}$

$m_4=0.90$，$d_4=m_4d_3=0.90\times80.9\text{mm}=73\text{mm}$

2）各次半成品的底部圆角半径 r。由式（4-12）计算各次拉深凹模圆角半径的值如下：

$R_{凹1}=0.8\sqrt{(D-d_1)t}=0.8\sqrt{(185-114.7)\times1}\text{mm}=6.7\text{mm}$，取 $R_{凹1}=7\text{mm}$。

依次计算并取 $R_{凹2}=3.5\text{mm}$，$R_{凹3}=3\text{mm}$，$R_{凹4}=3\text{mm}$。

凸模圆角半径可取与凹模圆角半径相同，即 $R_{凸1}=7\text{mm}$，$R_{凸2}=3.5\text{mm}$，$R_{凸3}=3\text{mm}$，$R_{凸4}=3\text{mm}$。

则得到半成品底部圆角半径分别为 $r_1=7\text{mm}$，$r_2=3.5\text{mm}$，$r_3=3\text{mm}$，$r_4=3\text{mm}$。

3）各次半成品的高度 h。由式（4-2）计算得

$$h_1=0.25\left(\frac{D^2}{d_1}-d_1\right)+0.43\frac{r_1}{d_1}(d_1+0.32r_1)$$

$$=\left[0.25\times\left(\frac{185^2}{114.7}-114.7\right)+0.43\times\frac{7.5}{114.7}\times(114.7+0.32\times7.5)\right]\text{mm}$$

$$=49.2\text{mm}$$

同理得 $h_2=67.8\text{mm}$，$h_3=87.1\text{mm}$，$h_4=100.5\text{mm}$。

（2）冲压工艺力计算及初选设备（以第 4 次拉深为例，其他类同）

拉深力按式（4-5）计算

$$F_4=KLtR_m=0.8\times3.14\times73\times1\times320\text{N}=58.68\text{kN}$$

（K 取 0.5～1.0，这里取 0.8；L 是第 4 次拉深所得圆筒的筒部周长）

压边力由式（4-8）计算，这里 $p=2.5\text{MPa}$（查表 4-7），则

$$F_{n压}=\frac{\pi}{4}[d_{n-1}^2-(d_n+2R_{凹})^2]p=\frac{3.14}{4}\times[80.9^2-(73+2\times3)^2]\times2.5\text{N}$$

$$=0.6\text{kN}$$

选用单动压力机，所需公称力为

$$F>F_{拉}+F_{压}=(58.68+0.6)\text{kN}=59.28\text{kN}$$

这里初选 100kN 的开式曲柄压力机 J23-10。

4. 模具总体结构设计（以第 4 次拉深模为例）

选用倒装拉深模，坯料利用压边圈的外形进行定位，采用中间滑动导柱导套导向，利用刚性推件装置推件。第 4 次拉深模的模具结构如图 4-28 所示。

5. 模具主要零件设计

（1）模具工作零件尺寸设计

1）模具间隙 Z 的确定。由于是最后一次拉深，为保证拉深件质量，根据式（4-14），取凸模、凹模单边间隙为 $1t$，即

$$Z_4/2=t=1\text{mm}$$

2）凸模、凹模圆角半径的确定。由于拉深件圆角半径大于 $2t$（t 为料厚），满足拉深工艺要求，因此最后一次拉深用的凸模圆角半径应该与拉深件圆角半径一致，即 $R_{凸4}=3\text{mm}$。

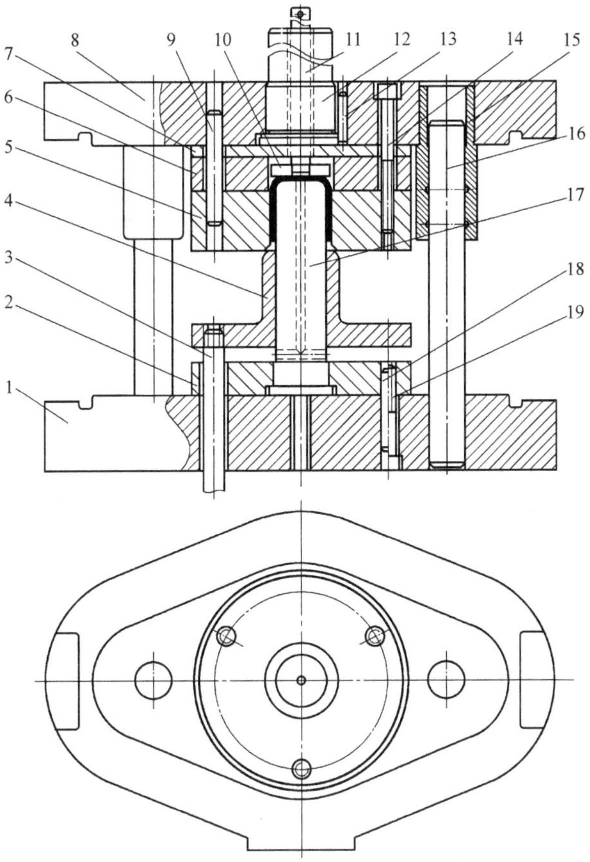

图 4-28 第 4 次拉深模的模具结构

1—下模座 2—凸模固定板 3—卸料螺钉 4—压边圈 5—凹模 6—空心垫板 7—垫板 8—上模座 9、18—销钉 10—推件板 11—打杆 12—模柄 13—止动销 14、19—螺钉 15—导套 16—导柱 17—凸模

凹模圆角半径取 $R_{凹4}=3\text{mm}$。

3）凸模、凹模刃口尺寸及其公差的确定。由于拉深件对内形有尺寸要求，因此以凸模为基准，间隙取在凹模上。由式（4-17）和式（4-18）计算得：

凸模尺寸 $d_{凸}=(d_{\min}+0.4\Delta)_{-\delta_{凸}}^{\ 0}=(71.5+0.4\times1)_{-0.03}^{\ 0}\text{mm}=71.9_{-0.03}^{\ 0}\text{mm}$

凹模尺寸 $d_{凹}=(d_{\min}+0.4\Delta+Z)_{\ 0}^{+\delta_{凹}}=(71.9+2\times1)_{\ 0}^{+0.05}\text{mm}=73.9_{\ 0}^{+0.05}\text{mm}$

式中，$\delta_{凸}$、$\delta_{凹}$分别是凸模、凹模的制造公差，查表 4-11 选取，必要时可分别将公差等级提高到 IT6、IT7。Δ 是拉深件的尺寸公差，拉深件的尺寸公差为未注公差，可由 GB/T 15055—2007 的 m 级公差查得 $\Delta=\pm0.5\text{mm}$，则拉深件筒部直径调整为 $71.5_{\ 0}^{+1.0}\text{mm}$。（注：GB/T 15055-m 中的 m 指未注公差尺寸的公差等级为中等级，是常用公差等级，在非标准加工中最常用。）

4）凸模通气孔尺寸确定。当 $d_{凸}$小于 50mm 时，通气孔尺寸为 5mm；$d_{凸}$ 为 50～100mm 时，通气孔尺寸为 6.5mm；$d_{凸}$ 大于 100～200mm 时，通气孔尺寸为 8mm；$d_{凸}$ 大于 200mm 时，通气孔尺寸为 9.5mm。

（2）模具主要零件设计

1）凸模。材料选用 Cr12MoV，热处理至 56～60HRC，未注表面粗糙度值为 $Ra6.3\mu\text{m}$，

尺寸及结构如图 4-29 所示。

2）凹模。材料选用 Cr12MoV，热处理至 58～62HRC，未注表面粗糙度值为 $Ra6.3\mu m$，尺寸及结构如图 4-30 所示。

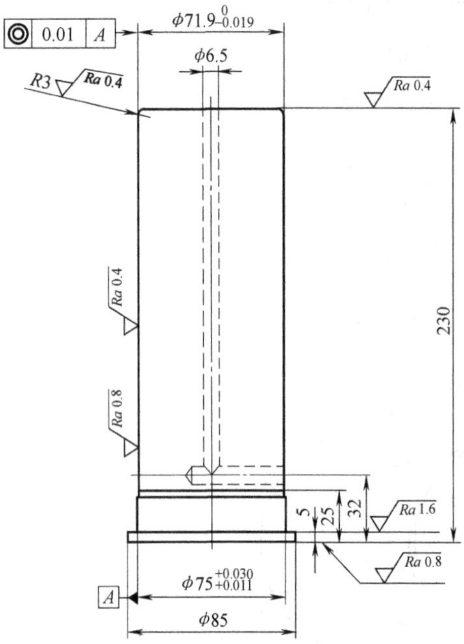

图 4-29　拉深凸模

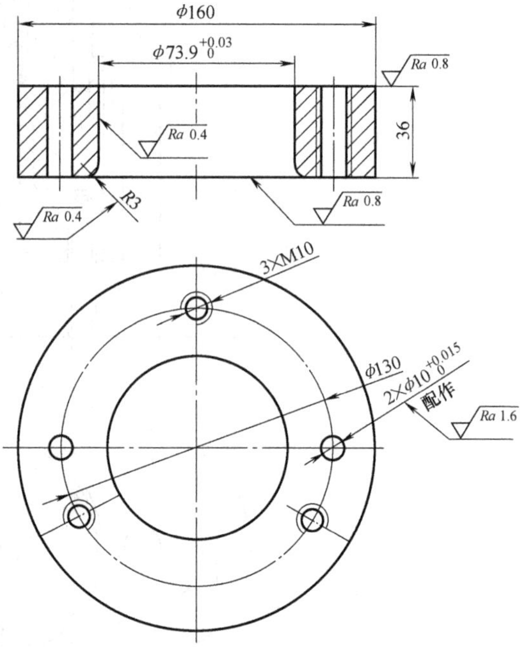

图 4-30　拉深凹模

3）压边圈。材料选用 45 钢，热处理至 43 ～48HRC，未注表面粗糙度值为 $Ra6.3\mu m$，尺寸及结构如图 4-31 所示。

4）垫板。材料选用 45 钢，热处理至 43～48 HRC，未注表面粗糙度值为 $Ra6.3\mu m$，尺寸及结构如图 4-32 所示。

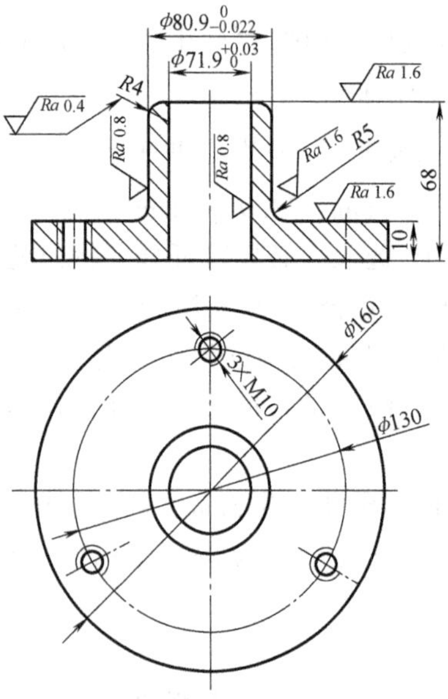

图 4-31　压边圈

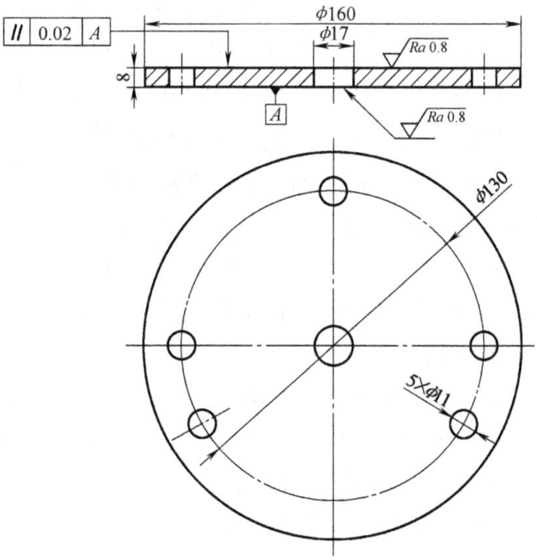

图 4-32　垫板

5）凸模固定板。材料选用45钢，未注表面粗糙度值为 $Ra6.3\mu m$，尺寸及结构如图4-33所示。

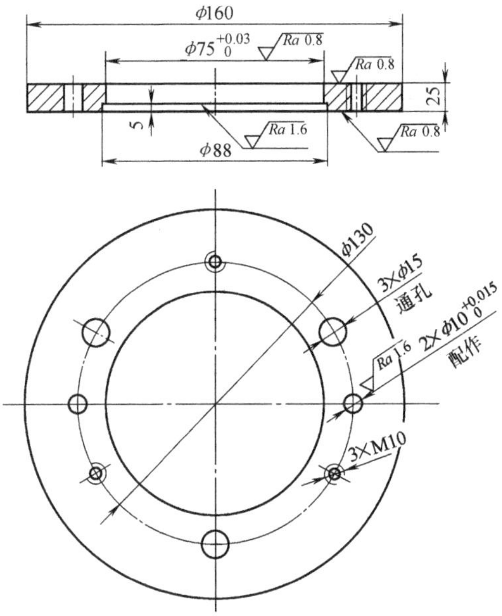

图4-33　凸模固定板

思考与练习

1. 拉深变形有哪些特点？用拉深方法可以制成哪些类型的制件？

2. 圆筒形制件拉深时，坯料变形区的应力应变状态是怎样的？

3. 拉深工艺中，会出现哪些失效形式？说明产生的原因和防止的措施。

4. 拉深的危险断面在何处？为什么？

5. 什么是圆筒形件的拉深系数？影响极限拉深系数的因素有哪些？拉深系数对拉深工艺有何意义？

6. 与无凸缘圆筒形拉深件比较，有凸缘圆筒形拉深件拉深时有哪些特点？工艺计算有何区别？

7. 拉深模压边圈有哪些结构形式？适用于哪些情况？

8. 确定图4-34所示压紧弹簧座（材料08Al，料厚 $t=2$mm）的拉深次数和各工序尺寸，绘制各工序件图并标注尺寸。

9. 图4-35所示拉深件，材料为10钢，厚度 $t=2$mm，大批量生产。试完成：

① 分析拉深件的工艺性。

② 计算拉深件的拉深次数及各次拉深工序件尺寸。

③ 计算各次拉深时的拉深力与压料力。

④ 绘制落料首次拉深复合模的结构图。

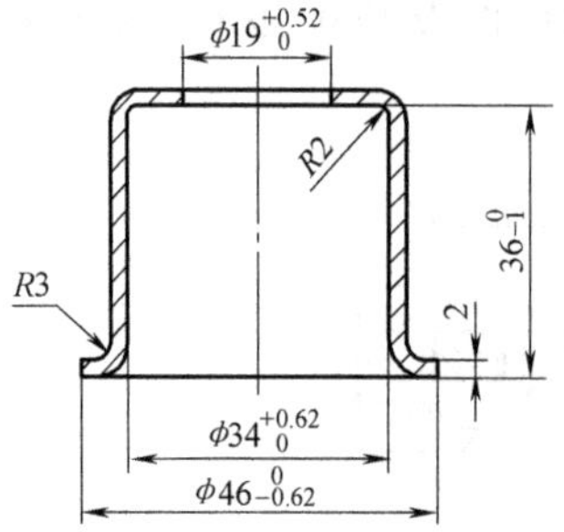

图 4-34　压紧弹簧座

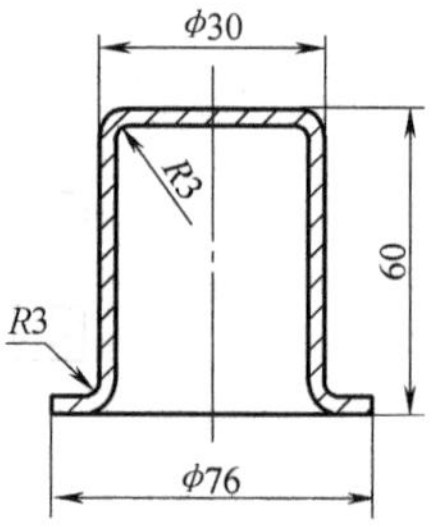

图 4-35　杯座

第 5 章　其他冲压成形模具设计

在板材冲压成形的工艺中，除冲裁、弯曲、拉深等工艺外，还有翻边、缩口、胀形等成形工艺。每种工艺都有各自的成形特点，因此，所对应的模具结构也不同。本章只对翻边、缩口、胀形成形工艺及其模具结构做简要介绍。

5.1　翻边

利用模具把板料上的孔缘或外缘翻成竖边的冲压加工方法称为翻边。

翻边的种类、形式很多，如图 5-1 所示。根据成形过程中边部材料长度的变化情况，可将翻边分为伸长类翻边和压缩类翻边。根据成形工艺特点，翻边可分为内孔（圆孔或非圆孔）翻边、外缘翻边、变薄翻边等。

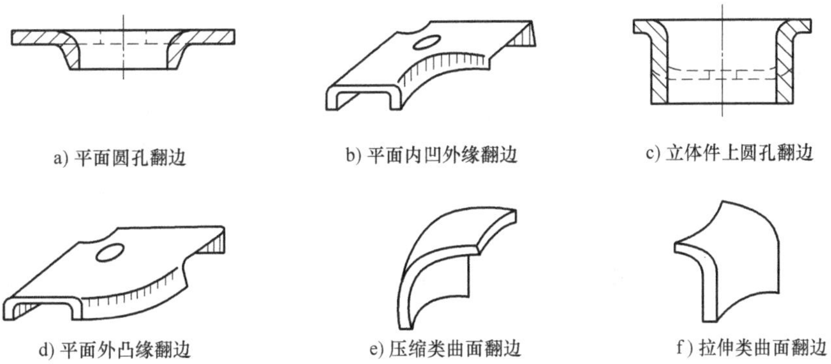

a) 平面圆孔翻边　b) 平面内凹外缘翻边　c) 立体件上圆孔翻边

d) 平面外凸缘翻边　e) 压缩类曲面翻边　f) 拉伸类曲面翻边

图 5-1　翻边

5.1.1　内孔翻边

1. 内孔翻边的变形特点和翻边系数

内孔翻边时材料的变形情况同样可以采用网格法来观察，如图 5-2 所示。由图 5-2 可以看出，其变形区在 d 和 D_1 之间的环形部分。翻边后，网格由扇形变成了矩形，说明变形区材料沿切向伸长，越靠近孔口伸长越大，接近于浅拉深状态，是三向主应变中最大的主应变。同心圆之间的距离变化不明显，即其径向变形很小，径向尺寸略有减小，竖边的壁厚有所减薄，尤其在孔口处，减薄较为严重。图中所示的应力、应变状态反映了上述这些变形特点。孔翻边的主要危险在于孔口边缘被拉裂。拉裂的条件取决于变形程度的大小。

孔翻边的变形程度以翻边前孔径 d 与翻边后孔径 D 的比值 K 来表示。即

$$K=\frac{d}{D} \tag{5-1}$$

K 称为翻边系数。显然，K 值越大，翻边变形程度越小；K 值越小，变形程度越大。翻边时孔边不破裂所能达到的最大变形程度即为许可的最小 K 值，称为极限翻边系数，以 K_{min} 表示。极限翻边系数与许多因素有关。

（1）材料的力学性能　塑性好的材料，其极限翻边系数可以小一些。孔翻边时，孔口边缘的伸长率为

$$\delta=\frac{\pi D-\pi d}{\pi d}=\frac{D}{d}-1=\frac{1}{K}-1$$

即

$$K=\frac{1}{1+\delta} \tag{5-2}$$

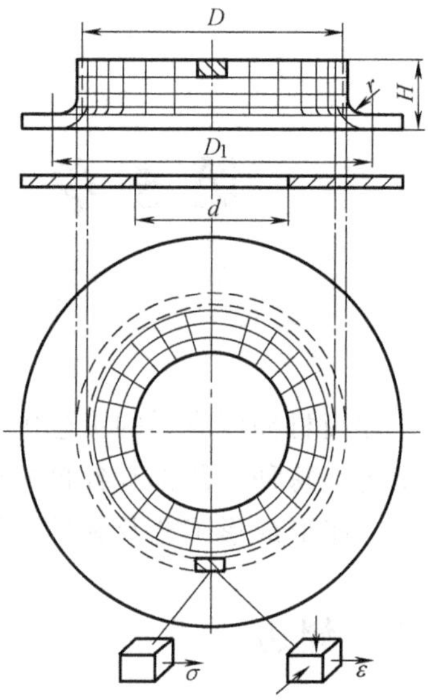

图 5-2　内孔翻边的变形情况

由此可知，当材料的塑性指标（伸长率 δ）越高时，极限翻边系数 K_{min} 便可小些。

（2）孔的边缘状况　翻边前孔边表面质量高（无撕裂、无毛刺），则有利于翻边成形，极限翻边系数可小些。因此，为了提高变形程度，有时采用先钻孔再翻边或对冲孔的边缘整修后再翻边的工艺。

（3）翻边前的孔径 d 和材料厚度 t 的比值 d/t　d/t 越小，即相对材料厚度越大时，在拉裂前材料的绝对伸长可能大些。因此，较厚材料的极限翻边系数可以小些。

（4）凸模的头部形状　翻边凸模的头部形状如图 5-3 所示。球形（图 5-3b）、抛物线或锥形（图 5-3c）凸模较平底凸模（图 5-3a）对翻边有利，因为采用前者翻边时，孔边圆滑地逐渐张开，所以极限翻边系数可以小些。

（5）翻边孔的形状　内孔翻边可以分为圆孔翻边和非圆孔翻边。图 5-4 所示的非圆孔翻

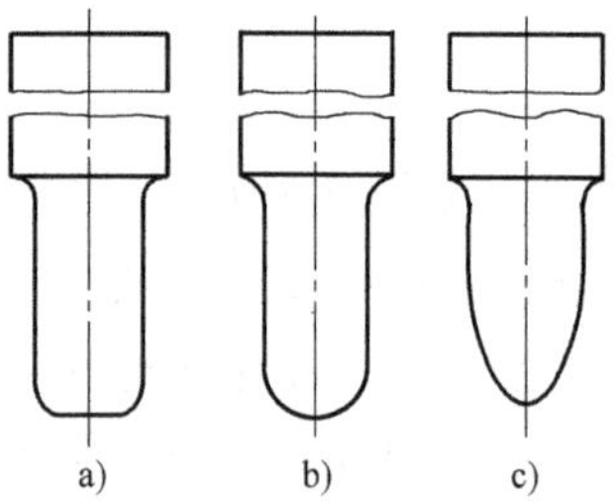

图 5-3　翻边凸模的头部形状

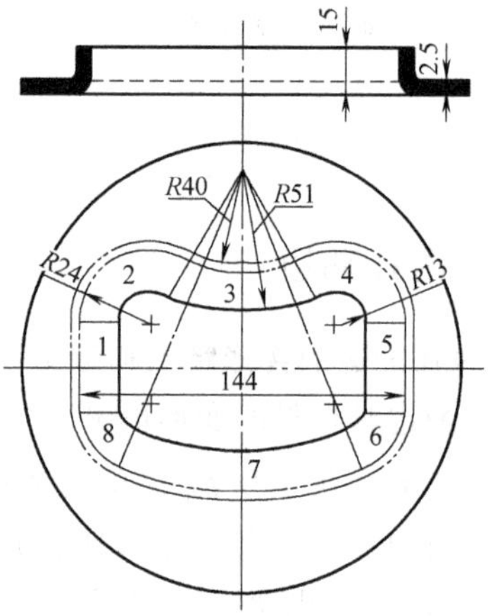

图 5-4　非圆孔翻边

边时，从变形情况看，可以沿孔边分为 8 个线段。其中，2、4、6、7 和 8 段属于圆孔翻边的变形性质；1 和 5 段为直边，可看作为简单弯曲；而圆弧段 3 则和拉深情况相似。

非圆孔翻边时，要对最小圆角部分进行允许翻边系数的核算。由于其相邻部分的作用，其允许的翻边系数 K'，比相应的圆孔翻边系数要小些。一般可取 $K'=(0.85\sim0.95)K$。

表 5-1 所列的是低碳钢圆孔翻边的极限翻边系数。从表 5-1 中的数值可以看出，翻边的凸模形式、孔的加工方法，以及材料的相对厚度对极限翻边系数均有影响。对于其他材料，可按其塑性情况，参考表 5-1 所列数值适当增减。

表 5-1　低碳钢圆孔极限翻边系数 K_{min}

凸模形状	孔的加工方法	比值 d/t										
		100	50	35	20	15	10	8	6.5	5	3	1
球形	钻孔	0.70	0.60	0.52	0.45	0.40	0.36	0.33	0.31	0.30	0.25	0.20
	冲孔	0.75	0.65	0.57	0.52	0.48	0.45	0.44	0.43	0.42	0.42	—
圆柱形平底	钻孔	0.80	0.70	0.60	0.50	0.45	0.42	0.40	0.37	0.35	0.30	0.25
	冲孔	0.85	0.75	0.65	0.60	0.55	0.52	0.50	0.50	0.48	0.47	—

对于非圆孔翻边，可以根据各圆弧段的圆心角 α 大小，从表 5-2 中查得其极限翻边系数。实践证明：当圆心角 $\alpha=180°\sim360°$之间时，极限翻边系数变化不大；当圆心角 $\alpha=0°\sim180°$时，随着 α 的变小，极限翻边系数也减小；当 $\alpha=0°$时，即为弯曲变形。

表 5-2　低碳钢非圆孔极限翻边系数 K'

α	比值 d/t						
	50	33	20	12.5~8.3	6.6	5	3.3
180°~360°	0.8	0.6	0.52	0.5	0.48	0.46	0.45
165°	0.73	0.55	0.48	0.46	0.44	0.42	0.41
150°	0.67	0.5	0.43	0.42	0.4	0.38	0.375
135°	0.6	0.45	0.39	0.38	0.36	0.35	0.34
120°	0.53	0.4	0.35	0.33	0.32	0.31	0.3
105°	0.47	0.35	0.3	0.29	0.28	0.27	0.26
90°	0.4	0.3	0.26	0.25	0.24	0.23	0.225
75°	0.33	0.25	0.22	0.21	0.2	0.19	0.185
60°	0.27	0.2	0.17	0.17	0.16	0.15	0.145
45°	0.2	0.15	0.13	0.13	0.12	0.12	0.11
30°	0.14	0.1	0.09	0.08	0.08	0.08	0.08
15°	0.07	0.05	0.04	0.04	0.04	0.04	0.04
0°	弯曲变形						

2. 内孔翻边的工艺计算

进行内孔翻边工艺计算时，需要根据制件的尺寸 D 计算出预冲孔直径 d，并核算其翻边高度 H，如图 5-5 所示。当采用平板坯料不能直接翻出所要求的高度 H 时，则应预先拉深，然后在此拉深件的底部冲孔，再进行翻边，如图 5-6 所示。

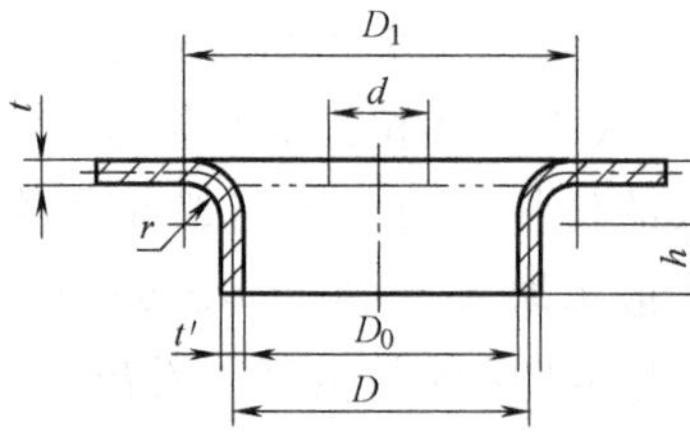

图 5-5　在平板坯料上翻边

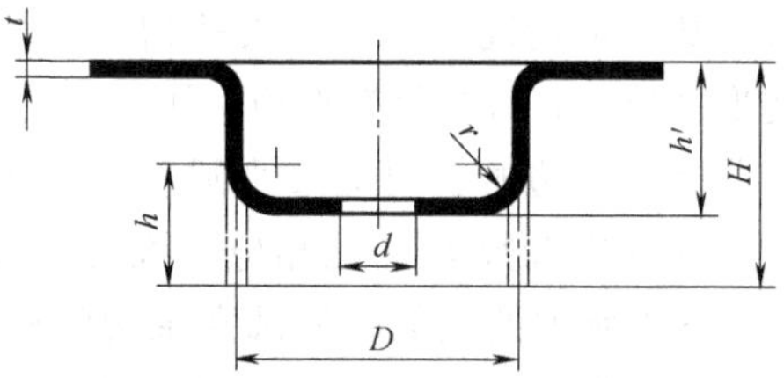

图 5-6　在拉深件底部冲孔后翻边

由于内孔翻边时材料主要是切向拉伸，厚度变薄，而径向变形不大，因此，在进行工艺计算时可以根据弯曲件中性层长度不变的原则近似地进行预冲孔径大小的计算。实践证明这种计算方法误差不大。现分别就平板坯料翻边和拉深后翻边两种情况进行讨论。

（1）在平板坯料上翻边　当在平板坯料上翻边时（图 5-5），其预冲孔直径 d 可以按以下公式计算

$$d=D_1-2\left[\frac{\pi}{2}\left(r+\frac{t}{2}\right)+h\right]$$

因为

$$D_1=D+t+2r$$
$$h=H-t-r$$

代入上式，并化简得

$$d=D-2(H-0.43r-0.72t) \tag{5-3}$$

由式（5-3）可以得到翻边高度 H 的表达式为

$$H=\frac{D-d}{2}+0.43r+0.72t$$

或

$$H=\frac{D}{2}\left(1-\frac{d}{D}\right)+0.43r+0.72t=\frac{D}{2}(1-K)+0.43+0.72t$$

式中的 K 为翻边系数。

若将极限翻边系数 K_{min} 代入上式，则可得到许可的最大翻边高度 H_{max}

$$H_{max}=\frac{D}{2}(1-K_{min})+0.43r+0.72t \tag{5-4}$$

（2）在拉深件底部冲孔后翻边　当制件要求高度 $H>H_{max}$ 时，就不能直接由平板坯料翻边成形，这时可以先拉深，再在拉深底部冲孔翻边，如图 5-6 所示。

在拉深件底部冲孔翻边时，应先确定翻边所能达到的最大高度 h，然后根据翻边高度 h 及制件高度 H 来确定拉深高度 h'。由图 5-6 可知，翻边高度 h 为

$$h=\frac{D-d}{2}-\left(r+\frac{t}{2}\right)+\frac{\pi}{2}\left(r+\frac{t}{2}\right)\approx\frac{D}{2}\left(1-\frac{d}{D}\right)+0.57r$$

若以极限翻边系数 K_{min} 代入上式中$\left(K=\frac{d}{D}\right)$，即可求得极限翻边高度 h_{max} 为

$$h_{max}=\frac{D}{2}(1-K_{min})+0.57r \tag{5-5}$$

其预冲孔直径 d 应为

$$d=D-2h+1.14r \tag{5-6}$$

其拉深高度 h' 应为

$$h'=H-h+r+t \tag{5-7}$$

翻边时，竖边口部变薄现象较为严重，其近似厚度 t' 可按下式计算（图 5-5）

$$t'=t\sqrt{\frac{d}{D}} \tag{5-8}$$

3. 翻边力的计算

翻边力 F 一般不大，需要时可按下式计算

$$F=1.1\pi(D-d)tR_{eL} \tag{5-9}$$

式中　D——翻边后直径（按中线计）；

d——翻边预冲孔直径；

t——材料厚度；

R_{eL}——材料的下屈服强度。

4. 翻边模工作零件的设计

翻边凹模的圆角半径对翻边成形影响不大，可按制件的圆角半径确定；翻边凸模的圆角半径应尽量取大些，以便有利于翻边成形。图 5-7a～f 所示为几种常见的圆孔翻边凸模形状和主要尺寸。其中，图 5-7a～c 所示的凸模端部没有定位部分，如前所述，从利于翻边成形

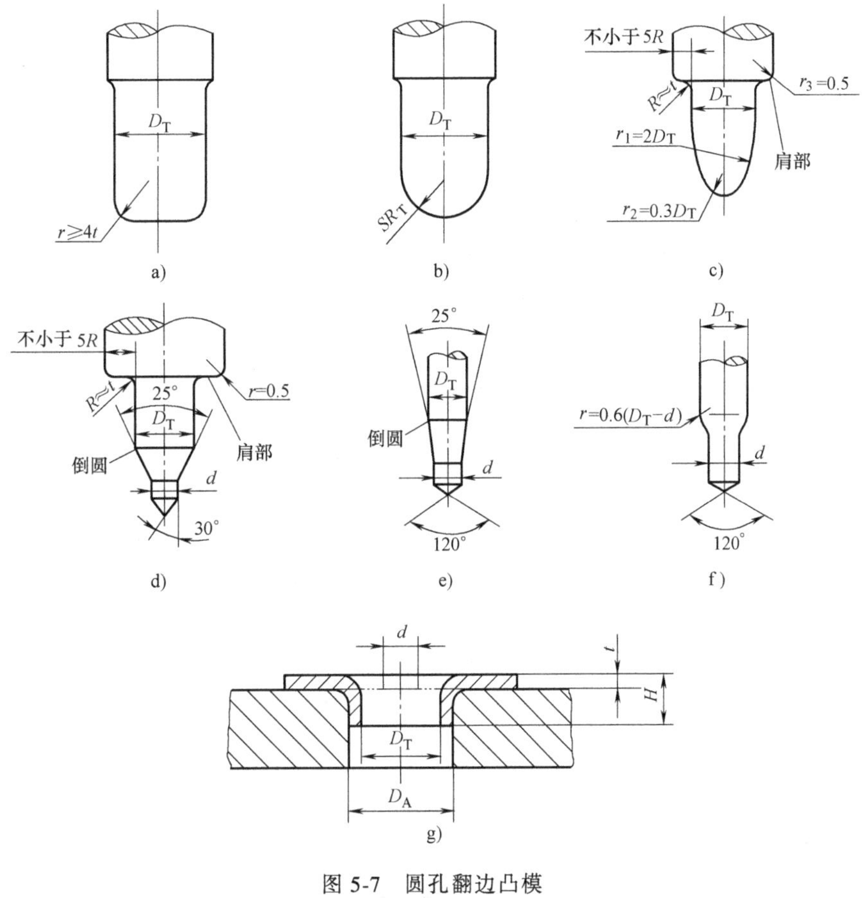

图 5-7　圆孔翻边凸模

来看，抛物线形凸模最好，球形次之，平底较差；图 5-7d ~ f 所示凸模端部有定位部分。图 5-7g 所示为翻边模的主要工作尺寸。

凸模、凹模单边间隙取 $Z/2=(0.75\sim0.85)t$。

5.1.2 外缘翻边

外缘翻边如图 5-8 所示。图 5-8a 所示为外凸的外缘翻边，其变形情况近似于浅拉深，变形区主要为切向受压；在变形过程中，材料容易起皱。图 5-8b 所示为内凹的外缘翻边，其变形特点近似于圆孔翻边，变形区主要为切向拉伸，边缘容易拉裂。

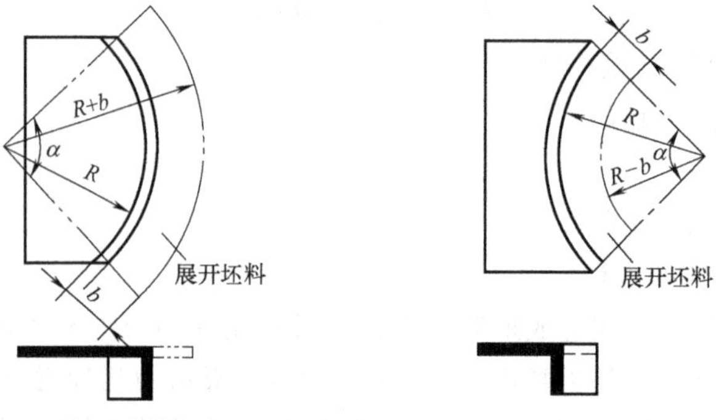

图 5-8　外缘翻边

外缘翻边的变形程度可用翻边系数表示。

外凸的外缘翻边系数 ε_p：

$$\varepsilon_p=\frac{b}{R+b}$$

内凹的外缘翻边系数 ε_d：

$$\varepsilon_d=\frac{b}{R-b}$$

外缘翻边的极限翻边系数见表 5-3。

表 5-3　外缘翻边允许的极限翻边系数

材料名称及牌号		ε_d		ε_p	
		橡胶成形	模具成形	橡胶成形	模具成形
铝合金	1035 软	0.25	0.30	0.06	0.40
	1035 硬	0.05	0.08	0.03	0.12
	2A12 软	0.14	0.20	0.06	0.30
	2A12 硬	0.06	0.08	0.005	0.09
黄铜	H62 软	0.30	0.40	0.08	0.45
	H62 半硬	0.10	0.14	0.04	0.16
	H68 软	0.35	0.45	0.08	0.55
	H68 半硬	0.10	0.14	0.04	0.16
钢	10	—	38	—	10
	20	—	22	—	10

5.1.3　翻边模结构

图 5-9 所示为内外缘翻边复合模。坯料套在内缘翻边凹模 7 上，并由其定位；而内缘翻边凹模 7 装在压料板 5 上；为了保证内缘翻边凹模的位置准确，压料板 5 需与外缘翻边凹模 3 按间隙配合 H7/h6 装配。压料板既起压料作用，又起整形作用，故上模压至下极点时，压料板应与下模座刚性接触，最后还起顶件作用。内缘翻边后，在弹簧的作用下，顶件块 6 将制件从内缘翻边凹模 7 中顶起。推件块 8 由于弹簧的作用，冲压时始终保持与坯料接触，到下极点时，与凸模固定板 2 刚性接触，因此推件块 8 也起整形作用，冲出的制件比较平整。为了防止弹簧力的不足，上模出件时采用刚性推件装置将制件推出。

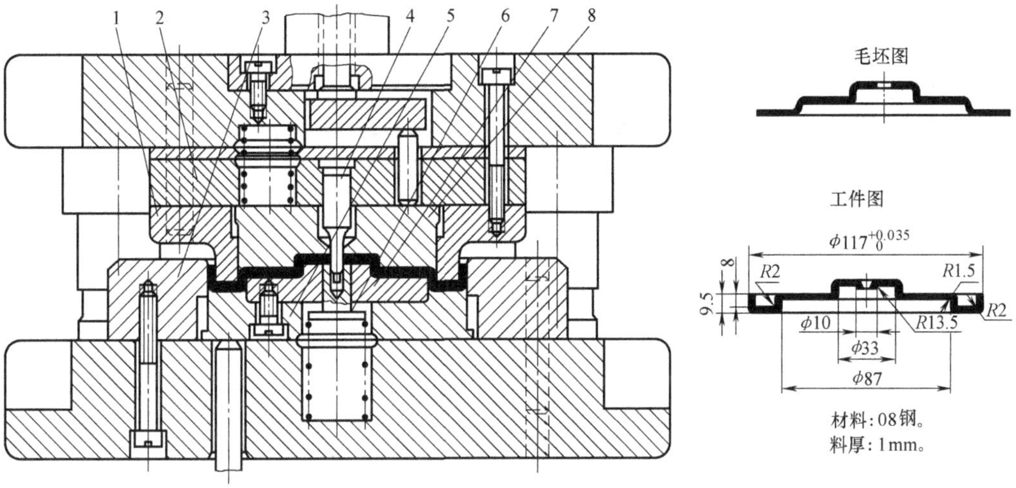

图 5-9　内外缘翻边复合模

1—外圆翻边凸模　2—凸模固定板　3—外缘翻边凹模　4—内缘翻边凸模
5—压料板　6—顶件块　7—内缘翻边凹模　8—推件块

5.2　缩口

缩口是将先拉深好的圆筒形件或管件坯料通过缩口模具使其口部直径缩小的一种成形工艺。

5.2.1　缩口系数

缩口成形如图 5-10 所示，坯料受切向压缩而使直径减小，厚度与高度都略有增加，因而坯料易于失稳起皱。同时，在非变形区（传力区）的筒壁，由于承受全部缩口压力 F，也易产生失稳变形。所以防失稳是缩口工艺的主要问题。缩口的极限变形程度主要受失稳条件的限制。

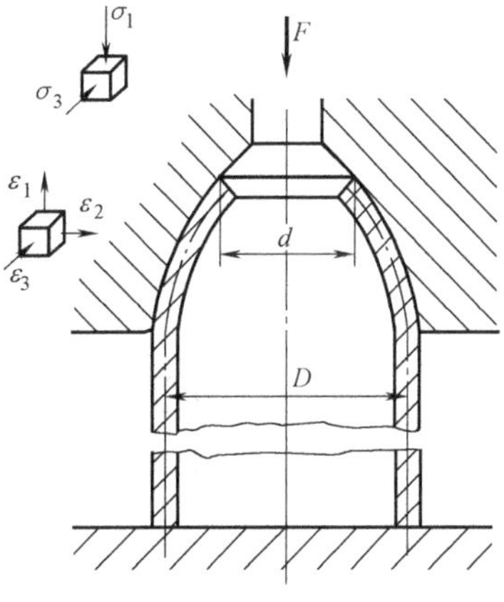

图 5-10　缩口

缩口变形程度用缩口系数 m 表示，即

$$m=\frac{d}{D}$$

式中　d——缩口后的直径；

　　D——缩口前的直径。

缩口系数的大小主要与材料种类、厚度、模具形式和坯料表面质量有关。

表 5-4 所列为不同材料、不同厚度的平均缩口系数。表 5-5 所列为不同材料、不同支承方式的平均缩口系数参考值。从表 5-4 和表 5-5 可以看出：材料塑性较好，厚度较大，或者模具结构对筒壁有支撑作用时，平均缩口系数较小。

表 5-4　不同材料、不同厚度的平均缩口系数 m

材　　料	材料厚度/mm		
	<0.5	0.5~1	>1
黄铜	0.85	0.8~0.7	0.7~0.65
钢	0.85	0.75	0.7~0.65

表 5-5　不同材料、不同支承方式的平均缩口系数 m

材料	模具支承方式		
	无支承	外部支承	内部支承
软钢	0.70~0.75	0.55~0.60	0.30~0.35
黄铜 H62、H68	0.65~0.70	0.50~0.55	0.27~0.32
铝	0.68~0.72	0.53~0.57	0.27~0.32
硬铝（退火）	0.73~0.80	0.60~0.63	0.35~0.40
硬铝（淬火）	0.75~0.80	0.68~0.72	0.40~0.43

多道工序缩口时，一般第 1 道工序的缩口系数取平均缩口系数的 90%，以后各工序的缩口系数取 1.05~1.1 倍的平均缩口系数值。

5.2.2　缩口模的支承形式

缩口模的支承形式一般有 3 种，如图 5-11 所示。

第 1 种是无支承，如图 5-11a 所示。这种模具结构简单，但坯料的稳定性差。适用于坯料相对厚度较大、变形程度较小、变形区不易失稳起皱的缩口成形。

第 2 种是外部支承，如图 5-11b 所示。这种模具结构较复杂，但缩口过程中坯料的稳定性较好，缩口系数也可取小些。

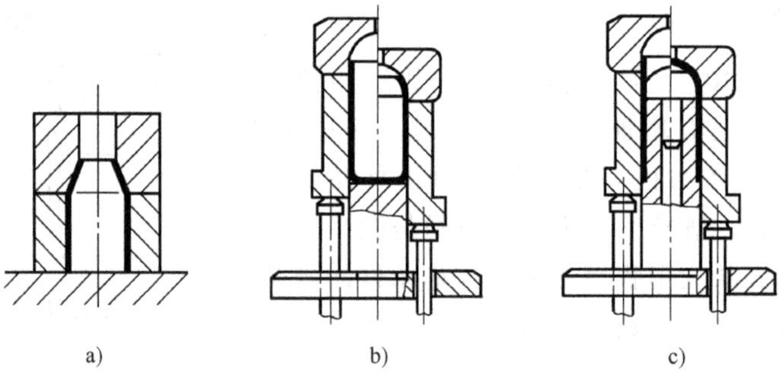

图 5-11　缩口模的支承形式

第 3 种是内外部支承，如图 5-11c 所示。这种模具结构在 3 种形式中最为复杂，但缩口过程中坯料的稳定性最好，缩口系数也是 3 种形式中最小的。

5.2.3　缩口时坯料尺寸计算

缩口后，制件高度有变化。缩口坯料高度 H 分别按下式计算，式中的符号参看图 5-12。

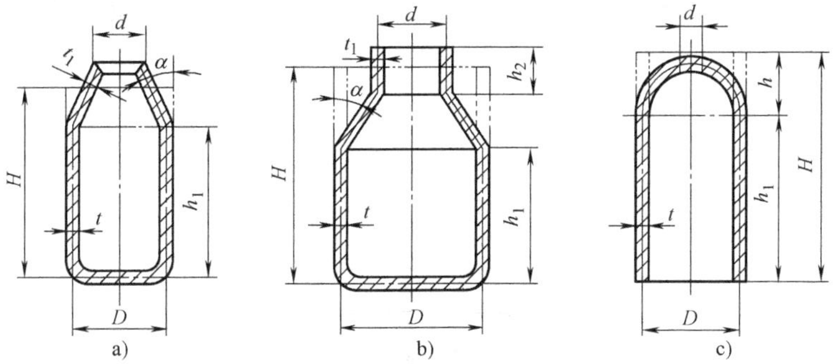

图 5-12　缩口坯料高度

对于图 5-12a 所示情况：

$$H=1.05\left[h_1+\frac{D^2-d^2}{8D\sin\alpha}\left(1+\sqrt{\frac{D}{d}}\right)\right] \tag{5-10}$$

对于图 5-12b 所示情况：

$$H=1.05\left[h_1+h_2\sqrt{\frac{d}{D}}+\frac{D^2-d^2}{8D\sin\alpha}\left(1+\frac{D}{d}\right)\right] \tag{5-11}$$

对于图 5-12c 所示情况：

$$H=h_1+\frac{1}{4}\left[1+\sqrt{\frac{D}{d}}\right]\sqrt{D^2-d^2} \tag{5-12}$$

缩口凹模的半径锥角 α 对缩口成形过程有重要作用，一般 $\alpha<45°$，最好使 α 在 30°以下。

5.2.4　缩口力的计算

对于如图 5-12a 所示的锥形缩口件，在无芯棒缩口时的缩口力可用下式计算

$$F=k\left[1.1\pi DtR_{eL}\left(1-\frac{d}{D}\right)(1+\mu\cot\alpha)\frac{1}{\cos\alpha}\right] \tag{5-13}$$

式中　F——缩口力（N）；

t——缩口前料厚（mm）；

D——缩口前直径（中径）（mm）；

d——缩口部分直径（mm）；

μ——制件与凹模接触面的摩擦系数；

R_{eL}——材料的屈服强度（MPa）；

α——凹模的半径锥角；

k——速度系数，在曲轴压力机上工作时，$k=1.15$。

5.2.5 缩口模结构

图 5-13 所示为缩口模。此模具的通用性好，更换不同尺寸的凹模、导正圈和凸模，就可进行不同孔径的缩口。导正圈主要起导向和定位作用，同时起一定的外支承筒壁的作用。凸模加工成台阶形式，下部小直径部分恰好深入坯料内孔，起定位、导向及内支承作用。

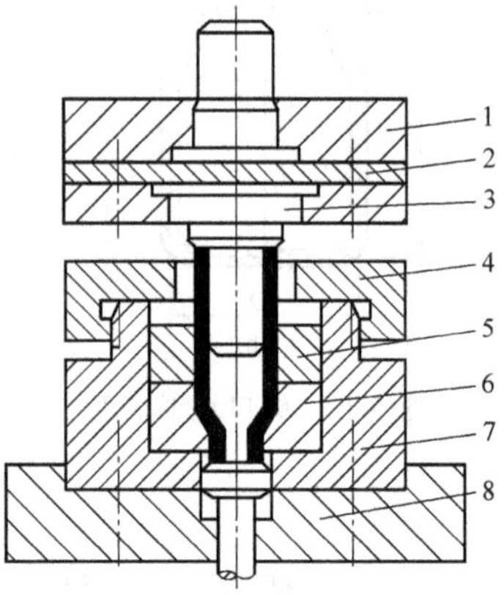

图 5-13 缩口模

1—上模座 2—垫板 3—凸模 4—紧固套 5—导正圈 6—凹模 7—凹模套 8—下模座

5.3 胀形

冲压生产中，将坯料以局部材料变薄、表面积增大而扩张的冲压成形工艺，称为胀形。胀形有平板坯料的局部胀形（起伏成形）和空心坯料的胀形。

胀形的变形特点是变形区的材料承受双向拉伸，属于伸长类成形。胀形过程中不会产生失稳起皱现象，而且在胀形充分时制件表面比较光滑。胀形的破坏形式是胀裂。

5.3.1 起伏成形

起伏成形主要用于压筋、压包、压字或压花、凸起等，常见胀形件和变形情况如图 5-14

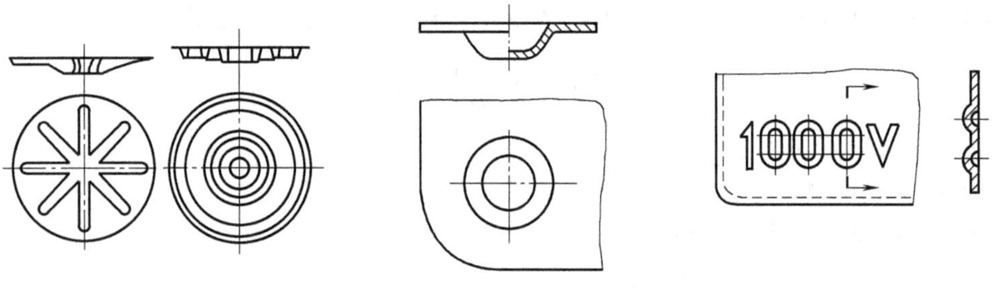

a) 压筋　　b) 压包　　c) 压字

图 5-14 起伏成形的应用

所示。经过起伏成形后，特别是生产中广泛应用的压筋成形，能够有效地提高胀形件的刚度和强度。

在起伏成形中，由于材料主要承受拉应力，对于塑性差的材料或变形过大时，可能产生裂纹。对于一般变形程度的起伏成形件，如图 5-15 所示，可近似地根据下式确定其极限变形程度

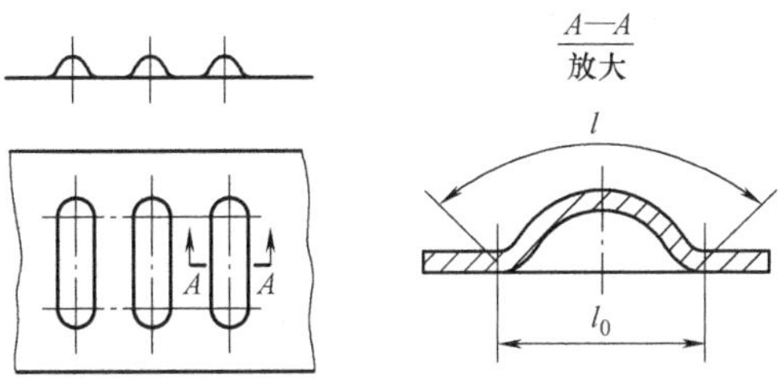

图 5-15　起伏成形变形程度

$$\varepsilon_n=\frac{l-l_0}{l_0}\leqslant(0.7\sim0.75)\delta$$

式中　l_0、l——起伏成形前、后材料的长度；

δ——材料单向拉伸的伸长率。

系数 0.7~0.75 视局部胀形的形状而定，对于球形筋，取大值；对于梯形筋，取小值。

5.3.2　空心坯料的胀形

1. 胀形方法

空心坯料胀形是将窄心件或管状坯料胀出所需曲面的一种加工方法。用这种方法可以成形高压气瓶、球形容器、波纹管、自行车三通接头等一些异形空心件。根据所用模具的不同，将圆柱形空心坯料胀形分成两类：一类是刚模胀形；另一类是软模胀形。

图 5-16 所示刚模胀形中，分瓣凸模 2 在向下移动时因锥形芯轴 3 的作用而向外胀开，使坯料 5 胀形成所需形状尺寸的制件。胀形结束后，分瓣凸模在顶杆 6 的作用下复位，便可取出制件。刚性凸模分瓣越多，所得到的制件精度越高，但模具结构较复杂，成本较高。因此，用分瓣凸模刚模胀形不宜成形形状复杂的制件。

图 5-17 所示软模胀形中，凸模 1 将力传递给液体、气体、橡胶等软体介质 4，软体介质再将力作用于坯料 3，使之胀形并贴合于可打开的凹模 2，从而得到所需形状尺寸的制件。

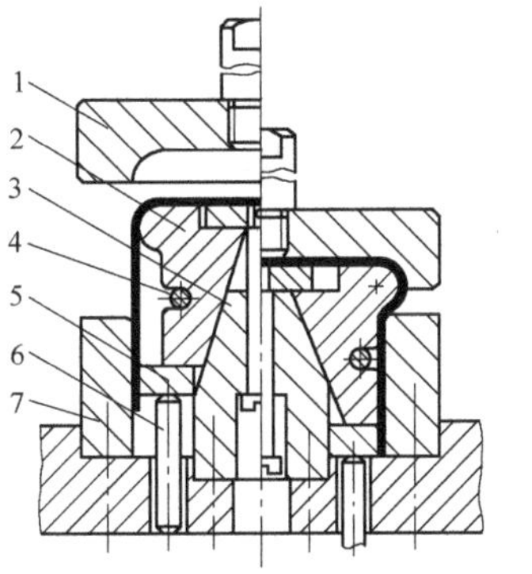

图 5-16　刚模胀形

1—凹模　2—分瓣凸模　3—锥形芯轴　4—拉簧　5—坯料　6—顶杆　7—下凹模

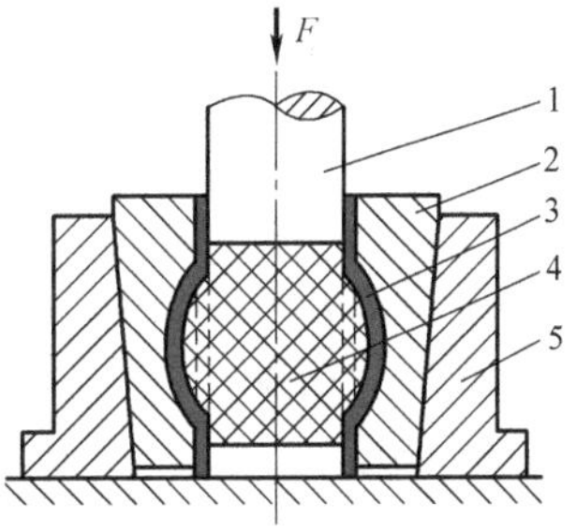

图 5-17　软模胀形

1—凸模　2—凹模　3—坯料　4—软体介质　5—外套

2. 胀形系数

圆柱形空心坯料胀形的应力状态如图 5-18 所示，其变形仍然是厚度减薄，表面积增加。空心坯料胀形的变形程度用胀形系数 K 表示，即

$$K=\frac{d_{max}}{D} \tag{5-14}$$

式中 D——坯料原始直径；

d_{max}——胀形后的最大直径。

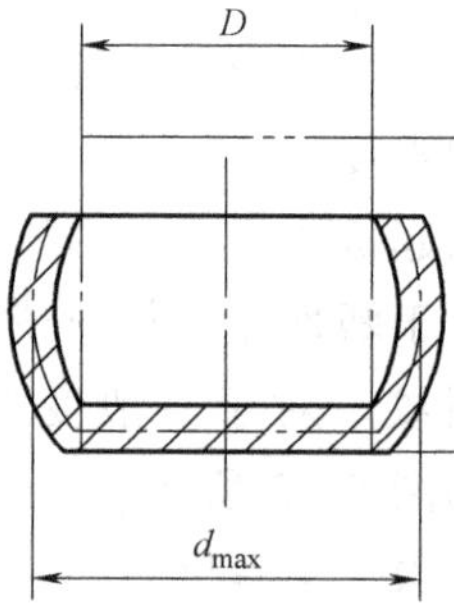

图 5-18 胀形前后尺寸变化

胀形系数 K 和坯料单向拉伸的伸长率 δ 的关系为

$$\delta=\frac{d_{max}-D}{D}=K-1 \tag{5-15}$$

或
$$K=1+\delta$$

由上式可知，只要知道了材料的伸长率便可求出相应的极限胀形系数。表 5-6 列出了一些材料的极限胀形系数，可供参考。

表 5-6 极限胀形系数

材料		厚度/mm	材料伸长率 δ (%)	极限胀形系数 K
铝合金	3A21 退火	0.5	25	1.25
纯铝	1070A,1060	1.0	28	1.28
	1050A,1035	1.2	32	1.32
	1200,8A06	2.0	32	1.32
黄铜	H62	0.5~1.0	35	1.35
	H68	1.5~2.0	40	1.40
低碳钢	08F	0.5	20	1.20
	10,20	1.0	24	1.24
不锈钢	06Cr18Ni11Ti	0.5	26	1.26
		1.0	28	1.28

3. 胀形力

刚模胀形所需胀形力的计算公式可以根据力的平衡方程式推导得到，其表达式为

$$F=2\pi HtR_m\frac{\mu+\tan\beta}{1-\mu^2-2\mu\tan\beta} \tag{5-16}$$

式中 F——胀形力；

H——胀形后高度；

t——材料厚度；

μ——摩擦系数，一般 $\mu=0.15\sim0.20$；

β——芯轴锥角；

R_m——材料的抗拉强度。

软模胀形圆柱形空心坯料时，胀形力 $F=Ap$，A 为成形面积，单位压力 p 可按下式计算

$$p=2R_m\left(\frac{t}{d_{max}}+m\frac{t}{2R}\right) \quad (5\text{-}17)$$

式中　m——约束系数，当坯料两端不固定且轴向可以自由收缩时，$m=0$；当坯料两端固定且轴向不可以自由收缩时，$m=1$；

R——胀形后的曲率半径。

4. 胀形坯料尺寸计算

如图 5-18 所示，坯料直径　　$D=\frac{d_{max}}{K}$

坯料长度

$$L=l[1+(0.3\sim0.4)\delta]+\Delta h \quad (5\text{-}18)$$

式中　l——胀形件的素线长度；

δ——胀形件单向拉伸伸长率；

Δh——修边余量，一般取 10~20mm。

5.3.3　胀形模设计举例

如图 5-19 所示罩盖，材料为 10 钢，料厚为 0.5mm，中批量生产。试完成该产品的工艺及模具设计。

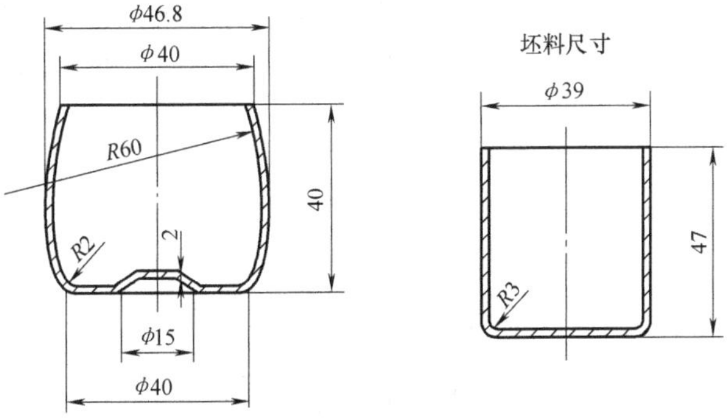

图 5-19　罩盖胀形件和坯料尺寸

1. 工艺分析及计算

该胀形件侧壁属空心坯料胀形，底部属起伏成形，具有胀形工艺的典型特点；筒形半成品坯料由拉深获得。

(1) 底部压凹坑计算　对于软钢，极限胀形深度 $h\leqslant(0.15\sim2)d=0.15\times15\text{mm}=2.25\text{mm}$，此值大于胀形件底部凹坑的实际高度，可以一次成形。

压凹坑所需胀形力计算公式为

$$F=KAt^2$$

式中　A——成形面积；

K——系数，钢取 200~300，铜、铝取 150~200；

t——材料厚度。

$$F_{压凹}=KAt^2=250\times\frac{\pi}{4}\times15^2\times0.5^2\text{N}=11044.66\text{N}$$

（2）侧壁胀形计算　胀形系数 K 由式（5-14）计算

$$K=\frac{d_{max}}{D}=46.8/39=1.2$$

查表 5-6 得极限胀形系数为 1.24。该工序的胀形系数小于极限胀形系数，侧壁可以一次胀形成形。

侧壁胀形力近似按两端不固定形式计算，可查得 $R_m=430$ MPa，由式（5-17）得

$$F_{胀形}=Ap=\pi d_{max}L\frac{2t}{d_{max}}R_m=3.14\times46.8\times40\times\frac{2\times0.5}{46.8}\times430\text{N}=54035.35\text{N}$$

由式（5-15）计算，$\delta=K-1=1.2-1=0.2$，可以计算胀形件素线长 $l=40.8$ mm，取修边余量 $\Delta h=3$mm，则胀形前坯料的原始长度 L 由式（5-18）计算

$$L=l[1+(0.3\sim0.4)\delta]+\Delta h=[40.8\times(1+0.35\times0.2)+3]\text{mm}=46.66\text{mm}$$

L 取整为 47mm。胀形前坯料为外径 39 mm、高 47 mm 的杯形件，如图 5-19 所示。

（3）总胀形力的计算

$$F=F_{压凹}+F_{侧胀}=(11044.66+54035.35)\text{N}=65080\text{N}=65.08\text{kN}$$

2. 模具结构设计

罩盖胀形模如图 5-20 所示。侧壁靠聚氨酯橡胶 7 胀压成形，底部靠压包凸模 3 和压包凹模 4 成形，将模具型腔侧壁设计成胀形下模 5 和胀形上模 6，便于取件。

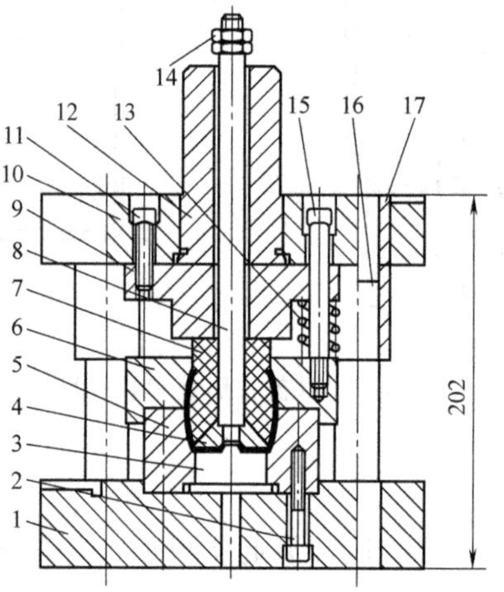

图 5-20　罩盖胀形模

1—下模板　2、11—螺栓　3—压包凸模　4—压包凹模　5—胀形下模　6—胀形上模　7—聚氨酯橡胶　8—拉杆　9—上固定板　10—上模板　12—模柄　13—弹簧　14—螺母　15—拉杆螺栓　16—导柱　17—导套

思考与练习

1. 在翻边、缩口、胀形等成形工艺中，由于变形过度而出现的材料损坏形式分别是什么？

2. 缩口与拉深工艺在变形特点上有何相同与不同之处？

3. 试分析确定图 5-21 所示冲压件的冲压工艺方案。

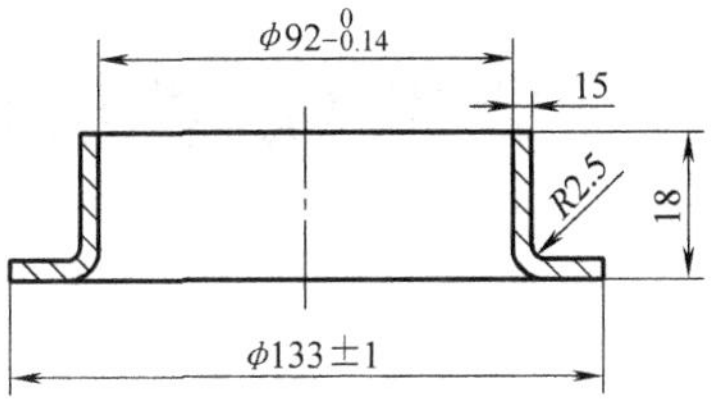

图 5-21　冲压件

第 6 章　塑料成型基础知识

6.1　塑料性能及塑料制件设计

6.1.1　塑料简介

1. 塑料的组成

塑料是以合成树脂为主要原料，加入一定的添加剂制成的，如图 6-1 所示。塑料在一定的温度、压力下可以模塑成一定的结构形状，并且在常温下能保持其结构形状不变。

图 6-1　塑料的组成

（1）树脂　树脂包括天然树脂和合成树脂。在塑料生产中，一般都采用合成树脂。树脂是塑料中最重要的成分，它决定了塑料的类型和基本性能，如热性能、物理性能、化学性能、力学性能等。

（2）添加剂　添加剂包括填充剂、增塑剂、稳定剂、润滑剂、着色剂和固化剂等。添加剂的种类虽然很多，但并非每种塑料都要加入上述添加剂，而应当根据塑料的品种、用途有选择地加入。

2. 塑料的分类

塑料的种类很多，通常有以下两种分类方法。

（1）按塑料中合成树脂的分子结构及热性能分类　分为热塑性塑料和热固性塑料。

1）热塑性塑料。这类塑料的合成树脂都是线型或支链型高聚物，加热到一定温度会软化熔融，可加工成一定形状的制件，熔体冷却硬化后保持已成型的形状，这一过程中只有物理变化而无化学变化，其变化是可逆的；在适当的溶剂中可溶解。常用的塑料有聚乙烯（PE）、聚丙烯（PP）、聚苯乙烯（PS）、聚氯乙烯（PVC）、ABS 等。

2）热固性塑料。这类塑料的合成树脂是体型高聚物，在首次加热时，具有可熔性和可塑性，可成型加工成一定形状的制件；制件固化定型后如再次加热，将不再熔化，也不溶于溶剂。在成型过程中，既有物理变化，又有化学变化，因此变化过程是不可逆的。常用的热固性塑料有酚醛塑料、氨基塑料等。

（2）按使用特性分类　分为通用塑料和工程塑料。

1）通用塑料。一般指产量大、用途广、成型性好、价格便宜的塑料。通用塑料有聚乙烯（PE）、聚丙烯（PP）、聚苯乙烯（PS）、聚氯乙烯（PVC）、酚醛塑料（PF）及氨基塑料六大类。

2）工程塑料。通常能承受一定的外力作用，力学性能良好，耐高温、耐磨、耐蚀等性能及尺寸稳定性较好。可以在工程上使用的塑料很多，如聚酰胺（PA）、聚砜（PSU）、聚甲醛（POM）、聚碳酸酯（PC），以及各种增强塑料等。

3. 塑料的工艺性能

塑料的工艺性能是指与塑料成型工艺及成型质量有关的各种性能。这些性能直接影响塑料成型方法的选择、工艺参数的确定及制件结构及尺寸的设计等。

塑料的成型工艺特性包括收缩性、流动性、相容性、热敏性、吸湿性等。

（1）收缩性　塑料在高温熔融状态充满模具型腔，当冷却到室温后体积发生变化，比之前熔融态下的体积小，这种现象称为塑料的收缩性。通常用收缩率 S 来表示塑料收缩性的大小。收缩率 S 是单位长度收缩量的百分数。

影响制件成型收缩的因素主要有以下几点：

① 制件的品种和组成。由于塑料本身合成树脂的性质不同，其收缩率各不相同。塑料中填料的含量不同，其收缩率也不相同，填料越多则收缩率越低。

② 成型工艺条件。由于各种塑料的成型温度、压力、时间各不相同，其收缩率也就不同。

③ 制件及模具结构。制件的形状、尺寸、壁厚等都会影响收缩率的大小。

常见塑料的收缩率见表 6-1。

表 6-1　常见塑料的收缩率

塑料名称		收缩率(%)	塑料名称		收缩率(%)
聚乙烯 PE	低密度 PE-LD	1.5~3.5	聚酰胺（尼龙）PA	尼龙 6	0.8~2.5
	高密度 PE-HD	1.5~3.0		尼龙 6(30%玻璃纤维)	0.35~0.45
	玻璃纤维增强	0.4~0.8		尼龙 9	1.5~2.5
聚苯乙烯 PS	通用型	0.5~0.6		尼龙 11	1.2~1.5
	耐热型	0.3~0.6		尼龙 66	1.5~2.2
	增韧型	0.3~0.6		尼龙 66(30%玻璃纤维)	0.4~0.55
ABS	抗冲击型	0.3~0.8		尼龙 610	1.2~2.0
	耐热型	0.3~0.8		尼龙 610(30%玻璃纤维)	0.35~0.45
	30%玻璃纤维增强型	0.3~0.6		尼龙 1010	0.5~4.0
聚氯乙烯 PVC	硬质	0.6~1.5	酚醛塑料 PF	玻璃纤维填料	0.05~0.2
	半硬质	0.6~2.5		云母填料	0.1~0.5
	软质	1.5~3.0		石棉填料	0.2~0.7
聚丙烯 PP	通用型	1.0~2.5		棉纤维填料	0.3~0.7
	玻璃纤维增强型	0.4~0.8		木粉填料	0.5~0.9
聚砜 PSU	普通型	0.5~0.7	三聚氰胺甲醛 MF	纸浆填料	0.5~0.7
	玻璃纤维增强型	0.4~0.7		矿物填料	0.4~0.7
聚甲醛 POM		1.5~3.0	脲醛塑料	纸浆填料	0.6~1.3
聚碳酸酯 PC		0.5~0.8		木粉填料	0.7~1.2

（2）流动性　流动性是指塑料熔体在一定温度和压力下充满模具型腔的能力。热塑性塑料流动性的好坏，一般可由熔体流动速率（MFR）和螺旋流动试验值等指数进行分析。根据塑料的流动性可将塑料分为三类：

① 流动性好的，如尼龙、聚乙烯、聚丙烯、聚苯乙烯、醋酸纤维素等。

② 流动性中等的，如 ABS、改性聚苯乙烯、有机玻璃（PMMA）、聚甲醛、氯化聚醚等。

③ 流动性差的，如硬 PVC、聚碳酸酯、聚砜、聚苯醚、氟塑料等。

影响流动性的因素同影响收缩性的因素基本一致。设计模具时，应根据所用塑料的流动性选用合理的结构。

（3）热敏性　某些塑料对热较为敏感，在高温下受热时间较长或进料口截面过小、剪切作用大时，料温增高易发生变色、降解、分解的倾向，塑料的这种特性称为热敏性。具有这种特性的塑料称为热敏性塑料，如硬聚氯乙烯、聚偏氯乙烯、醋酸乙烯共聚物、聚甲醛、聚三氟氯乙烯等。热敏性高的塑料，成型时应加入热稳定剂，合理地设计浇注系统，严格控制加热温度和加热时间。

（4）结晶性　塑料由熔体至冷却定型，分子由完全处于无次序状态的独立移动变成分子停止自由运动，并且分子沿着一定的方向排列，这种现象称为结晶性。热塑性塑料按其结晶现象的有无分为结晶型塑料与非结晶型（又称无定形）塑料两大类。一般结晶型塑料是不透明或半透明的（如聚甲醛等），无定形塑料是透明的（如有机玻璃等）。

（5）吸湿性　吸湿性是指塑料对水分的吸收和黏附倾向，即对水的亲疏程度。吸湿的塑料有尼龙、有机玻璃、聚碳酸酯、ABS 等。吸湿性塑料成型前必须进行干燥处理，比如预先加热干燥。

（6）应力开裂　有些塑料制件质较脆，成型时又容易产生内应力，这样的塑料制件在不大的外力或溶剂作用下即发生开裂现象。为此，可以在原料中加入增强剂，以提高制件的抗裂性；成型后还可以对制件进行退火处理，以提高抗裂性，消除残余应力。

（7）熔体破裂　当一定融体流动速率的塑料熔体在恒温下通过喷嘴孔时，其流速超过一定值后，熔体表面会发生明显的横向凹凸不平或断裂的现象。为避免熔体破裂，成型时应适当提高熔体温度，降低注射压力和注射速度，增大喷嘴、流道和浇口横截面积。常出现熔体破裂的塑料有聚乙烯、聚丙烯、聚碳酸酯等。

6.1.2　塑料制件设计

1. 塑料制件的尺寸精度及表面质量

（1）塑料制件的尺寸精度　塑料制件的尺寸精度是指所获得的制件尺寸与产品图样的符合程度，即所获制件尺寸的准确度。

塑料制件公差等级的选择与塑料品种有着一定的关系。制件的精度要求越高，模具的制造精度要求也越高。通常情况下未注公差按照低精度选用公差，在特殊要求下选用 1、2 级技术精密级。常用材料模塑件公差等级的选用见附录 D。

塑料制件的尺寸公差可依据 GB/T 14486—2008《塑料模塑件尺寸公差》确定，见附录 E。每种塑料分为高精度、一般精度和低精度三种精度。塑料制件公差等级分成 7 级，用代号 MT 表示，MT1 级精度要求最高。此外，还给出了不受模具活动部分（A 部分）和受模具活动部分（B 部分）影响的尺寸的公差。模具行业中，塑料制件尺寸的偏差通常采用“入体原则”，孔类尺寸公差冠以“+”号，轴类尺寸公差冠以“-”号，中心距尺寸公差取表中数值之半并冠以“±”号。如果制件给定尺寸不符合上述规定，则应先对制件尺寸标注进行转换。

（2）塑料制件表面粗糙度　塑料制件的外观要求越高，表面粗糙度值应越小。制件表面粗糙度值的高低，主要与模具型腔表面的表面粗糙度有关。一般说来，模具表面的表面粗糙度值要比塑料制件小 1~2 级，一般取值为 $Ra1.6 \sim 0.2\mu m$。

（3）塑料制件表观质量　塑料制件的表观质量指的是制件成型后的表观缺陷状态，如常见的缺料、溢料、飞边、凹陷、气孔、熔接痕、银纹、翘曲与收缩、尺寸不稳定等。它们是由于制件成型工艺条件、原材料选择、模具总体设计等多种因素造成的。

2. 塑料制件的结构设计

塑料制件结构设计的主要内容包括制件形状、壁厚、脱模斜度、加强肋、支承面、圆角、孔、螺纹、齿轮、嵌件、文字符号及表面装饰等。

（1）形状　塑料制件的内、外表面形状应在满足使用要求的情况下尽可能易于成型。

（2）脱模斜度　塑料冷却后因产生收缩会包紧在凸模或型芯上，或由于黏附作用，制件紧贴在凹模型腔内，为了便于从制件中抽出型芯或从型腔中脱出制件，防止在脱模时擦伤制件，在设计制件时必须使制件的内、外表面沿脱模方向留有足够的斜度，在模具上即称为脱模斜度，如图 6-2 所示。表 6-2 列出了常见塑料的脱模斜度。

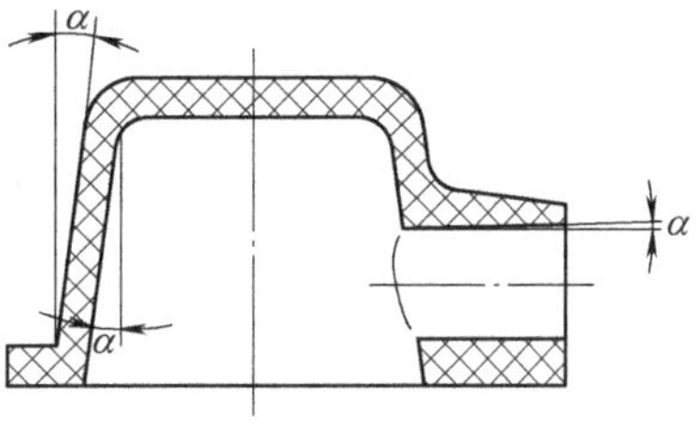

图 6-2　塑料制件的脱模斜度

表 6-2　常见塑料的脱模斜度

塑料名称	脱模斜度	
	型　腔	型　芯
聚乙烯、聚丙烯、软聚氯乙烯、聚酰胺、氯化聚醚	25′~ 45′	20′~ 45′
硬聚氯乙烯、聚碳酸酯、聚砜	35′~ 40′	30′~ 50′
聚苯乙烯、有机玻璃、ABS、聚甲醛	35′~ 1°30′	30′~ 40′
热固性塑料	25′~ 40′	20′~ 50′

注：本表所列脱模斜度适用于开模后制件留在型芯上的情形。

脱模斜度的标注根据制件的内、外尺寸而定。对于制件上的孔，以型芯小端为基准，尺寸符合图样要求，斜度沿扩大的方向取得；对于制件外形，以型腔（凹模）大端为基准，尺寸符合图样要求，斜度沿缩小方向取得。一般情况下，脱模斜度不包括在制件的公差范围内。

（3）壁厚　同一制件的壁厚应尽可能一致；如果在结构上要求具有不同的壁厚，壁厚之比不应超过 3∶1，且不同壁厚应采用适当的修饰半径使壁厚部分缓慢过渡。表 6-3 为改善制件壁厚的典型实例。

表 6-3　改善制件壁厚的典型实例

序号	不合理	合理	说明
1	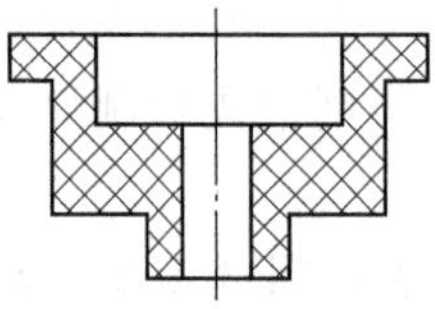	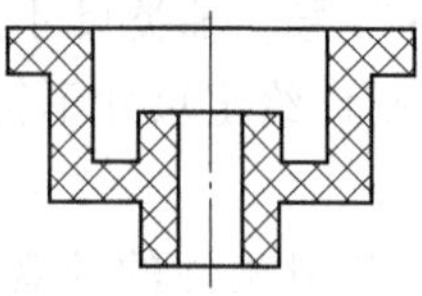	左图壁厚不均匀，易产生气泡、缩孔、凹陷等缺陷，使制件变形，右图壁厚均匀，能保证质量
2	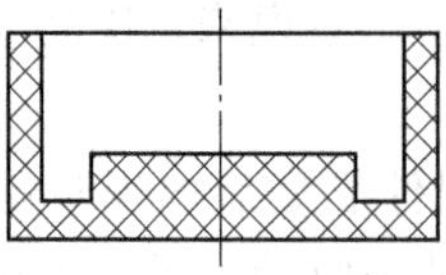	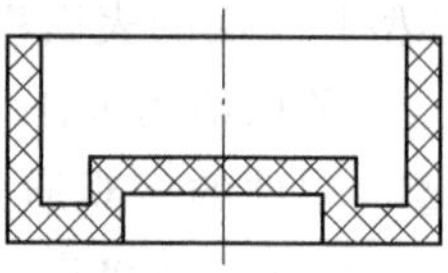	
3	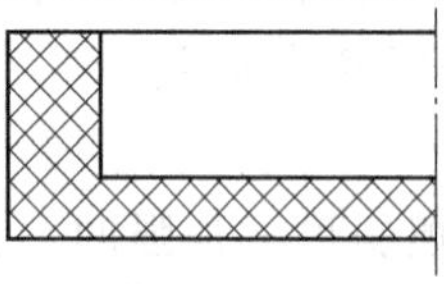	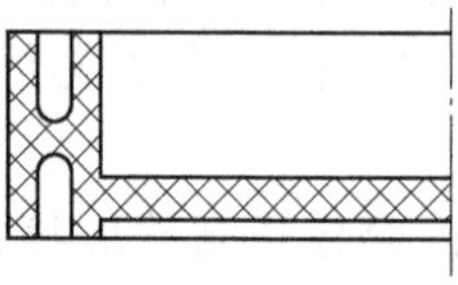	
4	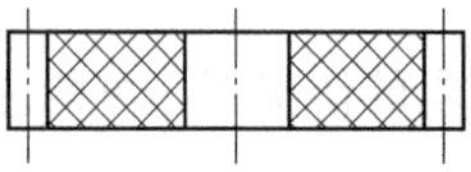	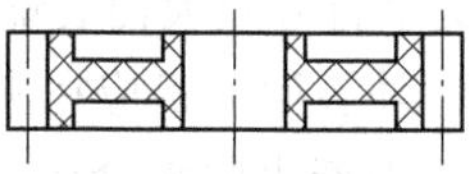	

（4）加强肋　加强肋的主要作用是在不增加壁厚的情况下，加强制件的强度和刚度，避免制件翘曲变形。表 6-4 所示为加强肋设计的典型实例。

表 6-4　加强肋设计的典型实例

序号	不合理	合理	说明
1	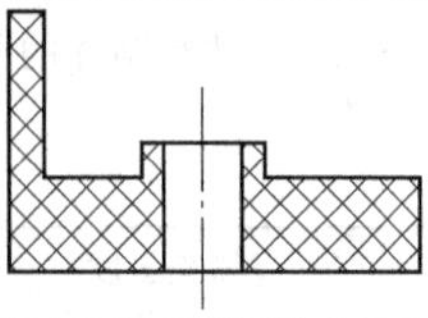	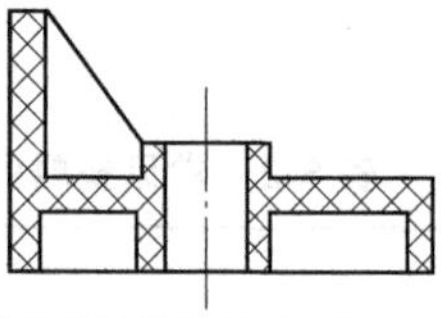	过厚处应减薄并设置加强肋，以保持原有强度
2	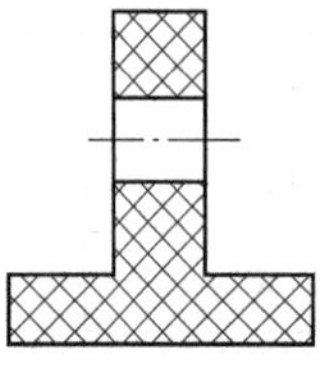	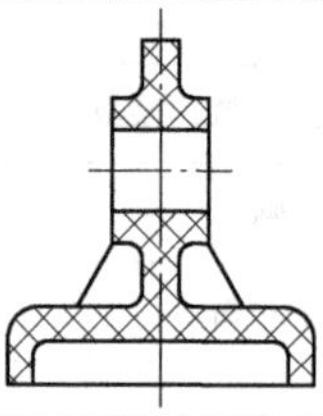	过高的制件应设置加强肋，以减薄制件壁厚
3	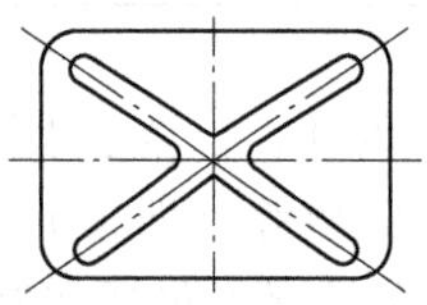	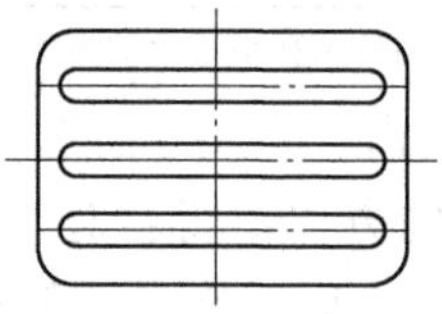	对于平板状制件，加强肋应与料流方向平行，以免造成充模阻力过大和降低制件韧性
4	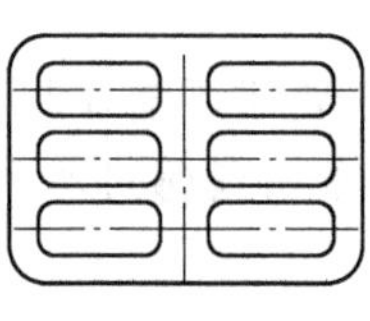	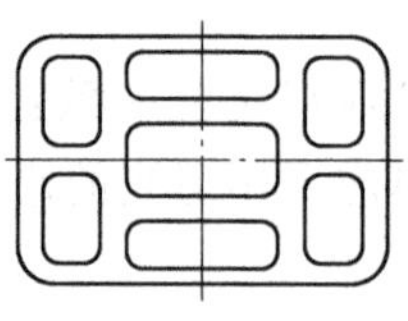	对于非平板状制件，加强肋应交错排列，以免制件产生翘曲变形

（续）

序号	不合理	合理	说明
5	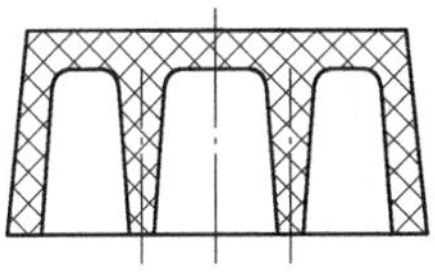	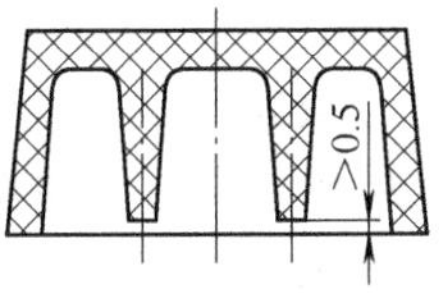	加强肋应设计得矮一些，与支承面的间隙应大于 0.5mm

（5）支承面与凸台　塑料制件的支承面通常采用的是几个凸起的脚底或凸边支承，如图 6-3 所示。图 6-3a 所示以整个底面做支承面是不合理的，图 6-3b 和图 6-3c 所示分别为以边框凸起和脚底作为支承面，这样设计较合理。

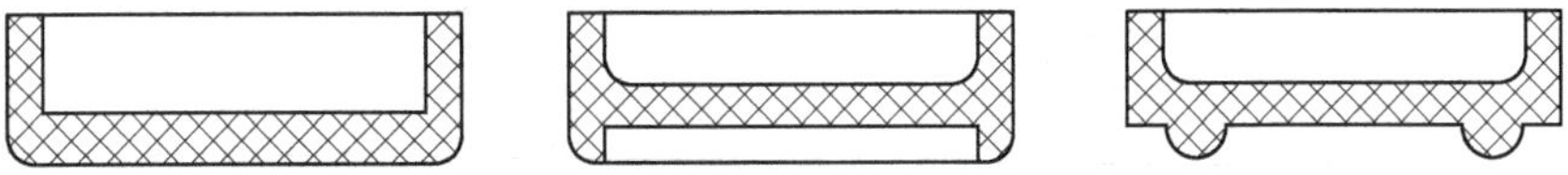

a)　　b)　　c)

图 6-3　塑料制件的支承面

（6）圆角　为了避免应力集中，提高制件的强度，改善熔体的流动情况和便于脱模，在制件各内外表面的连接处均应采用过渡圆角，如图 6-4 所示。此外，圆角还使制件变得美观，并且模具型腔在淬火或使用时也不致因应力集中而开裂。

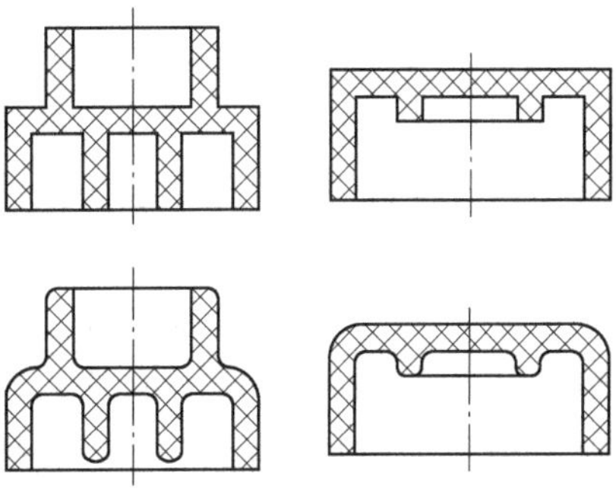

图 6-4　塑料制件上的圆角

（7）孔的设计　塑料制件上常见的孔有通孔、不通孔、异形孔（形状复杂的孔）和螺纹孔等。这些孔均应设置在不易削弱制件强度的地方，且孔与孔之间、孔与边壁之间应留有足够的距离。

如图 6-5 所示，通孔成型用的型芯一般有以下几种安装方法：

1）在图 6-5a 中型芯一端固定，这种方法简单，但会出现不易修整的横向飞边。

2）在图 6-5b 中用一端固定的两个型芯来成型，并使一个型芯的径向尺寸比另一个大 0.5~1mm，这样即使稍有不同轴，也不致引起安装和使用上的困难，其特点是型芯长度缩短一半，稳定性增加。这种成型方式适用于孔较深且孔径要求不是很高的场合。

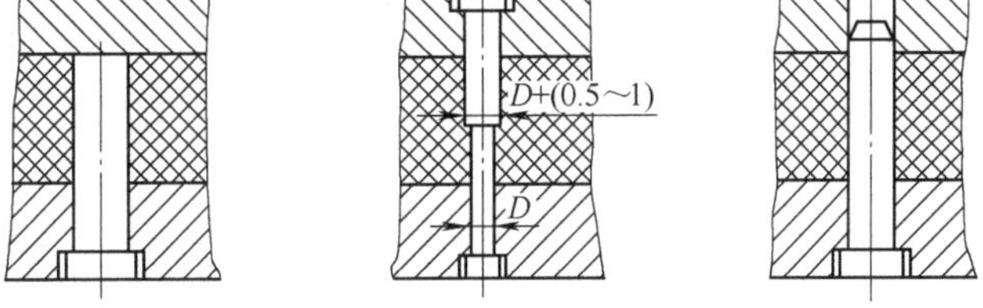

a)　　b)　　c)

图 6-5　通孔的成型方法

3）在图 6-5c 中型芯一端固定，另一端导向支承，这种方法使型芯有较好的强度和刚度，又能保证同轴度，较为常用，但其导向部分因导向误差发生磨损，会产生圆周纵向溢料。

（8）螺纹设计　塑料制件上的螺纹既可直接用模具成型，也可在成型后用机械加工方法获得。对于需要经常装拆和受力较大的螺纹，应采用金属螺纹嵌件。塑料制件上的螺纹应选用较大的螺距尺寸，直径较小时也不宜选用细牙螺纹，否则会影响使用强度。螺纹的大径不应小于 4mm，小径不应小于 2mm，尺寸公差不低于 MT3 级。如果模具上螺纹的螺距未考虑收缩值，那么塑料制件螺纹与金属螺纹的配合长度则不能太长，一般不大于螺纹直径的 1.5~2 倍，否则会因干涉而造成附加内应力，使螺纹连接强度降低。

为了防止螺纹最外圈崩裂或变形，应使螺纹最外圈和最里圈留有台阶，如图 6-6 和图 6-7 所示。螺纹的始端或终端应逐渐开始和结束，有一段过渡长度 l。

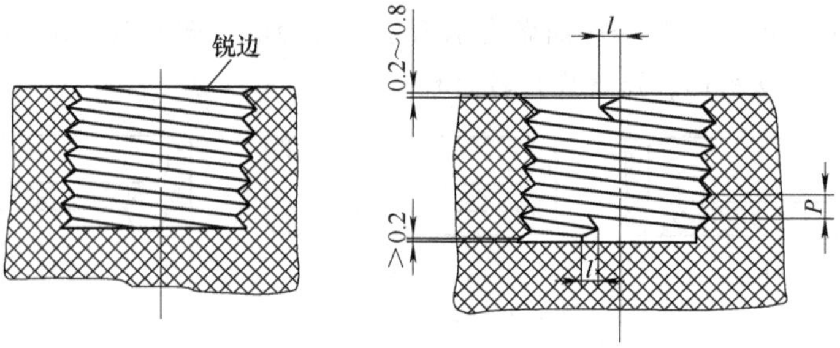

a) 误　　b) 正

图 6-6　塑料制件内螺纹的正误形状

（9）嵌件设计　塑料制件中镶入嵌件的材料有金属、玻璃、木材和已成型的塑料制件等，其中金属嵌件的使用最为广泛，其结构如图 6-8 所示。图 6-8a 所示为圆筒形嵌件；图 6-8b 所示为带台阶圆柱形嵌件；图 6-8c 所示为片状嵌件；图 6-8d 所示为细杆状贯穿嵌件，典型实例如汽车方向盘。

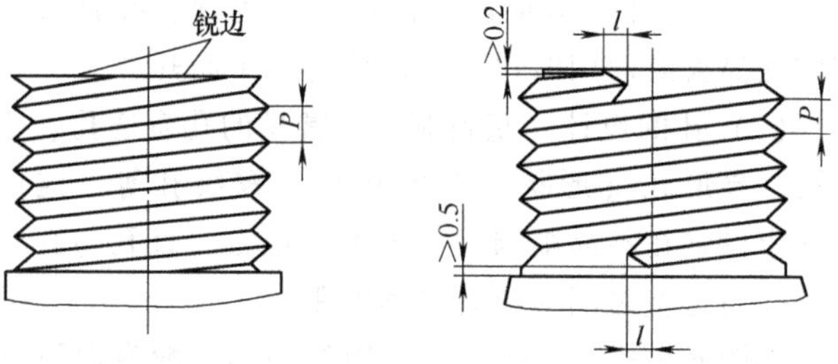

a) 误　　b) 正

图 6-7　塑料制件外螺纹的正误形状

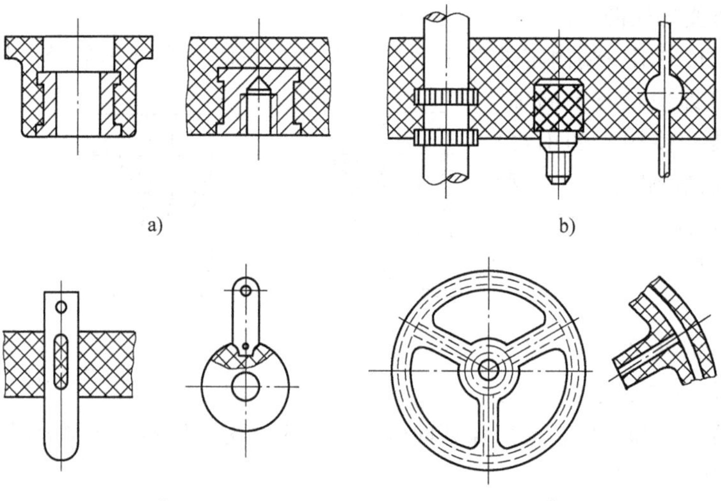

图 6-8　几种常见的金属嵌件

(10) 标记符号及表面彩饰　由于装潢或某些特殊要求，塑料制件上有时需要带有文字或图案、标记符号及花纹（或表面彩饰）。

标记符号应设计在分型面的平行方向上，并有适当的斜度以便脱模。若标记符号为凸形，在模具上即为凹形，加工较容易，但标记符号容易被磨损。若标记符号为凹形，在模具上即为凸起，用一般机械加工方法难以满足，需要用特殊加工工艺，但凹入标记符号可涂印各种装饰颜色，增添美观感。图 6-9 所示是在凹框内设置凸起的标记符号，可把凹框制成镶块嵌入模具内，这样既易于加工，标记符号在使用时又不易被磨损破坏，最为常用。标记符号大多采用电铸成型、冷挤压、照相化学腐蚀或电火花等加工技术制作。

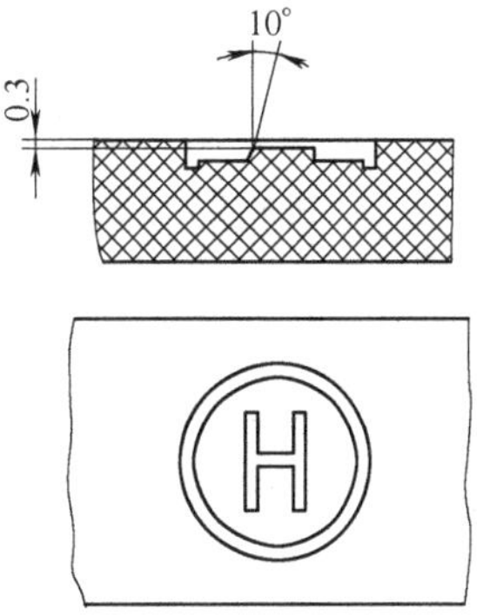

图 6-9　塑料制件上的标记符号

6.2　注射成型设备与注射模

6.2.1　注射成型设备

1. 注射机基本结构

注射成型机（简称注射机或注塑机）在注射成型的一个工作循环中，需完成塑化、注射和成型三项基本工作。因此，一台普通型的注射机由注射装置、合模装置、液压传动系统和电气控制系统等组成。图 6-10 所示为最常用的卧式注射机外形图。

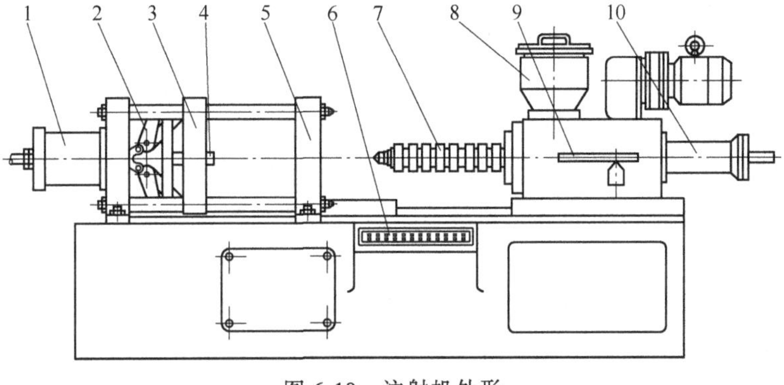

图 6-10　注射机外形

1——锁模液压缸　2—锁模机构　3—移动模板　4—顶杆　5—固定模板　6—控制台　7—料筒及加热器　8—料斗　9—定量供料装置　10—注射液压缸

注射装置的主要作用是将各种形态的塑料均匀熔融，并以足够的压力和速度将一定量的熔体注射到模具的型腔内，当熔体充满型腔后，仍需保持一定的压力和作用时间，使熔体在合适压力作用下冷却定型。

合模装置的作用是实现模具的闭合并锁紧，以保证注射时模具可靠地合紧，并完成模具的开启和脱出制件的动作。

液压传动系统和电气控制系统的作用是对注射机提供动力和实现控制，保证注射机按工艺过程的动作程序和预定的工艺参数（压力、温度、时间等）的要求准确有效地工作。

2. 注射机的分类

（1）按外形结构特点分类　注射机按外形结构特点可分为立式、卧式和直角式三类。

（2）按塑料在料筒的塑化方式分类　注射机按塑料在料筒的塑化方式可分为柱塞式和螺杆式两类。

此外，按合模装置的驱动方式可分为液压-机械式（图 6-10）和液压式两大类。

3. 注射机的技术参数

注射机的技术参数主要有以下方面，它反映了注射机的加工范围和加工能力。

（1）理论注射容积　理论注射容积是指在对空注射的条件下，螺杆或柱塞做一次最大行程时，注射装置所能达到的最大注射容积。

（2）注射压力　注射压力是指注射时螺杆或柱塞施加于熔融塑料单位面积上的压力。

为了适应多种塑料和各种结构塑料制件的加工要求，每一台注射机的注射压力都有一定的调节范围。

（3）塑化能力　塑化能力表示塑化装置在单位时间塑化的塑料量，常以 kg/h 为单位。在选用注射机时，应留有余地，即注射机的理论注射容积和塑化能力等基本参数应较实际所需大 20%左右，这样在生产时既能使塑料充分塑化，又能保证充满型腔。

（4）注射速率　注射机的注射时间是指螺杆或柱塞推出最大注射量时所需的最短时间。注射容积与注射时间之比称为注射速率。

（5）锁模力　锁模力又称合模力，是指熔体注入型腔时，合模装置对模具施加的最大夹紧力。当高压的塑料熔体充满模具型腔时，会在型腔内产生一个很大的力，这个力使模具沿分型面胀开，因此必须依靠锁模力将模具夹紧，保证注射时动、定模闭合紧密，使型腔内熔体不产生外溢飞边。

（6）合模装置的基本尺寸

1）模板尺寸和拉杆有效间距。模板尺寸是指模板外围的长度和高度尺寸。拉杆有效间距是指两拉杆之间（不包括拉杆本身）的距离，包括水平距离和垂直距离。

2）最大模厚和最小模厚。最大模厚和最小模厚是指移动模板闭合模具，达到规定锁模力时，移动模板与固定模板间的最大和最小距离。这两个参数决定了注射机允许容纳的模具的厚度范围。

3）移动模板行程。移动模板行程指移动模板能够移动的最大距离。模具是依靠移动模板的移动来实现合模和开模的，确定移动模板行程的需要量时，应以保证模具开模后能顺利取出制件为度。

（7）顶出行程和顶出力　即注射机的液压顶出装置能够提供的最大顶出行程和最大顶出力。

（8）合模速度和开模速度　合模与开模速度应合适：太快时，容易损坏模具或嵌件，不安全；太慢时，生产率低。

6.2.2　注射模

1. 注射模组成及分类

（1）注射模的组成　注射模由定模和动模两部分组成，定模部分安装在注射机的固定模板上，动模部分安装在注射机的移动模板上。根据模具上各部分所起的作用，塑料注射模一般由成型零件、浇注系统、导向机构、侧向分型与抽芯机构、推出机构、温度调节系统、排气系统和支承零部件组成，如图 6-11 所示。

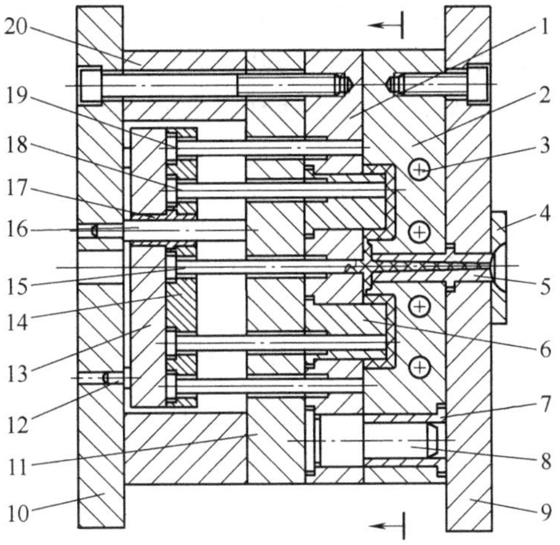

a)

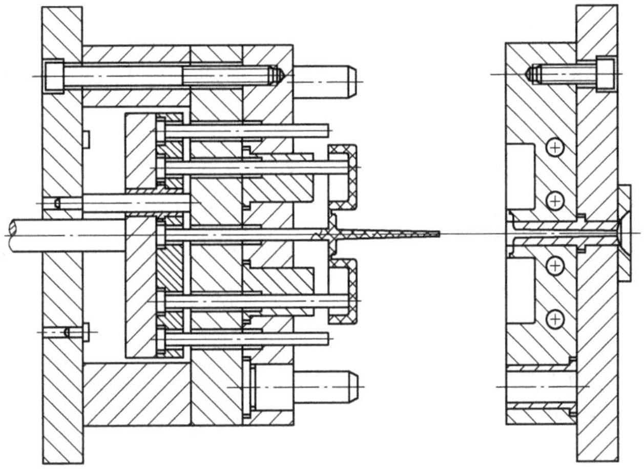

b)

图 6-11　单分型面注射模结构

1—动模板　2—定模板　3—冷却水道　4—定位圈　5—浇口套　6—型芯　7—导套　8—导柱　9—定模座板　10—动模座板　11—支承板　12—支承柱　13—推板　14—推杆固定板　15—拉料杆　16—推板导柱　17—推板导套　18—推杆　19—复位杆　20—垫块

1）成型零件。成型零件是直接决定制件形状及尺寸的零件，包括型芯（成型制件的内表面）、凹模型腔（成型制件的外表面）、成型杆和镶块等。合模后成型零件便构成了模具的型腔。图 6-11 所示的模具中，型腔是由动模板 1、定模板 2、型芯 6、推杆 18 组成的。

2）浇注系统。将塑料熔体由注射机喷嘴引向型腔的通道称为浇注系统，浇注系统由主流道、分流道、浇口和冷料穴等组成。图 6-11 所示的模具中，浇注系统由浇口套 5、拉料杆 15、动模板 1 上的冷料穴、定模板 2 上的分流道和浇口等组成。

3）导向机构。导向机构分为动模与定模之间的导向和推出机构的导向。为了确保动、定模之间的正确导向与定位，需要在动、定模部分采用导柱、导套（图 6-11 中的导柱 8、导套 7）或在动、定模部分设置互相吻合的内外锥面导向。推出机构的导向通常由推板导柱和推板导套（图 6-11 中的推板导柱 16、推板导套 17）组成。

4）侧向分型与抽芯机构。制件上带有侧向孔或侧向凸、凹时，在开模推出制件之前，必须从制件中抽出成型侧向孔和侧向凸、凹的活动零件，实现这类功能的装置就是侧向分型与抽芯机构。

5）推出机构。推出构构是在开模过程中，将制件及浇注系统凝料从模具中推出的装置。图 6-11 中的推出机构由推杆 18、推板 13、推杆固定板 14、复位杆 19、主流道拉料杆 15、支承柱 12、推板导柱 16 及推板导套 17 等组成。

6）温度调节系统。为了满足注射成型工艺对模具温度的要求，必须对模具的温度进行控制，这就需要在模具中设置冷却或加热的温度调节系统。冷却系统一般采用在模具上开设冷却水道（图 6-11 中的冷却水道 3）的形式，加热系统则是在模具内部或四周安装加热元件。

7）排气系统。在注射成型过程中必须将型腔内原有的空气和塑料加热后挥发出来的气体排出模外，以免造成成型缺陷。排气方式可以是在分型面上开设排气槽，也可以利用推杆或型芯与模具的配合间隙来排气。

8）支承零部件。支承零部件用来安装固定或支承成型零件及前述各部分机构。支承零部件组装在一起，可以构成注射模的基本骨架。图 6-11 所示模具的支承零部件由定模座板 9、定模板 2、动模板 1、支承板 11、垫块 20 和动模座板 10 等组成。

（2）注射模的分类　注射模的类型很多。按所用注射机的种类，可分为卧式或立式注射机用注射模和直角式注射机用注射模。按照注射模典型结构，可分为单分型面注射模、双分型面注射模、带活动镶块的注射模、侧向分型与抽芯的注射模、自动卸螺纹的注射模和热流道注射模等。

2. 注射模与注射机的关系

注射模必须安装在与其相适应的注射机上才能进行生产，因此设计注射模具时，除了确定模具结构、计算成型零件工作尺寸及相关强度校核外，还必须了解模具与注射机的关系，按照注射机的有关尺寸来对应设计注射模的有关尺寸，并对注射机的有关参数进行校核。

（1）模具与注射机安装部分的设计　模具与注射机安装部分的设计内容包括喷嘴尺寸、定位圈尺寸、模具的安装固定、顶出装置设计等。

1）喷嘴尺寸。如图 6-12a 所示，锥角 α 为 2°～6°，注射机喷嘴前端孔径 d 和球面半径 r

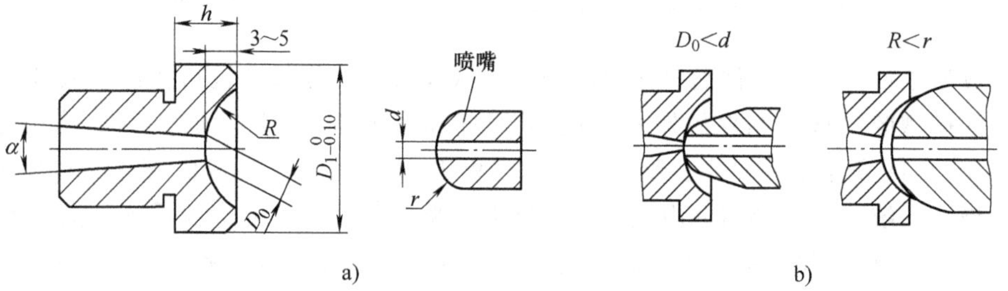

图 6-12　注射机喷嘴与模具主流道衬套的关系

与模具主流道衬套（又称浇口套）的小端直径 D_0 和球面半径 R 应满足下列关系

$$D_0=d+(0.5\sim1)\text{mm} \tag{6-1}$$

$$R=r+(1\sim2)\text{mm} \tag{6-2}$$

图 6-12b 所示为配合不良的情况。

2）定位圈尺寸。为了使模具主流道轴线和注射机喷嘴轴线相重合，模具定位圈与注射机固定模板上的定位孔按 H9/f9 配合。定位圈的高度 h，小型模具取 8～10mm，大型模具取 10～15mm，如图 6-13 所示。

GB/T 4169.18—2006《塑料注射模零件　第 18 部分　定位圈》规定了塑料注射模用定位圈的尺寸规格和公差，同时还给出了材料、硬度要求和标记方法。

3）模具的安装固定。模具的定模部分安装在注射机的固定模板上，动模部分安装在注射机的移动模板上。模具在注射机上的安装固定方法有两种：一种是用螺钉直接固定；另一种是用螺钉、压板固定，如图 6-14 所示。

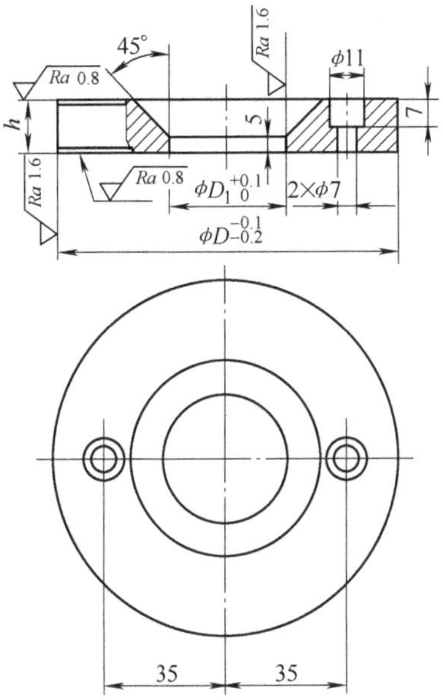

图 6-13　定位圈尺寸

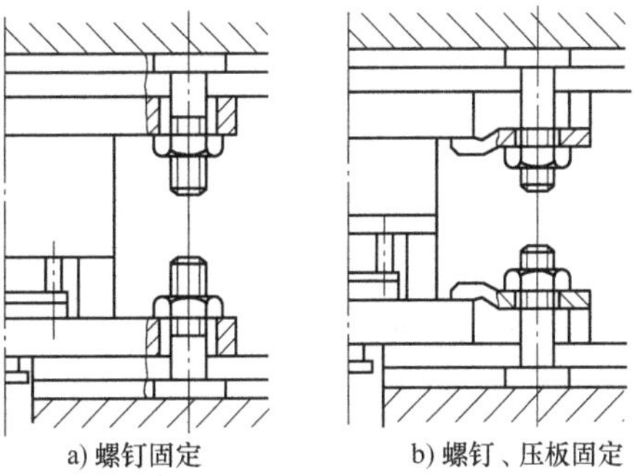

图 6-14　模具的安装固定方法

4）顶出装置设计。国产注射机的顶出装置大致可分为以下四类：

① 中心顶杆机械顶出装置。

② 两侧机械式双顶杆顶出装置。

③ 中心顶杆液压顶出和两侧机械式双顶杆联合作用的顶出装置。

④ 中心顶杆液压顶出与其他开模辅助液压缸联合作用的顶出装置。

（2）模具与注射机有关参数的校核

1）最大注射量的校核。最大注射量即理论注射量（容积或质量），指注射机一次注射塑料的最大体积或质量。校核公式为

$$Km_p \geqslant nm+m_1 \tag{6-3}$$

式中　K——注射机塑化能力的利用系数，一般取 0.8；

m_p——注射机理论注射量（容积或质量）（g 或 cm^3）；

m_1——浇注系统所需塑料质量或体积（g 或 cm^3）；

m——单个制件的质量或体积（g 或 cm^3）；

n——型腔数目。

2）锁模力的校核。当高压的塑料熔体充满模具型腔时，会产生使模具分型面胀开的力，它应小于注射机的额定锁模力，才能保证注射时不发生溢料现象。校核公式为

$$F_p \geqslant npA+pA_1 \tag{6-4}$$

式中 F_p——注射机的额定锁模力（N）；

p——塑料熔体在型腔中的成型压力（MPa），它与塑料品种和制件有关，常用塑料的型腔压力见表 6-5，通常熔体在型腔中的成型压力取注射压力的 80%；

A_1——浇注系统在模具分型面上的投影面积（mm^2）；

A——单个制件在模具分型面上的投影面积（mm^2）。

表 6-5 常用塑料的型腔压力（单位：MPa）

塑料品种	高压聚乙烯(PE)	低压聚乙烯(PE)	聚苯乙烯(PS)	丙烯腈-苯乙烯(AS)	ABS	聚甲醛(POM)	聚碳酸酯(PC)
型腔压力	10~15	20	20~25	30	30	35	40

3）最大模厚和最小模厚校核。在注射机上可安装模具的最大厚度用 H_{max} 表示，大于此厚度，无法开模取件或无法合模；在注射机上可安装模具的最小厚度用 H_{min} 表示，小于此厚度模具合不上，但可以加垫块。模具厚度应满足下列关系

$$H_{min} \leqslant H \leqslant H_{max} \tag{6-5}$$

4）移动模板行程的校核。所谓移动模板行程是指模具开启过程中注射机移动模板的移动距离。注射机的移动模板行程是有限制的，制件从模具中取出时所需的行程距离必须小于注射机的最大移动模板行程，否则制件无法从模具中取出。

6.3 注射成型工艺

6.3.1 注射成型工艺过程及工艺参数

1. 注射成型原理

注射成型的原理是将颗粒状或粉状塑料从注射机的料斗送进加热的料筒中，经过加热熔化成黏流态熔体，在注射机柱塞或螺杆的高压推动下，以很高的速度通过喷嘴注入温度较低的闭合型腔中，经一定时间的保压、冷却，定型后即可保持模具型腔所赋予的形状，然后开模分型获得成型制件，如图 6-15 所示。

以上工作过程就是一个成型周期，通常从几秒钟至几分钟不等，时间的长短取决于制件的大小、形状和厚度、模具的结构、注射机类型、塑料的品种和成型工艺条件等因素。

2. 注射成型工艺过程

塑料注射成型工艺过程包括成型前的准备、注射过程和制件的后处理。

（1）注射成型前的准备　为了使注射成型顺利进行，保证制件质量，在注射成型之前

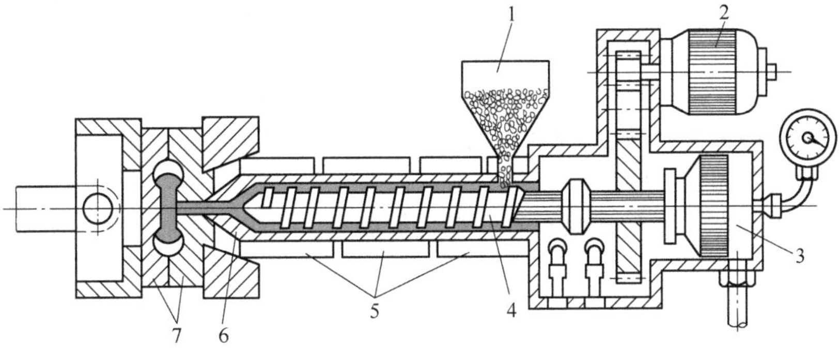

a) 合模注射

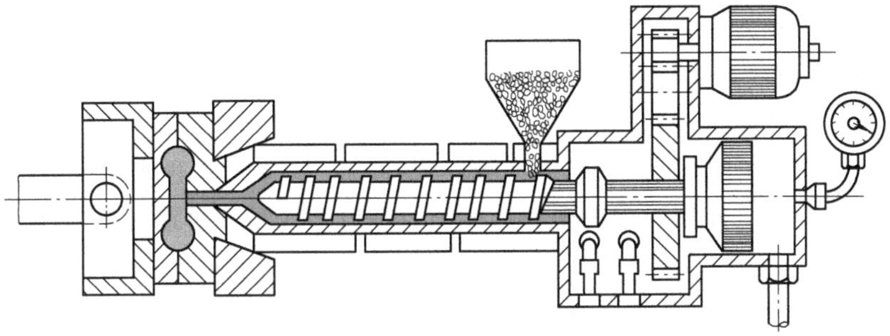

b) 保压、冷却定型

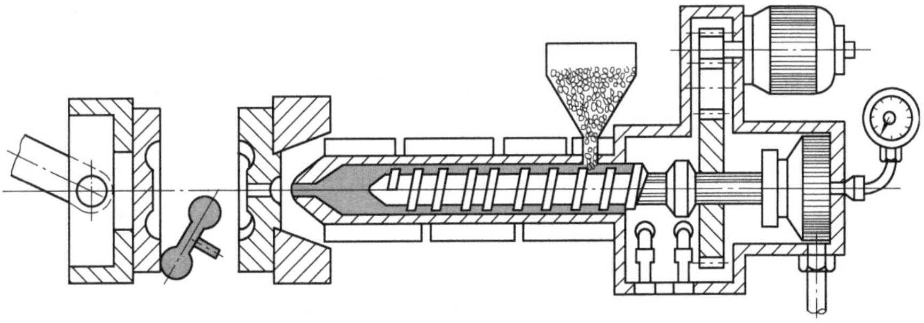

c) 预塑加料、开模顶出制件

图 6-15　螺杆式注射机注射成型原理

1—料斗　2—电动机　3—注射液压缸　4—螺杆　5—加热器　6—喷嘴　7—模具

应进行如下准备工作。

1）塑料的检验。塑料的检验包括色泽、粒度及均匀性、流动性、热稳定性、收缩性、水分含量等方面的测定。

2）塑料的干燥。干燥处理就是利用高温使塑料中的水分含量降低，方法有烘箱干燥、红外线干燥、热板干燥、高频干燥等。

3）嵌件的预热。由于金属嵌件与塑料收缩率差别较大，因而在制件冷却时，制件周围产生较大的内应力，导致嵌件周围塑料层强度下降和出现裂纹。因此在成型前应对金属嵌件进行预热，以减小嵌件和塑料熔体的温度差。

4）料筒的清洗。在注射成型之前，如果注射机料筒中原来残存的塑料与将要使用的塑料不同或颜色不一致时，都要进行清洗。通常可采用对空注射法清洗。

5）脱模剂的选用。注射成型时，制件的脱模主要是依赖合理的工艺条件和正确的模具设计，但由于制件本身的复杂性或工艺条件控制不稳定，可能造成脱模困难，所以在实际生产中经常使用脱模剂。常用的脱模剂有硬脂酸锌、液态石蜡和硅油等。

由于注射原料的种类、形态、制件的结构、有无嵌件以及使用要求的不同，各种制件成型前的准备工作也不完全一样。

（2）注射成型过程　注射成型过程一般包括加料、塑化、注射、保压、冷却和脱模等几个步骤。

1）加料。注射成型时定量（定容）加料，以保证操作稳定、塑料塑化均匀，最终获得良好的塑料制件。

2）塑化。塑料在料筒中受热，由固体颗粒转化成黏流态并且形成具有良好可塑性均匀熔体的过程，称为塑化。

3）注射。塑化好的熔体被柱塞或螺杆推挤至料筒前端，经过喷嘴及模具浇注系统进入并充满型腔，这一阶段称为注射。

4）保压。在模具中熔体冷却收缩时，继续保持施压状态的柱塞或螺杆迫使浇口附近的熔体不断补充至模具中，使型腔中的塑料熔体能成型出形状完整而致密的制件，这一阶段称为保压。

5）冷却。当浇口冻结后，继续保压已不再需要，因此可退回柱塞或螺杆，同时通入冷却水等冷却介质，对模具进行冷却，这一阶段称为浇口冻结后的冷却。

6）脱模。制件冷却到一定的温度即可开模，之后在推出机构的作用下将制件推出模外。

（3）制件的后处理　制件成型后，内部不可避免地存在一些内应力，而内应力的存在会导致制件在使用过程中产生变形或开裂，因此应设法消除。

1）退火处理。退火处理是将制件在一定温度的烘箱或液体介质（如热水、热矿物油、甘油、乙二醇和液态石蜡等）中保温一段时间，然后缓慢冷却至室温的热处理过程。

2）调湿处理。调湿处理是将刚脱模的聚酰胺类制件放入沸水或醋酸钾溶液中，隔离空气，防止氧化，并加速达到吸湿平衡、消除内应力、稳定其尺寸的后处理工序。

注意：并不是所有的塑料制件都要进行后处理，制件要求不严格时可以不必后处理。

3. 注射成型工艺参数

在塑料制件的生产中，工艺参数的选择和控制是保证成型顺利进行和制件质量的关键因素之一。注射成型最主要的工艺参数是温度、压力和时间。参数的选择可查看有关资料。

（1）温度　在注射成型过程中要控制的温度有料筒温度、喷嘴温度和模具温度。前两种温度主要影响塑料的塑化和流动，后一种温度主要影响塑料的充模和冷却定型。

（2）压力　注射成型过程中的压力包括塑化压力和注射压力，它们关系到塑化和成型的质量。

1）塑化压力。塑化压力是指采用螺杆式注射机时，螺杆顶部熔体在螺杆转动后退时所受到的压力，又称背压，其大小可以通过液压系统中的溢流阀来调节。

2）注射压力。注射机的注射压力是指柱塞或螺杆头部对塑料熔体所施加的压力。

在实际生产中，通常是通过试验确定注射压力的大小，即先用低压慢速注射，然后再根据成型出来的制件的情况进行调整，直到成型出质量最好、符合要求的制件。

（3）时间　完成一次注射成型过程所需的时间称为成型周期，它是决定成型生产率及制件质量的一个重要因素。它包括以下几部分：

- 成型周期
  - 注射时间
    - 充模时间（柱塞或螺杆前进时间）
    - 保压时间（柱塞或螺杆停留在前进位置的时间）
  - 模内冷却时间（柱塞后退或螺杆转动后退的时间均包括在这段时间内）
  - 其他时间（指开模、脱模、喷涂脱模剂、安放嵌件和合模等时间）

6.3.2　注射成型工艺规程编制

根据制件的使用要求和塑料的工艺特性，正确选择成型方法，确定成型工艺过程及成型工艺条件，合理设计产品，选择原材料，合理设计注射模及选择设备等，以保证成型工艺顺利进行，保证制件达到要求，这一系列工作通常称为制订注射成型的工艺规程。

注射成型工艺规程是制件生产的纲领性文件，它指导着制件的生产准备及生产全过程。工艺规程的编制是保证制件生产顺利进行及产品质量最重要的前期工作。注射成型工艺规程编制的内容和步骤如下：

1）制件的结构及工艺分析。

2）制件的成型方法及工艺流程的确定。

3）制件成型模具类型和结构形式的确定。

4）成型工艺条件的确定。

5）设备和工具的选择。

6）工序质量标准、检验项目及检验方法的确定。

7）技术安全措施的制定。

8）工艺文件的编制。

思考与练习

1. 塑料按合成树脂的分子结构分为哪几类？
2. 塑料按用途分为哪几类？
3. 简述塑料的收缩性、流动性。
4. 塑料制件设计必须遵循的原则是什么？
5. 什么是脱模斜度？脱模斜度的选择原则有哪些？
6. 简述注射成型原理，注射成型过程分为几个阶段？
7. 注射模由哪些结构组成？
8. 注射机喷嘴与注射模主流道的尺寸关系如何？

第7章　单分型面注射模设计

7.1　分型面的选择与浇注系统设计

7.1.1　分型面的选择

1. 型腔数目的确定和型腔的布局

（1）型腔数目的确定　一次注射过程只能生产一件产品的注射模称为单型腔注射模。如果一副注射模在一次注射过程中生产两件或两件以上的塑料制件，则这样的注射模称为多型腔注射模。图7-1所示为单型腔注射模和多型腔注射模成型的制件。

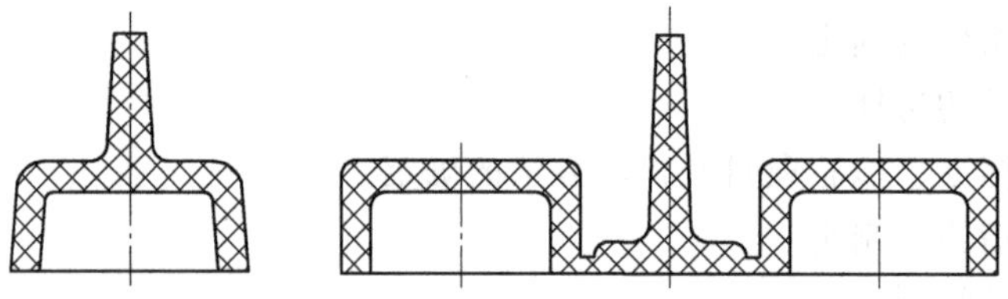

a) 单型腔成型　　b) 多型腔成型

图7-1　单型腔注射模和多型腔注射模成型的制件

单型腔、多型腔注射模的优缺点及适用范围见表7-1。

表7-1　单型腔、多型腔注射模的优缺点及适用范围

类型	优点	缺点	适用范围
单型腔注射模	制件的精度高；成型工艺参数易于控制；模具结构简单；模具制造成本低，周期短	塑料成型的生产率低，制件的成本高	制件较大，精度要求较高或者小批量及试生产
多型腔注射模	塑料成型的生产率高，制件的成本低	制件的精度低；成型工艺参数难以控制；模具结构复杂；模具制造成本高，周期长	大批量、长期生产的中小型制件

（2）多型腔的布局　多型腔的布局应使每个型腔都能通过浇注系统从总压力中均等地分得所需的足够压力，以保证塑料熔体能同时均匀充满每一个型腔，从而使各个型腔的制件内在质量均匀稳定。

多型腔的布局方法有以下两种。

1）平衡式布局。平衡式多型腔布局如图7-2a、b、c所示，其特点是从主流道到各型腔的分流道和浇口的长度、截面形状、尺寸及分布对称性都相同，可实现各型腔均匀进料和达到同时充满型腔的目的。

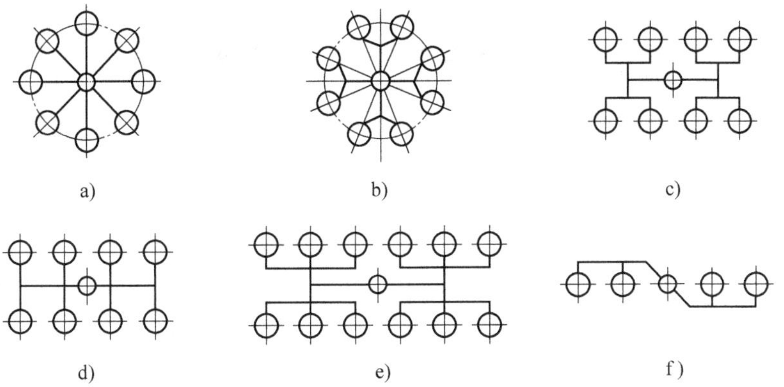

图 7-2　平衡式和非平衡式多型腔布局

2）非平衡式布局。非平衡式多型腔布局如图 7-2 d、e、f 所示，其特点是从主流道到各型腔浇口的分流道的截面形状和尺寸相同，但长度不相等、分布不对称，因而不利于均衡进料。但这种方式可以明显缩短分流道的长度，减少浇注系统凝料，节约制件的原材料。在实际设计和生产过程中，通过调整各浇口的截面尺寸来达到同时充满型腔的目的。

2. 分型面设计

（1）分型面的形式　分型面是指用于取出制件和浇注系统凝料的模具的开合面，如图 7-3 所示。图 7-3a 为平直分型面，图 7-3b 为倾斜分型面，图 7-3c 为阶梯分型面，图 7-3d 为曲面分型面，图 7-3e 为瓣合分型面，也称为垂直分型面。

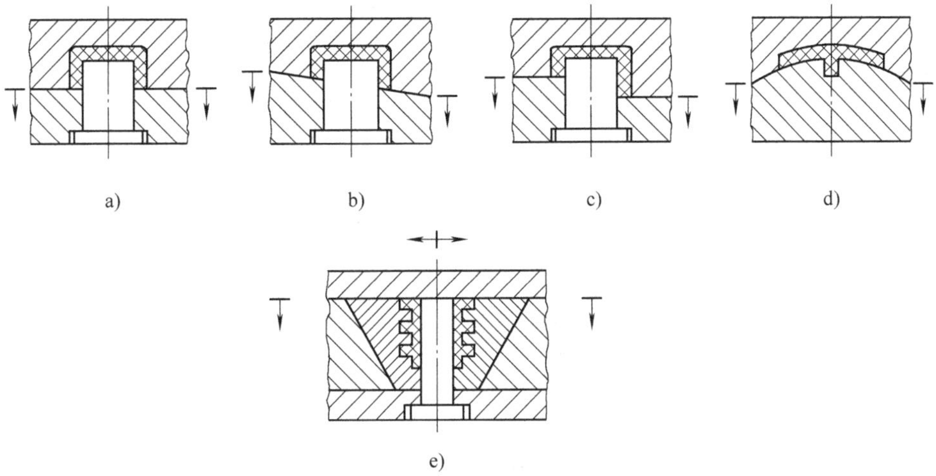

图 7-3　注射模的分型面

（2）分型面的选择　影响分型面选择的因素很多。在选择分型面时，应遵循的原则见表 7-2。

表 7-2　选择分型面的原则

序号	原则	简　　图	说明
1	分型面应选择在制件外形的最大轮廓处	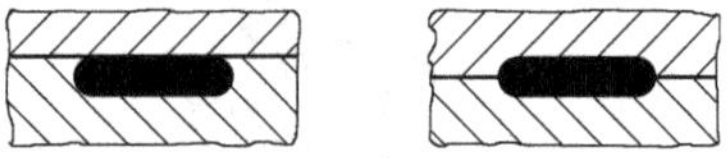 a)　b)	图 b 正确，分型面取在制件外形的最大轮廓处，才能使制件顺利脱模
2	分型面的选取应有利于制件的留模方式，进而便于制件顺利脱模	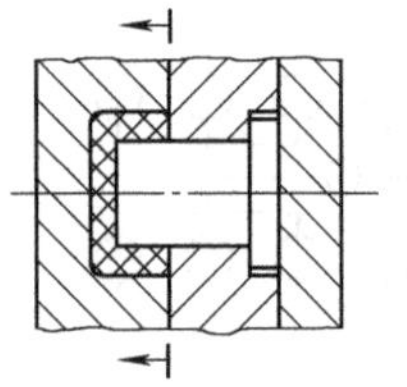 a)　b) 图 b 合理，分型后，制件会包紧型芯而留在动模一侧 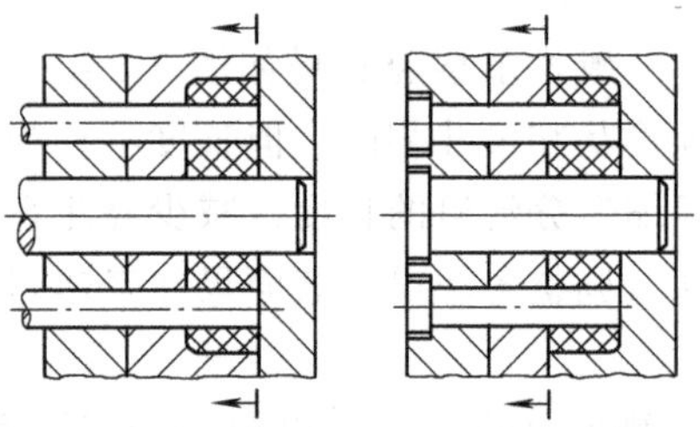 a)　b)	图 b 合理，分型后，制件会包紧型芯而留在动模一侧 图 b 合理，分型后，制件留在动模一侧，并由推件板推出
3	应保证制件的精度要求	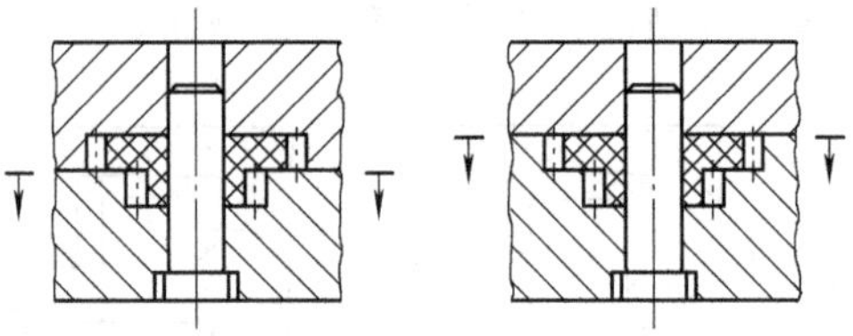 a)　b)	图 b 合理，能保证双联塑料齿轮的同轴度的要求
4	应满足制件的外观要求	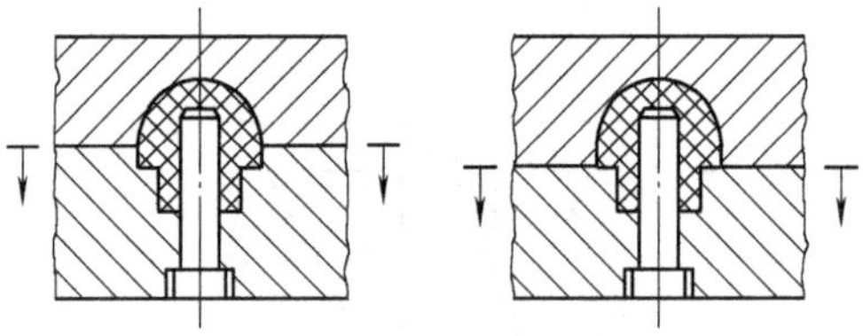 a)　b)	图 b 合理，所产生的飞边不会影响制件的外观，而且易清除
5	应便于模具的制造	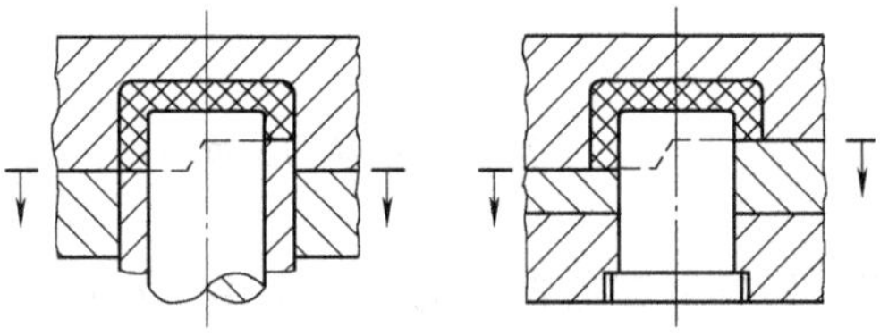 a)　b)	图 b 合理，图 a 中的推管制造较困难，在使用过程中的稳定性也较差

（续）

序号	原则	简　图	说明
5	应便于模具的制造	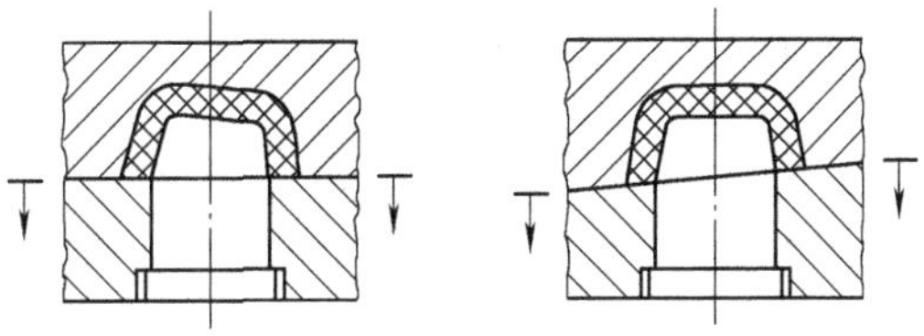 c)　d)	图 d 合理，图 c 中的型芯、型腔制造较困难
6	应有利于减小成型面积	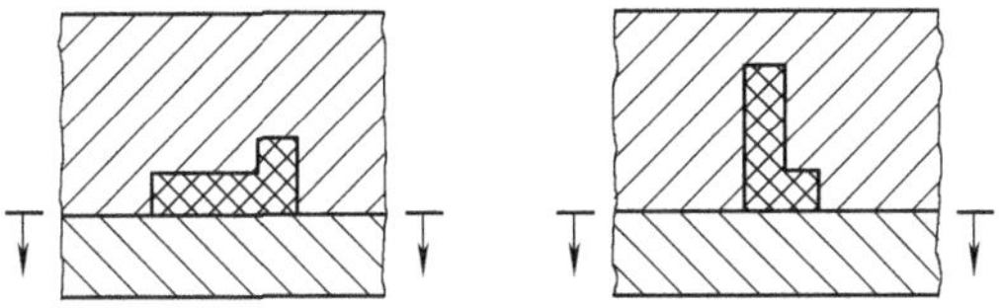 a)　b)	图 b 合理，制件在分型面上的投影面积小，保证了成型可靠
7	应有利于增强排气效果	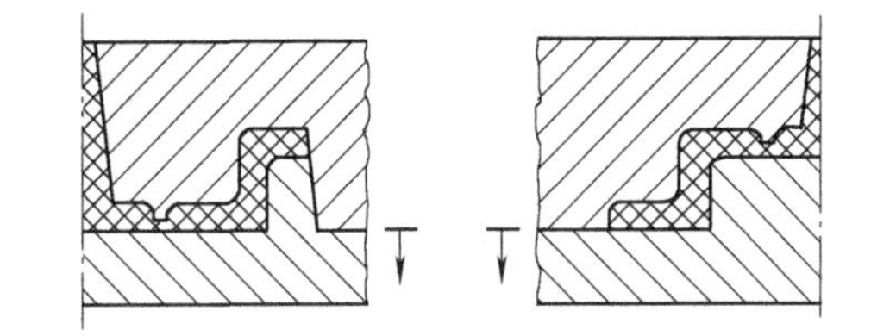 a)　b)	图 b 合理，熔体料流末端在分型面上，有利于增强排气效果

在实际设计工作中，不可能全部满足上述分型面的选取原则，此时应分清主次矛盾，采取综合评判的方法，从而较合理地确定分型面。

7.1.2　单分型面注射模普通浇注系统设计

1. 普通浇注系统的组成

浇注系统是指模具中由注射机喷嘴到型腔之间的进料通道。普通浇注系统一般由主流道、分流道、浇口和冷料穴四部分组成，如图 7-4 所示。

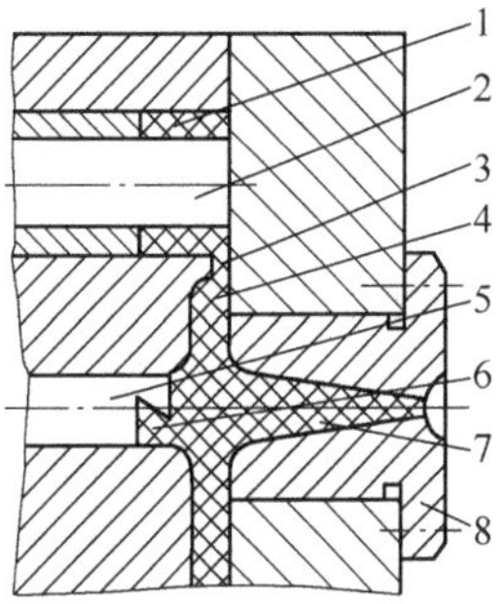

图 7-4　普通浇注系统

1—型腔　2—型芯　3—浇口　4—分流道　5—拉料杆　6—冷料穴　7—主流道　8—浇口套

2. 主流道设计

主流道是指浇注系统中从注射机喷嘴与模具接触处开始到分流道为止的塑料熔体的流动通道。主流道开设在浇口套中，其设计要求参见 6.2.2 节相关内容。

浇口套一般采用碳素工具钢（如 T8A、T10A）等材料制造，热处理淬火硬度 53～57HRC。浇口套及其固定形式如图 7-5 所示。

图 7-5a 所示为浇口套与定位圈设计成整体的形式，用螺钉固定于定模座板上，一般只用于小型注射模；图 7-5b、c 所示为浇口套与定位圈设计成两个零件的形式，以台阶的方式固定在定模座板上，其中图 7-5c 所示为浇口套穿过定模座板与定模板的形式。浇口套与模板间的配合采用 H7/m6 的过

渡配合，浇口套与定位圈间的配合采用 H9/f9 的间隙配合。

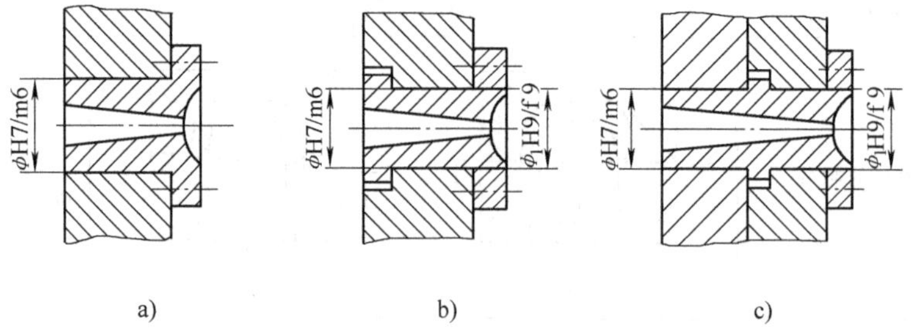

图 7-5　浇口套及其固定形式

3. 分流道设计

分流道是指主流道末端与浇口之间的一段塑料熔体的流动通道。分流道的作用是改变熔体流向，使其以平稳的流态均衡地分配到各个型腔。

（1）分流道的截面形状和尺寸　分流道可开设在动、定模分型面的两侧或其中任意一侧。设计分流道时要求其截面形状应尽量使其比表面积（流道表面积与其体积之比）小，目的是在温度较高的塑料熔体和温度相对较低的模具之间提供较小的接触面积，以减少热量损失。

常用的分流道截面形状有圆形、梯形、U 形、半圆形及矩形等，如图 7-6 所示。

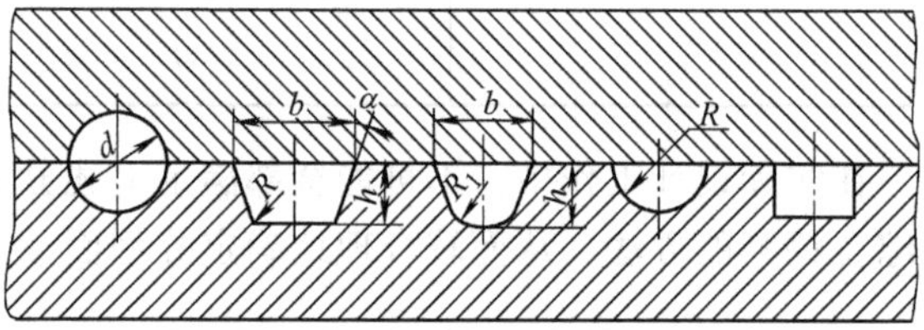

图 7-6　分流道的截面形状

圆形截面的比表面积最小，但需开设在分型面的两侧，在制造时一定要注意模板上、下两部分形状对中吻合；梯形及 U 形截面的分流道加工较容易，且热量损失与压力损失均不大，为常用的形式；半圆形截面的分流道的比表面积比梯形和 U 形截面的略大，在设计中也有采用；矩形截面的分流道因其比表面积较大，且流动阻力也大，故在设计中不常采用。

分流道的截面尺寸视塑料品种、制件尺寸、成型工艺条件及流道的长度等因素来确定。通常圆形截面的分流道直径为 2~10mm。对于流动性较好的尼龙、聚乙烯、聚丙烯等塑料成型的小型制件，在分流道长度很短时，直径可小到 2mm；对于流动性较差的聚碳酸酯、聚砜等，分流道直径可大至 10mm；对于大多数塑料，分流道截面直径常取 5~6mm。

梯形截面分流道的尺寸可按下面经验公式确定

$$b=0.2654\sqrt{m}\sqrt[4]{L} \tag{7-1}$$

$$h=\frac{2}{3}b \tag{7-2}$$

式中　b——梯形大底边宽度（mm）；

m——制件的质量（g）；

L——分流道的长度（mm）；

h——梯形的高度（mm）。

梯形的侧面斜角 α 常取 5°~10°，底部以圆角相连。

U 形截面分流道的宽度 b 可在 5～10mm 内选取，半径 $R=0.5b$，深度 $h=1.25R$，斜角 $\alpha=5°\sim10°$。

（2）分流道的长度　根据型腔在分型面上的排布情况，分流道可分为一级分流道、二级分流道甚至三级、四级分流道。分流道的长度要尽可能短且弯折少，以便减少压力损失和热量损失，节约塑料的原材料和降低能耗。图 7-7 所示为分流道长度的设计参数尺寸，其中 $L_1=6\sim10$mm，$L_2=3\sim6$mm，$L_3=6\sim10$mm。L 的尺寸根据型腔的多少和型腔的大小而定。

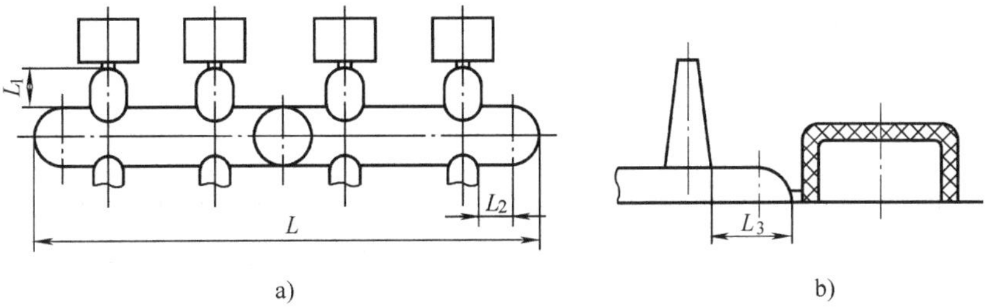

图 7-7　分流道的长度

（3）分流道的表面粗糙度　由于分流道中与模具接触的外层塑料迅速冷却，只有内部的熔体流动状态比较理想，因此分流道的表面粗糙度值不能太小，一般 Ra 值取 1.6μm 左右，这样可增加对外层塑料熔体的流动阻力，使外层塑料冷却固定，形成绝热层。

（4）分流道在分型面上的布置形式　分流道的布置应遵循两个原则：一个是排列应尽量紧凑，以缩小模板尺寸；另一个是流程尽量短，对称布置，使胀模力的中心与注射机锁模力的中心一致。分流道常用的布置形式有平衡式和非平衡式两种，这与多型腔的平衡式与非平衡式的布置是一致的。

4. 单分型面注射模浇口设计

浇口又称进料口，是连接分流道与型腔的熔体通道。单分型面注射模的浇口可采用直浇口、中心浇口、侧浇口、环形浇口、轮辐浇口和潜伏浇口等浇口形式。

（1）直浇口　直浇口又称为主流道型浇口，它属于非限制性浇口。这种形式的浇口只适用于单型腔模具。直浇口的形式如图 7-8 所示，其特点如下：

1）塑料熔体由主流道的大端直接进入型腔，因而流动阻力小。

2）有利于克服深型腔气体不易排出的缺点。

3）制件和浇注系统在分型面上的投影面积最小，模具结构紧凑，注射机受力均匀。

4）制件易翘曲变形；浇口截面大，去除浇口困难，浇口去除后会留有较大的浇口痕迹，影响制件美观。

直浇口大多用于注射成型大、中型长流程深型腔筒形或壳形制件，尤其适用于如聚碳酸酯、聚砜等高黏度塑料。

在设计直浇口时，为了减小与制件接触处的浇口面积，防止该处产生缩孔、变形等缺陷，应选用较小的主流道锥角 α（$\alpha=2°\sim4°$），且尽量减小定模板和定模座板的厚度。

（2）中心浇口　当筒类或壳类制件的底部中心或接近于中心部位有通孔时，浇口可开设在该孔口处，同时中心设置分流锥，这种类型的浇口称为中心浇口，如图 7-9 所示。中心浇口可看成是直浇口的一种特殊形式，它具有直浇口的优点，同时可避免直浇口易产生的缩孔、变形等缺陷。在设计时，环形的厚度一般不小于 0.5mm。

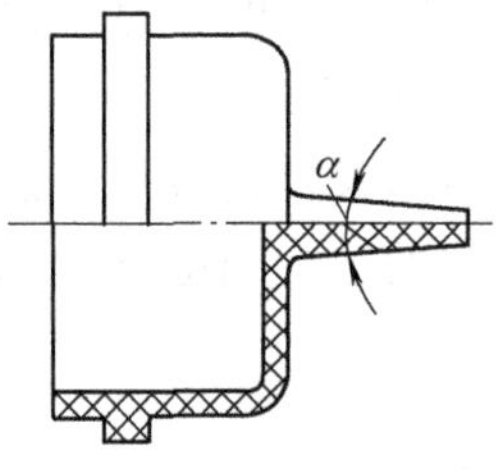

图 7-8　直浇口的形式

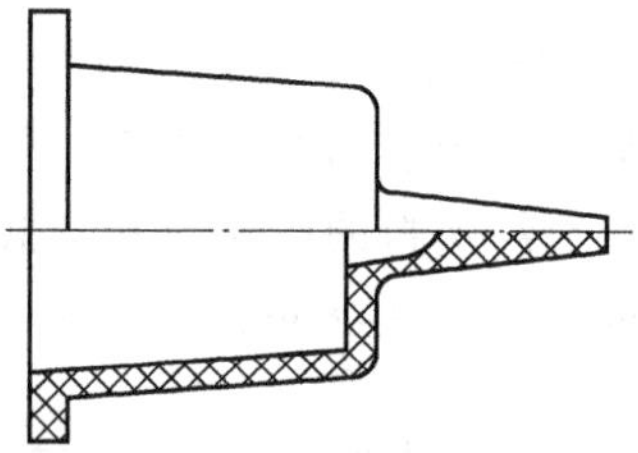

图 7-9　中心浇口的形式

（3）侧浇口

1）侧浇口的形式。侧浇口一般开设在分型面上，塑料熔体从内侧或外侧充填模具型腔，其截面形状多为矩形（扁槽），是限制性浇口，广泛用于多型腔单分型面注射模。侧浇口的形式如图 7-10 所示。

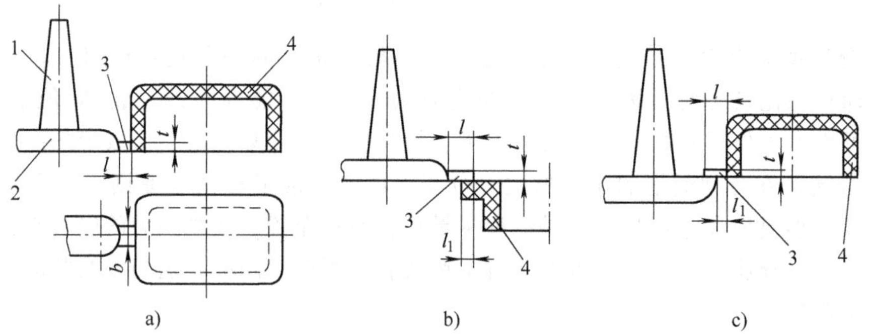

图 7-10　侧浇口的形式

1—主流道　2—分流道　3—浇口　4—制件

2）侧浇口的特点。由于浇口截面小，减小了浇注系统塑料的消耗量，同时去除浇口容易，且不留明显痕迹。但采用这种浇口成型的制件往往有熔接痕存在，且注射压力损失较大，对深型腔制件排气不利。

3）侧浇口的尺寸。侧浇口尺寸的计算公式为

$$b=\frac{0.6\sim0.9}{30}\sqrt{A} \tag{7-3}$$

$$t=\frac{1}{3}b \tag{7-4}$$

式中　b——侧浇口的宽度（mm）；

A——制件的外侧表面积（mm^2）；

t——侧浇口的厚度（mm）。

4）侧浇口的分类。

① 侧向进料的侧浇口（图 7-10a），对于中小型制件，一般宽度 $b=1.5\sim5.0$mm，厚度 $t=0.5\sim2.0$mm（取侧浇口宽度的 1/3），浇口的长度 $l=0.7\sim2.0$mm。

② 端面进料的搭接式浇口（图 7-10b），搭接部分的长度 $l_1=(0.6\sim0.9)\text{mm}+\frac{b}{2}$，浇口长度 l 可适当加长，取 $l=2.0\sim3.0\text{mm}$。

③ 侧面进料的搭接式浇口（图 7-10c），其浇口长度选择可参考端面进料的搭接式浇口。

5）侧浇口的变异形式。侧浇口的变异形式有扇形浇口和平缝浇口两种。

① 扇形浇口。扇形浇口是一种沿浇口方向宽度逐渐增加、厚度逐渐减小的呈扇形的侧浇口，如图 7-11 所示，常用于扁平而较薄的制件，如盖板和托盘类等。通常在与型腔结合处形成长度 $l=1.0\sim1.3\text{mm}$，厚度 $t=0.25\sim1.0\text{mm}$ 的进料口，进料口的宽度 b 视制件大小而定，一般按公式（7-3）计算，整个扇形的长度 L 可取 6mm 左右，塑料熔体通过它进入型腔。采用扇形浇口，使塑料熔体在宽度方向上的流动得到更均匀的分配，使制件的内应力减小，同时可减少带入空气的可能性，但浇口痕迹较明显。

② 平缝浇口。平缝浇口又称薄片浇口，如图 7-12 所示。这类浇口宽度很大，厚度很小，主要用来成型面积、尺寸较大的扁平制件，可减小平板制件的翘曲变形，但浇口的去除比扇形浇口更困难，浇口在制件上的痕迹也更明显。平缝浇口的宽度 b 一般取制件长度的 25%～100%，厚度 $t=0.2\sim1.5\text{mm}$，长度 $l=1.2\sim1.5\text{mm}$。

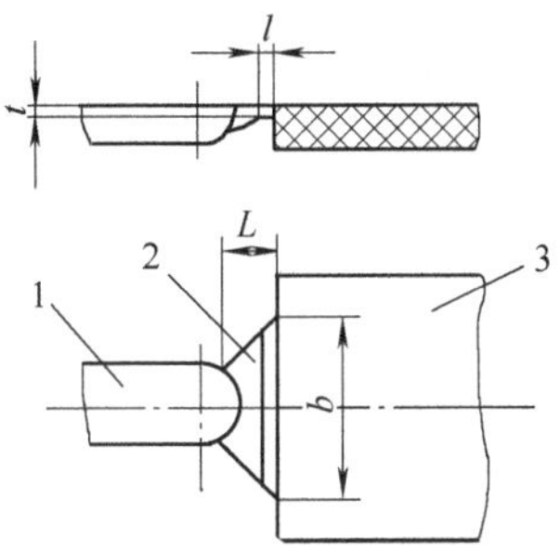

图 7-11　扇形浇口的形式
1—分流道　2—扇形浇口　3—制件

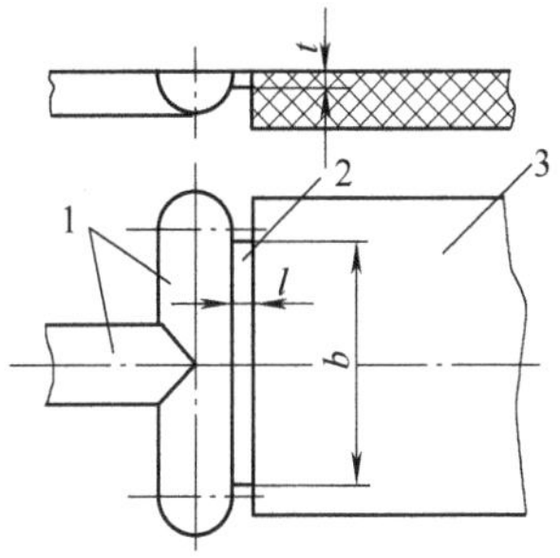

图 7-12　平缝浇口的形式
1—分流道　2—平缝浇口　3—制件

（4）环形或盘形浇口　对型腔充填采用圆环形进料形式的浇口称为环形或盘形浇口。熔融塑料沿制件的整个外圆周面扩展进料时，称为环形浇口；熔融塑料沿制件的内圆周面扩展进料时，称为盘形浇口。盘形浇口的形式如图 7-13 所示。盘形浇口的特点是进料均匀，圆周上各处流速大致相等，熔体流动状态好，型腔中的空气容易排出，熔接痕可基本避免。盘形浇口主要用于成型圆筒形无底制件，但浇注系统耗料较多，浇口去除较难。

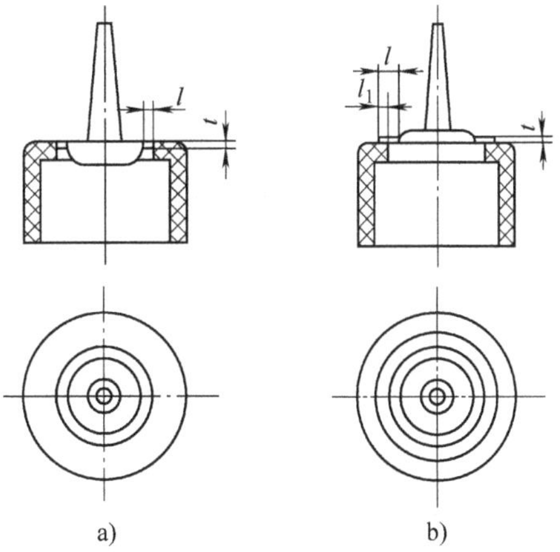

图 7-13　盘形浇口的形式

图 7-13a 所示为内侧进料的盘形浇口，浇口设计在型芯上，浇口的厚度 $t=0.25\sim1.6\text{mm}$，长度 $l=0.8\sim1.8\text{mm}$；图 7-13b 所示为端面进料的搭接式盘形浇口，搭接长度 $l_1=0.8\sim1.2\text{mm}$，总长 $l=2\sim3\text{mm}$。实际上，前述

的中心浇口也是一种端面进料的盘形浇口。

（5）轮辐浇口　轮辐浇口是在环形浇口基础上改进而成的，由原来的圆周进料改为数小段圆弧进料。轮辐浇口的形式如图 7-14 所示。

这种形式的浇口耗料比盘形浇口少得多，且去除浇口容易。这类浇口在生产中比盘形浇口应用广泛，多用于底部有大孔的圆筒形或壳形制件。轮辐浇口的缺点是增加了熔接痕，这会影响制件的强度。

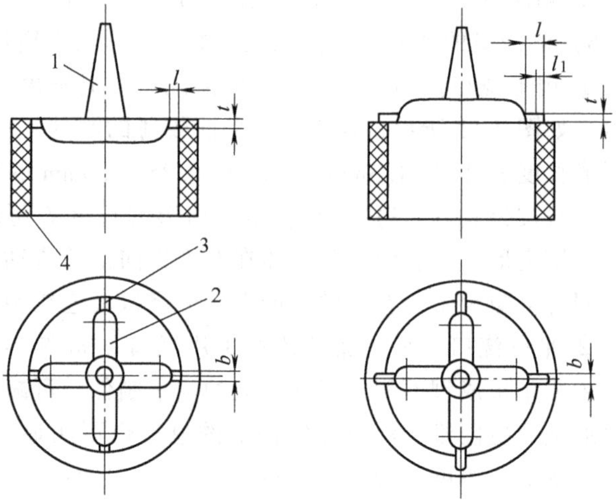

图 7-14　轮辐浇口的形式

1—主流道　2—分流道　3—浇口　4—制件

轮辐浇口的尺寸设计可参考侧浇口的尺寸。

（6）潜伏浇口

1）潜伏浇口的形式。潜伏浇口又称剪切浇口、隧道浇口，它是由点浇口（参见第 8 章）变异而来，图 7-15 所示为潜伏浇口的常见形式。图 7-15a 为浇口开设在定模部分的形式；图 7-15b 为浇口开设在动模部分的形式；图 7-15c 为潜伏浇口开设在推杆上部，而进料口在推杆上端的形式。其中，图 7-15a、b 所示的两种形式应用最多。

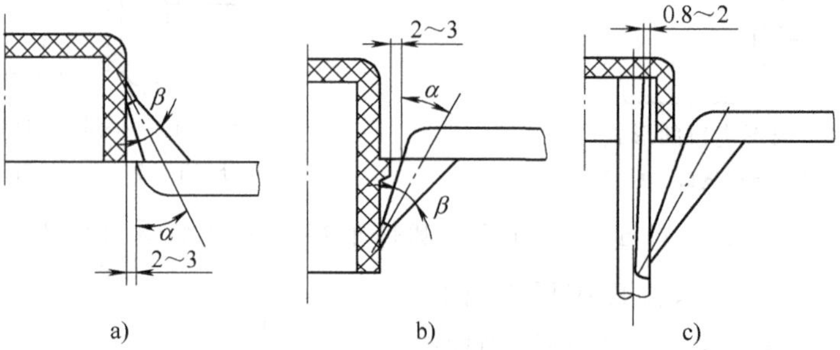

a)　　b)　　c)

图 7-15　潜伏浇口的形式

2）潜伏浇口的尺寸。潜伏浇口一般为圆锥形截面，其尺寸设计可参考点浇口。如图 7-15 所示，潜伏浇口的引导锥角 β 应取 10°~20°，对于硬质脆性塑料，β 取大值，反之取小值。潜伏浇口的方向角 α 越大，越容易拔出浇口凝料，一般 α 取 45°~60°，对于硬质脆性塑料，α 取小值。推杆上的进料口宽度为 0.8~2mm，具体数值应根据制件的尺寸确定。

潜伏浇口由于浇口与型腔相连时有一定角度，形成了切断浇口的刃口，这一刃口在脱模或分型时形成的剪切力可将浇口自动切断，但是，对于较强韧的塑料，则不宜采用。

5. 冷料穴和拉料杆设计

（1）冷料穴　冷料穴是浇注系统的结构组成之一。冷料穴的作用如下：

1）容纳浇注系统流道中料流的前锋冷料，以免这些冷料进入型腔。

2）便于在该处设置主流道的拉料杆。模具开模时，主流道凝料在拉料杆的作用下，从定模浇口套中被拉出，随后推出机构将制件和凝料一起推出模外。

多型腔模具分型面上的分流道冷料穴如图 7-16 所示。并不是所有的多型腔注射模在分型面都要设计冷料穴，当塑料的性能和成型工艺控制较好，或制件要求不高时，可不必设置冷料穴。

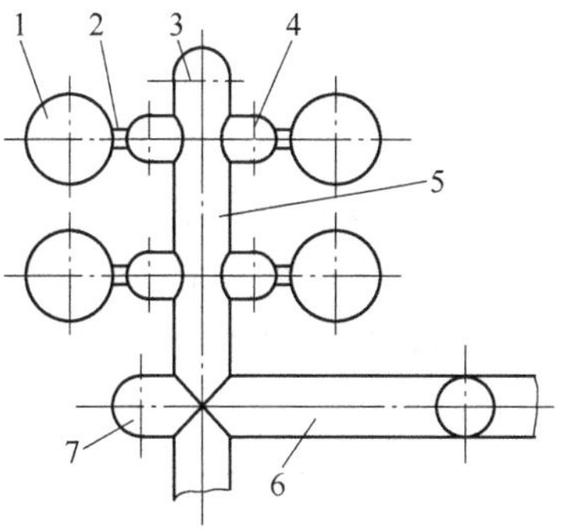

图 7-16 多型腔模具分型面上的分流道冷料穴

1—型腔 2—浇口 3、7—分流道冷料穴 4—三级分流道 5—二级分流道 6——级分流道

（2）拉料杆 主流道拉料杆有以下两种基本形式。

1）适于推杆（推管）推出机构的 Z 形拉料杆，拉料杆固定在推杆固定板上，如图 7-17 所示。

图 7-17a 所示的 Z 形拉料杆是最常用的一种形式，工作时依靠 Z 形钩将主流道凝料拉出浇口套。如选择好 Z 形的方向，凝料会由于自重而自动脱落，不需要人工取出。

图 7-17b、c 所示的形式，在分型时靠动模板上的反锥度穴和浅圆环槽的作用将主流道凝料拉出浇口套，然后靠推杆强制将其推出。

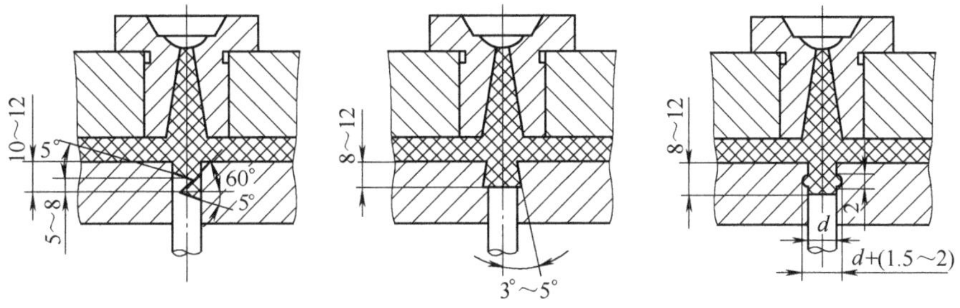

图 7-17 适于推杆推出的拉料杆

2）适于推件板推出机构的球形拉料杆，如图 7-18 所示。典型的结构是球头形拉料杆，固定在动模板上，如图 7-18a 所示；图 7-18b 所示为菌形拉料杆。这两种结构是靠头部凹下去的部分将主流道凝料从浇口套中拉出，然后在推件板推出时，将主流道凝料从拉料杆的头部强制推出。图 7-18c 所示结构是靠塑料的收缩包紧力使主流道凝料包紧在中间拉料杆（带有分流锥的型芯）上，以及靠盘形浇口与制件的连接将主流道凝料拉出浇口套，然后靠推

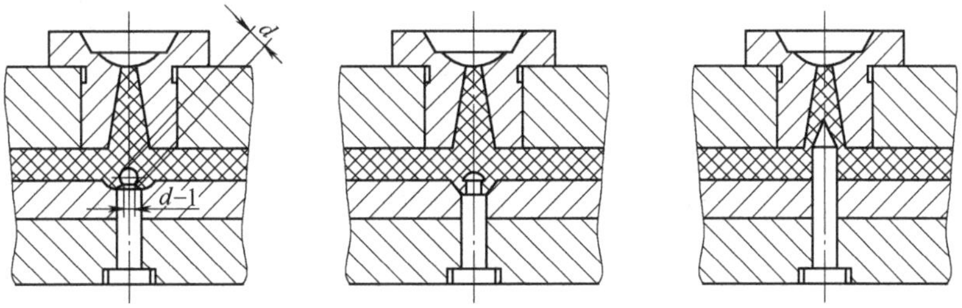

图 7-18 适于推件板推出的拉料杆

件板将制件和主流道凝料一起推出模外，主流道凝料能在推出时自动脱落。

6. 排气系统设计

当塑料熔体充填模具型腔时，必须将浇注系统和型腔内的空气及塑料在成型过程中产生的低分子挥发物顺利地排出模外。如果气体不能被顺利排出，制件会由于填充不足而出现气泡、接缝或表面轮廓不清等缺陷，甚至气体受压而产生高温，使制件焦化。

注射模的排气通常采用以下四种方式，见表 7-3。

表 7-3　注射模的排气方式

序号	排气方式	说　　明	适用范围
1	利用配合间隙排气	利用分型面之间以及推杆、型芯、镶件与模板之间的配合间隙进行排气，间隙值为 0.03~0.05mm	中小型简单型腔模具
2	在分型面上开设排气槽排气	分型面上的排气槽的形式及尺寸如图所示： 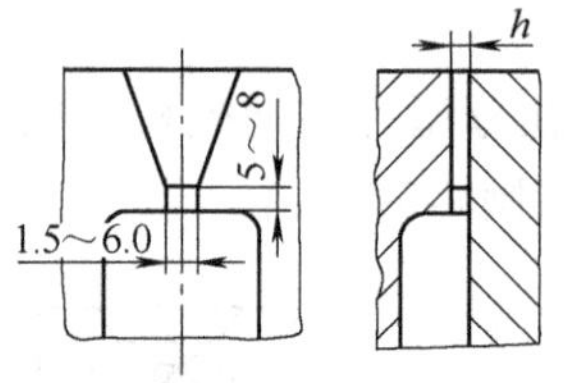 a) 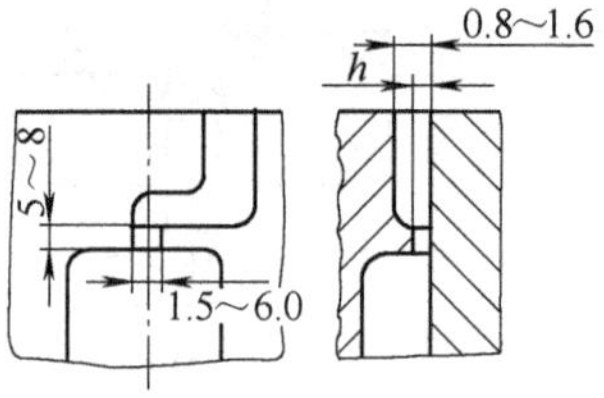 b) 排气槽的深度见表 7-4。	用于大型模具，型腔最后充填的部位在分型面上。图 a 所示排气槽为燕尾式，排气顺畅；图 b 所示为转弯形式，可以防止熔体喷出而伤人，也可降低动能的损失
3	利用排气塞排气	排气塞是一种特别烧制的有气孔的金属块，结构如图所示： 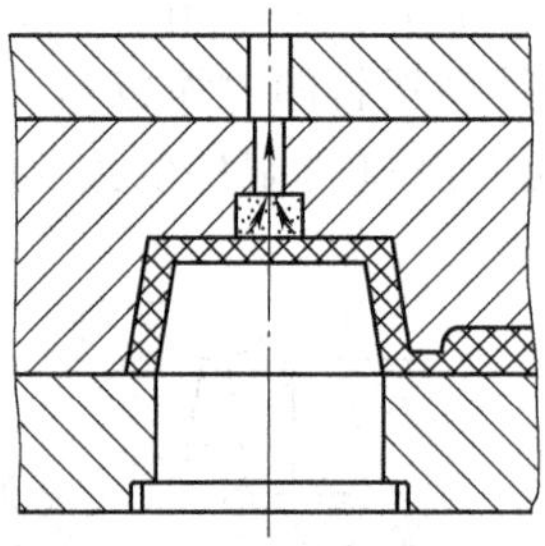 注意：应在模具中开孔，以便排气塞内的气体排出	用于无法用配合间隙、排气槽两种方法排气的模具
4	强制性排气	利用真空泵吸出型腔内滞留的气体。会在制件上留下痕迹，应设置在制件的内侧	大型、复杂制件或加热易放出热量的塑料

表 7-4　排气槽的深度　（单位：mm）

制件原料	深度 h	制件原料	深度 h
聚乙烯(PE)	0.02	聚酰胺(PA)	0.01
聚丙烯(PP)	0.01～0.02	聚碳酸酯(PC)	0.01～0.03
聚苯乙烯(PS)	0.02	聚甲醛(POM)	0.01～0.03
ABS	0.03	丙烯酸共聚物	0.03

7.2　成型零件设计

构成塑料模型腔的零件统称为成型零件。成型零件通常包括：凹模（型腔）、型芯、镶块、成型杆和成型环等。

7.2.1　成型零件的结构设计

1. 凹模（型腔）的结构设计

凹模是成型制件外表面的零件。按结构不同可分为整体式和组合式两种结构形式。

(1) 整体式　整体式凹模是在整块金属模板上加工而成的，其优点是牢固、不易变形。整体式凹模的缺点是加工较困难，热处理不方便，浪费贵重的模具材料，故常用于形状简单的中、小型模具。

(2) 组合式　组合式凹模是指凹模由两个以上的零部件组合而成。按组合方式不同，组合式凹模可分为整体嵌入式、局部镶嵌式、底部镶嵌式等形式。

采用组合式凹模，可简化复杂凹模的加工工艺，减少热处理变形；拼合处有间隙，利于排气；同时便于模具的维修，节省贵重的模具钢。

1) 整体嵌入式。整体嵌入式凹模如图 7-19 所示。它主要用于成型小型制件，而且是多型腔模具，这种结构加工效率高，拆装方便，可以保证各个型腔的形状、尺寸一致。

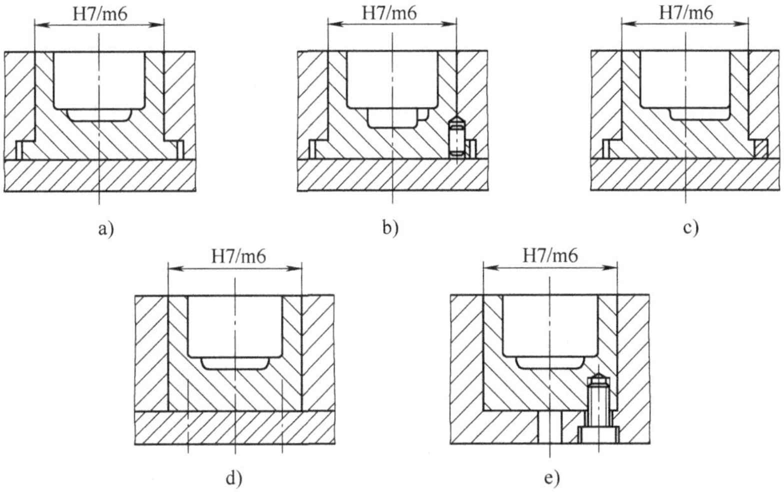

图 7-19　整体嵌入式凹模

2）局部镶嵌式。局部镶嵌式凹模如图 7-20 所示。为了加工方便或由于凹模的某一部分容易损坏，需要经常更换，应考虑采用这种局部镶嵌的办法。

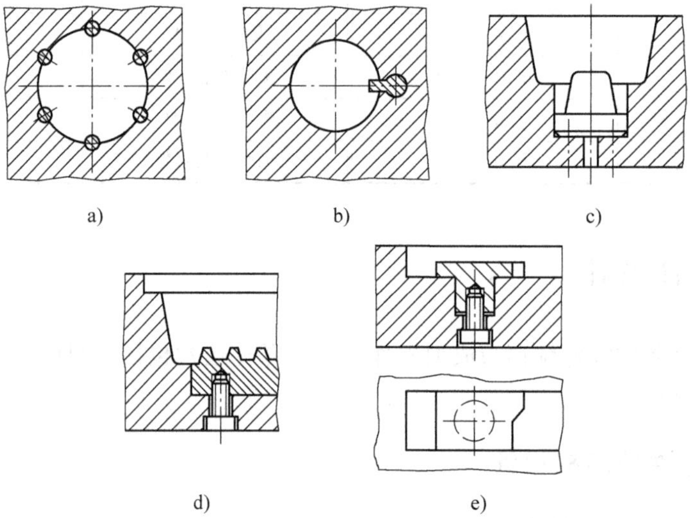

图 7-20　局部镶嵌式凹模

3）底部镶拼式。底部镶拼式凹模如图 7-21 所示。为了机械加工、研磨、抛光、热处理方便，形状复杂的凹模底部可以设计成底部镶拼式结构。

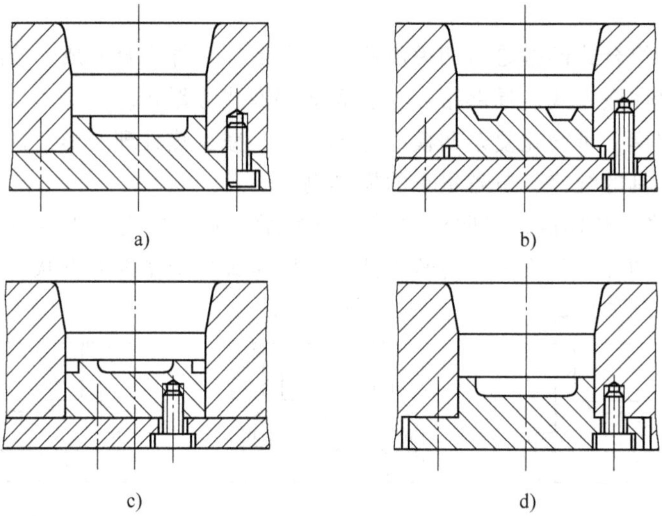

图 7-21　底部镶拼式凹模

2. 型芯的结构设计

成型制件内表面的零件称为型芯，主要有主型芯、小型芯等。对于结构简单的容器类制件，如壳、罩、盖等，成型其主体部分内表面的零件称为主型芯，而将成型其他小孔的型芯称为小型芯或成型杆。

（1）主型芯的结构设计　主型芯按结构可分为整体式和组合式两种。

1）整体式结构。整体式主型芯的结构如图 7-22a 所示，其结构牢固，但不便加工，消耗的模具钢多，主要用于工艺试验或小型模具中的形状简单的型芯。

2）组合式结构。组合式主型芯的结构如图 7-22b、c、d 所示。为了便于加工，形状复杂的型芯往往采用镶拼组合式结构，这种结构是将型芯单独加工后，再镶入模板中。

图 7-22b 所示为通孔台肩式，型芯利用台肩和模板连接，再用垫板、螺钉紧固，连接牢固，是最常用的方法。对于固定部分是圆柱面而型芯有方向性的场合，可采用销或键定位。

图 7-22c 所示为通孔无台肩式结构。图 7-22d 所示为盲孔式结构。

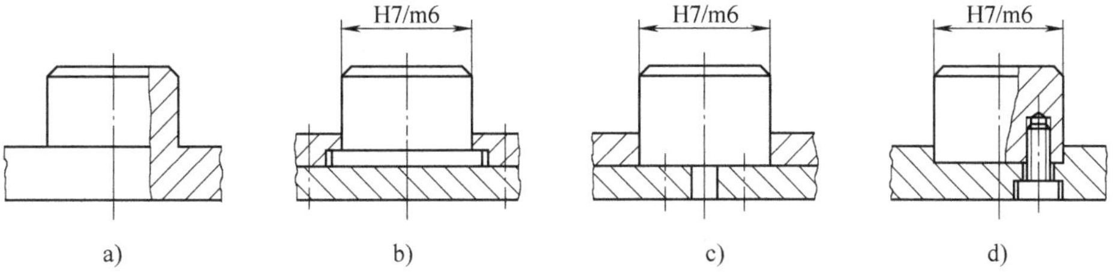

图 7-22　主型芯的结构

（2）小型芯的结构设计　小型芯用于成型制件上的小孔或槽。小型芯单独制造后，再嵌入模板中。

1）圆形小型芯的固定方法。圆形小型芯采用图 7-23 所示的几种固定方法。

图 7-23 所示为用台肩固定的形式，下面用垫板压紧。

图 7-23b 所示结构中的固定板太厚，可在固定板上减小配合长度，同时细小的型芯制成台阶的形式。

图 7-23c 所示为型芯细小而固定板太厚的形式，型芯镶入后，在下端用圆柱垫垫平。

图 7-23d 所示结构适用于固定板厚而无垫板的场合，在型芯的下端用螺塞紧固。

图 7-23e 所示为型芯镶入后，在另一端采用铆接固定的形式。

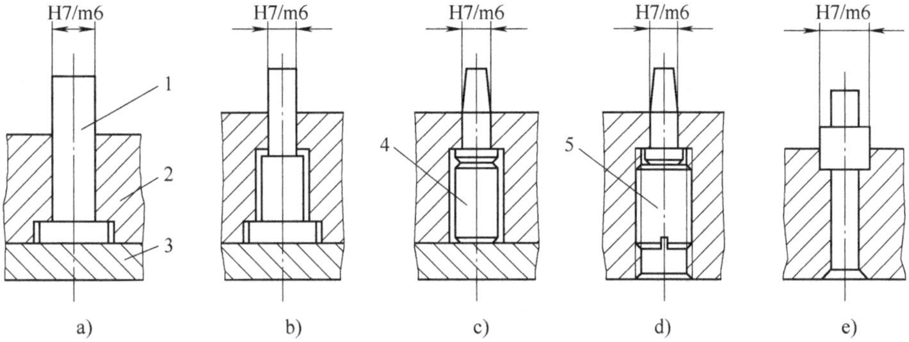

图 7-23　圆形小型芯的固定方式

1—圆形小型芯　2—固定板　3—垫板　4—圆柱垫　5—螺塞

2）异形小型芯的固定方法。对于异型小型芯，为了制造方便，常将型芯设计成两段。型芯的连接固定段制成圆形台肩，以便与模板连接，如图 7-24a 所示；也可以用螺母紧固，如图 7-24b 所示。

3）互相靠近的小型芯的固定。图 7-25 所示的多个互相靠近的小型芯，如果用台肩固定，台肩会发生重叠干涉，可将台肩相碰的一面磨去，将型芯固定板的台阶孔加工成大圆台阶孔或长腰圆形台阶孔，然后再将型芯镶入。

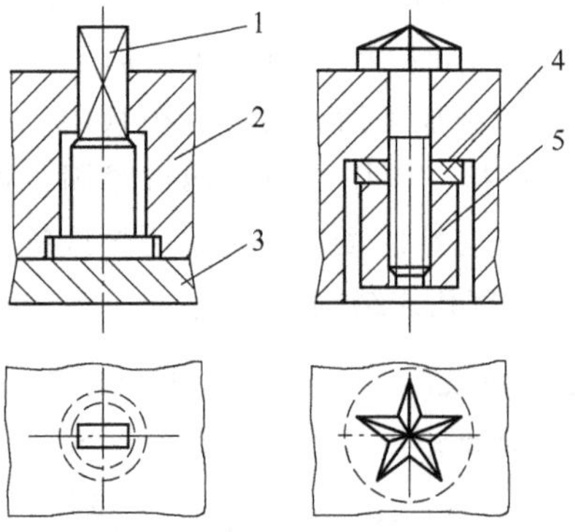

a)　　b)

图 7-24　异形小型芯的固定方式

1—小型芯　2—固定板　3—垫板　4—挡圈　5—螺母

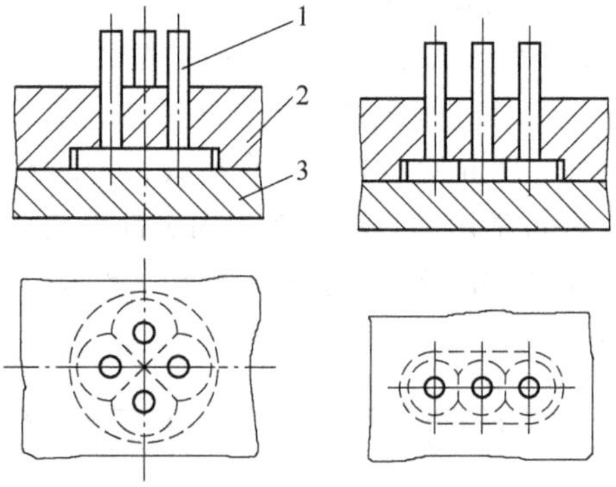

a)　　b)

图 7-25　多个互相靠近的小型芯的固定

1—异形小型芯　2—固定板　3—垫板

7.2.2　成型零件工作尺寸计算

成型零件的工作尺寸是指直接用来构成制件型面的尺寸，主要包括型腔和型芯的径向尺寸（包括矩形和异形零件的长和宽）、深度尺寸和高度尺寸、孔间距离尺寸、孔或凸台至某成型表面的距离尺寸等。

1. 成型零件工作尺寸的计算方法

成型零件工作尺寸的计算方法主要有两种：一种是按平均收缩率、平均制造公差和平均磨损量进行计算，这种方法计算简便，但可能有误差，在精密制件的模具设计中受到一定限制；另一种是按极限收缩率、极限制造公差和极限磨损量进行计算，这种计算方法能保证所成型的制件在规定的公差范围内，但计算比较复杂。

以下介绍按平均值计算的方法。

（1）计算成型零件工作尺寸的基本公式　计算模具成型零件工作尺寸的基本公式为

$$L_m = L_s(1+S) \tag{7-5}$$

式中　L_m——模具成型零件在常温下的实际尺寸；

L_s——制件在常温下的实际尺寸；

S——塑料的计算收缩率。

以上是仅考虑塑料收缩率时的模具成型零件工作尺寸的计算公式。由于收缩率的波动、模具制造误差和成型零件的磨损是影响制件尺寸精度的主要因素，因而应根据这三项因素计算成型零件工作尺寸。

（2）塑料的平均收缩率　塑料的平均收缩率为

$$S_{cp} = \frac{S_{max}+S_{min}}{2} \times 100\% \tag{7-6}$$

式中　S_{cp}——塑料的平均收缩率；

S_{max}——塑料的最大收缩率；

S_{min}——塑料的最小收缩率，见表 6-1。

(3) 制件尺寸和成型零件工作尺寸标注规定　在型腔、型芯的径向尺寸以及其他各类工作尺寸计算公式的导出过程中，所涉及的无论是制件尺寸还是模具成型零件工作尺寸，都是按规定的标注方法标注的，即：孔（内表面形状）都是按基孔制标注单向正差，其下极限偏差为零，上极限偏差为正，公差值等于上极限偏差；轴（外表面形状）都是按基轴制标注单向负差，其上极限偏差为零，下极限偏差为负，公差值等于下极限偏差的绝对值；中心距尺寸按公差带对称分布的原则标注。如制件上的公差不是按以上规定标注的，则在进行成型零件工作尺寸计算前必须进行转换。如图 7-26 所示。

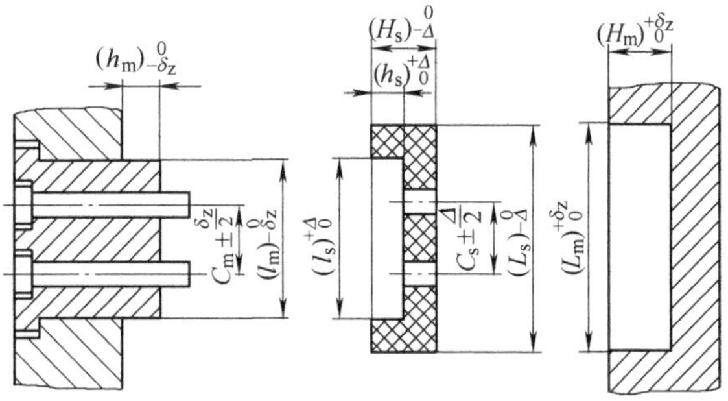

图 7-26　模具成型零件工作尺寸与制件尺寸的关系

2. 成型零件工作尺寸的计算

(1) 型腔径向尺寸的计算　按规定标注，制件的基本尺寸 L_s 是上极限尺寸，其公差 Δ 等于下极限偏差的绝对值，如果制件上原有的公差的标注与此不符，应按此规定转换为单向负偏差。因此，制件的平均径向尺寸为 $L_s-\Delta/2$。模具型腔的公称尺寸 L_m 是下极限尺寸，公差 δ_z 等于上极限偏差，型腔的平均尺寸则为 $L_m+\delta_z/2$。型腔的平均磨损量为 $\delta_c/2$，考虑到平均收缩率，则可列出如下等式

$$L_m+\frac{\delta_z}{2}+\frac{\delta_c}{2}=\left(L_s-\frac{\Delta}{2}\right)+\left(L_s-\frac{\Delta}{2}\right)S_{cp}$$

对于中小型制件，取 $\delta_z=\frac{\Delta}{3}$，$\delta_c=\frac{\Delta}{6}$，将上式展开后略去微小项 $\left(\frac{\Delta}{2}S_{cp}\right)$，则得到模具型腔的径向尺寸为

$$L_m=L_s+L_sS_{cp}-\frac{3}{4}\Delta$$

标注尺寸公差后得

$$(L_m)_{0}^{+\delta_z}=\left(L_s+L_sS_{cp}-\frac{3}{4}\Delta\right)_{0}^{+\delta_z} \tag{7-7}$$

(2) 型芯径向尺寸的计算　制件上孔的径向基本尺寸 l_s 是下极限尺寸，其公差 Δ 等于上极限偏差，型芯的公称尺寸 l_m 是上极限尺寸，其公差等于下极限偏差的绝对值。经过与型腔径向尺寸相类似的推导，可得

$$(l_m)_{-\delta_z}^{0}=\left(l_s+l_sS_{cp}+\frac{3}{4}\Delta\right)_{-\delta_z}^{0} \tag{7-8}$$

应该指出，由于 δ_z 和 δ_c 与 Δ 的关系随制件的精度等级和尺寸大小不同而变化，因此，式 (7-7)、式 (7-8) 中的 Δ 项的系数可取 1/2～3/4。当制件尺寸较大、精度级别较低时，

δ_z和δ_c可以忽略不计，则Δ项系数取1/2；当制件尺寸较小、精度级别较高时，$\delta_z=\Delta/3$，$\delta_c=\Delta/6$，此时Δ项系数取3/4。

（3）型腔深度尺寸和型芯高度尺寸的计算　在计算型腔深度尺寸和型芯高度尺寸时，由于型腔的底面和型芯的端面磨损很小，所以可以不考虑磨损量，由此推出：

型腔深度尺寸计算公式

$$(H_m)_{0}^{+\delta_z}=\left(H_s+H_sS_{cp}-\frac{2}{3}\Delta\right)_{0}^{+\delta_z} \tag{7-9}$$

型芯高度尺寸计算公式

$$(h_m)_{-\delta_z}^{0}=\left(h_s+h_sS_{cp}+\frac{2}{3}\Delta\right)_{-\delta_z}^{0} \tag{7-10}$$

式（7-9）、式（7-10）中的Δ项的系数可取1/2～2/3，即当制件尺寸较大、精度要求低时取小值，反之取大值。

（4）中心距尺寸的计算　制件上凸台之间、凹槽之间或凸台与凹槽之间的中心线的距离称为中心距。由于中心距的公差带都是对称的，同时磨损的结果不会使中心距尺寸发生变化，在计算时不必考虑磨损量。因此制件上的中心距基本尺寸C_s和模具上的中心距的公称尺寸C_m均为平均尺寸，于是有

$$C_m=(1+S_{cp})C_s$$

标注尺寸公差后得

$$(C_m)\pm\frac{\delta_z}{2}=(1+S_{cp})C_s\pm\frac{\delta_z}{2} \tag{7-11}$$

3. 成型零件工作尺寸计算实例

如图7-27所示制件，材料为聚丙烯（玻璃纤维增强）；计算成型该制件的成型零件工作尺寸。已知$D_1=\phi48_{-0.38}^{-0.10}$ mm，$D_2=\phi27_{-0.40}^{-0.15}$ mm，$d_1=\phi18_{0}^{+0.20}$ mm，$d_2=\phi8_{+0.10}^{+0.25}$ mm，$C=(33\pm0.13)$ mm，$h_1=34_{0}^{+0.26}$ mm，$h_2=12_{0}^{+0.18}$ mm，$H_1=16_{-0.20}^{0}$ mm，$H_2=38_{-0.26}^{0}$ mm。

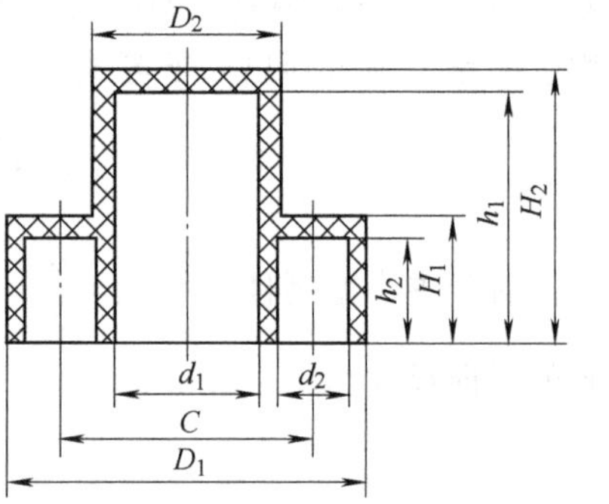

图7-27　制件图

解：

1）由已知条件，查表6-1得该塑料的收缩率为0.4%～0.8%，计算塑料的平均收缩率

$$S_{cp}=(0.4\%+0.8\%)/2=0.6\%$$

2）尺寸换算。

将$\phi48_{-0.38}^{-0.10}$mm换算为$\phi47.9_{-0.28}^{0}$mm；将$\phi27_{-0.40}^{-0.15}$mm换算为$\phi26.85_{-0.25}^{0}$mm。

将$\phi8_{+0.10}^{+0.25}$ mm换算为$\phi8.1_{0}^{+0.15}$ mm；模具尺寸公差取$\delta_z=\Delta/3$，模具磨损取$\delta_c=\Delta/6$。

3）型腔尺寸计算。

$$D_{1m}=\left(D_1+D_1S_{cp}-\frac{3}{4}\Delta\right)_{0}^{+\delta_z}$$

$$=\left(47.9+47.9\times0.6\%-\frac{3}{4}\times0.28\right)_{0}^{+0.28/3}\text{ mm}$$

$$=47.98^{+0.09}_{\ 0}\text{mm}$$

$$D_{2m}=\left(D_2+D_2S_{cp}-\frac{3}{4}\Delta\right)^{+\delta_z}_{\ 0}$$

$$=\left(26.85+26.85\times0.6\%-\frac{3}{4}\times0.25\right)^{+0.25/3}_{\ 0}\text{mm}$$

$$=26.82^{+0.08}_{\ 0}\text{mm}$$

$$H_{1m}=\left(H_1+H_1S_{cp}-\frac{2}{3}\Delta\right)^{+\delta_z}_{\ 0}$$

$$=\left(16+16\times0.6\%-\frac{2}{3}\times0.20\right)^{+0.20/3}_{\ 0}\text{mm}$$

$$=15.96^{+0.07}_{\ 0}\text{mm}$$

$$H_{2m}=\left(H_2+H_2S_{cp}-\frac{2}{3}\Delta\right)^{+\delta_z}_{\ 0}$$

$$=\left(38+38\times0.6\%-\frac{2}{3}\times0.26\right)^{+0.26/3}_{\ 0}\text{mm}$$

$$=38.05^{+0.09}_{\ 0}\text{mm}$$

4）型芯尺寸计算。

$$d_{1m}=\left(d_1+d_1S_{cp}+\frac{3}{4}\Delta\right)^{\ 0}_{-\delta_z}$$

$$=\left(18+18\times0.6\%+\frac{3}{4}\times0.20\right)^{\ 0}_{-0.20/3}\text{mm}$$

$$=18.26^{\ 0}_{-0.07}\text{mm}$$

$$d_{2m}=\left(d_2+d_2S_{cp}+\frac{3}{4}\Delta\right)^{\ 0}_{-\delta_z}$$

$$=\left(8.1+8.1\times0.6\%+\frac{3}{4}\times0.15\right)^{\ 0}_{-0.15/3}\text{mm}$$

$$=8.26^{\ 0}_{-0.05}\text{mm}$$

$$h_{1m}=\left(h_1+h_1S_{cp}+\frac{2}{3}\Delta\right)^{\ 0}_{-\delta_z}$$

$$=\left(34+34\times0.6\%+\frac{2}{3}\times0.26\right)^{\ 0}_{-0.26/3}\text{mm}$$

$$=34.38^{\ 0}_{-0.09}\text{mm}$$

$$h_{2m}=\left(h_2+h_2S_{cp}+\frac{2}{3}\Delta\right)^{\ 0}_{-\delta_z}$$

$$=\left(12+12\times0.6\%+\frac{2}{3}\times0.18\right)^{\ 0}_{-0.18/3}\text{mm}$$

$$=12.19^{\ 0}_{-0.06}\text{mm}$$

5）中心距尺寸计算。

$$C_m = (C+CS_{cp}) \pm \frac{\delta_z}{2}$$

$$= (33+33\times0.6\%)\,mm \pm \frac{0.26/3}{2}\,mm$$

$$= (33.20\pm0.04)\,mm$$

分析本例中计算的结果，我们可以发现，成型零件工作尺寸的公差如采用制件公差值的1/4～1/3则明显过大，将导致模具成型零件之间以及成型零件与模板之间的装配关系不易保证，故在实际生产中，通常取IT7～IT8作为成型零件工作尺寸的公差等级。

7.3 合模导向与推出机构的设计

7.3.1 合模导向机构的设计

合模导向机构是保证动模和定模合模时，正确地定位和导向的零件。合模导向机构主要有导柱导向和锥面定位两种形式。

1. 导柱导向机构

导柱导向是利用导柱和导向孔之间的配合来导向，如图7-28所示。

导柱导向机构的主要零件是导柱和导套。导柱既可以设置在动模一侧，也可以设置在定模一侧，应根据模具结构来确定。标准模架的导柱一般设在动模一侧。

导柱固定端与模板之间一般采用H7/m6或H7/k6的过渡配合，导柱和导套的导向部分通常采用H7/f7或H8/f7的间隙配合。导柱的有关要求可以查阅GB/T 4169.4—2006和GB/T 4169.5—2006。导套的有关要求可以查阅GB/T 4169.2—2006和GB/T 4169.3—2006。

2. 锥面定位机构

导柱导套对合导向，虽然对中性好，但由于导柱与导套存在配合间隙，导向精度不可能很高。当要求对合精度很高或侧压力很大时，必须采用锥面导向定位的方法。

当模具较小时，可以采用带锥面的导柱和导套，如图7-29所示。

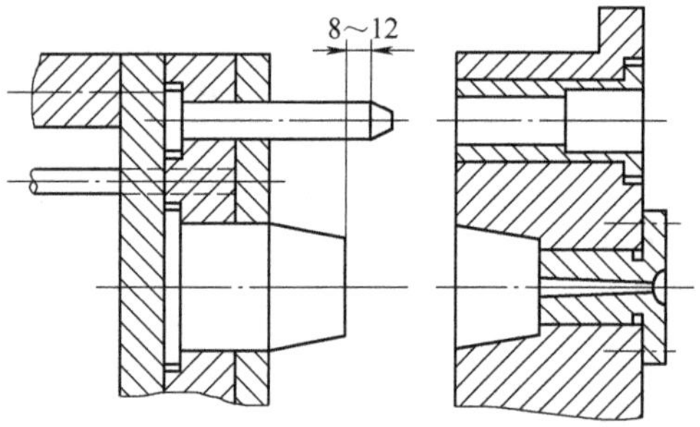

图7-28 导柱导向机构

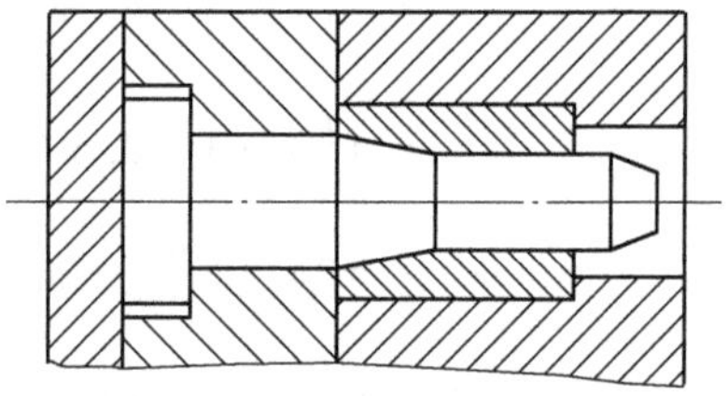

图7-29 带锥面的导柱和导套

对于尺寸较大的模具，必须采用动、定模模板各自带锥面的导向定位机构与导柱导套联合使用。对于圆形型腔，有两种对合设计方案，如图7-30所示。

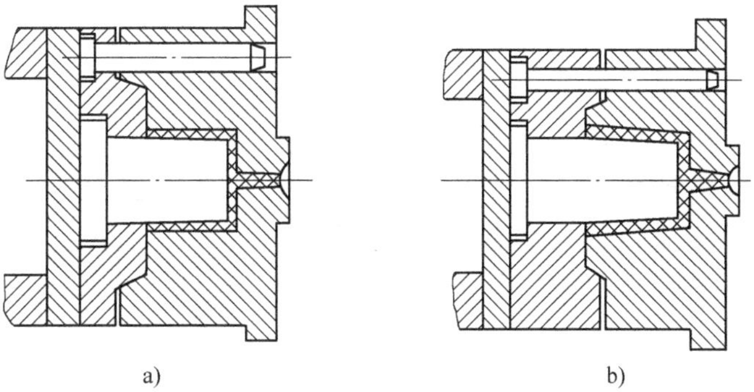

图 7-30　圆形型腔的锥面对合机构

图 7-30a 所示为型腔模板环抱动模板的结构，成型时，在型腔内塑料熔体压力的作用下，型腔侧壁向外胀开会使对合锥面出现间隙；图 7-30b 所示为动模板环抱型腔模板的结构，成型时，对合锥面会贴得更紧，是理想的选择。锥面角度取小值有利于对合定位，但开模阻力会增大。通常情况下锥面的半锥角一般可取 5° ~ 20°，配合高度可取 15~20mm。

对于方形（或矩形）型腔的锥面对合，可以将型腔固定板的锥面与型腔设计成一个整体，而型芯一侧的锥面可设计成独立件，淬火镶拼到型芯固定板上。这样的结构加工简单，也可以通过对镶件锥面的调整对制件壁厚进行调整，镶件磨损后又便于更换，如图 7-31 所示。

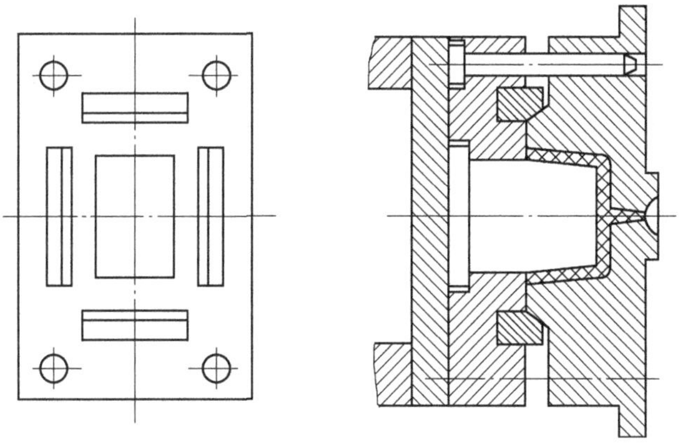

图 7-31　方形型腔的锥面对合机构

7.3.2　推出机构的设计

在注射成型的每个成型周期中，将制件及浇注系统凝料从模具中脱出的机构称为推出机构，也叫顶出机构或脱模机构。推出机构可以按动力来源分类，也可以按模具结构分类。

按动力来源分类，可分为手动推出机构、机动推出机构、液压和气动推出机构；按照模具的结构特征分类，可分为一次推出机构、二次推出机构、定模推出机构、浇注系统凝料推出机构、带螺纹制件的推出机构等。一次推出机构包括推杆推出、推管推出和推件板推出 3 种。

1. 推杆推出机构

推杆推出机构如图 7-32 所示。推出机构由推杆 1、推杆固定板 2、推板 5、拉料杆 6、支承钉 7 和复位杆 8 组成。推杆、拉料杆、复位杆固定在推杆固定板和推板之间，两板用螺钉固定连接，注射机上的顶出力作用在推板上。

为了使推出过程平稳，推出零件不致弯曲或卡死，常设有推出系统的导向机构，即图 7-32 中的推板导柱 4 和推板导套 3。

为了使推杆回到原来位置，就要设计复位装置。复位机构的端面在动、定模的分型面上，合模时，定模接触复位杆，推动复位杆后退，从而带动推杆等推出装置恢复到原来的位置。

拉料杆 6 的作用是在开模时将浇注系统凝料拉到动模一侧，并在推出时将冷凝料从冷料穴中推出。

支承钉 7 有两个作用：一是使推板与动模座板之间形成间隙，以保证平面度和清除废料及杂物；另一作用是通过调节支承钉的高度来调整推杆的位置及推出的距离。

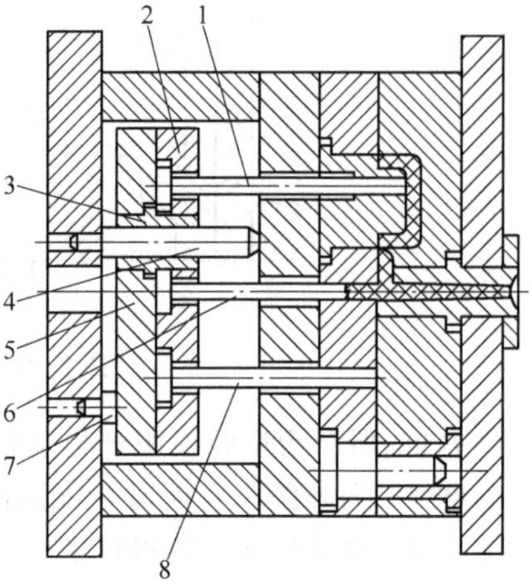

图 7-32　单分型面注射模的推杆推出机构

1—推杆　2—推杆固定板　3—推板导套　4—推板导柱　5—推板　6—拉料杆　7—支承钉　8—复位杆

(1) 推杆的基本形状　推杆的基本形状如图 7-33 所示。图 7-33a 所示为直通式推杆，尾部采用台肩固定，是最常用的形式；图 7-33b 所示为阶梯式推杆，由于工作部分较细，故在其后部加粗以提高刚度，一般直径小于 2.5～3mm 时采用；图 7-33c 所示为顶盘式推杆，又称为锥面推杆，这种推杆加工比较困难，装配时也与其他推杆不同，需从动模型芯插入，端部用螺钉固定在推杆固定板上，适用于深筒形制件的推出。

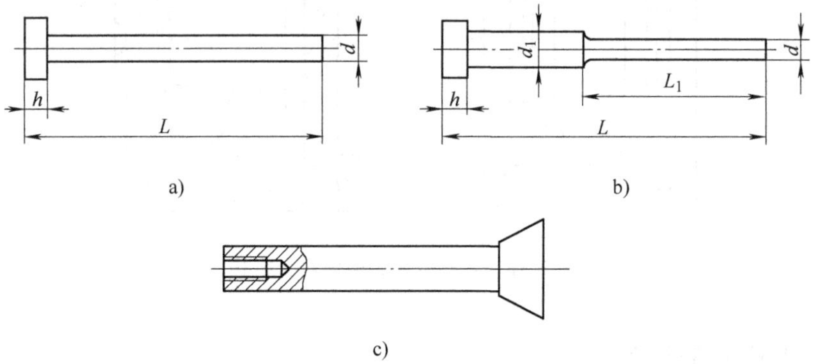

图 7-33　推杆的基本形状

(2) 推杆的工作端截面形状　推杆的工作端截面形状如图 7-34 所示，最常用的是圆形，

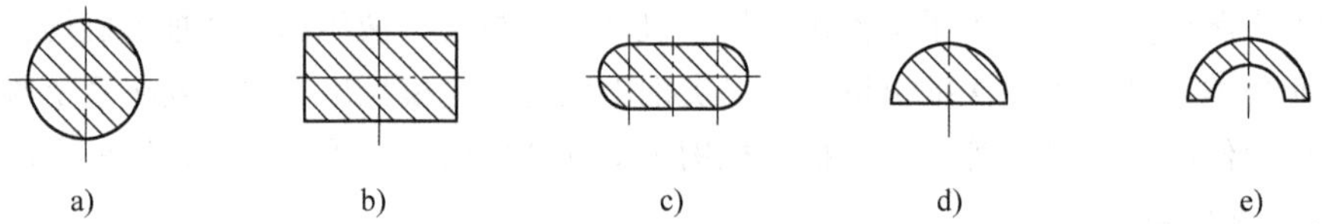

图 7-34　推杆的工作端截面形状

还可以设计成特殊的截面形状，如矩形、椭圆形、半圆形等。

（3）推杆的材料和热处理　推杆的常用材料为 T8A、T10A 等碳素工具钢或 65Mn 弹簧钢等，前者的热处理要求硬度为 50~54HRC，后者的热处理要求硬度为 46~50HRC。推杆工作端配合部分的表面粗糙度 Ra 值一般取 0.8μm。

（4）推杆的固定形式与配合要求　图 7-35 所示为推杆在模具中的固定形式。图 7-35a 所示为最常用的形式，图中标注了推杆直径 d 与推杆固定板上孔的关系；图 7-35b 所示为采用垫块或垫圈来代替图 7-35a 中固定板上沉孔的形式；图 7-35c 所示为推杆底部采用螺塞拧紧的形式，它适合于推杆固定板较厚的场合；图 7-35d 所示形式用于较粗的推杆，采用螺钉固定，如锥面推杆即采用这种固定形式。

推杆的工作部分与模板或型芯上推杆孔的配合常采用 H8/f7 或 H8/f8 的间隙配合。

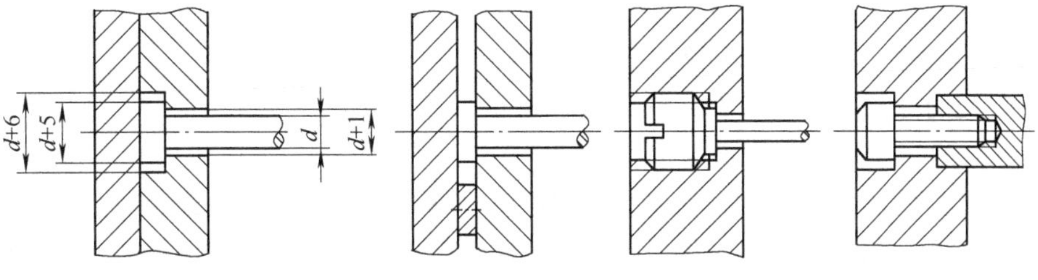

a)　b)　c)　d)

图 7-35　推杆的固定形式

推杆推出机构是整个推出机构中最简单、最常见的一种形式。由于设置推杆的自由度较大，而且推杆截面大部分为圆形，制造、修配方便，容易达到推杆与模板或型芯上推杆孔的配合精度，推杆推出时运动阻力小，推出动作灵活可靠，推杆损坏后也便于更换，因此在生产中得到广泛应用。

2. 推管推出机构

推管是一种空心推杆，推管推出机构适用于圆筒形、环形或带有孔的制件的推出，其推出方式和推杆相同，如图 7-36 所示。由于推管在推出过程中整个周边接触制件，故推出制件的力量均匀，制件不易变形，也不会留下明显的推出痕迹。

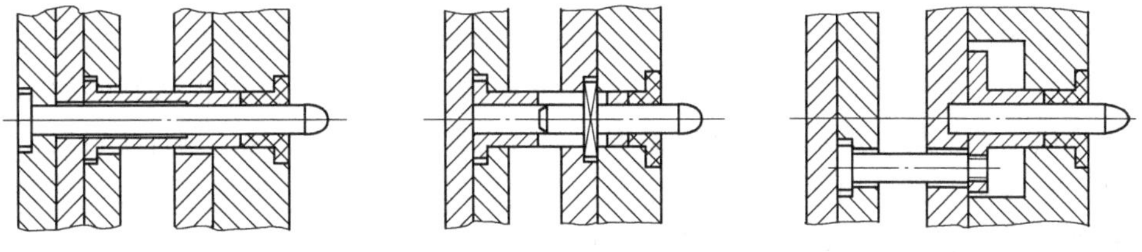

a)　b)　c)

图 7-36　推管推出机构

（1）推管推出机构的结构形式　图 7-36a 所示为最简单、最常用的结构形式，型芯固定于动模座板上。这种结构的型芯较长，但结构可靠，同时型芯可兼作推出机构导柱。

图 7-36b 所示为用销或键将型芯固定在支承板上（也可固定在动模板上）的结构形式。推管在方销的位置沿轴向开有长槽，推出时让开方销，长槽在方销以下的长度应大于推出距

离，推管与方销的配合采用 H8/f7 或 H8/f8。这种结构形式的型芯较短，模具结构紧凑，但型芯的紧固力小，适用于受力不大的型芯。

图 7-36c 所示为型芯固定在支承板上，而推管在动模板内滑动的结构形式。这种结构可使推管与型芯的长度大为缩短，适用于动模板厚度较大而推出距离不大的场合。

（2）推管的配合　推管的配合如图 7-37 所示。推管的内径与型芯的配合：当直径较小时选用 H8/f7 的配合，当直径较大时选用 H7/f7 的配合。推管外径与模板上孔的配合：当直径较小时采用 H8/f8 的配合，当直径较大时采用 H8/f7 的配合。推管与型芯的配合长度一般比推出行程大 3~5mm，推管与模板的配合长度一般取推管外径的 1.5~2 倍。推管固定端的外径与模板有单边 0.5mm 的装配间隙。推管的材料、热处理硬度要求及配合部分的表面粗糙度要求与推杆相同。

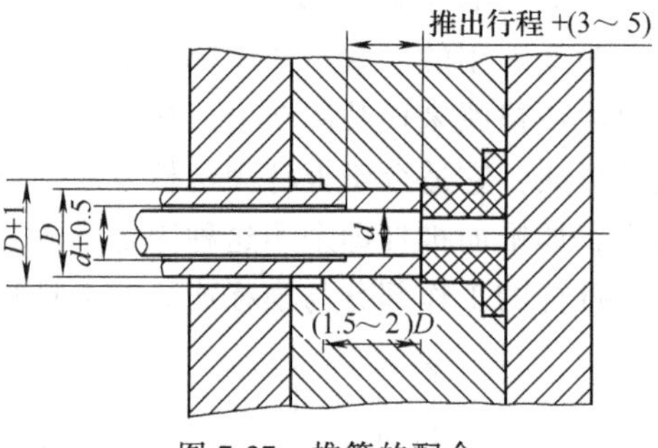

图 7-37　推管的配合

（3）推管的设计　推管的设计可参照 GB/T 4169.17—2006 的要求进行。圆形推管的结构设计如图 7-38 所示，它采用了图 7-36a 所示的最简单、最常用的结构形式，型芯固定于动模座板上。图 7-38 中给出了推管的内径与型芯的配合、推管外径与模板上孔的配合要求及几何公差。

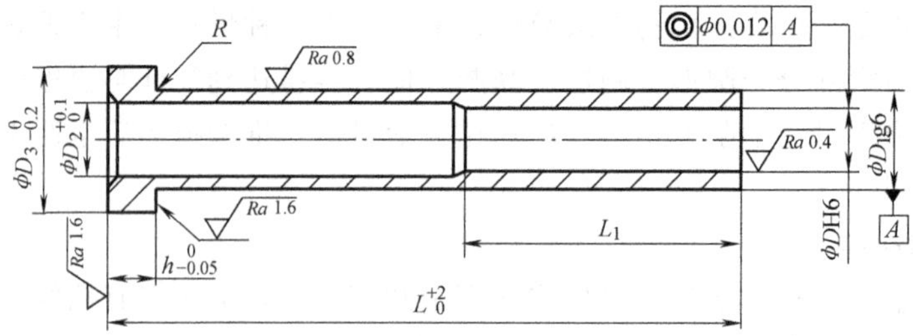

图 7-38　圆形推管

3. 推件板推出机构

推件板推出机构是由一块与型芯按一定配合精度相配合的模板和推杆（也可起复位杆作用）所组成。随着推出机构开始工作，推杆推动推件板，进而推件板从制件的端面将其从型芯上推出。推件板推出机构的特点是推出力大而均匀，运动平稳，制件上没有推出的痕迹。它适用于薄壁、壳形制件以及表面不允许有推出痕迹的制件的推出，但对于非圆截面的制件，推件板与型芯的配合部分加工比较困难。

（1）推件板推出机构的形式　图 7-39 所示为推件板推出机构的几种结构形式。

图 7-39a 所示为推杆与推件板通过螺纹相连接的形式，在推出过程中，可以防止推件板从导柱上脱落下来。

图 7-39b 所示为推杆与推件板无固定连接的形式，为了防止推件板从导柱上脱落下来，固定在动模部分的导柱要足够长，并且要控制好推出行程。

图 7-39c 所示为注射机顶杆直接作用在推件板上的形式，适用于两侧有顶杆的注射机。此种模具结构简单，不需要设计推杆及其固定板，但是推件板的长度尺寸要适当增大，以满

足两侧顶杆间距的要求，并适当加厚推件板，以增加其刚度。

图 7-39d 所示为推件板镶入动模板内的形式，推杆端部通过螺纹与推件板相连接，并且与动模板导向配合。推出机构工作时，推件板除了与型芯配合外，还依靠推杆进行支承与导向。这种推出机构结构紧凑，推件板在推出过程中也不会脱落。

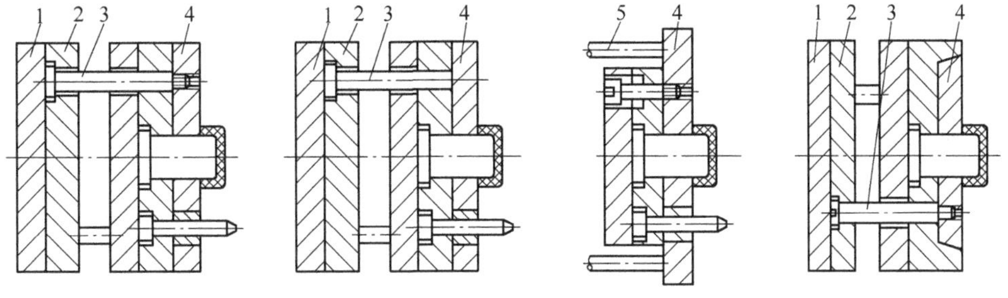

图 7-39 推件板推出机构的结构形式

1—推板 2—推杆固定板 3—推杆 4—推件板 5—注射机顶杆

（2）推件板的设计 推件板和型芯的配合精度与推管和型芯的配合相同，为 H7/f7 或 H8/f7 的配合。推件板的常用材料为 45 钢、3Cr2Mo、40Cr 等，热处理硬度要求 45~50HRC。

推件板的结构设计如图 7-40 所示。图 7-40a 所示为圆形型芯结构，图 7-40b 所示为矩形型芯结构。

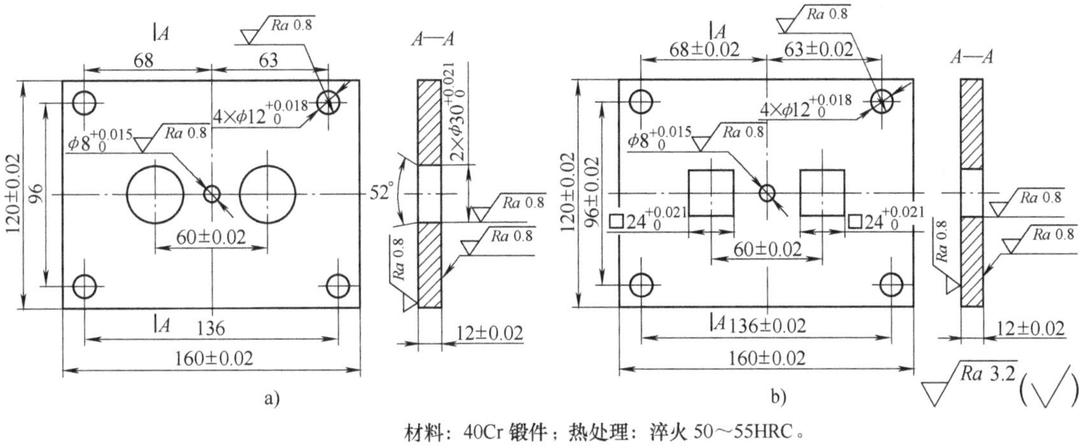

材料：40Cr 锻件；热处理：淬火 50～55HRC。

图 7-40 推件板

7.4 温度调节系统设计

模具中设置温度调节系统的目的是要通过控制模具的温度，使注射成型制件有良好的产品质量和较高的生产率。高温塑料熔体由注射机的喷嘴注射到模具型腔内，熔体在温度较低的模具内冷却定型，其热量除少数辐射、对流到大气环境以外，大部分是由模具内通入的冷却水带走。有些塑料的成型工艺要求模具温度较高，仅靠吸收塑料熔体的热量不能使模具温度满足成型工艺的要求，这时则需对模具设计加热系统。

7.4.1　模具冷却系统设计

1. 冷却通道的设计要求

设置冷却通道需考虑模具的结构形式、模具大小、镶块位置，以及制件熔接痕位置等诸多因素。

(1) 冷却通道的距离与孔径　冷却通道离凹模型腔壁不宜太远或太近，以免影响冷却效果和模具的强度，冷却通道的直径可按表 7-5 中的经验值选取。

冷却通道的中心距，一般为冷却通道直径的 3~5 倍，冷却通道中心距凹模型腔的距离，一般为冷却通道直径的 1~3 倍，如图 7-41 所示。

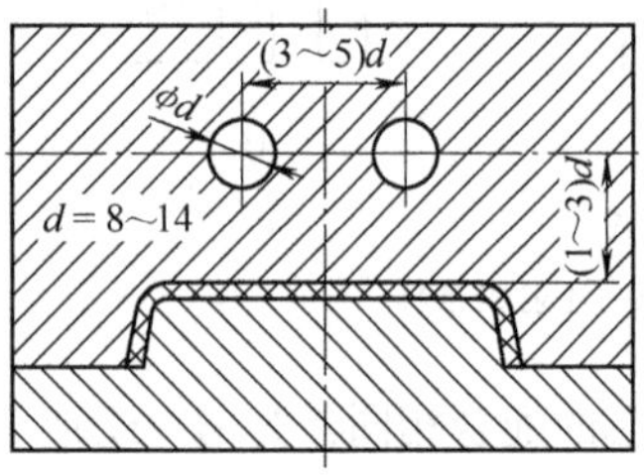

图 7-41　冷却通道的位置

表 7-5　冷却通道直径经验值选取

制件壁厚/mm	冷却通道直径/mm
1~2	5~6
2~3	8~10
3~4	10~12
4~6	12~14

(2) 冷却通道应尽量多、通道孔径应尽量大　型腔表面的温度与冷却通道的数量、截面尺寸及冷却水的温度有关。

图 7-42 所示的情况是在冷却通道数量和尺寸不同的条件下通入不同温度（59.83℃ 和 45℃）的冷却水后模内温度分布情况。图 7-42a 所示型腔表面温差较小；图 7-42b 所示型腔表面温差较大。由此可见，为了使型腔表面温度分布趋于均匀，在模具结构允许的情况下，应尽量多设冷却通道，并使用较大的截面尺寸。

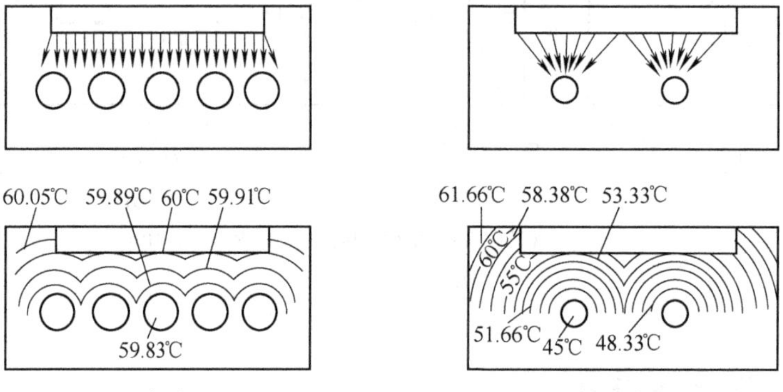

a) 合理　　b) 不合理

图 7-42　模具内的温度分布

(3) 冷却通道的设置　冷却通道出入口的布置应该注意两个问题：一是浇口处加强冷却；二是冷却通道的出、入口温差应尽量小，进水口和出水口处的温差不大于 5℃，对于精密模具，则不大于 3℃。塑料熔体充填型腔时，浇口附近温度最高，距浇口越远，温度就越低，因此浇口附近应加强冷却，办法就是冷却通道的入口处要设置在浇口的附近，图 7-43

所示分别为侧浇口、多点浇口、直浇口的冷却通道的布置形式示意图。

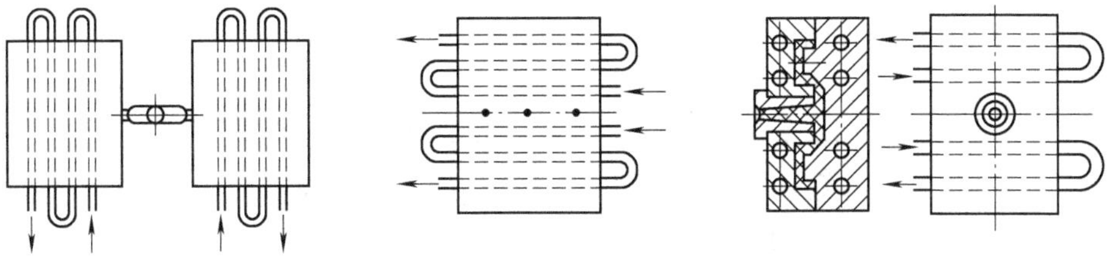

a) 侧浇口　b) 多点浇口　c) 直浇口

图 7-43 冷却通道出、入口的布置

为了缩小出、入口冷却水的温差，应根据型腔形状的不同进行通道的排布。图 7-44b 所示的形式比图 7-44a 所示的形式要好，因为缩短了冷却通道的长度，从而降低了出、入口温差，加强了冷却效果。

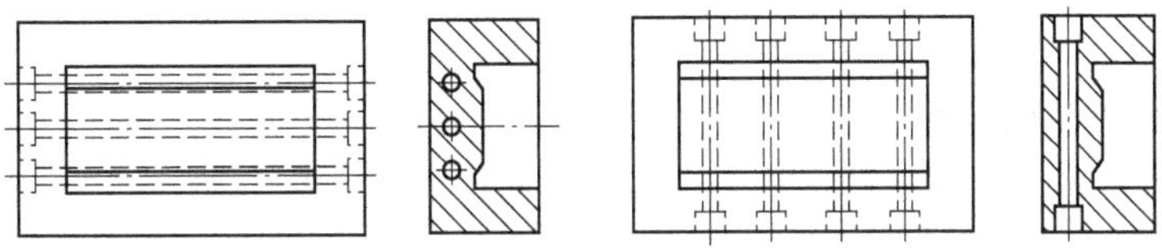

a)　b)

图 7-44 控制冷却水温差的通道排布形式

冷却通道的连通形式有串联和并联两种，如图 7-45 所示。冷却介质不管是水还是油，总是沿阻力最小的方向流动，因此冷却通道不应并联，否则冷却水就会走捷径，从最近的阻力最小的支流道直接流走，导致流道内出现死水，使模具的其他部分得不到冷却。若因模具排位的要求，冷却通道必须并联时，则进、出水的主流道的横截面面积要比并联支流道的横截面面积的总和还要大。也就是说，同一个串联回路的通道截面积应相等，同一个并联回路的通道截面积不能相等。并联回路的通道截面积如果相等，则需在各支路口加水量调节泵及流量计。要善于利用隔片和堵头来控制水流方向，改变连通形式，这是设计冷却系统的技巧所在。

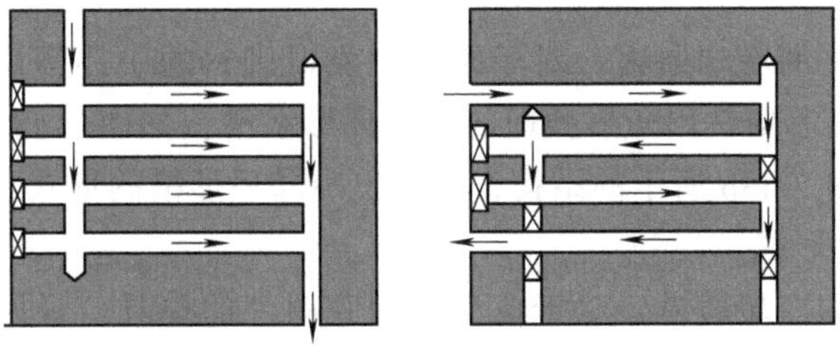

a) 并联　b) 串联

图 7-45 冷却通道的连通形式

（4）凹模和型芯要分别冷却　为保证冷却的平衡，凹模和型芯上的冷却通道要分开设置；对型芯内部的冷却要注意通道穿过型芯与模板接缝处应进行密封，以防漏水。

（5）水管与水嘴的设置　水管与水嘴连接处必须密封，水管接头处要设置在不影响操作的方向，通常背向注射机的方向，如图 7-46 所示。

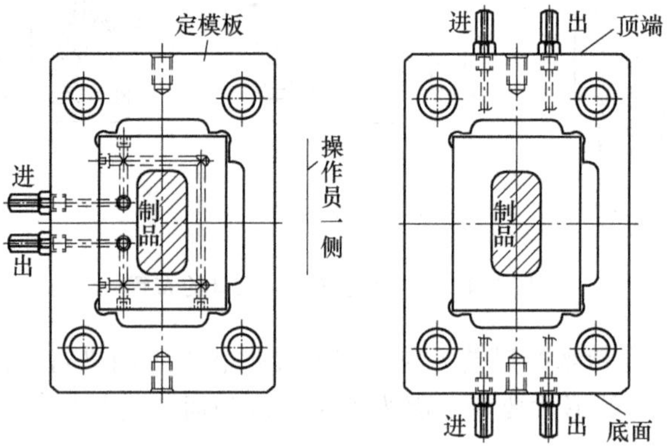

a) 合理　　b) 不合理

图 7-46　水管接头位置

2. 常见冷却系统的结构

冷却通道的形式是根据制件形状而设置的，制件的形状是多种多样的，因此，冷却通道的位置与形状也不一样。

（1）扁平制件的冷却通道　对于扁平的制件，在使用侧浇口的情况下，常采用动、定模两侧钻孔的形式设置冷却通道，如图 7-47a 所示；在使用直浇口的情况下，可采用如图 7-47b 所示的形式。

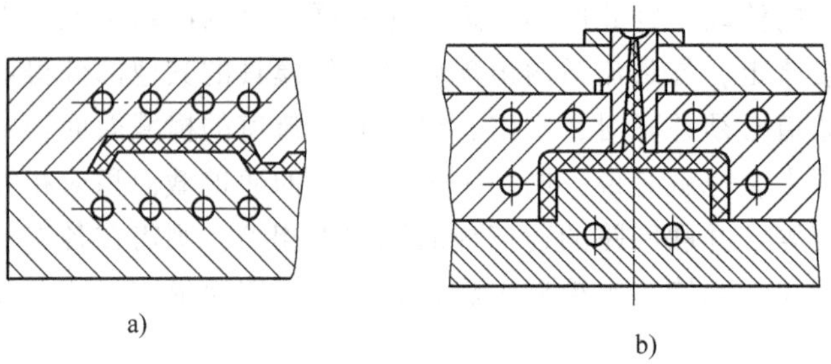

a)　　b)

图 7-47　扁平制件的冷却通道

（2）中等深度制件的冷却通道　对于采用侧浇口进料的中等深度的壳形制件，除在凹模上钻孔外，还应在型芯中铣出矩形截面的冷却环形水槽，如图 7-48a 所示；如凹模也要加强冷却，则可采用如图 7-48b 所示的结构，即铣出冷却环形槽的形式；型芯上的冷却通道也可采用图 7-48c 所示的形式。

（3）深型腔制件的冷却通道　对于成型深型腔制件的模具，最困难的是型芯的冷却问题。图 7-49 所示的大型深型腔制件模具，在凹模一侧，其底部可从浇口附近通入冷却水，沿矩形截面环形水槽流出，其侧面开设圆形截面通道，围绕型腔一周之后从分型面附近的出口排出。型芯上加工出螺旋槽，并在螺旋槽内加工出一定数量的盲孔，而每个盲孔用隔板分成底部连通的两个部分，从而形成型芯中心进水、外侧出水的冷却回路。这种隔板形式的冷

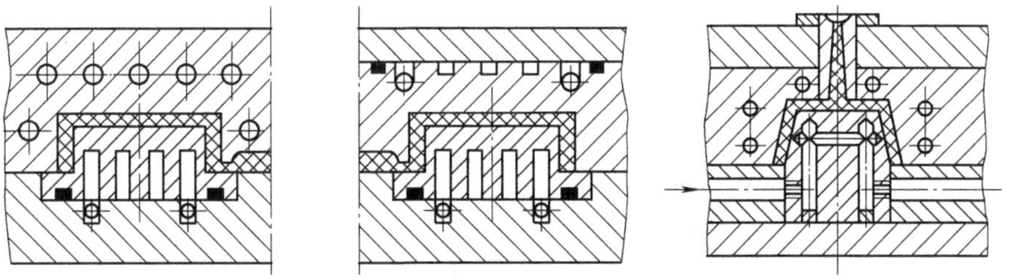

图 7-48　中等深度制件的冷却通道

却通道加工困难，隔板与孔的配合要求高，否则隔板易转动而达不到要求。隔板通常先车削成圆柱（与孔过渡配合），然后用铣削或线切割的方式把两侧去掉，最后再插入孔中。

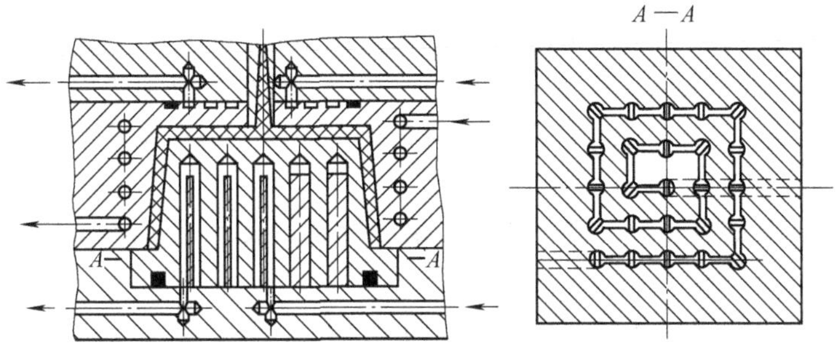

图 7-49　大型深型腔制件的冷却通道

（4）大型特深型腔制件的冷却通道　对于大型特深型腔的制件，其成型模具的凹模和型芯均可采用在对应的镶拼件上分别开设螺旋槽的形式，如图 7-50 所示，这种形式的冷却效果特别好。

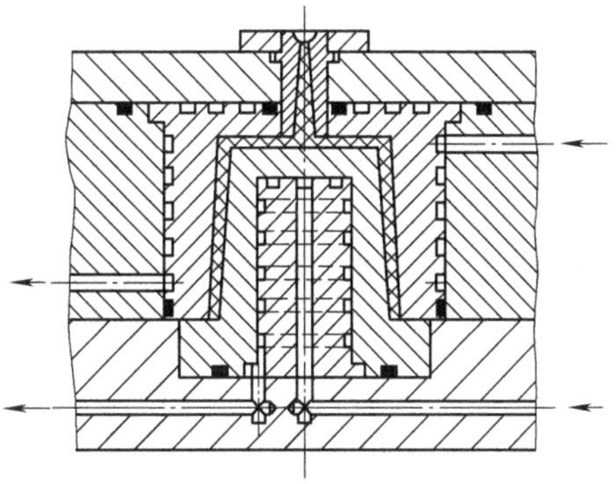

图 7-50　大型特深型腔制件的冷却通道

以上介绍了冷却通道的各种结构形式。在设计冷却通道时，必须对结构问题加以认真考虑，但另外一点也应该引起重视，即冷却通道的密封问题。模具的冷却通道穿过两块或两块以上的模板或镶件时，在它们的结合面处一定要用密封圈加以密封，以防模板之间、镶拼零件之间渗水而影响模具的正常工作。

7.4.2　模具加热系统设计

当注射成型工艺要求模具温度在 80℃ 以上时，一般采用电加热的方法。电加热又可分为电阻丝加热和电热棒加热。由于电热棒有多种成品规格可供选择，大多采用电热棒加热。

1. 电阻丝加热

（1）电阻丝加热的形式　将电阻丝组成的加热元件镶嵌在模具加热板内，如图 7-51a 所示，或制成不同形状的电热圈，如图 7-51b 所示。

（2）电阻丝加热的基本要求　采用电阻丝加热时要合理布置电热元件，保证电热元件

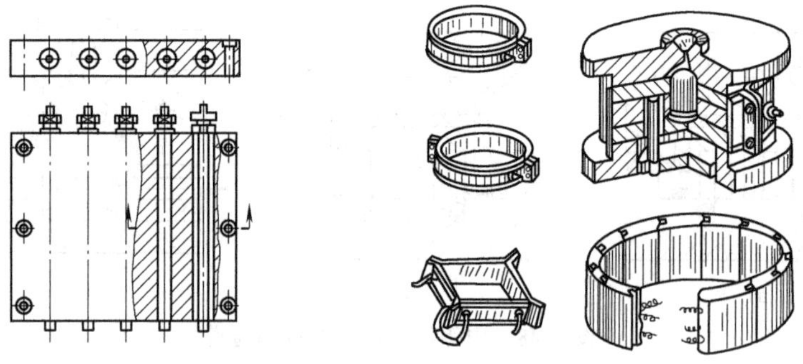

a) 电热板　　　b) 电热圈

图 7-51　电阻丝加热的形式

的功率。如电热元件的功率不足，就不能达到模具的温度；如电热元件功率过大，就会使模具加热过快，从而出现局部过热现象，难以控制模温。要使模具加热均匀，保证符合制件成型温度的条件，在设计模具电阻丝加热装置时，应考虑以下基本要求：

1）正确合理地布置电热元件。

2）用于大型模具的电热板，应安装两套温度控制仪表，分别控制调节电热板中央和边缘部位的温度。

3）电热板的中央和边缘部位分别采用不同功率的电热元件，一般模具中央部位的电热元件功率稍小，边缘部位的电热元件功率稍大。

4）加强模具的保温措施，减少热量的传导和辐射的损失。通常，在模具与注射机的上、下压板之间以及模具四周设置石棉隔热板，其厚度为 4~ 6mm。

2. 电热棒加热

采用电热棒加热时，在模具的适当部位钻孔，插入电热棒，并接入温度自动控制调节器即可。这种加热形式结构简单，使用、安装方便，热损失比采用电热圈时小，应用广泛，但使用时须注意局部过热现象。

加热模具所需的电功率一般可根据模具重量按以下经验公式计算

$$P = mq \tag{7-12}$$

式中　P——加热模具所需的总功率（W）；

m——模具的质量（kg）；

q——单位质量模具所需的电功率（W/kg），见表 7-6。

表 7-6　单位质量模具加热所需的电功率　　（单位：W/kg）

模具类型	q 值	
	电热棒加热	电热圈加热
大型（>100kg）	35	60
中型（40~100kg）	30	50
小型（<40kg）	25	40

总的电功率算出之后，即可根据模板的尺寸确定电阻丝或电热棒的数量。下面以电热棒加热为例，说明其计算及选用方法。

设电热棒采用并联接法，则每个电热棒的功率

$$P_{每}=P_{总}/n \tag{7-13}$$

式中　$P_{每}$——每个电热棒的功率；

$P_{总}$——总的电功率；

n——电热棒根数。

根据 $P_{每}$ 的大小可查相关手册确定电热棒的尺寸。在选择电热棒时，其直径和长度应与安装加热元件的空间相符合。

7.5　标准模架的选用

7.5.1　注射模标准模架的组成

GB/T 12555—2006《塑料注射模模架》规定了塑料注射模模架的组合型式、尺寸与标记，适用于塑料注射模模架。为确保内容的完整，将单分型面注射模和双分型面注射模的模架内容一并在此进行介绍。

塑料注射模的每一个零件在国家标准中都给出了它的名称和含义，具体参见 GB/T 12555—2006。

塑料注射模模架按结构特征分为 36 种主要结构，其中直浇口模架为 12 种、点浇口模架为 16 种、简化点浇口模架为 8 种。

1. 直浇口模架

直浇口模架为 12 种，其中直浇口基本型 4 种、直身基本型 4 种、直身无定模座板型 4 种。

直浇口基本型分为 A 型、B 型、C 型和 D 型，其组合型式如图 7-52 所示。

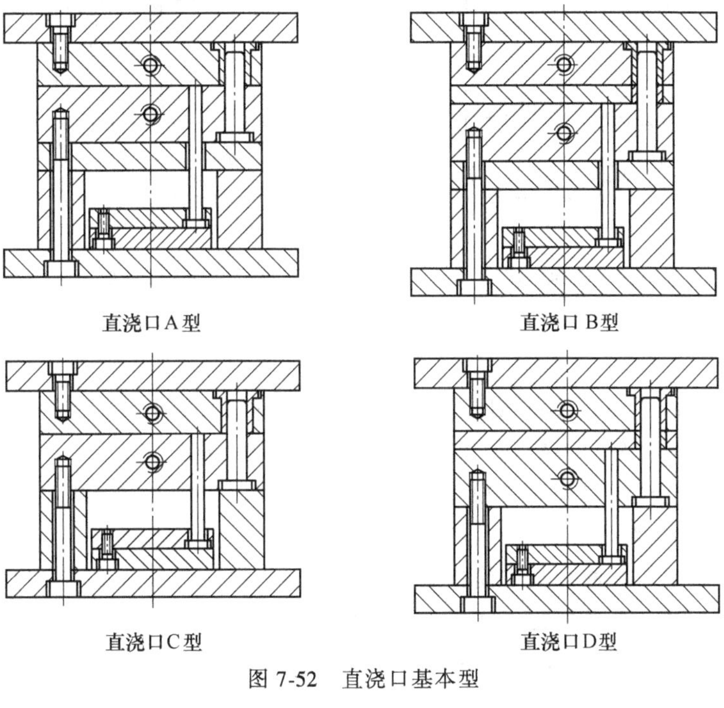

图 7-52　直浇口基本型

A 型：定模二模板，动模二模板。

B 型：定模二模板，动模二模板，加装推件板。

C 型：定模二模板，动模一模板。

D 型：定模二模板，动模一模板，加装推件板。

直身基本型分为 ZA 型、ZB 型、ZC 型和 ZD 型。

直身无定模座板型分为 ZAZ 型、ZBZ 型、ZCZ 型和 ZDZ 型。

2. 点浇口模架

点浇口模架为 16 种，其中点浇口基本型 4 种、直身点浇口基本型 4 种、点浇口无推料板型 4 种、直身点浇口无推料板型 4 种。

点浇口基本型分为 DA 型、DB 型、DC 型和 DD 型，其组合型式见图 7-53 所示。

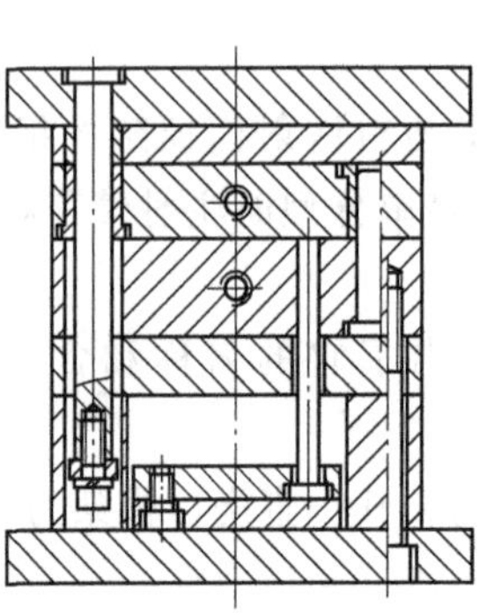

点浇口 DA 型

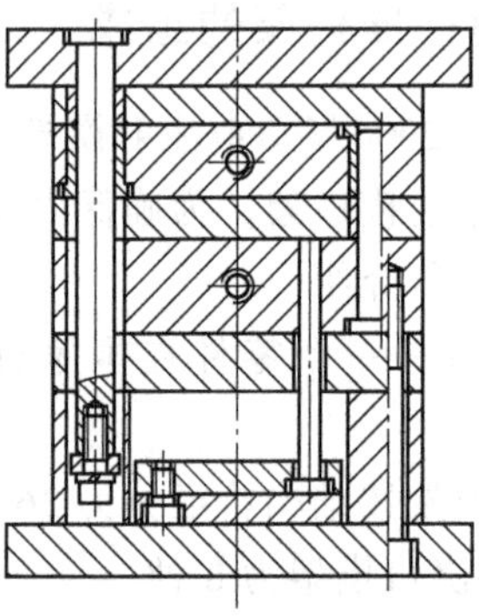

点浇口 DB 型

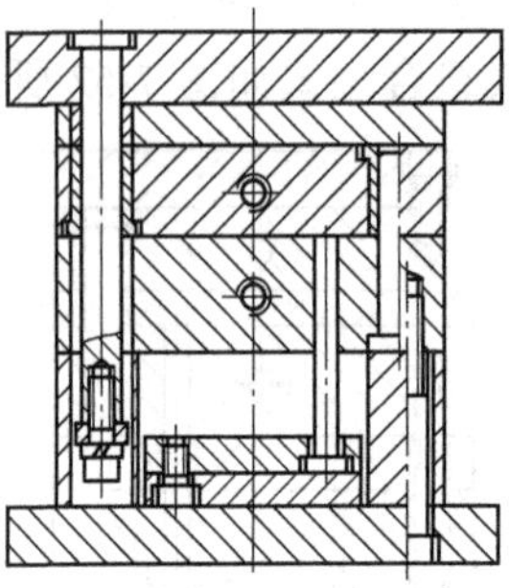

点浇口 DC 型

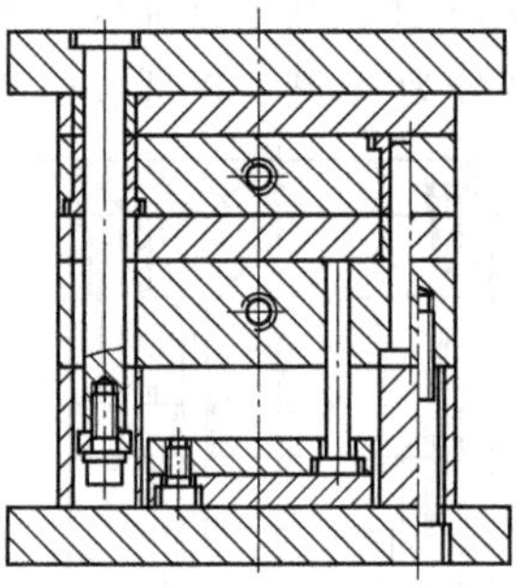

点浇口 DD 型

图 7-53　点浇口基本型

直身点浇口基本型分为 ZDA 型、ZDB 型、ZDC 型和 ZDD 型。

点浇口无推料板型分为 DAT 型、DBT 型、DCT 型和 DDT 型。

直身点浇口无推料板型分为 ZDAT 型、ZDBT 型、ZDCT 型和 ZDDT 型。

3. 简化点浇口模架

简化点浇口模架为 8 种，其中简化点浇口基本型 2 种、直身简化点浇口型 2 种、简化点浇口无推料板型 2 种、直身简化点浇口无推料板型 2 种。

简化点浇口基本型分为 JA 型和 JC 型。

直身简化点浇口型分为 ZJA 型和 ZJC 型。

简化点浇口无推料板型分为 JAT 型和 JCT 型。

直身简化点浇口无推料板型分为 ZJAT 型和 ZJCT 型。

4. 基本型模架组合尺寸

1）组成模架的零件应符合 GB/T 4169.1～4169.23—2006 的规定。

2）组合尺寸为零件的外形尺寸和孔径与孔位尺寸。

3）基本型模架的组合尺寸如图 7-54、图 7-55 和表 7-7 所示。

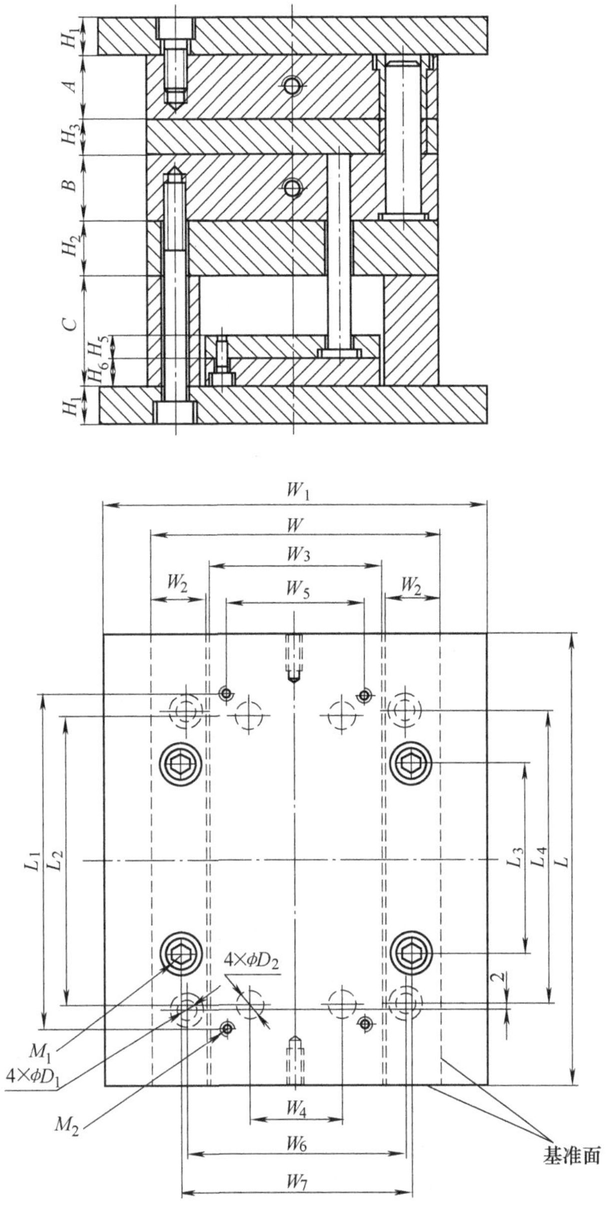

图 7-54　直浇口模架组合尺寸

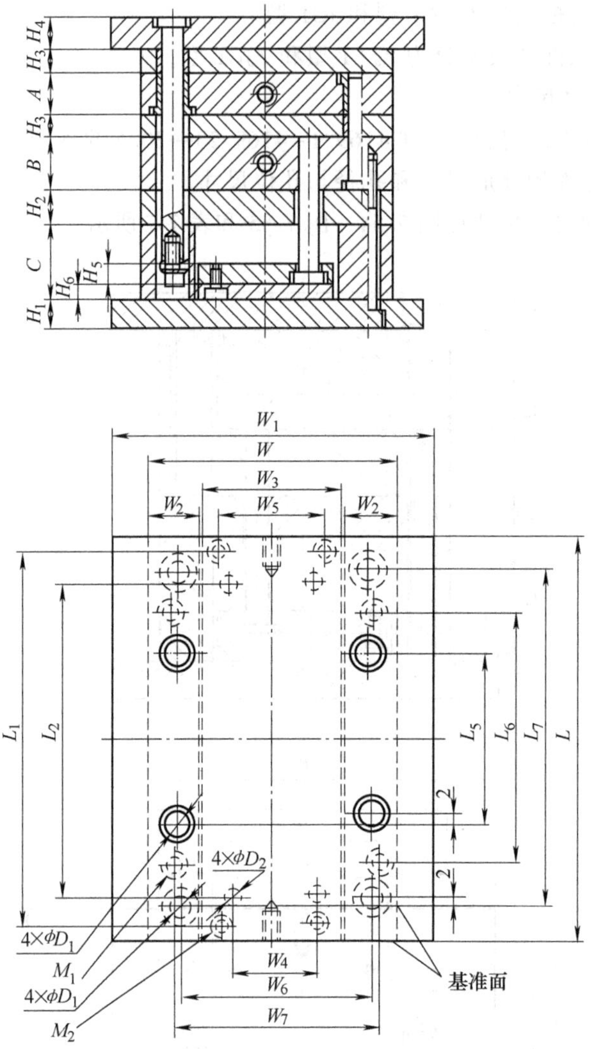

图 7-55　点浇口模架组合尺寸

5. 模架的标记

按照 GB/T 12555—2006 的规定模架应有下列标记：①模架；②基本型号；③系列代号；④定模板厚度 A，以 mm 为单位；⑤动模板厚度 B，以 mm 为单位；⑥垫块厚度 C，以 mm 为单位；⑦拉杆导柱长度，以 mm 为单位；⑧标准代号，即 GB/T1 2555—2006。

示例 1：模板宽 200mm、长 250mm，$A=50$mm，$B=40$mm，$C=70$mm 的直浇口 A 型模架标记为：

模架　A 2025-50×40×70　GB/T 12555—2006

示例 2：模板宽 300mm、长 300mm，$A=50$mm，$B=60$mm，$C=90$mm，拉杆导柱长度 200mm 的点浇口 B 型模架标记为：

模架　DB 3030-50×60×90-200　GB/T 12555—2006

表 7-7 基本型模架组合尺寸

代号	系列										
	1515	1518	1520	1523	1525	1818	1820	1823	1825	1830	1835
W	150					180					
L	150	180	200	230	250	180	200	230	250	300	350
W_1	200					230					
W_2	28					33					
W_3	90					110					
A、B	20、25、30、35、40、45、50、60、70、80					25、30、35、40、45、50、60、70、80					
C	50、60、70					60、70、80					
H_1	20					20					
H_2	30					30					
H_3	20					20					
H_4	25					30					
H_5	13					15					
H_6	15					20					
W_4	48					68					
W_5	72					90					
W_6	114					134					
W_7	120					145					
L_1	132	162	182	212	232	160	180	210	230	280	330
L_2	114	144	164	194	214	138	158	188	208	258	308
L_3	56	86	106	136	156	64	84	114	124	174	224
L_4	114	144	164	194	214	134	154	184	204	254	304
L_5	—	52	72	102	122	—	46	76	96	146	196
L_6	—	96	116	146	166	—	98	128	148	198	248
L_7	—	144	164	194	214	—	154	184	204	254	304
D_1	16					20					
D_2	12					12					
M_1	4×M10					4×M12					6×M12
M_2	4×M6					4×M8					

（续）

代号	系列											
	2020	2023	2025	2030	2035	2040	2323	2325	2327	2330	2335	2340
W	200						230					
L	200	230	250	300	350	400	230	250	270	300	350	400
W_1	250						280					
W_2	38						43					
W_3	120						140					
A、B	25、30、35、40、45、50、60、70、80、90、100						25、30、35、40、45、50、60、70、80、90、100					
C	60、70、80						70、80、90					
H_1	25						25					
H_2	30						35					
H_3	20						20					
H_4	30						30					
H_5	15						15					
H_6	20						20					
W_4	84	80					106					
W_5	100						120					
W_6	154						184					
W_7	160						185					
L_1	180	210	230	280	330	380	210	230	250	280	330	380
L_2	150	180	200	250	300	350	180	200	220	250	300	350
L_3	80	110	130	180	230	280	106	126	144	174	224	274
L_4	154	184	204	254	304	354	184	204	224	254	304	354
L_5	46	76	96	146	196	246	74	94	112	142	192	242
L_6	98	128	148	198	248	298	128	148	166	196	246	296
L_7	154	184	204	254	304	354	184	204	224	254	304	354
D_1	20						20					
D_2	12	15					15					
M_1	4×M12			6×M12			4×M12		4×M14		6×M14	
M_2	4×M8						4×M8					

7.5.2　注射模标准模架的选用

选择标准模架，可以简化模具的设计与制造。当某一型号模架选定时，就可以得到已经设计好的模架标准零件的尺寸数据，如模板大小、螺钉尺寸、安装位置等，这些零部件只需进行二次加工就可使用，大大减轻了模具的设计和制造工作。

标准模架的尺寸系列很多，应选用合适的尺寸。如果选择尺寸过小，有可能使模架强度、刚度不够，而且会引起螺纹孔、销孔、导套（导柱）的安放位置不够；选择尺寸过大的模架，不仅造成成本提高，还有可能导致注射机型号偏大。

塑料注射模基本型模架系列由模板的长宽（$L\times W$）确定。除了动、定模板的厚度需由设计者从标准中选定外，模架的其他有关尺寸在标准中都已规定。选择模架的关键是确定型腔模板的周界尺寸（长×宽）和厚度。要确定模板的周界尺寸就要确定型腔到模板边缘的壁厚。壁厚尺寸可根据型腔壁厚的计算方法来确定，但由于理论计算复杂，在实际工作中使用得不多，只在一些特殊的场合用于校核计算。在实际生产中大量使用的方法是查表或用经验公式来确定模板的壁厚。

表 7-8 列出了圆形型腔壁厚的经验推荐数据，表 7-9 列出了矩形型腔壁厚的经验推荐数据，可供设计时参考。

表 7-8　圆形型腔壁厚 *S*　（单位：mm）

圆形型腔内壁直径	整体式型腔壁厚	组合式型腔	
		型腔壁厚	模套壁厚
≤40	20	8	18
>40~50	25	9	22
>50~60	30	10	25
>60~70	35	11	28
>70~80	40	12	32
>80~90	45	13	35
>90~100	50	14	40
>100~120	55	15	45
>120~140	60	16	48
>140~160	65	17	52
>160~180	70	19	55
>180~200	75	21	58

表 7-9　矩形型腔壁厚 *S*　（单位：mm）

矩形型腔内壁短边尺寸	整体式型腔侧壁厚度	镶拼式型腔	
		型腔壁厚	模套壁厚
≤40	25	9	22
>40~50	25~30	9~10	22~25
>50~60	30~35	10~11	25~28
>60~70	35~42	11~12	28~35

（续）

矩形型腔内壁短边尺寸	整体式型腔侧壁厚度	镶拼式型腔	
		型腔壁厚	模套壁厚
>70~80	42~48	12~13	35~40
>80~90	48~55	13~14	40~45
>90~100	55~60	14~15	45~50
>100~120	60~72	15~17	50~60
>120~140	72~85	17~19	60~70
>140~160	85~95	19~21	70~80

模架选择步骤：

1）确定模架型号。根据制件成型所需的结构来确定模架的结构组合形式。

2）确定型腔壁厚。通过查表 7-8 和表 7-9 或有关壁厚公式的计算得到型腔壁厚尺寸。

3）计算动、定模板周界尺寸，如图 7-56 所示。

动、定模板的长度　　$L=2T+2L_1+S$

动、定模板的宽度　　$W=2T+2W_1+S$

式中　L——动、定模板的长度；

W——动、定模板的宽度；

S——型腔之间的壁厚；

L_1——型腔的长度；

W_1——型腔的宽度；

T——型腔到模板边的距离，中小型模架取 40~60mm，大型模架取 60~80mm。

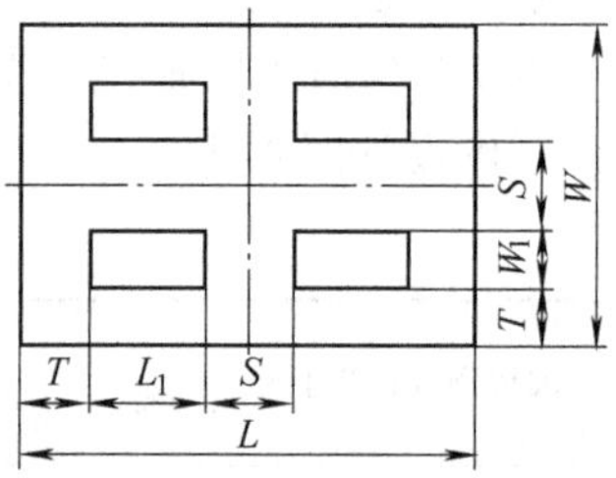

图 7-56　动、定模板周界尺寸

4）模板周界尺寸。由步骤 3）计算出的模板周界尺寸与标准模板的尺寸不完全相等，所以必须将计算出的数据向标准尺寸“靠拢”，一般向较大值修整。另外，在修整时还需考虑在壁厚位置上应有足够的位置安装其他的零部件，必要时需要增加壁厚尺寸。

5）确定模板厚度。根据型腔深度，计算模板厚度，并按照标准尺寸进行修整。

6）选择模架尺寸。根据确定的模板周界尺寸，配合模板所需厚度选择模架。

7）检验所选模架是否合适。对所选的模架还需检验模架与注射机之间的关系，如闭合高度、移动模板行程等，如不合适，还需要重新选择，直至合适为止。

7.6　单分型面注射模设计实例

为了保证成型合格的塑料制件，必须根据塑料制件的成型要求和塑料的工艺性能，正确确定成型方法及成型工艺，进而正确设计塑料模具及选择合适的成型设备。在塑料成型工艺和塑料模具结构及设计计算的基础上，对注射模设计程序及设计实例介绍如下。

7.6.1　注射模设计程序

1. 设计前的准备工作

（1）接受设计任务　接受设计任务的方式大体有两种：一是给定塑料制件图及其技术

要求，要求设计成型工艺及塑料模具；二是给定塑料制件样品，要求测绘制件图样并设计成型工艺及塑料模具。

（2）收集资料与数据　设计前，必须取得如下基本资料和数据：符合标准的塑料制件图（若制件图样根据样品测绘，最好能附上样品）；制件产量；塑料品种牌号；注射机规格型号及参数；模具制造设备等。

（3）分析成型工艺性能　一是分析塑料的成型工艺性；二是分析制件的成型工艺性。在保证制件质量和使用要求的前提下尽量选用比较简单的模具结构，以便减少模具制造难度和降低加工成本。

（4）明确设计要求　一是明确制件的使用要求；二是明确制件的生产纲领。在大批量生产中，可考虑使用自动化程度较高的复杂注射模；反之，应尽量采用结构比较简单、制造比较容易的注射模。

2. 注射模结构设计

1）确定型腔数目。确定型腔数目的条件有：最大注射量、锁模力、产品的精度要求、经济性等。

2）确定分型面。分型面的选择应以模具结构简单、分型容易，且不破坏已成型的制件为原则。

3）确定型腔的排列方式。型腔应尽量采用平衡式排列，以保证各型腔平衡进料。型腔的布置还要注意与冷却管道、推杆的布置相互协调。

4）浇注系统设计。浇注系统包括主流道、分流道、浇口和冷料穴等。浇注系统的设计应根据模具的类型、型腔的数目及布置、制件的原材料及尺寸等确定。

5）推出机构设计。推出机构的设计根据制件的留模位置的不同而不同。由于注射机顶出装置的顶杆在动模一侧，所以，推出机构一般都设计在模具的动模部分。

6）确定温度调节系统结构。模具的温度调节系统主要取决于塑料种类。

7）确定凹模和型芯的固定方式。当凹模或型芯采用镶块结构时，应合理地设计镶块并考虑镶块的强度、加工性及安装固定方式。

8）排气系统设计。一般注射模可以利用模具分型面和推杆与模具的间隙排气；对于大型和高速成型的注射模，必须设计相应的排气系统。

9）注射模成型零件工作尺寸的计算。根据相应的公式，计算成型零件的工作尺寸，并确定模具型腔的侧壁厚度、动模板的厚度、镶拼式型腔的型腔板的厚度及注射模的闭合高度。

10）选用标准模架。根据设计、计算的注射模的主要尺寸，合理选用注射模的标准模架，并尽量选择标准模具零件。

11）绘制模具结构草图。根据选择的模具类型及结构，选择标准模架，确定模具零件的主要结构尺寸和功能尺寸（如抽芯距、斜导柱或斜滑块角度、定距分型距离、推出距离等），并绘制模具结构草图。

12）校核模具与注射机的有关尺寸。根据模具的结构尺寸和所选注射机的有关参数，进行两者之间的适应性校核。调整与确定模具结构及注射机参数，以保证模具在注射机上正常工作。校核内容包括：

① 最大注射量校核。

② 锁模力校核。

③ 最大及最小模厚校核。

④ 移动模板行程校核等。

13）绘制模具工作图。绘图内容包括模具零件和装配图的绘制。

14）设计审核。

7.6.2 设计实例

设计如图 7-57 所示塑料罩的单分型面注射模。技术要求如下：

1）材料：POM。

2）产量：10 万件。

3）壁厚均为 1.5mm，未注圆角 $R0.5$mm；未注脱模斜度为 0.5°。

4）要求制件具有较高的抗拉、抗压性能；表面不得有气孔、熔接痕、飞边等缺陷。

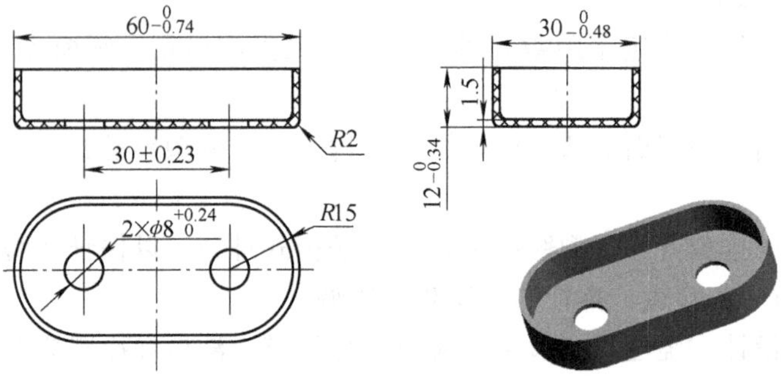

图 7-57　塑料罩

1. 制件成型工艺的分析

（1）制件的原材料分析　聚甲醛（POM）是一种高熔点、高结晶性的热塑性塑料。聚甲醛的吸水性比较差，成型前不必进行干燥，制件尺寸稳定性好，可以制造较精密的零件。但聚甲醛熔融温度范围小，熔融和凝固速度快，制件容易产生毛斑、折皱、熔接痕等表面缺陷，并且收缩率大，热稳定性差。聚甲醛可以采用一般热塑性塑料的成型方法生产，如注射、挤出、吹塑等。

POM 强度高、质轻，常用来代替铜、锌、锡、铅等有色金属，广泛用于工业机械、汽车、电子电器、日用品、管道及配件、精密仪器和建材等部门。

（2）制件的结构工艺性分析

1）制件的尺寸分析。制件为腰形壳体，腔体深为 10.5mm，壁厚均为 1.5mm，大于最小壁厚要求。总体尺寸为 60mm×30mm×12mm，属于小型塑料制件。斜度为 0.5°，由于高度较小，可以顺利脱模。制件圆角 $R0.5$mm、$R2$mm，可以提高模具强度、改善熔体的流动情况及便于脱模。

2）制件的公差分析。制件有 5 个尺寸标注公差，分别是 $60_{-0.74}^{\ 0}$mm、$30_{-0.48}^{\ 0}$mm、(30 ± 0.23)mm、$12_{-0.34}^{\ 0}$mm、$2\times\phi8_{\ 0}^{+0.24}$mm，按标准 GB/T 14486—2008，为 MT5 级精度，低于一般精度，制件精度要求较低。

3）制件的表面质量分析。制件表面不得有气孔、熔接痕、飞边等缺陷，表面粗糙度可取 $Ra1.6\mu m$。制件产量为 10 万件，属于大批量生产。

通过以上分析可知，采用注射成型具有较高的经济效益。

2. 注射机的选择

（1）确定模具型腔数量　制件的生产批量为10万件，属于大批量生产，且制件精度要求不高，因此，应采用一模多腔。为使模具结构紧凑，确定型腔数目为一模两件。分流道采用平衡式布置，浇口采用侧浇口。

（2）计算制件的体积和质量　经计算得单个制件的体积 $V_s=4.65\text{cm}^3$，浇注系统的体积 $V_j=5\text{cm}^3$，查有关手册POM的密度为 1.41g/cm^3，则质量 $m=1.41\times(4.65\times2+5)\text{g}=20.16\text{g}$。

（3）锁模力的计算　该模具所需锁模力（查表6-5，$p=35\text{MPa}$）$F_m=pA=35\times(1534\times2+960)\text{N}\approx141\text{kN}$

即　$F_P\geqslant F_m=141\text{kN}$　（F_P 为注射机额定锁模力）

（4）初选注射机　查附录F初步选择注射机HTF60-Ⅱ。

3. 模具结构的设计

（1）分型面的选择　首先确定模具的开模方向为制件的高度方向，根据分型面应选择在制件外形的最大轮廓处的原则，则此模具的分型面在罩体的底平面处。

（2）型腔的布局　采用一模两腔模具结构，型腔间隔30mm布置，如图7-58所示。

（3）确定模具总体结构类型　本模具的结构形式采用单分型面注射模。采用一模两腔，顶杆推出，流道采用平衡式，浇口采用侧浇口。

为了缩短成型周期，提高生产率，保证制件质量，动、定模均开设冷却通道。

（4）浇注系统的设计　型腔布局为一模两件，浇注系统包括主流道、分流道、浇口、冷料穴。

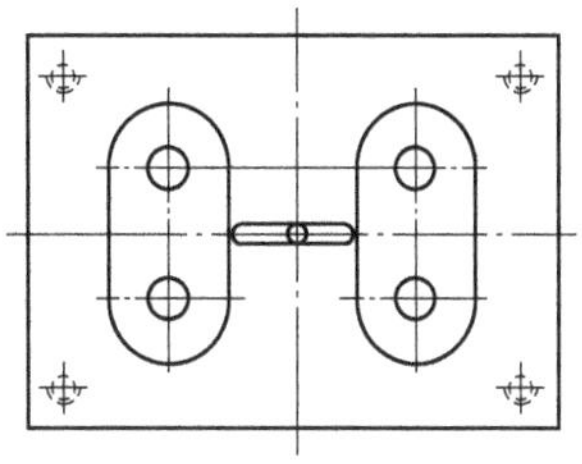

图7-58　型腔布置

1）主流道设计。

① 主流道尺寸。根据所选注射机，主流道小端尺寸为

$$d=\text{注射机喷嘴尺寸}+(0.5\sim1)\text{mm}=(2+1)\text{mm}=3\text{mm}$$

主流道球面半径为

$$SR=\text{注射机喷嘴球面半径}+(1\sim2)\text{mm}=(10+1)\text{mm}=11\text{mm}$$

② 主流道衬套形式。本设计虽然是小型模具，但为了便于加工和缩短主流道长度，将衬套和定位圈设计成分体式，主流道衬套长度取57.5mm，主流道设计成圆锥形，锥角取5°，内壁表面粗糙度 Ra 取0.4μm。衬套材料采用T10A钢，热处理淬火后表面硬度为53～57HRC。

2）分流道设计。

① 分流道长度。分流道只有一级，对称分布，考虑到浇口的位置，取总长为26mm。

② 分流道的形状、截面尺寸。为了便于机械加工及凝料脱模，分流道的截面形状常采用加工工艺性比较好的圆形截面。根据塑料的流动性，分流道的直径一般取2～12mm，比主流道的大端小1～2mm。本模具分流道的直径取5mm，以分型面为对称中心，分别设置在定模和动模上。

③ 分流道的表面粗糙度。分流道的表面粗糙度 Ra 一般取0.8～1.6μm即可，在此取 Ra1.6μm。

3）浇口设计。制件结构较简单，表面质量无特殊要求，故选择采用侧浇口。侧浇口一般开设在模具的分型面上，从制件侧面边缘进料。它能方便地调整浇口尺寸，控制剪切速率和浇口封闭时间，是广泛采用的一种浇口形式。

本模具侧浇口的截面形状采用矩形，长为 2mm，宽为 3mm，高为 0.8mm。

4）冷料穴和拉料杆设计。本模具只有一级分流道，流程较短，故只在主流道末端设置冷料穴。冷料穴设置在主流道正面的动模板上，直径稍大于主流道的大端直径，取 6mm，长度取为 10mm。

拉料杆采用钩形拉料杆，直径取 6mm。拉料杆固定在推杆固定板上，开模时随着动、定模分开，将主流道凝料从主流道衬套中拉出。在制件被推出的同时，冷凝料也被推出。

（5）排气系统设计　由于此模具属于中小型模具，且模具结构较为简单，可利用模具分型面和模具零件间的配合间隙自然地排气，间隙通常为 0.02~0.03mm，不必设排气槽。

（6）成型零件设计

1）型腔。制件表面光滑，无其他特殊结构。制件总体尺寸为 60mm×30mm×12mm，考虑到一模两腔及浇注系统和结构零件的设置，型腔镶件尺寸取 120mm×100mm，深度根据模架的情况进行选择。为了安装方便，在定模模板上开设相应的型腔切口，并在直角上钻直径为 10mm 的孔，以便于装配（图 7-60）。

2）型芯。与型腔一致，型芯的尺寸也取 120mm×100mm，并在动模模板上开设相应的型芯切口。

（7）成型零件尺寸计算　制件所用材料 POM 是一种收缩范围比较大的塑料，因此成型零件的尺寸均按平均值法进行计算。

聚甲醛（POM）的收缩率为 1.5%~3.0%，故平均收缩率为

$$S_{cp}=(S_{max}+S_{min})/2\times100\%=2.25\%$$

根据制件尺寸公差的要求，模具的尺寸公差取制件公差 Δ 的 1/3，计算成型零件的全部工作尺寸如下。

1）型腔工作尺寸计算。

$60_{-0.74}^{0}$mm 对应型腔径向尺寸为

$$\begin{aligned}L_m&=(L_s+L_sS_{cp}-\Delta/2)_{0}^{+\delta_z}\\&=(60+60\times2.25\%-0.74/2)_{0}^{+0.74/3}\text{mm}\\&=60.98_{0}^{+0.25}\text{mm}\end{aligned}$$

$30_{-0.48}^{0}$mm 对应型腔径向尺寸为

$$\begin{aligned}L_m&=(L_s+L_sS_{cp}-\Delta/2)_{0}^{+\delta_z}\\&=(30+30\times2.25\%-0.48/2)_{0}^{+0.48/3}\text{mm}\\&=30.44_{0}^{+0.16}\text{mm}\end{aligned}$$

R15mm 对应型腔径向尺寸为

$$L_m=30.44_{0}^{+0.16}\text{mm}/2=15.22_{0}^{+0.08}\text{mm}$$

$12_{-0.34}^{0}$mm 对应型腔深度尺寸为

$$H_m=(H_s+H_sS_{cp}-\Delta/2)_{0}^{+\delta_z}$$

$$=(12+12\times2.25\%-0.34/2)^{+0.34/3}_{0}\text{mm}$$
$$=12.1^{+0.11}_{0}\text{mm}$$

2）型芯工作尺寸计算。

$57^{+0.74}_{0}$mm 对应型芯径向尺寸为

$$l_m=(l_s+l_sS_{cp}+\Delta/2)^{0}_{-\delta_z}$$
$$=(57+57\times2.25\%+0.74/2)^{0}_{-0.74/3}\text{mm}$$
$$=58.65^{0}_{-0.25}\text{mm}$$

$\phi8^{+0.24}_{0}$mm 对应型芯径向尺寸为

$$l_m=(l_s+l_sS_{cp}+\Delta/2)^{0}_{-\delta_z}$$
$$=(8+8\times2.25\%+0.24/2)^{0}_{-0.24/3}\text{mm}$$
$$=8.3^{0}_{-0.08}\text{mm}$$

$27^{+0.48}_{0}$mm 对应型芯径向尺寸为

$$l_m=(l_s+l_sS_{cp}+\Delta/2)^{0}_{-\delta_z}$$
$$=(27+27\times2.25\%+0.48\times1/2)^{0}_{-0.48/3}\text{mm}$$
$$=27.85^{0}_{-0.16}\text{mm}$$

$R13.5$mm 对应型芯径向尺寸为

$$l_m=27.85^{0}_{-0.16}\text{mm}/2=13.93^{0}_{-0.08}\text{mm}$$

$10.5^{+0.34}_{0}$mm 对应型芯高度尺寸为

$$h_m=(h_s+h_sS_{cp}+\Delta/2)^{0}_{-\delta_z}$$
$$=(10.5+10.5\times2.25\%+0.34/2)^{0}_{-0.34/3}\text{mm}$$
$$=10.91^{0}_{-0.11}\text{mm}$$

3）中心距尺寸计算。

(30±0.23)mm 距离尺寸为

$$C_m=(1+S_{cp})C_s\pm\delta_z/2$$
$$=[(1+2.25\%)\times30]\text{mm}\pm0.46/6\text{mm}$$
$$=(30.68\pm0.08)\text{mm}$$

（8）冷却系统设计　一般注射到模具内的塑料温度为200℃左右，而制件固化后从模具型腔中取出时的温度在60℃以下。本项目选择常温水对模具进行冷却。

由于冷却通道的位置、结构形式、孔径、表面状态、水的流速、模具材料等很多因素都会影响模具的热量向冷却水传递，精确计算比较困难。实际生产中，通常根据模具的结构确定冷却通道，通过调节水温、水速来满足要求。

根据表7-5选取冷却通道直径经验值，本制件壁厚均为1.5mm，选冷却通道直径为6mm。在型腔和型芯上均采用直流循环冷却装置。由于动模、定模均为镶拼式，受结构限制，冷却通道布置如图7-59所示。

（9）推出机构设计　制件采用推杆推出，每个制件设置6根普通的圆形推杆，共12

根。普通的圆形推杆按 GB/T 4169.1—2006 选用，查相关手册选用 ϕ3mm×100mm 圆形推杆。

（10）标准模架的选用　根据型腔的布局，嵌件的尺寸为 120mm×100mm，模板边距约为 200mm，再考虑导柱、导套及连接螺钉布置应占的位置和采用的推出机构等，确定选用板面为 200mm×250mm、结构为直浇口基本型 C 型的模架（GB/T 12555—2006），定模座板和动模座板厚度均取 25mm。下面确定各模板的尺寸。

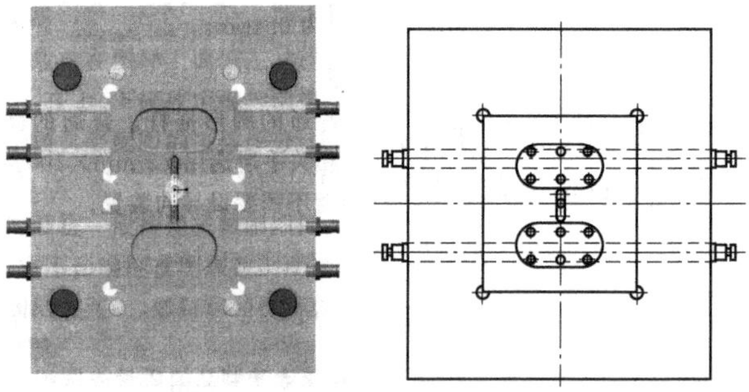

图 7-59　冷却通道布置

1）A 板尺寸。A 板为定模型腔板，制件高 12mm，在模板上还要开设冷却通道，冷却通道离型腔应有一定的距离，因此 A 板厚度取 50mm。

2）B 板尺寸。B 板是型芯固定板，在模板上也要开设冷却通道，冷却通道离型腔应有一定的距离，因此 B 板厚度取 40mm。

3）C 垫块尺寸。垫块厚度 = 推出行程 + 推板厚度 + 推杆固定板厚度 + (5～10) mm

$$= [12+10+15+(5\sim10)]\text{mm}$$

$$= 42\sim47\text{mm}$$

根据计算并查相关手册，垫块厚度取 60mm。

从选定模架可知，模架外形尺寸为

$$宽×长×高 = 200\text{mm}×250\text{mm}×200\text{mm}$$

模架标记为：模架　C 2025-50×40×50　GB/T 12555—2006

4. 注射机有关参数校核

（1）最大注射量的校核　为了保证正常的注射成型，注射机的最大注射量应大于制件的质量或体积（包括流道凝料）。注射机的实际注射量为注射机的理论注射容积的 80%以内。HTF60-Ⅱ注射机理论注射容积为 66cm^3，利用系数取 0.8，则实际注射量为 53cm^3。单个制件的体积 $V_s = 4.65\text{cm}^3$，浇注系统的体积 $V_j = 5\text{cm}^3$，所需注射量为 $(4.65×2+5)\text{cm}^3 = 14.3\text{cm}^3$。注射量符合要求。

（2）注射压力的校核　POM 所需注射压力 80～120MPa，注射机的注射压力为 236MPa，注射压力校核合格。

（3）锁模力校核　注射机的锁模力为 600kN，该制件所需锁模力为 141kN，锁模力校核合格。

（4）模具尺寸的校核

1）模具平面尺寸为 250mm×250mm，拉杆间距为 310mm×310mm，合格。

2）模具高度为 203mm，注射机对应的最大模厚为 330mm，最小模厚为 120mm，合格。

3）模具开模所需行程 = 10.5mm（型芯高度）+ 12mm（制件高度）+ (5～10) mm = (27.5～32.5) mm，注射机移动模板行程为 300mm，合格。

综合分析，所选注射机是合适的。

5. 绘制模具装配图、零件图

模具装配图如图 7-60 所示，型腔镶件图如图 7-61 所示，型芯镶件图如图 7-62 所示。

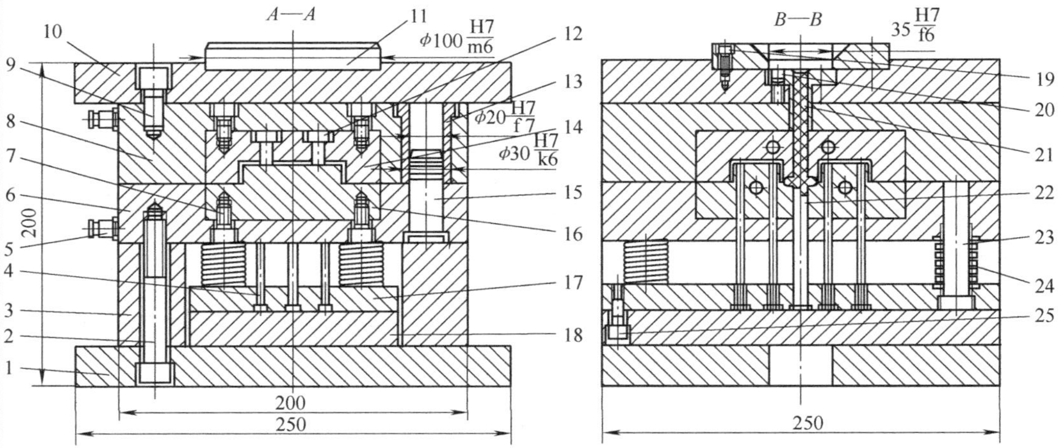

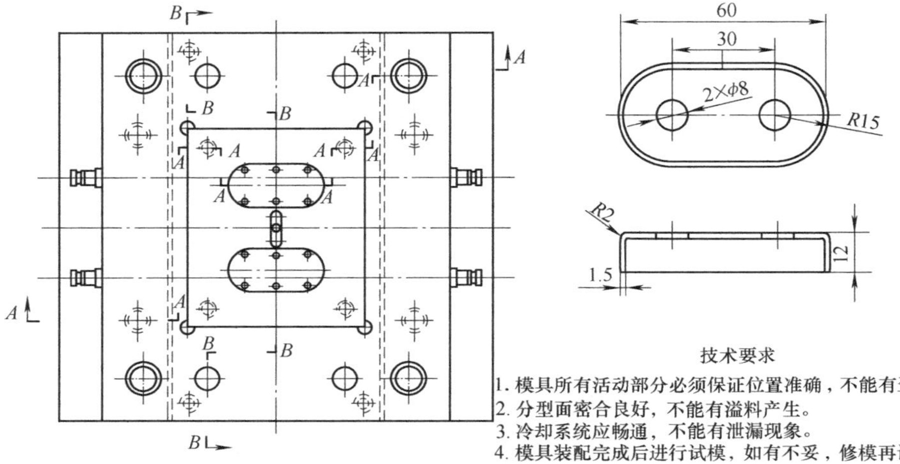

技术要求

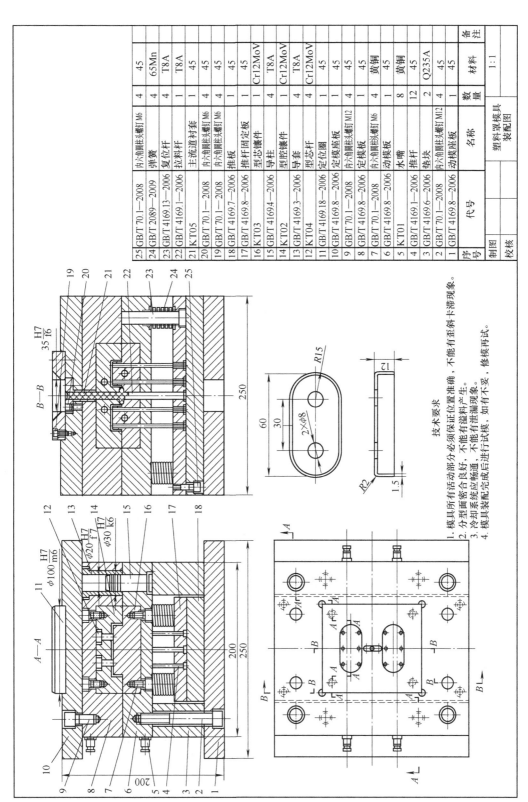

1. 模具所有活动部分必须保证位置准确，不能有歪斜卡滞现象。
2. 分型面密合良好，不能有溢料产生。
3. 冷却系统应畅通，不能有泄漏现象。
4. 模具装配完成后进行试模，如有不妥，修模再试。

序号	代号	名称	数量	材料	备注
25	GB/T 70.1—2008	内六角圆柱头螺钉 M6	4	45	
24	GB/T 2089—2009	弹簧	4	65Mn	
23	GB/T 4169.13—2006	复位杆	4	T8A	
22	GB/T 4169.1—2006	拉料杆	1	T8A	
21	KT05	主流道衬套	1	45	
20	GB/T 70.1—2008	内六角圆柱头螺钉 M6	4	45	
19	GB/T 70.1—2008	内六角圆柱头螺钉 M6	4	45	
18	GB/T 4169.7—2006	推板	1	45	
17	GB/T 4169.8—2006	推杆固定板	1	45	
16	KT03	型芯镶件	1	Cr12MoV	
15	GB/T 4169.4—2006	导柱	4	T8A	
14	KT02	型腔镶件	1	Cr12MoV	
13	GB/T 4169.3—2006	导套	4	T8A	
12	KT04	型芯杆	4	Cr12MoV	
11	GB/T 4169.18—2006	定位圈	1	45	
10	GB/T 4169.8—2006	定模座板	1	45	
9	GB/T 70.1—2008	内六角圆柱头螺钉 M12	4	45	
8	GB/T 4169.8—2006	定模板	1	45	
7	GB/T 70.1—2008	内六角圆柱头螺钉 M6	4	黄铜	
6	GB/T 4169.8—2006	动模板	1	45	
5	KT01	水嘴	8	黄铜	
4	GB/T 4169.1—2006	推杆	12	45	
3	GB/T 4169.6—2006	垫块	2	Q235A	
2	GB/T 70.1—2008	内六角圆柱头螺钉 M12	4	45	
1	GB/T 4169.8—2006	动模座板	1	45	
制图		塑料罩模具装配图		1:1	
校核					

图 7-60 塑料罩装配图

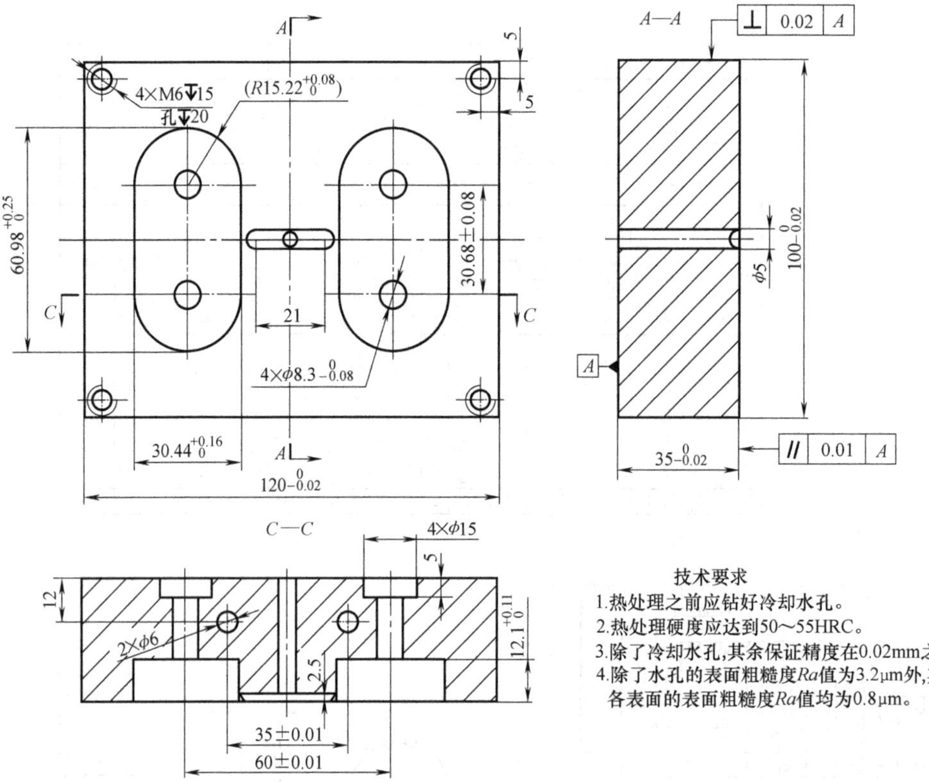

技术要求

1.热处理之前应钻好冷却水孔。
2.热处理硬度应达到50～55HRC。
3.除了冷却水孔,其余保证精度在0.02mm之内。
4.除了水孔的表面粗糙度*Ra*值为3.2μm外,其余各表面的表面粗糙度*Ra*值均为0.8μm。

图 7-61 型腔镶件图

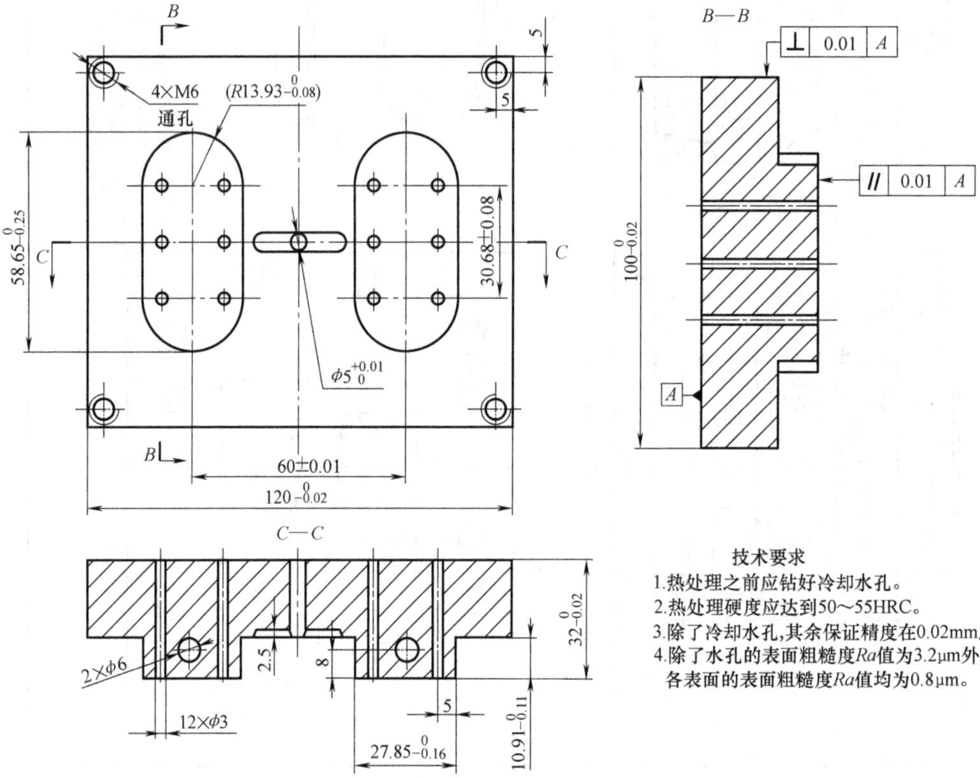

技术要求

1.热处理之前应钻好冷却水孔。
2.热处理硬度应达到50～55HRC。
3.除了冷却水孔,其余保证精度在0.02mm之内。
4.除了水孔的表面粗糙度*Ra*值为3.2μm外,其余各表面的表面粗糙度*Ra*值均为0.8μm。

图 7-62 型芯镶件图

思考与练习

1. 分型面的形式有哪些？分型面的作用是什么？

2. 单型腔和多型腔注射模的优缺点有哪些？

3. 平衡式和非平衡式型腔分布的特点是什么？

4. 根据图 7-63 所示的制件形状与尺寸，分别计算出型腔和型芯的有关尺寸（塑料收缩率取 0.005，模具制造误差取 $\Delta/3$）。

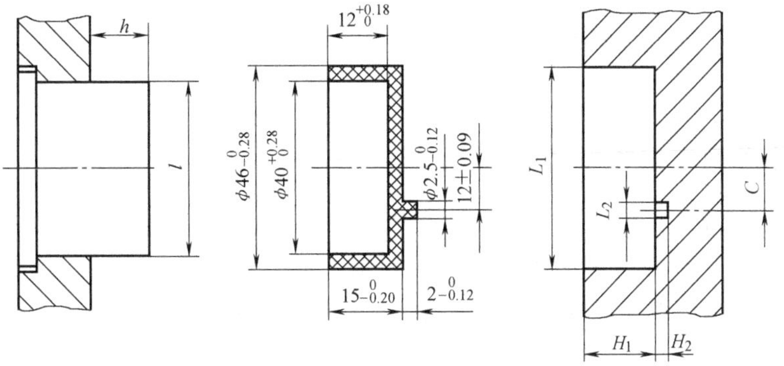

图 7-63 型腔和型芯尺寸计算

5. 一次推出机构有哪几种形式？各自的特点及适用场合是什么？

6. 如何确定模架的周界尺寸及模板厚度？

7. 简述标准模架的选择方法及步骤。

8. 注射模结构设计的内容有哪些？

9. 根据图 7-64 所示制件图，任选一题，完成单分型面注射模的设计任务。

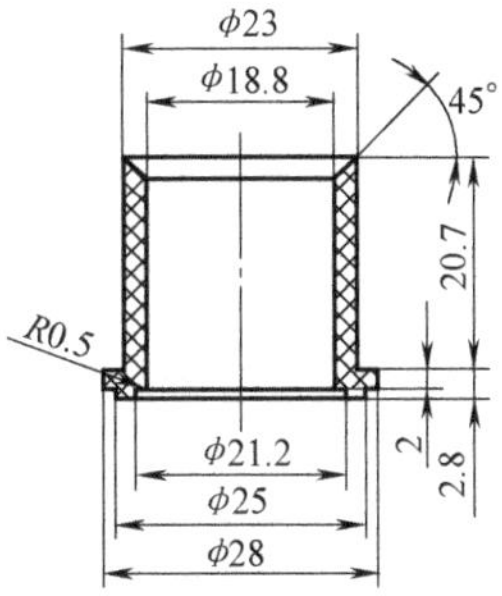

名称：轴套；材料：PA66；
未注公差按一般精度等级选用。

a) 工程轴套

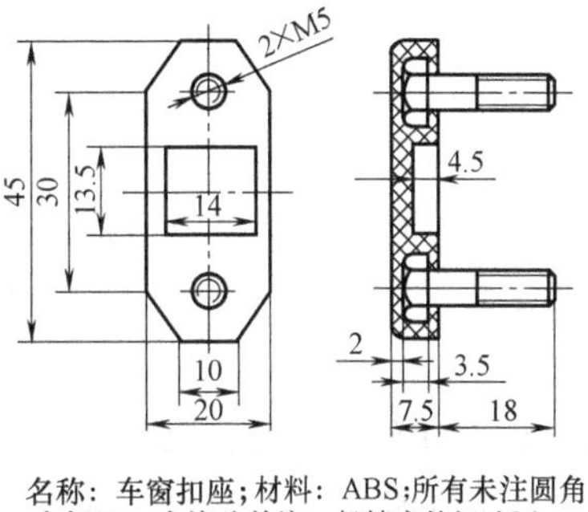

名称：车窗扣座；材料：ABS；所有未注圆角全部$R2$；未注公差按一般精度等级选用。

b) 车窗扣座

图 7-64 制件图

第 8 章　双分型面及侧抽芯注射模设计

8.1　双分型面注射模典型结构

8.1.1　双分型面注射模概述

许多塑料制件要求外观平整、光滑，不允许有较大的浇口痕迹，因此采用单分型面注射模中介绍的各种浇口形式均不能满足制件的要求，这就需要采用一种特殊的浇口——点浇口。图 8-1 所示为采用点浇口成型的塑料制件，其外观要求较高。

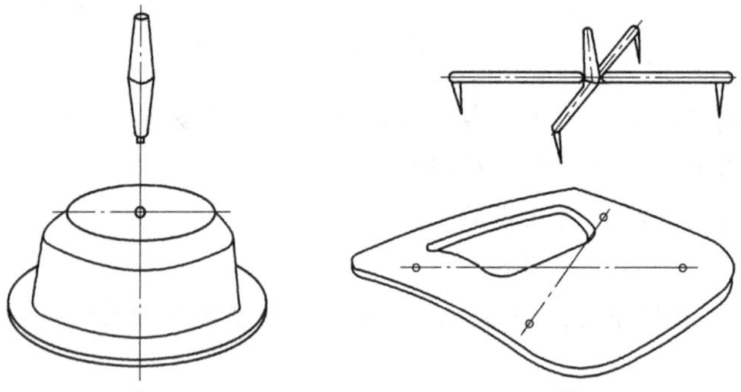

图 8-1　采用点浇口成型的塑料制件

由于点浇口为菱形，所以成型模具必须专门设置一个分型面用以取出浇注系统凝料，因此出现了双分型面注射模，一个分型面用于取出制件，另一个分型面用于取出浇注系统凝料。

1. 双分型面注射模工作过程

双分型面注射模泛指浇注系统凝料和制件由不同分型面取出的注射模，也称为三板式注射模。与单分型面注射模相比，双分型面注射模在定模部分增加了一块可以往复移动的中间板。也称为流道板。下面以图 8-2 为例说明双分型面注射模的工作过程。

图 8-2 所示为弹簧分型拉杆定距式双分型面注射模。*A—A* 为第一分型面，*B—B* 为第二分型面。开模时，注射机开合模系统带动动模部分后移，在弹簧 9 的作用下，模具首先在 *A—A* 分型面分型，中间板 10 随动模一起后移，主流道凝料随之被拉出。当动模部分移动一定距离后，固定在定距拉杆 8 端部的螺母与中间板 10 的端面接触，中间板停止移动。动模继续后移，*B—B* 分型面分型，制件包紧在型芯 12 上留在动模一侧，浇注系统凝料在浇口处

自行拉断，然后在 A—A 分型面之间由人工取出。动模继续后移，当注射机的顶杆接触推板 3 时，推出机构开始工作，在推杆 14 和推件板 7 的推动下制件从型芯 12 上被推出，并在 B—B 分型面之间自行落下。

2. 双分型面注射模的组成

如图 8-2 所示，双分型面注射模由以下几部分组成：

1）成型零部件，包括型芯 12、中间板 10。

2）浇注系统，包括浇口套 13、中间板 10、定模座板 11。

3）导向部分，包括导柱 15、定距拉杆 8 和导套 16。

4）推出装置，包括推杆 14、推杆固定板 4、推板 3 和推件板 7。

5）定距分型部分，包括定距拉杆 8 及其端部的螺母、弹簧 9。

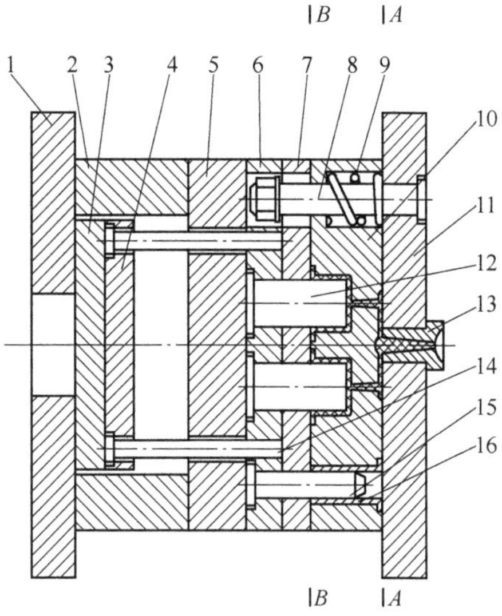

图 8-2　弹簧分型拉杆定距式双分型面注射模

1—动模座板　2—垫块　3—推板　4—推杆固定板　5—支承板　6—型芯固定板　7—推件板　8—定距拉杆　9—弹簧　10—中间板　11—定模座板　12—型芯　13—浇口套　14—推杆　15—导柱　16—导套

6）结构零部件，包括动模座板 1、支承板 5、型芯固定板 6 和定模座板 11。

3. 双分型面注射模的特点

与单分型面注射模相比，双分型面注射模具有如下特点：

1）采用点浇口的双分型面注射模可以在模内将制件和浇注系统凝料分离，为此应设计浇注系统凝料的脱出机构，保证将点浇口拉断，还要可靠地将浇注系统凝料从定模板或中间板上脱离。

2）为保证两个分型面的打开顺序和打开距离，要在模具上增加必要的辅助装置（即顺序分型或定距分型机构），因此模具结构较复杂。

8.1.2　常见双分型面注射模典型结构

1. 弹簧式双分型面注射模

弹簧式双分型面注射模利用弹簧机构控制双分型面注射模分型面的打开顺序。图 8-2 所示为弹簧分型拉杆定距式双分型面注射模。图 8-3 所示为弹簧分型拉板定距式双分型面注射模。

开模时，由于弹簧 9 的作用，中间板（单分型面注射模中的定模板）10 随动模后移，与定模座板 11 首先沿 A—A 分型面做定距分型，主流道凝料脱出浇口套（分型所需距离由拉板槽的长度确定，即取出浇注系统凝料所需的距离）。继续开模时，固定在中间板 10 上的限位销 17 与定距拉板 18 左端接触，使中间板停止移动，模具沿 B—B 分型面分型，因制件包紧在型芯上，点浇口被拉断，制件脱出型腔。推出机构动作，推件板将制件从 B—B 分型面推出（分型所需距离由制件高度加推出余量确定）。

2. 摆钩式双分型面注射模

图 8-4 所示为摆钩式双分型面注射模。该模具利用摆钩来控制 *A—A*、*B—B* 分型面的打开顺序，以保证点浇口浇注系统凝料和制件顺利脱出。在图 8-4 所示结构中，二次分型机构由挡块 19、摆钩 18、压块 17、转轴 16、弹簧 15 和定距螺钉 14 组成。开模时，由于固定在中间板 9 上的摆钩 18 拉住支承板 6 上的挡块 19，模具只能从 *A—A* 分型面分型，这时浇注系统凝料脱出浇口套。开模到一定距离后，压块 17 与摆钩 18 接触，在压块 17 的作用下摆钩 18 摆动并与挡块 19 脱开，中间板 9 在定距螺钉 14 的限制下停止移动，模具沿 *B—B* 分型面分型。在设计模具时，注意摆钩和压块要对称布置于模具两侧；摆钩拉住挡块的角度应取 1°~3°。在安装模具时，摆钩要水平放置，以保证摆钩在开模过程中的动作可靠。

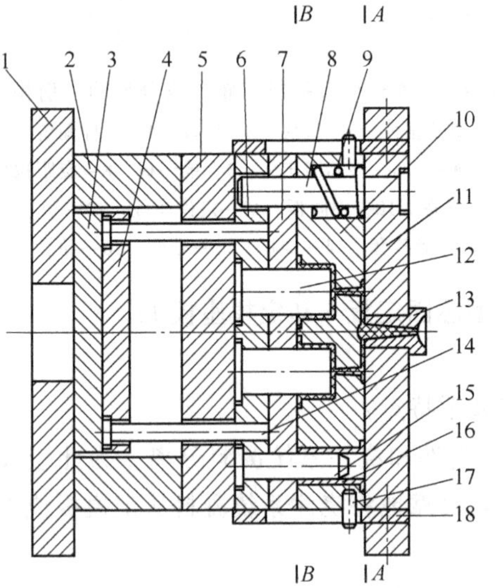

图 8-3　弹簧分型拉板定距式双分型面注射模

1—动模座板　2—垫块　3—推板　4—推杆固定板
5—支承板　6—型芯固定板　7—推件板　8—导柱
9—弹簧　10—中间板　11—定模座板　12—型芯
13—浇口套　14—推杆　15—导柱　16—导套
17—限位销　18—定距拉板

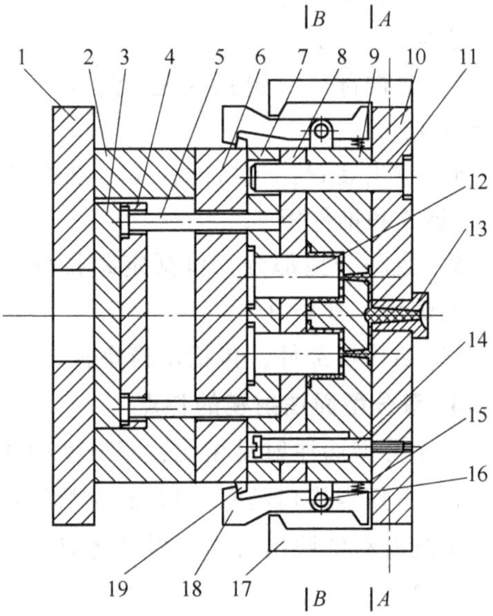

图 8-4　摆钩式双分型面注射模

1—动模座板　2—垫块　3—推板　4—推杆固定板
5—推杆　6—支承板　7—型芯固定板　8—推件板
9—中间板　10—定模座板　11—导柱　12—型芯
13—浇口套　14—定距螺钉　15—弹簧　16—转轴
17—压块　18—摆钩　19—挡块

3. 导柱定距式双分型面注射模

图 8-5 所示为导柱定距式双分型面注射模。开模时，由于弹簧顶销 16 的作用中间板 10 与动模部分联为一体，模具首先沿 *A—A* 分型面分型。当定距导柱 8 上的凹槽与定距螺钉 9 相碰时，中间板停止移动，强迫弹簧顶销 16 退出导柱 15 的半圆槽。接着，模具在 *B—B* 分型面分型。继续开模时，在推杆 14 的作用下，推件板 7 将制件推出。这种结构中的定距导柱，既起定距作用，又对中间板起支承和导向作用，使模板上的杆孔大为减少。对模具结构比较紧凑的小型模具来说，这种结构是经济合理的。

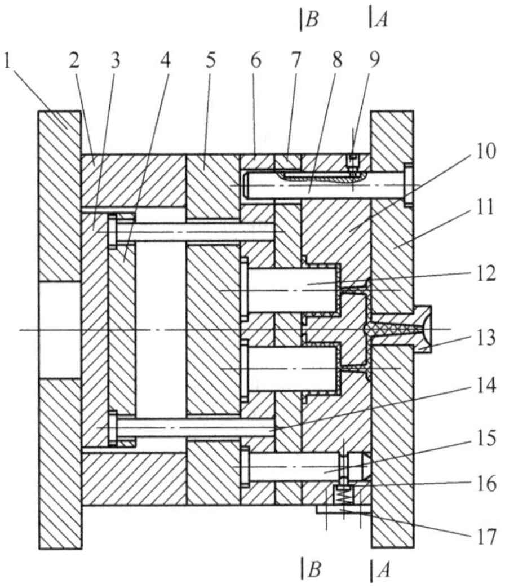

图 8-5　导柱定距式双分型面注射模

1—动模座板　2—垫块　3—推板　4—推杆固定板　5—支承板　6—型芯固定板　7—推件板　8—定距导柱　9—定距螺钉　10—中间板　11—定模座板　12—型芯　13—浇口套　14—推杆　15—导柱　16—弹簧顶销　17—压块

8.2　双分型面注射模浇注系统的设计

8.2.1　点浇口浇注系统设计

双分型面注射模采用的浇注系统为点浇口浇注系统。点浇口又称为针点浇口，是一种截面尺寸很小的浇口，因而具有许多明显的优点：

1）由于浇口尺寸小，熔体流经浇口的速度明显增加，这使得熔体受到的剪切速率提高，熔体表观黏度下降。同时，由于高速摩擦生热，熔体温度升高，黏度下降，这使熔体的流动性提高，有利于熔体充填型腔。

2）便于控制浇口凝固时间，既可保证补料，又可防止倒流，保证了产品质量，缩短了成型周期，提高了生产率。

3）点浇口浇注系统脱模时，浇口与制件自动分开，这便于实现制件生产过程的自动化。

4）浇口痕迹小，容易修整，制件的外观质量好。

但是，点浇口也有一些不足之处，如对注射压力要求高，模具结构复杂，不适合高黏度、高热敏性以及对剪切速率不敏感的塑料等。

1. 点浇口的形式

点浇口的形式有许多种，如图 8-6 所示。图 8-6a 为直接式点浇口，直径为 d 的圆锥形小端直接与制件相连。这种结构加工方便，但模具浇口处的强度差，而且在拉断浇口时容易使制件表面损伤。图 8-6b 为圆锥过渡式点浇口，其圆锥形的小端有一段直径为 d、长度为 l 的浇口与制件相连，这种形式的浇口直径 d 不能太小，浇口长度 l 不能太长，否则脱模时浇口凝料会断裂而堵塞浇口，影响注射的正常进行。图 8-6c 为带圆角的圆锥过渡式点浇口，其结构为圆锥形的小端带有圆角的形式，因此小端的截面积相应增大，塑料冷却减慢，有利于塑料熔体经浇注系统充满型腔。图 8-6d 为圆锥过渡凸台式点浇口，其特点是点浇口底部增加了一个小凸台，作用是保证脱模时浇口断裂在凸台小端处，使制件表面不受损伤，但制件表面留有凸台，影响表面质量，为了防止这种缺陷，可在设计时让小凸台低于制件表面，如图 8-6e 所示。

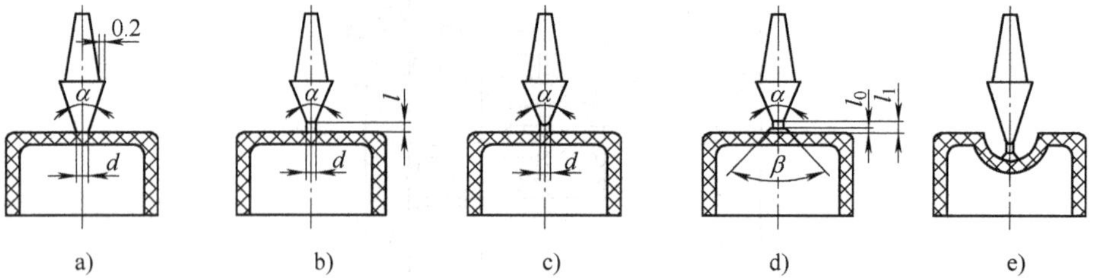

图 8-6　点浇口的形式

点浇口按使用位置关系可分为两种，一种是与主流道直接接通，如图 8-6 所示的点浇口，这种浇口也称为菱形浇口。由于熔体由注射机喷嘴很快进入型腔，只能用于对温度稳定的物料，如 PE 和 PS 等。另一种是使用较多的经分流道的多点进料的点浇口，如图 8-7 所示。

2. 点浇口尺寸

点浇口的尺寸如图 8-6 所示。

$d=0.5\sim1.5$mm，最大不超过 2mm；

$l=0.5\sim2.0$mm，常取 $1.0\sim1.5$mm；

$l_0=0.5\sim1.5$mm；$l_1=1.0\sim2.5$mm；

$\alpha=6°\sim35°$；$\beta=60°\sim120°$。

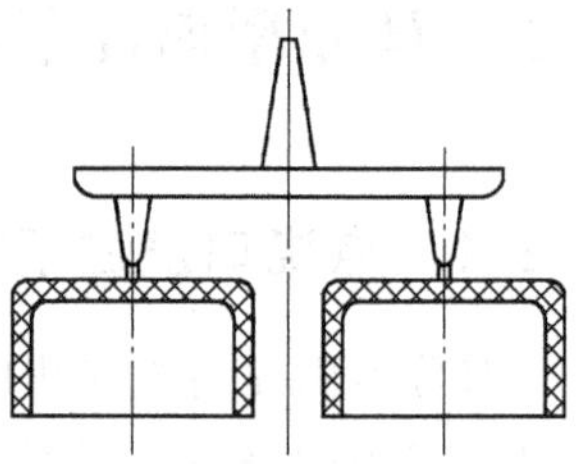

图 8-7　多点进料的点浇口形式

点浇口的直径也可以用经验公式计算，即

$$d=(0.14\sim0.20)\sqrt[4]{\delta^2 A} \tag{8-1}$$

式中　d——点浇口的直径（mm）；

δ——制件在浇口处的壁厚（mm）；

A——型腔表面积（mm^2）。

表 8-1 列出了几种常用塑料按制件平均壁厚确定的点浇口直径尺寸，供设计时参考。

表 8-1　点浇口直径尺寸　（单位：mm）

塑料种类 \ 壁厚	<1.5	1.5~3	>3
PS、PE	0.5~0.7	0.6~0.9	0.8~1.2
PP	0.6~0.8	0.7~1.0	0.8~1.2
PS-HI、ABS、PMMA	0.8~1.0	0.9~1.8	1.0~2.0
PC、POM、PPO	0.9~1.2	1.0~1.2	1.2~1.6
PA	0.8~1.2	1.0~1.5	1.2~1.8

8.2.2　浇注系统的推出机构设计

为了便于点浇口浇注系统凝料的取出，在双分型面注射模典型结构的基础上，又增加了浇注系统凝料自动推出机构，主要有单型腔点浇口凝料自动推出机构和多型腔点浇口凝料自动推出机构。

1. 单型腔点浇口浇注系统凝料的推出机构

在图 8-8 所示的带活动浇口套的挡板推出机构中，浇口套 7 以 H8/f8 的间隙配合安装在定模座板 5 中，外侧有弹簧 6，如图 8-8a 所示。当注射机喷嘴注射完毕离开浇口套 7 后退一段距离时，弹簧 6 的作用使浇口套与主流道凝料分离（松动）。开模后，推料板（流道推板）3 先与定模座板 5 分型，主流道凝料从浇口套中脱出；当限位螺钉 4 起限位作用时，此过程分型结束，而推料板 3 与定模板 1 开始分型，直至限位螺钉 2 限位时，推料板 3 将浇注系统凝料从定模板 1 中拉出（图 8-8b），浇注系统凝料在自重作用下自动脱落。接着动、定模的主分型面开始分型。

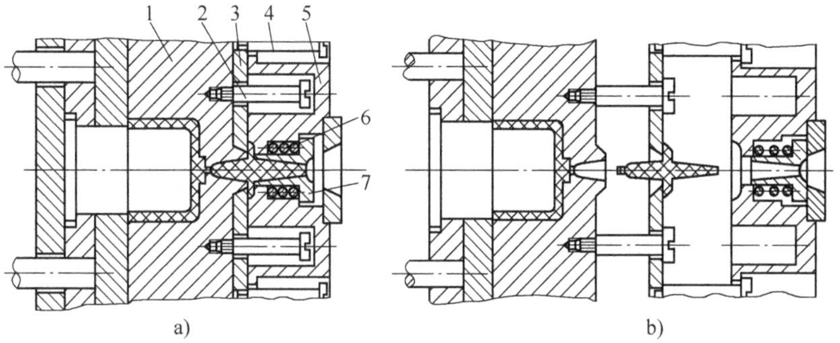

图 8-8　带活动浇口套的挡板推出机构

1—定模板　2、4—限位螺钉　3—推料板　5—定模座板　6—弹簧　7—浇口套

2. 多型腔点浇口浇注系统凝料的推出机构

图 8-9 所示是利用分流道拉料杆拉断点浇口凝料的推出结构。开模时，由于分流道拉料

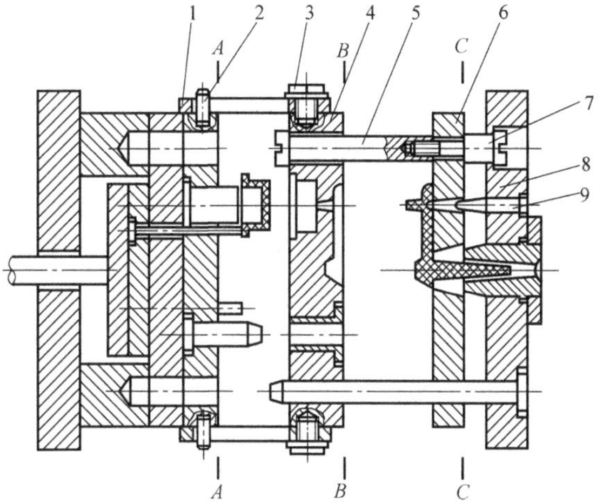

图 8-9　利用分流道拉料杆拉断点浇口凝料的推出机构

1—拉板　2—限位销　3—螺钉　4—定模板　5—拉杆　6—推料板　7—限位螺钉　8—定模座板　9—分流道拉料杆

杆 9 的作用，模具首先沿动、定模主分型面 A—A 分型；动模后退一定距离后，限位销 2 与拉板 1 的槽底面接触，在拉板 1 的作用下，沿 B—B 分型面分型，推料板 6（分流道推板）与定模板 4 分开，由于主流道和分流道凝料的脱模阻力，以及在定模座板 8 上设置有分流道拉料杆 9，使点浇口凝料被滞留在推料板 6 上。当拉杆 5 与限位螺钉 7 拉动推料板 6 时，凝料脱出主流道和分流道拉料杆 9，并依靠自重而坠落。

8.3　双分型面注射模设计实例

1. 设计任务

设计如图 8-10 所示塑料糖盒的注射模。技术要求如下：

1）材料：PS。

2）产量：10 万件。

3）未注圆角为 R1mm，除口部外，壁厚均为 2mm。

4）要求制件表面不得有气孔、熔接痕、飞边等缺陷，不得有明显的浇口痕迹。

2. 制件成型工艺分析

（1）制件的原材料分析　聚苯乙烯（PS）无色、透明、有光泽、无毒、无味，密度为 1.054g/cm^3。聚苯乙烯是目前最理想的高频绝缘材料，可以与熔融的石英相媲美。它的化学稳定性良好，能耐碱、硫酸、磷酸、浓度为 10%～30%的盐酸、稀醋酸及其他有机酸，但不耐硝酸及氧化剂的作用，对水、乙醇、汽油、植物油及各种盐溶液也有足够的抗腐蚀能力。它的耐热性差，只能在不高的温度下使用，质地硬而脆，制件易因内应力而开裂。聚苯乙烯的透明性很好，透光率很高，化学性能仅次于有机玻璃。其着色性能优良，能染成各种鲜艳的色彩。

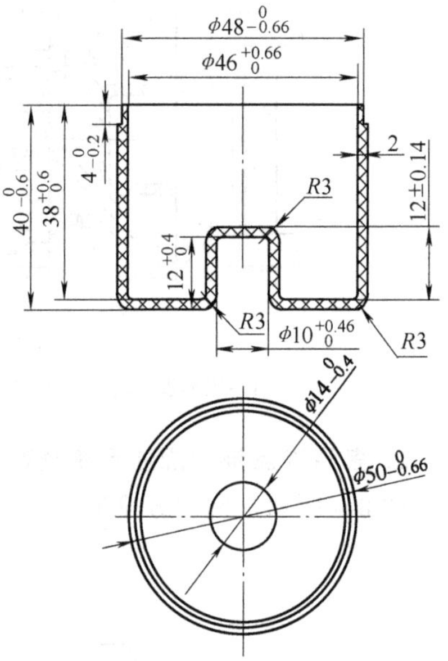

图 8-10　塑料糖盒

（2）制件的结构工艺性分析

1）制件的尺寸分析。制件为圆形壳体，腔体高为 40mm，盒的口部有一台阶，壁厚为 1mm，其余部分壁厚均为 2mm，属薄壁制件。制件圆角为 R1mm、R3mm，可以提高模具强度、改善熔体的流动情况，便于脱模。

2）制件的精度分析。制件有 10 个尺寸标注公差，依据 GB/T 14486—2008 为 MT3 级精度，属于一般精度。

3）制件的表面质量分析。制件表面不得有气孔、熔接痕、飞边等缺陷，表面粗糙度可取 Ra1.6μm。

通过以上分析可知，制件可采用注射成型生产。又因产量为 10 万件，属于大批量生产，所以采用注射成型具有较高的经济效益。

3. 确定型腔数目和排列方式

（1）型腔数目的确定　该制件精度要求一般，尺寸不大，可以采用一模多腔的形式。

考虑到模具制造成本和生产率，定为一模四腔的模具形式。

(2) 型腔排列方式的确定　该制件为规则的圆柱形，型腔采用如图 8-11b 所示的两行两列的矩形排列方式（45°分布）。

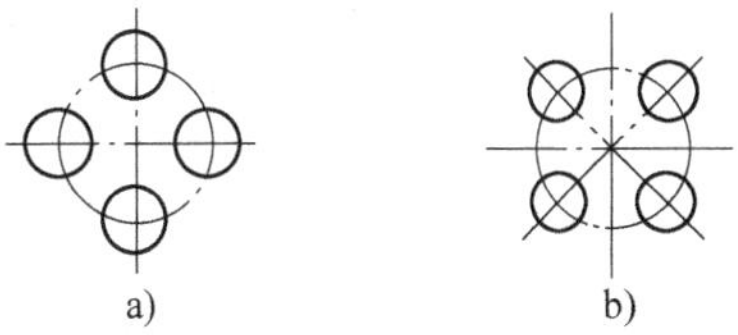

图 8-11　型腔排列方式

4. 注射机的选择

(1) 计算制件的体积和质量　经 NX 软件测得单个制件的体积为 14.25cm^3，4 个制件的体积为 57cm^3，按经验公式计算得塑料原料总体积 $V=1.6\times57cm^3=91.2cm^3$。

PS 的密度为 1.05g/cm^3，则质量 $m=1.05\times91.2g=95.76g$。

(2) 锁模力的计算　经 NX 软件测得单个制件在分型面上的投影面积为 1962.5mm^2，4 个制件的投影面积为 7850mm^2。按经验公式计算得总面积 $A=1.35\times7850mm^2=10597.5mm^2$。聚苯乙烯（PS）成型时型腔的平均压力为 25MPa（查表 6-5），故所需锁模力为

$$F_m=10597.5\times25N=264937.5N\approx265kN$$

(3) 初选注射机的型号　根据上述计算，查附录 F 初步选择注射机 HTF90，注射机主要技术参数见附录 F。

5. 模具结构设计

(1) 分型面的选择　首先确定模具的开模方向为制件的高度方向，根据分型面应选择在制件外形的最大轮廓处的原则，则此模具的分型面选在盒体口部 4mm 台阶处。

(2) 确定模具总体结构类型　由于点浇口的浇口痕迹小，不会在制件表面留下明显的浇口痕迹，且点浇口可以自动拉断，利于自动化生产，因此本设计采用点浇口浇注系统，即三板模结构，模具总体结构类型为双分型面注射模。

(3) 浇注系统的设计　型腔布局为 1 模 4 件，点浇口浇注系统。浇注系统包括主流道、分流道、浇口、冷料穴。

1) 主流道设计。根据所选注射机，主流道小端直径为

$$d=[3+(0.5\sim1)]mm，取\ d=4mm$$

主流道球面半径为

$$SR=[10+(1\sim2)]mm，取\ SR=11mm$$

2) 浇口套设计。将浇口套和定位圈设计成分体式，考虑到定模板和定模座板的厚度，主流道长度取 60mm。主流道设计成圆锥形，锥角 $\alpha=5°$，表面粗糙度 $Ra0.8\mu m$。浇口套材料采用 T10A 钢，热处理淬火后表面硬度为 53～57HRC。

3) 分流道设计。分流道采用平衡式布置，塑料熔体由中心向四周分散而出（沿 45°方向）。采用两级分流道对称分布。考虑浇口的位置，第一级分流道长度取 45mm，第二级分流道长度取 39mm。

考虑加工、安装方便，确定第一级分流道采用半圆形截面，第二级分流道采用圆锥形截面。根据 PS 塑料的流动性，取 $d=5mm$。圆锥形截面大端直径取 5mm，小端直径和点浇口尺寸一致。

4) 浇口设计。采用点浇口，查表 8-1，对于塑料 PS，制件壁厚 2mm，点浇口直径取 $d=1mm$，浇口长度取 $l=1mm$，$\alpha=11°$，如图 8-12 所示。

5) 冷料穴和拉料杆设计。本模具设有二级分流道，流程较长，在主流道末端需设置冷

料穴。其直径大于主流道大端直径，取 6mm，长度取 10mm。采用球形拉料杆，直径取 6mm，固定在动模板上。

（4）排气系统设计　由于此模具属于中小型模具，且模具结构较为简单，可利用模具分型面和模具零件间的配合间隙自然地排气，间隙通常为 0.02～0.03mm，不必设排气槽。

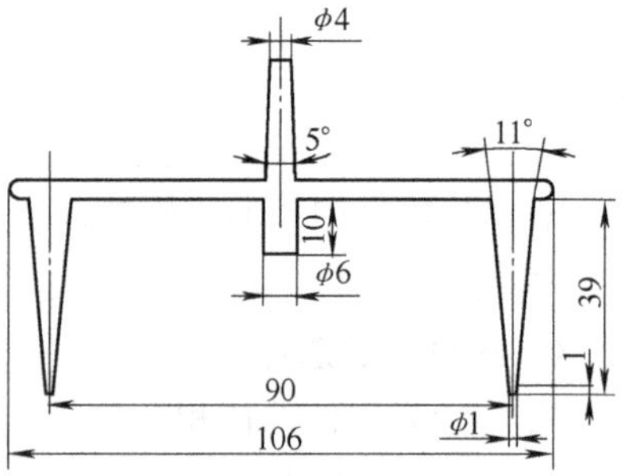

图 8-12　浇注系统

（5）成型零件设计

1）成型零件结构设计。型腔和型芯的结构有两种基本形式，即整体式与组合式。考虑到制件大批量生产，应选用优质模具钢，为节省贵重钢材，型腔和型芯都宜采用组合式结构。此外，组合式结构还可减少热处理变形、利于排气、便于模具的维修。

① 型腔。制件表面光滑，无其他特殊结构。单个制件的尺寸为 φ50mm×40mm，考虑到 1 模 4 腔及冷却系统和结构零件的设置，型腔镶件尺寸取 180mm×180mm×50mm。为了安装方便，在定模板上开设相应的型腔切口，并在直角上钻直径为 φ12mm 的孔以便装配，如图 8-13 所示。

② 型芯。与型腔相对应，型芯分割为 4 个，如图 8-14 所示。

图 8-13　型腔镶件

图 8-14　型芯

2）型芯、型腔工作尺寸计算。对于标注公差的型芯、型腔尺寸按相应公式进行尺寸计算，其余则按简化公式计算。查表可知，PS 通用型的收缩率 $S_{min}=0.5\%$，$S_{max}=0.6\%$，则其平均收缩率为

$$S_{cp}=(S_{min}+S_{max})/2=(0.5\%+0.6\%)=0.55\%$$

根据制件尺寸公差要求，模具的尺寸公差取制件公差的 1/3。型芯、型腔等工作尺寸计算见表 8-2。

表 8-2　成型零件工作尺寸计算　　（单位：mm）

类别	序号	径向或高度尺寸	制件尺寸	计算公式	型腔或型芯的工作尺寸
型腔的计算	1	型腔径向尺寸	$\phi50_{-0.66}^{0}$	$L_M=\left(L_S+L_S S_{cp}-\frac{3}{4}\Delta\right)_{0}^{+\delta_z}$	$\phi49.78_{0}^{+0.22}$
			$\phi48_{-0.66}^{0}$		$\phi47.77_{0}^{+0.22}$
			$\phi14_{-0.40}^{0}$		$\phi13.78_{0}^{+0.13}$
		型腔高度尺寸	$40_{-0.60}^{0}$	$H_M=\left(H_S+H_S S_{cp}-\frac{2}{3}\Delta\right)_{0}^{+\delta_z}$	$39.82_{0}^{+0.20}$
			$4_{-0.20}^{0}$		$3.89_{0}^{+0.07}$

（续）

类别	序号	径向或高度尺寸	制件尺寸	计算公式	型腔或型芯的工作尺寸
型芯的计算	2	型芯径向尺寸	$\phi46^{+0.66}_{0}$	$l_M=\left(l_S+l_S S_{cp}+\frac{3}{4}\Delta\right)^{0}_{-\delta_z}$	$\phi46.75^{0}_{-0.22}$
			$\phi10^{+0.46}_{0}$		$\phi10.40^{0}_{-0.15}$
		型芯高度尺寸	$38^{+0.60}_{0}$	$h_M=\left(h_S+h_S S_{cp}+\frac{2}{3}\Delta\right)^{0}_{-\delta_z}$	$38.61^{0}_{-0.20}$
			$12^{+0.40}_{0}$		$12.33^{0}_{-0.13}$
孔距	型孔之间的中心距		12±0.14	$C_M=(C_S+C_S S_{cp})\pm\frac{\delta_z}{2}$	12.07±0.05

（6）冷却系统设计　注射模的温度对塑料熔体的充模流动、固化定型、生产率以及制件的形状和尺寸精度都有重要的影响，因此应设置冷却系统。

冷却通道设计如图 8-15 所示。型腔上采用直流循环式冷却装置，沿镶件四周开设冷却通道，通道直径为 8mm，如图 8-15a 所示。型芯大而高，故采用隔板式冷却装置，在支承板上开设冷却通道，通道直径为 8mm，如图 8-15b 所示。

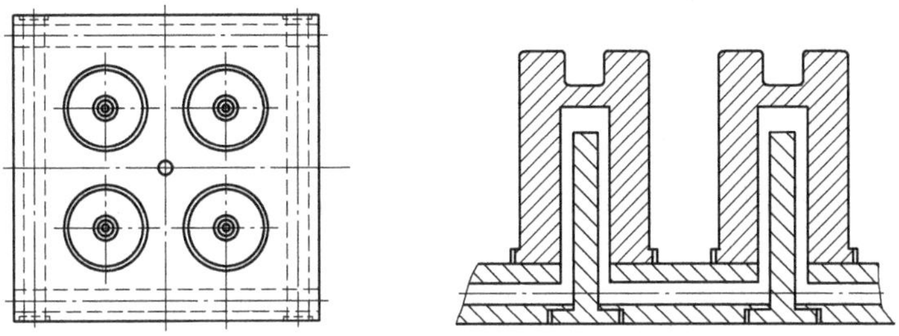

a)　　b)

图 8-15　冷却通道

（7）推出机构设计　采用推件板（见图 8-18 中件 26 推件板，件 16 推杆）推出机构。件 26 推件板同时还用于成型制件口部高度为 4mm 的台阶，因脱模时台阶会影响制件的自动坠落。

（8）模架的选择　设计采用 GB/T 12555—2006 标准模架。

1）确定模架组合形式。选择点浇口基本型 DA 型。

2）计算型腔模板周界尺寸。模板周界尺寸应包括镶件尺寸与镶件型腔到模板边距 40mm。

$$\text{长度}\quad L=(180+40+40)\text{mm}=260\text{mm}$$

$$\text{宽度}\quad W=(180+40+40)\text{mm}=260\text{mm}$$

考虑到导柱、定距拉杆、联接螺钉布置等问题，确定模板周界尺寸为 315mm×315mm。

3）确定模板厚度。

A 板（定模板）：制件高度为 40mm，考虑模板上需开设冷却通道，则 A 板厚度 = 型腔深度+底板厚度 = (40+20) mm = 60mm，选取标准值 A = 60mm。

B 板（动模板）：用来固定型芯，采用整体嵌入式，型芯高度为 36mm，则型芯嵌入 B 板的厚度在 18～36mm 之间，台阶高度取 5～8mm，考虑模板上需开设冷却通道，标准化后取 B = 40mm。

H_3 板（支承板）：取 H_3 = 40mm。

C 板（垫块）：形成推出机构的移动空间，其厚度 = 推板厚度+推杆固定板厚度+制件推出距离，保证将制件完全推离型芯。此模架推板厚度 $H_6=20$mm，推杆固定板厚度 $H_5=16$mm，制件推出距离=型芯高度+(5~10)mm=40mm+(5~10)mm，取推出距离为 50mm，则 C 板厚度=86mm。标准化后取 $C=90$mm。

6. 注射机的校核

(1) 最大注射量　已知制件和浇注系统的体积 $V_s+V_j=91.2\text{cm}^3$，注射机理论注射容积 $V_{max}=121\text{cm}^3$，K 取 0.8，则 $V_s+V_j<KV_{max}$，注射量满足要求。

(2) 注射压力　已知 PS 塑料所需的注射压力 $p=70\sim120$MPa，注射机的注射压力 $p=249$MPa；注射压力满足要求。

(3) 锁模力　依据锁模力校核公式 $F_P \geqslant F_m$，注射机 $F_P=900$kN，$F_m=265$kN，锁模力满足要求。

(4) 安装部分尺寸

1) 喷嘴圆弧半径 10mm<浇口套圆弧半径 11mm。

2) 喷嘴孔直径 3mm<主流道小端直径 4mm。

3) 定位孔直径 100mm=定位圈外径 100mm。

4) 拉杆有效间距 360mm×360mm>模具外形 315mm×315mm。

5) 最小模厚 150mm<模具厚度 273mm<最大模厚 380mm。

综上，安装部分尺寸满足要求。

(5) 开模行程　开模行程=100mm，注射机移模行程为 320mm；则有开模行程<注射机移模行程；开模行程满足要求。

7. 装配图和零件图的绘制

糖盒注射模的型芯零件图如图 8-16 所示，凹模镶件零件图如图 8-17 所示，注射模装配图如图 8-18 所示。

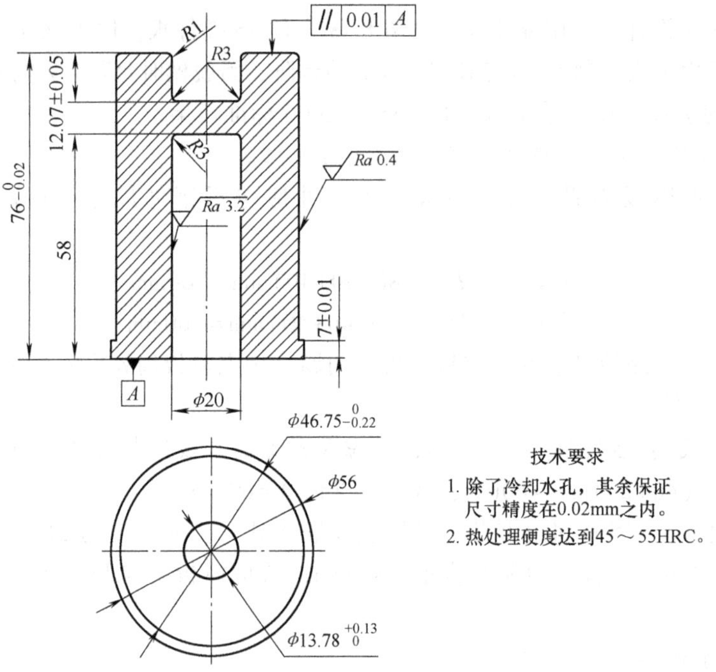

图 8-16　型芯零件图

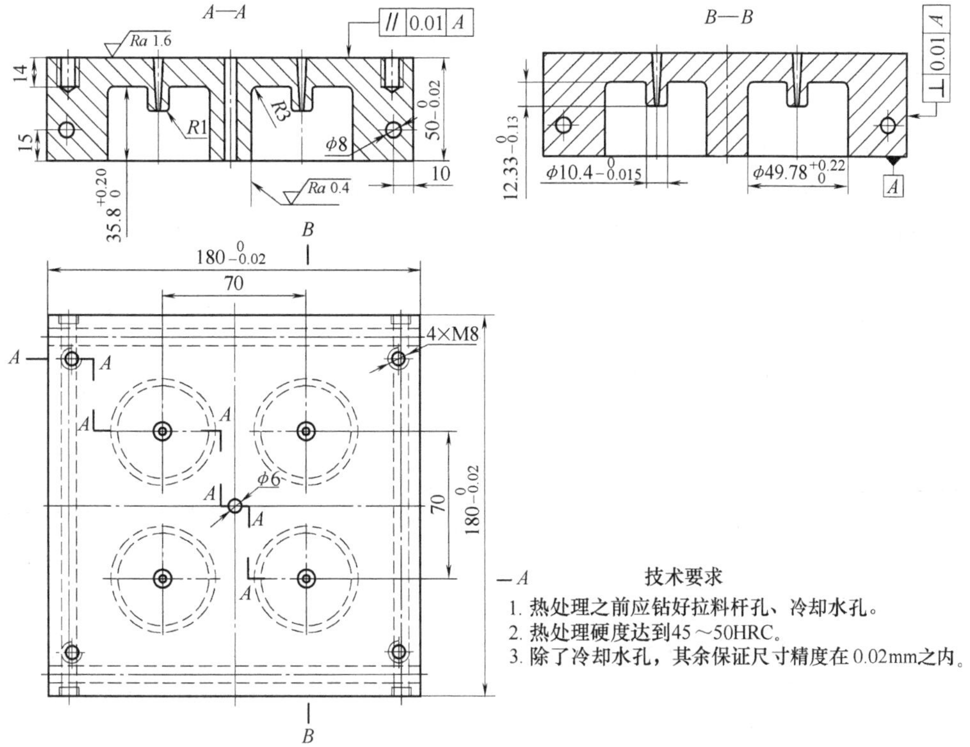

图 8-17　凹模镶件零件图

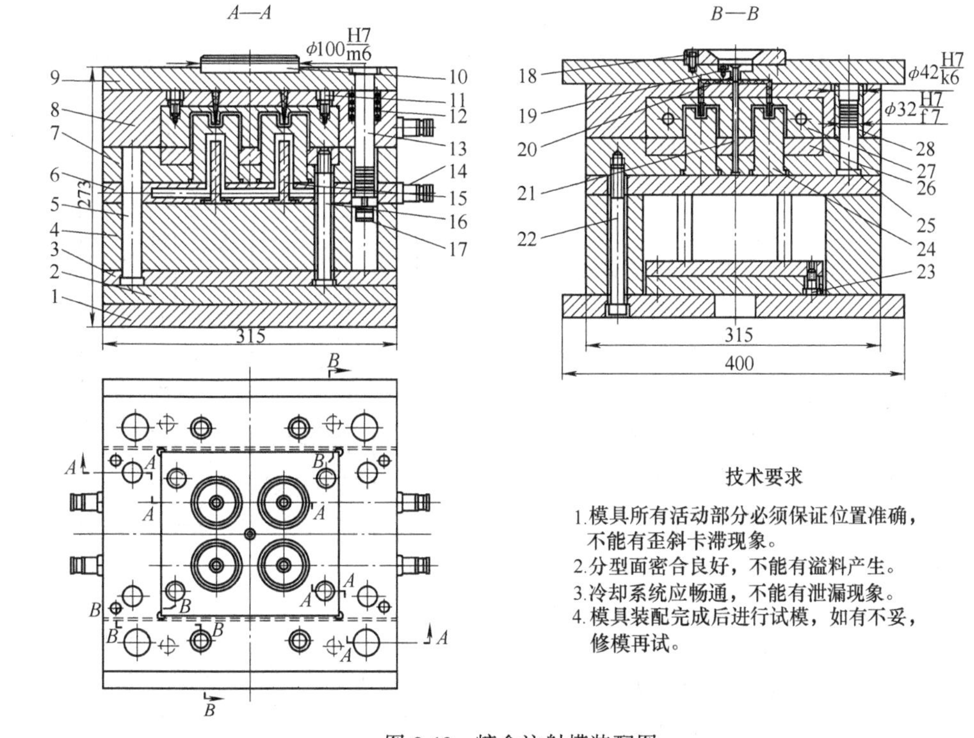

图 8-18　糖盒注射模装配图

1—动模座板　2—推板　3—推杆固定板　4—垫块　5—复位杆　6—支承板　7—动模板　8—定模板　9—定模座板　10—定位圈　11、18、19、22、23—内六角螺钉　12—弹簧　13—定距拉杆　14—水嘴　15—隔板　16—推杆　17—螺钉　20—主流道衬套　21—拉料杆　24—型芯（动模镶件）　25—导柱　26—推件板　27—凹模镶件　28—导套

8.4 斜导柱侧抽芯注射模典型结构

当注射成型侧壁带有孔、凹坑、凸台的制件时，模具上成型该处的零件就必须制成可侧向移动的零件，称为活动型芯。在制件脱模前必须先将活动型芯抽出，否则就无法脱模。带动活动型芯侧向移动（抽拔与复位）的整个机构称为侧向分型与抽芯机构，简称侧抽芯机构。根据动力来源不同，侧抽芯机构一般可分为机动、液压或气动以及手动三大类型。

侧向分型与抽芯注射模种类很多，本节只介绍斜导柱侧抽芯注射模的有关设计内容。

8.4.1 斜导柱侧抽芯注射模结构组成

1. 斜导柱侧抽芯机构概述

斜导柱侧抽芯机构是利用斜导柱等零件把开模力传递给侧型芯，使之产生侧向运动进而完成侧向抽芯动作。这类侧抽芯机构的特点是结构紧凑、动作安全可靠、加工制造方便，是设计和制造注射模侧抽芯时最常用的机构，但它的抽芯力和抽芯距受到模具结构的限制，一般适用于抽芯力不大及抽芯距小于 80mm 的场合，如图 8-19 所示。

2. 斜导柱侧抽芯机构的组成

斜导柱侧抽芯机构主要由斜导柱、侧型芯滑块、导滑槽、楔紧块和侧型芯滑块定距限位装置等组成，如图 8-19 所示。

斜导柱 10 又叫斜销，它是靠开模力来驱动从而产生侧向抽芯力，迫使侧型芯滑块在导滑槽内向外移动，达到侧抽芯的目的。

侧型芯滑块 11 是成型制件上侧凹或侧孔的零件，滑块与侧型芯既可做成整体式，也可做成组合式。

导滑槽是维持滑块运动方向的支承件，要求滑块在导滑槽内运动平稳，无上下窜动和卡紧现象。

使型芯滑块在抽芯后保持最终位置的限位装置由限位挡块 5、滑块拉杆 8、螺母 6 和弹簧 7 组成，它可以保证合模时斜导柱能准确地插入滑块的斜孔，使滑块复位。

楔紧块 9 是合模锁紧装置，其作用是在合模时使侧型芯滑块复位锁紧，在注射成型时承受滑块传来的侧推力，以免滑块产生位移。

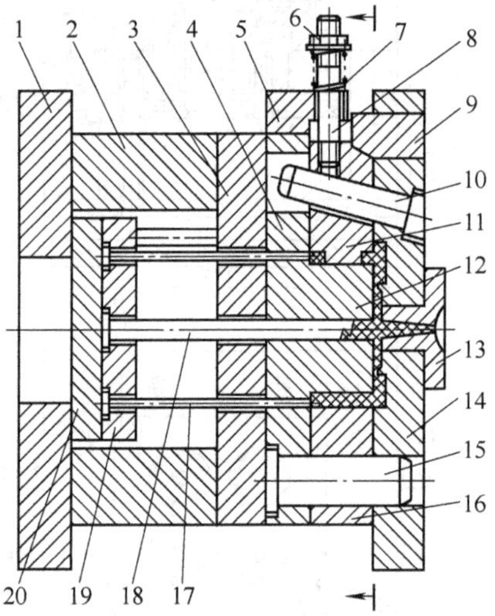

图 8-19 斜导柱侧抽芯机构

1—动模座板 2—垫块 3—支承板 4—动模板 5—限位挡块 6—螺母 7—弹簧 8—滑块拉杆 9—楔紧块 10—斜导柱 11—侧型芯滑块 12—型芯 13—浇口套 14—定模座板 15—导柱 16—型腔板 17—推杆 18—拉料杆 19—推杆固定板 20—推板

3. 斜导柱侧抽芯机构的工作过程

如图 8-19 所示，开模时，动模部分向后移动，开模力通过斜导柱 10 驱动侧型芯滑块 11，迫使其在动模板 4 上的导滑槽内向外滑动，直至滑块与制件完全脱开，完成侧向抽芯动作。这时制件包在型芯 12 上随动模继续后移，直到注射机顶杆与模具推板接触，推出机构开始工作，推杆将制件从型芯上推出。合模时，复位杆使推出机构复位，斜导柱使侧型芯滑块向内移动复位，最后由楔紧块锁紧。

8.4.2　斜导柱侧抽芯机构应用形式

1. 斜导柱安装在定模、侧滑块安装在动模

斜导柱安装在定模、滑块安装在动模的结构，是斜导柱侧抽芯机构应用最广泛的形式。它既可用于结构比较简单的注射模，也可用于结构比较复杂的双分型面注射模。图 8-19 所示属于单分型面注射模的应用形式。

这种形式在设计时必须注意，侧型芯滑块与推杆在合模复位过程中不能发生“干涉”现象。所谓干涉现象，是指滑块的复位先于推杆的复位，致使侧型芯与推杆相碰撞，造成活动侧型芯或推杆损坏的事故。侧型芯与推杆发生干涉的条件是两者在垂直于开模方向的平面上的投影发生重合，如图 8-20 所示。

在模具结构允许的情况下，应尽量避免在侧型芯的投影范围内设置推杆。如果受到模具结构的限制而在侧型芯的投影下方一定要设置推杆，应首先考虑能否使推杆在推出一定距离后其顶端仍低于侧型芯的底面；当这一条件不能满足时，就必须分析产生干涉的临界条件和采取措施，使推出机构先复位，然后才允许侧型芯滑块复位，这样才能避免干涉。

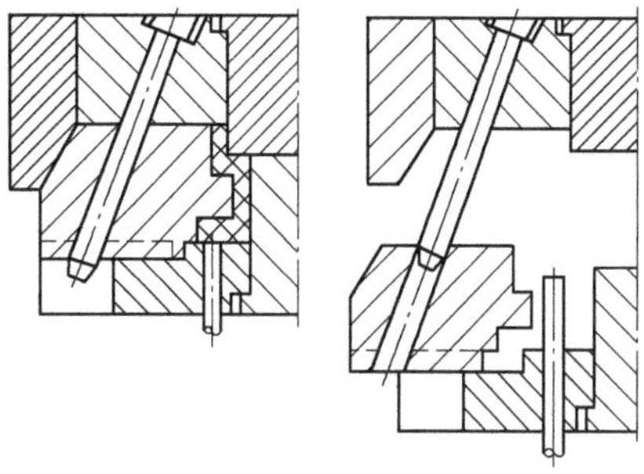

图 8-20　干涉现象

2. 斜导柱安装在动模、侧滑块安装在定模

如图 8-21 所示，由于在开模时制件包紧在型芯上随动模移动，而侧型芯安装在定模，这时就会产生以下几种情况：

1）侧抽芯与脱模同时进行，由于侧型芯的阻碍作用，使制件从动模部分的型芯上强制脱下而留于定模型腔，侧抽芯结束后，制件就无法从定模型腔中取出。

2）制件包紧在主型芯的力大于侧型芯的阻力，则可能会出现制件被侧型芯撕破或细小侧型芯被折断的现象。

从以上分析可知，斜导柱安装在动模、滑块安装在定模的模具结构特点是脱模与侧抽芯不能同时进行，两者之间要有一个滞后的过程。

图 8-21 所示为先侧抽芯后脱模的结构。为了使制件不留在定模，该设计的特点是型芯 13 与动模板 10 之间有一段可相对运动的距离。开模时，动模部分向下移动，而被制件紧包住的型芯 13 不动，这时侧型芯滑块 14 在斜导柱 12 的作用下开始侧抽芯；侧抽芯结束后，型芯 13 的台肩与动模板 10 接触。继续开模时，包在型芯上的制件随动模一起向下移动，从型腔

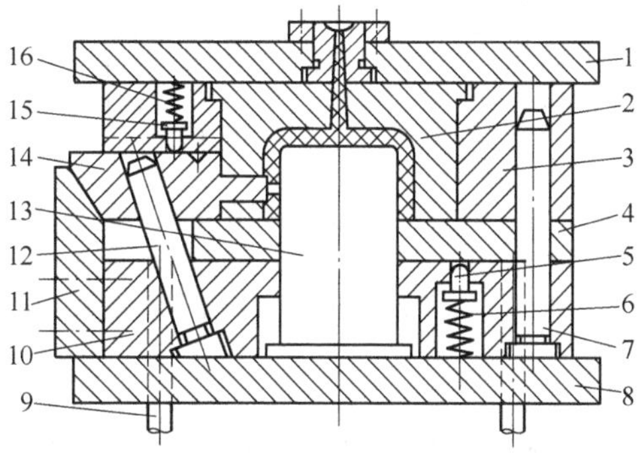

图 8-21　斜导柱安装在动模、滑块在定模的结构（先侧抽芯后脱模）

1—定模座板　2—型腔镶件　3—定模板　4—推件板　5—顶销　6、16—弹簧　7—导柱　8—支承板　9—推杆　10—动模板　11—楔紧块　12—斜导柱　13—型芯　14—侧型芯滑块　15—定位顶销

镶件 2 中脱出，最后在推杆 9 的作用下，推件板 4 将制件从型芯上脱下。在这种结构中，弹簧 6 和顶销 5 的作用是在刚开始分型时把推件板 4 压靠在型腔镶件 2 的端面，防止制件从型腔中脱出。

3. 斜导柱与侧滑块同时安装在定模

斜导柱与侧滑块同时安装在定模时，完成侧抽芯动作的条件是两者之间必须产生相对运动。要实现两者之间的相对运动，必须在定模部分增加一个分型面，因此需要采用顺序分型机构。

图 8-22 所示为采用弹簧式顺序分型机构的形式。开模时，动模部分向下移动，在弹簧 7 的作用下，*A*—*A* 分型面首先分型，主流道凝料从主流道衬套中脱出，分型的同时，在斜导柱 2 的作用下侧型芯滑块 1 开始侧向抽芯；侧向抽芯动作完成后，定距螺钉 6 的端部与定模板 5 接触，*A*—*A* 面分型结束。动模部分继续向下移动，*B*—*B* 分型面开始分型，制件包在型芯 3 上而脱离定模板，最后在推杆 8 的作用下，推件板 4 将制件从型芯上脱下。

4. 斜导柱与侧滑块同时安装在动模

斜导柱与侧滑块同时安装在动模时，一般可以通过推出机构来实现斜导柱与侧型芯滑块的相对运动。如图 8-23 所示，侧型芯滑块 2 安装在推件板 4 的导滑槽内，合模时，靠设置在定模板上的楔紧块锁紧。开模时，侧型芯滑块 2 和斜导柱 3 一起随动模部分下移而和定模分开，当推出机构开始工作时，推杆 6 推动推件板 4 使制件脱模的同时，侧型芯滑块 2 在斜导柱 3 的作用下在推件板 4 的导滑槽内向两侧滑动而实现侧抽芯。

采用这种结构的模具，由于侧型芯滑块始终不脱离斜导柱，所以不需设置滑块定位装置。驱动斜导柱与滑块做相对运动的推出机构一般只是推件板推出机构，因此这种结构形式主要适用于抽芯力和抽芯距均不太大的场合。

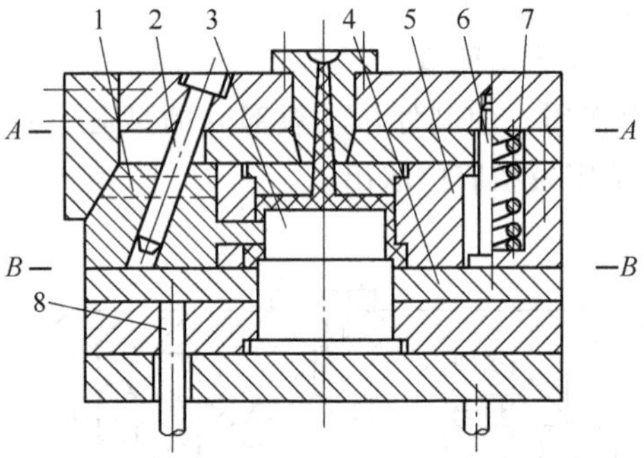

图 8-22 斜导柱与侧滑块同在定模的结构

1—侧型芯滑块 2—斜导柱 3—型芯 4—推件板 5—定模板 6—定距螺钉 7—弹簧 8—推杆

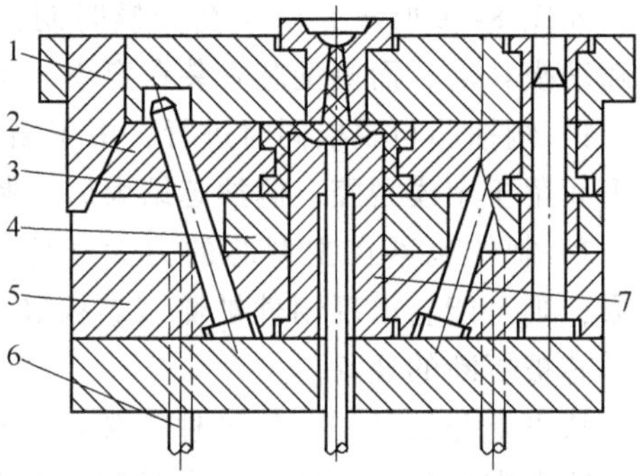

图 8-23 斜导柱与侧滑块同在动模的结构

1—楔紧块 2—侧型芯滑块 3—斜导柱 4—推件板 5—动模板 6—推杆 7—型芯

8.5 斜导柱侧抽芯机构的设计与计算

8.5.1 抽芯距与抽芯力的计算

1. 抽芯距的计算

侧型芯从成型位置到不妨碍制件脱模位置所移动的距离称为抽芯距，用 s 表示。为了安全起见，抽芯距通常比制件上的侧孔、侧凹的深度或侧向凸台的高度大 2 ~ 3mm。但在某些特殊的情况下，当侧型芯或侧型腔从制件中虽已脱出但仍阻碍制件脱模时，就不能简单地使用这种方法确定抽芯距。图 8-24 所示为线圈骨架的侧向分型注射模，其抽芯距 $s \neq s_1+(2 \sim 3)\mathrm{mm}$，应是 $s=s_2+(2 \sim 3)\mathrm{mm}$，制件才能脱出。即

$$s=s_2+(2 \sim 3)\mathrm{mm}$$

$$s_2=\sqrt{R^2-r^2} \tag{8-2}$$

式中　s——抽芯距；

s_2——为取出制件，侧型芯滑块移动的最小距离；

R——线圈骨架台阶半径；

r——线圈半径。

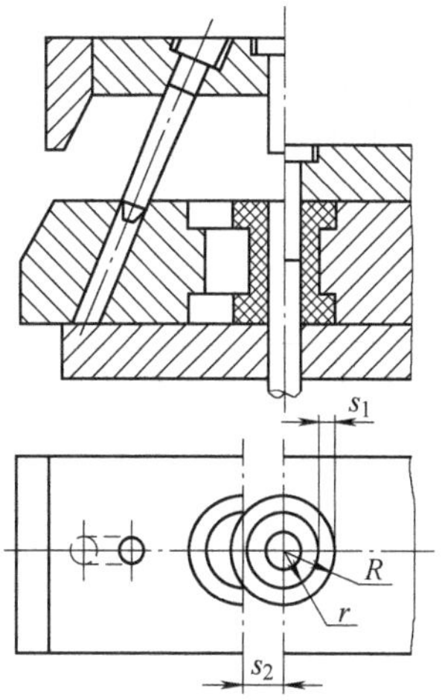

图 8-24　线圈骨架的抽芯距

2. 抽芯力的计算

抽芯力的计算同脱模力的计算相同。对于侧向凸起较少的制件，抽芯力往往是比较小的，仅仅是克服制件与侧型腔的黏附力和侧型腔滑块移动时的摩擦阻力。对于侧型芯的抽芯力，往往采用如下公式进行估算

$$F_c=chp(\mu\cos\alpha-\sin\alpha) \tag{8-3}$$

式中　F_c——抽芯力；

c——侧型芯成型部分的截面平均周长；

h——侧型芯成型部分的高度；

p——制件对侧型芯的收缩应力（包紧力），其值与制件几何形状及塑料品种、成型工艺有关，一般情况下模内冷却的制件，$p=(8 \sim 12)\times10^6$ Pa，模外冷却的制件 $p=(24 \sim 39)\times10^6$ Pa；

μ——塑料在热状态时对钢的摩擦系数，一般 $\mu=0.15 \sim 0.2$；

α——侧型芯的脱模斜度（°）。

8.5.2　斜导柱的设计

1. 斜导柱的结构设计

斜导柱的形状如图 8-25 所示，其工作端的端部可以设计成锥台形或半球形。由于半球形车制时较困难，所以绝大部分均设计成锥台形。设计成锥台形时，必须注意斜角 θ 应大于斜导柱倾斜角 α，一般 $\theta=\alpha+(2° \sim 3°)$，以避免端部锥台参与侧抽芯，导致滑块停留位置不符合原设计要求，如图 8-25a 所示。

为了减少斜导柱与滑块上斜导孔之间的摩擦，可在斜导柱工作长度部分的外圆轮廓铣出两个对称平面，如图 8-25b 所示。

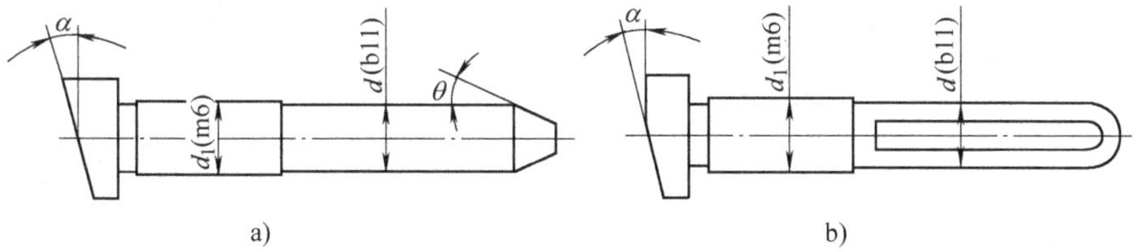

图 8-25　斜导柱的形状

斜导柱的材料多为 T8A、T10A 等优质碳素工具钢，也可以用 20 钢经渗碳处理。由于斜导柱经常与滑块摩擦，热处理要求硬度≥55HRC，表面粗糙度值 $Ra\leqslant0.8\mu m$。

斜导柱与其固定的模板之间采用过渡配合 H7/m6。滑块上斜导孔与斜导柱之间采用较松的间隙配合 H11/b11，或在两者之间保留 0.5~1mm 的间隙。

2. 斜导柱倾斜角确定

斜导柱的轴向与开模方向的夹角称为斜导柱的倾斜角 α，如图 8-26 所示，它是决定斜导柱抽芯机构工作效果的重要参数。α 的大小对斜导柱的有效工作长度、抽芯距和受力状况等有着决定性的影响。

由图 8-26 可知

$$L=\frac{s}{\sin\alpha} \tag{8-4}$$

$$H=s\cot\alpha \tag{8-5}$$

式中 L——斜导柱的工作长度；

s——抽芯距；

α——斜导柱的倾斜角；

H——与抽芯距 s 对应的开模距。

图 8-27 所示是斜导柱抽芯时的受力图，可得出

$$F_w=\frac{F_t}{\cos\alpha} \tag{8-6}$$

$$F_k=F_t\tan\alpha \tag{8-7}$$

式中 F_w——侧抽芯时斜导柱所受的弯曲力；

F_t——侧抽芯时的脱模力，其大小等于抽芯力 F_c；

F_k——侧抽芯时所需的开模力。

由式（8-4）至式（8-7）可知：α 增大，L 和 H 减小，有利于减小模具尺寸，但 F_w 和 F_k 增大，影响斜导柱和模具的强度和刚度；反之，α 减小，斜导柱和模具受力减小，但在获得相同抽芯距的情况下，斜导柱的长度就要增长，开模距就要变大，因此模具尺寸会增大。综合两方面考虑，经过实际的计算推导，α 取 22°30′比较理想，一般在设计时 $\alpha<25°$，最常用的取值范围为 $12°\leqslant\alpha\leqslant22°$。

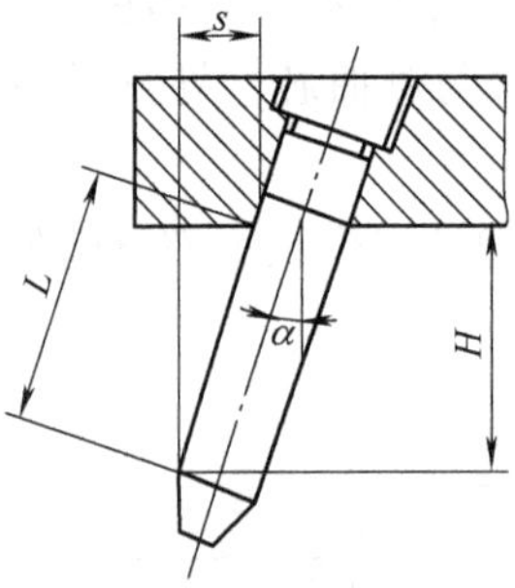

图 8-26 斜导柱工作长度与抽芯距的关系

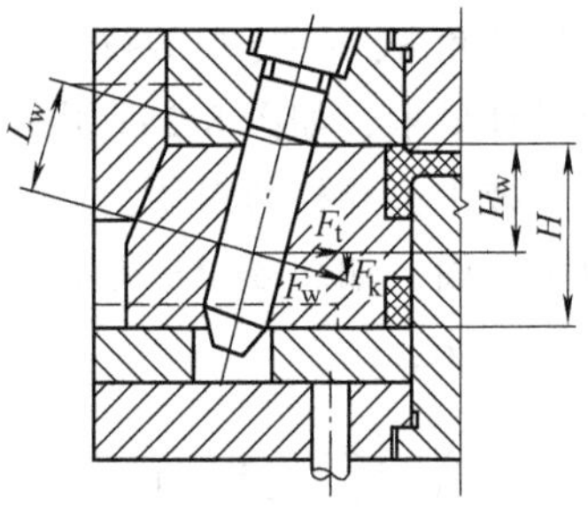

图 8-27 斜导柱抽芯时的受力图

3. 斜导柱直径计算

斜导柱在抽芯过程中受到弯曲力 F_w 的作用，如图 8-27 所示。

由式（8-6）得

$$F_w = \frac{F_t}{\cos\alpha} = \frac{F_c}{\cos\alpha}$$

斜导柱的直径主要受弯曲力的影响，由图 8-27 可知，斜导柱所受的弯矩为

$$M_w = F_w L_w$$

式中　M_w——斜导柱的所受的弯矩；

L_w——斜导柱的弯曲力臂。

由材料力学可知

$$M_w = [\sigma_w] W$$

式中　$[\sigma_w]$——斜导柱所用材料的许用弯曲应力；

W——抗弯截面系数。

斜导柱的截面一般为圆形，其抗弯截面系数为

$$W = \frac{\pi}{32} d^3 \approx 0.1 d^3$$

所以斜导柱的直径为

$$d = \sqrt[3]{\frac{F_w L_w}{0.1[\sigma_w]}} = \sqrt[3]{\frac{10 F_t L_w}{[\sigma_w]\cos\alpha}} = \sqrt[3]{\frac{10 F_c H_w}{[\sigma_w]\cos^2\alpha}} \quad (8\text{-}8)$$

式中　H_w——侧型芯滑块所受脱模力的作用线与斜导柱中心线的交点到斜导柱固定板的距离，它并不等于滑块高的一半。

由于计算比较复杂，有时为了方便，用查表方法来确定斜导柱的直径。具体方法是：先计算抽芯力 F_c，确定斜导柱的倾斜角 α，在有关表中查出最大弯曲力 F_w；然后根据 F_w、H_w 及 α 在有关表中查出斜导柱的直径。

8.5.3　滑块、导滑槽及楔紧块的设计

1. 滑块的设计

滑块是斜导柱侧抽芯机构中的一个重要零件，它上面安装有侧型芯。滑块的结构可分为整体式和组合式两种。

在滑块上直接制出侧型芯的结构称为整体式，这种结构仅适用于形状十分简单的侧向移动零件，尤其适用于对开式瓣合模侧向分型，如线圈骨架制件的侧型腔滑块。把侧型芯和滑块分开加工，然后再装配在一起，这就是所谓的组合式结构。

图 8-28 所示是几种常见的滑块与侧型芯连接的方式。

图 8-28a、b 所示侧型芯在固定部分适当加大尺寸后镶入滑块，图 8-28a 中用一个圆柱销固定，图 8-28b 中用两个骑缝销固定。

图 8-28c 所示为采用燕尾形式连接。

图 8-28d 所示为在细小型芯后部制出台阶，从滑块的后部镶入后用螺塞固定。

图 8-28e 所示为片状侧型芯镶入滑块后采用两个销固定。

图 8-28f 所示形式适用于多个型芯的场合，各型芯镶入固定板后通过螺钉和销与滑块连接和定位。

侧型芯或侧向成型块是模具的成型零件，常用 T8A、T10A、45 钢或 CrWMn 等制造，热

处理要求硬度≥50HRC。滑块用45钢或T8 A、T10A等制造，要求硬度≥40 HRC。镶拼组合的材料表面粗糙度值 $Ra \leq 0.8 \mu m$，镶拼结构的配合采用H7/m6。

2. 导滑槽的设计

根据模具上侧型芯大小、形状和要求不同，滑块与导滑槽的配合形式也不同，常用的结构形式如图8-29所示。

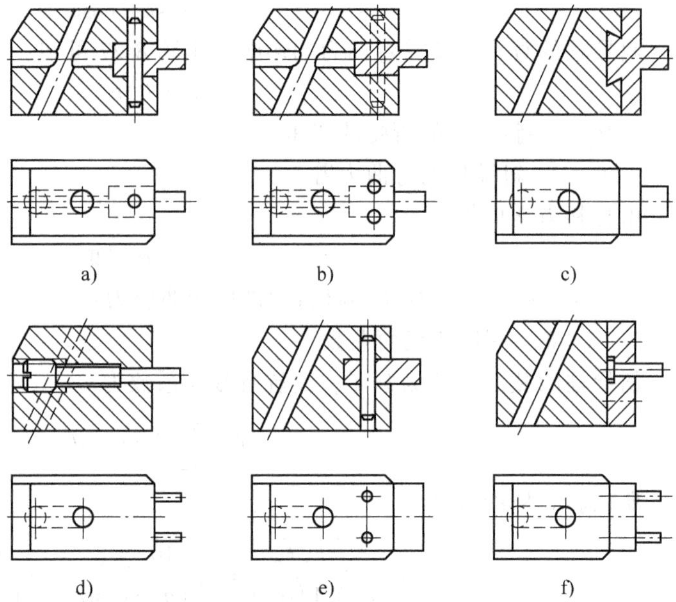

图8-28 滑块与侧型芯的连接形式

图8-29a所示为T形槽导滑的整体式，结构紧凑，多用于小型模具的侧抽芯机构，但加工困难，精度不易保证。

图8-29b、c所示为整体盖板式，图8-29b所示为在盖板上制出T形台阶的导滑部分，而图8-29c所示为在模板上加工T形槽，它们克服了整体式结构要用T形槽铣刀加工出精度较高的T形槽的困难。

图8-29d、e所示为局部盖板式，导滑部分淬硬后便于磨削加工，精度也容易保证，而且装配方便，因此它们是最常用的两种形式。

图8-29f所示虽然也是采用T形槽的形式，但移动方向上的导滑部分设在中间的镶块上，而高度方向的导滑部分还是靠T形槽。

图8-29g所示为整体燕尾槽导滑的形式，导滑的精度较高，但加工更加困难。

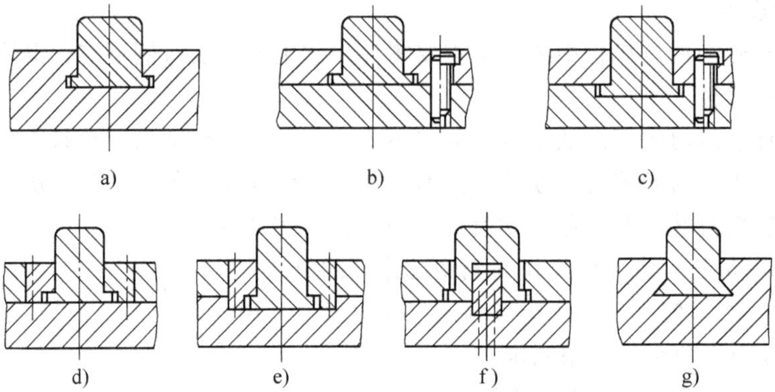

图8-29 导滑槽的结构形式

一般情况下，整体式导滑槽通常在动模板或定模板上直接加工，常用材料为45钢。为了便于加工和防止热处理变形，常常调质至28～32HRC后铣削成形。盖板的材料用T8A、T10A或45钢，要求硬度≥50HRC。

在设计滑块与导滑槽时，要注意选用正确的配合精度。导滑槽与滑块导滑部分采用间隙配合，一般采用 H8/f7，配合部分的表面要求较高，表面粗糙度值要求 $Ra \leqslant 0.8\mu m$。

导滑槽与滑块还要保持一定的配合长度。滑块完成抽芯动作后，其滑动部分仍应全部或部分留在导滑槽内，滑块的滑动配合长度通常要大于滑块宽度的 1.5 倍，而保留在导滑槽内的长度不应小于导滑配合长度的 2/3，否则，滑块开始复位时容易偏斜，甚至损坏模具。如果模具的尺寸较小，为了保证具有一定的导滑长度，可以将导滑槽局部加长，使其伸出模外，如图 8-30 所示。

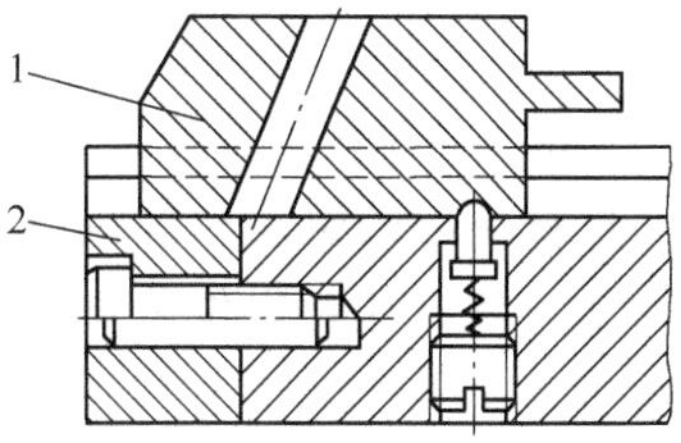

图 8-30 导滑槽局部加长

1—侧型芯滑块 2—加长导滑槽

3. 滑块定位装置设计

滑块定位装置在开模过程中用来保证滑块停留在刚刚脱离斜导柱的位置，不再发生任何移动，以避免合模时斜导柱不能准确地插进滑块的斜导孔内，造成模具损坏。在设计滑块的定位装置时，应根据模具的结构和滑块所在的不同位置选用不同的形式。

图 8-31 所示为常见的几种定位装置形式。

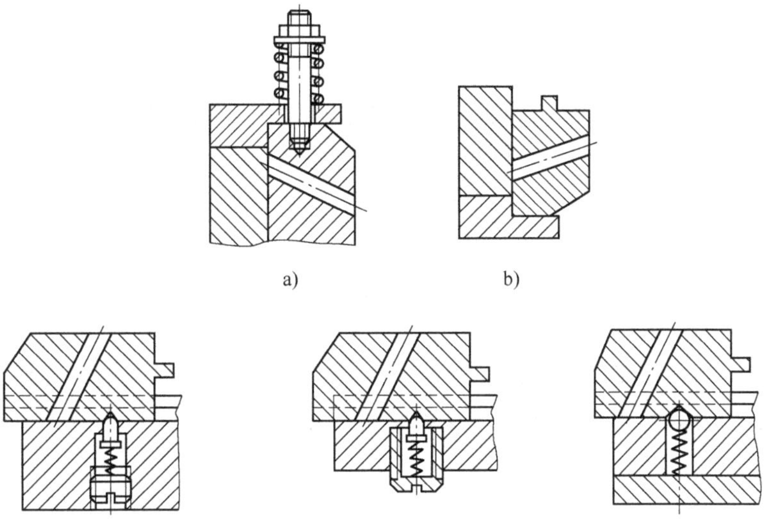

a) b) c) d) e)

图 8-31 定位装置的形式

图 8-31a 所示结构依靠压缩弹簧的弹力使滑块停留在限位挡块处，俗称弹簧拉杆挡块式，它适用于任何方向的抽芯动作，尤其适用于向上方向的抽芯。在设计弹簧时，为了使滑块可靠地在限位挡块上定位，压缩弹簧的弹力是滑块质量的 2 倍左右，其压缩长度须大于抽芯距 s，一般取 $1.3s$ 较合适。拉杆用于支承弹簧，当抽芯距、弹簧的直径和长度已确定时，则拉杆的直径和长度也就能确定，拉杆的长度计算公式为

$$L_t = 2d + s + t + 0.8L_d + 4d \tag{8-9}$$

式中 L_t——拉杆的长度；

d——拉杆的直径；

s——抽芯距；

t——挡块的厚度；

L_d——弹簧的自由长度；

$2d$——拉杆旋入滑块中的长度；

$4d$——拉杆端部拧入垫圈及六角螺母的长度。

拉杆端部的垫片和螺母也可制成可调的，以便调整弹簧弹力，使这种定位机构的工作切实可靠。这种定位装置的缺点是增大了模具的外形尺寸，有时甚至给模具安装带来困难。

图 8-31b 所示结构适用于向下抽芯的模具，滑块因自重停靠在限位挡块上，结构简单。

图 8-31c、d 所示为弹簧顶销式定位装置，适用于侧面方向的抽芯动作。弹簧的直径可选 1~1.5mm，顶销的头部制成半球状，滑块上的定位穴设计成球冠状或成 90°的锥度穴。

图 8-31e 所示结构和使用场合与图 8-31c、d 相似，只是用钢球代替了顶销，称为弹簧钢球式定位装置，钢球的直径可取 5~10mm。

4. 楔紧块的设计

(1) 楔紧块的形式　楔紧块的作用是在合模后锁住滑块，并承受塑料熔体对侧向成型零件的推力。

楔紧块与模具的连接方式如图 8-32 所示。

图 8-32a 所示是楔紧块与模板制成一体的整体式结构，结构牢固可靠，但消耗的金属材料较多，加工精度要求较高，适合于侧向力较大的场合。

图 8-32b 所示是采用销定位、螺钉（3 个以上）紧固的形式，结构简单，加工方便，应用较普遍，但承受的侧向力小。

图 8-32c 所示为楔紧块采用 H7/m6 配合整体镶入模板中，承受的侧向力要比图 8-32b 所示的形式大。

图 8-32d 所示为在楔紧块的背面又设置了一个后挡块，对楔紧块起加强作用。

图 8-32e 所示为双楔紧块的形式，这种结构适用于侧向力很大的场合，但安装调试较困难。

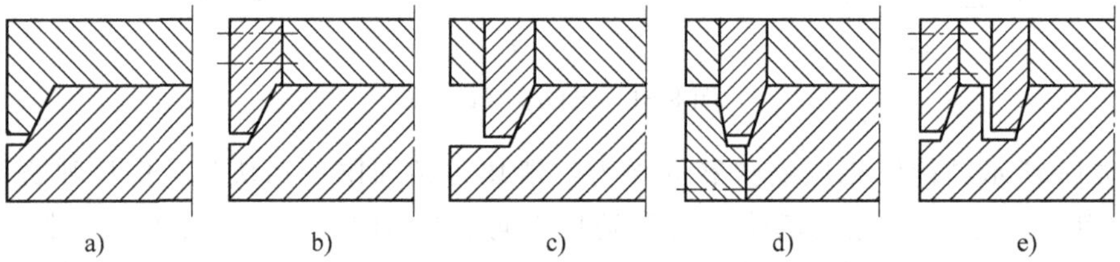

图 8-32　楔紧块与模具的连接方式

(2) 锁紧角（楔角）的选择　楔紧块的工作部分是斜面，其锁紧角 α' 如图 8-33 所示。为了保证斜面能在合模时压紧滑块，而在开模时又能迅速脱离滑块，以避免楔紧块影响斜导柱对滑块的驱动，锁紧角 α' 一般都应比斜导柱倾斜角 α 大一些。在图 8-33a 中，滑块移动方向垂直于合模方向，$\alpha'=\alpha+(2°\sim3°)$。当滑块向动模一侧倾斜角度 β 时，如图 8-33b 所示，$\alpha'=\alpha+(2°\sim3°)=\alpha_1-\beta+(2°\sim3°)$。当滑块向定模一侧倾斜角度 β 时，如图 8-33c 所示，$\alpha'=\alpha+(2°\sim3°)=\alpha_2+\beta+(2°\sim3°)$。

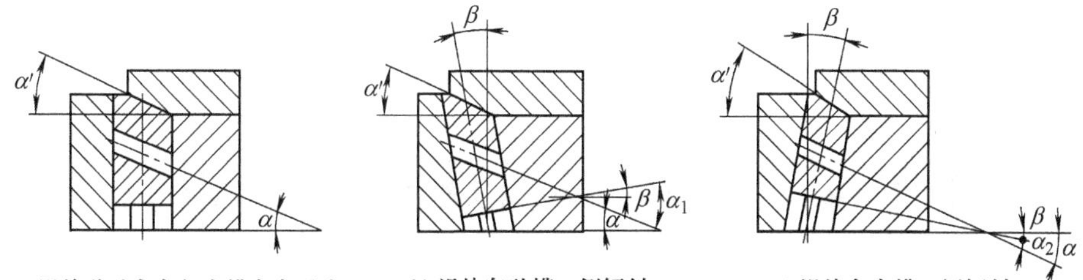

a) 滑块移动方向与合模方向垂直　b) 滑块向动模一侧倾斜　c) 滑块向定模一侧倾斜

图 8-33 楔紧块的锁紧角

思考与练习

1. 双分型面注射模的模架有哪几种形式？各有何特点？
2. 双分型面注射模的两个分型面在开模时的打开距离如何确定？开模时如何控制？
3. 双分型面注射模采用的导向装置与单分型面注射模有何不同？
4. 简述摆钩式、导柱式双分型面注射模的工作过程。
5. 根据 8-34 所示制件图，完成双分型面注射模的设计任务。

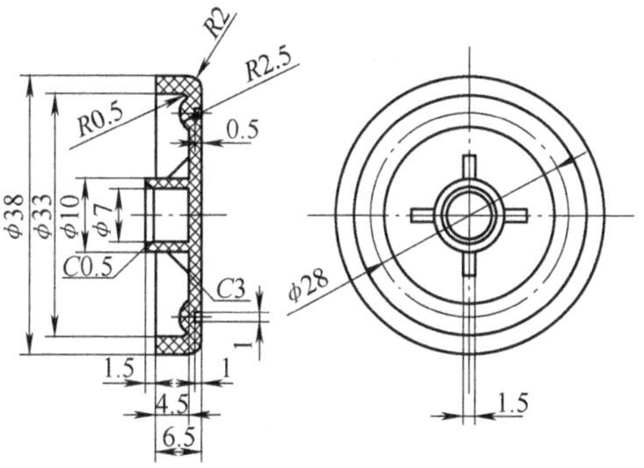

名称：长度计数器盖；材料：ABS；
未注公差按一般精度等级选用。

图 8-34 双分型面注射模设计用制件图

6. 斜导柱侧向分型与抽芯机构由哪些部分组成？
7. 斜导柱侧向分型与抽芯机构的抽芯距如何确定？
8. 侧型芯滑块的定位装置的作用是什么？
9. 楔紧块上锁紧角的大小如何确定？
10. 何为干涉现象？如何避免干涉现象的产生？
11. 计算图 8-35 所示侧抽芯机构的斜导柱工作部分的直径（制件对侧型芯单位面积上的包紧力，模外冷却时取 4×10^7Pa，模内冷却时取 1×10^7Pa；碳钢的 $[\sigma]$ 取 3×10^8Pa，塑料与钢之间的摩擦系数 μ 取 0.3，侧型芯的脱模斜度为 0.5°）。

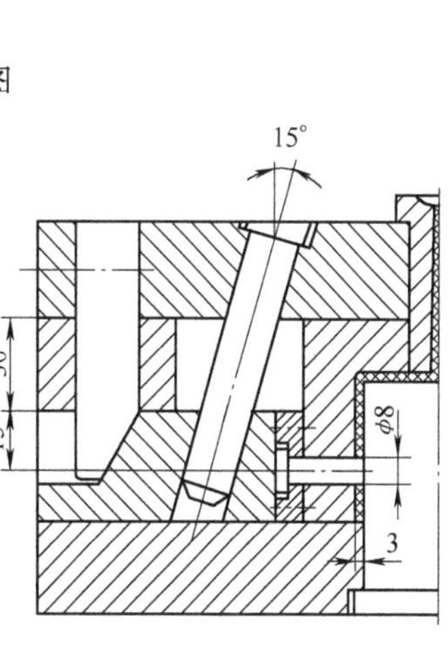

图 8-35 侧抽芯机构

第 9 章　其他塑料成型模具设计

9.1　压缩模设计

9.1.1　压缩成型原理及工艺

压缩成型又称压制成型、压塑成型、模压成型等。在注射成型技术发展前，压缩成型是塑料成型的主要方法。目前压缩成型主要用于热固性塑料及一些熔体黏度很高的热塑性塑料（氟塑料等）的成型。

1. 压缩成型原理

压缩成型原理如图 9-1 所示。其基本工作过程是将固体原料（一般为粒状或粉状）加入模具型腔中，通过安装在模具外部或是安装在工作台上的加热器对物料进行加热，同时通过凸模对物料进行加压，物料边熔融塑化边流动并充填型腔，最终固化冷却，脱出型腔后得到制件。

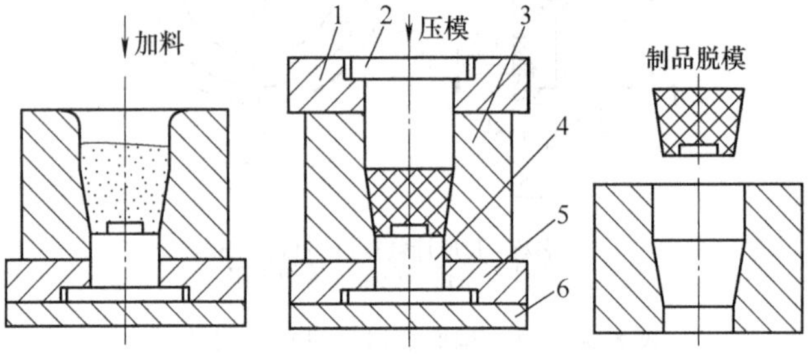

图 9-1　压缩成型原理

1—上模座　2—上凸模　3—凹模　4—下模板　5—下模座　6—底座

压缩成型与注射成型相比，其模具结构简单，没有浇注系统、制件组织致密性高、取向性少、性能均匀、收缩率小，可用普通压力机生产；但其生产周期长、效率低、劳动强度大、模具寿命短，故压缩成型的应用受到一定限制。现用压缩成型的塑料有酚醛塑料、氨基塑料、环氧树脂、不饱和聚酯塑料、聚酰亚胺等热固性塑料。

2. 压缩成型工艺

压缩成型工艺过程包括压缩成型前的准备、压缩成型过程和压后处理三个阶段，其主要过程如图 9-2 所示。

（1）压缩成型前的准备

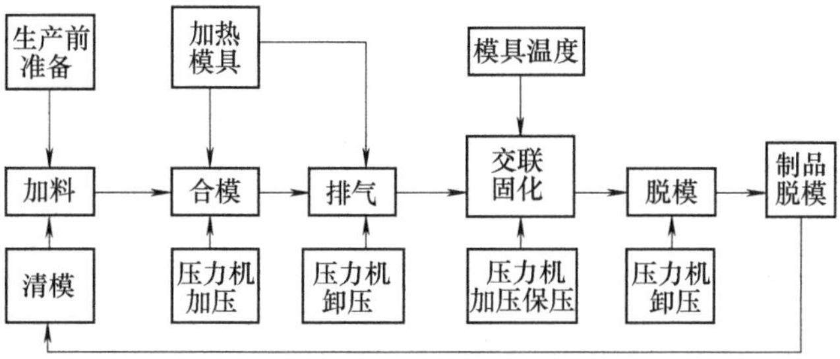

图 9-2　压缩成型工艺过程

1）预热与干燥。在成型前，先将热固性塑料置于烘箱或红外线加热炉中加热，其目的：一是对塑料进行预热，缩短模压成型周期；二是对塑料进行干燥，防止塑料中带有过多的水分和低分子挥发物，确保制件的成型质量。

2）预压。预压是制件成型前，将松散的粉状、粒状、碎屑状、片状或长纤维状的成型物料在室温条件下压实成重量一定、形状一致的塑料型坯，密度达到制件密度的80%，使其比较容易放入压缩模加料腔，而且所需的压缩模也可以做得小一些。

（2）压缩成型过程　首先将模具装上压力机并进行预热。若制件带有嵌件，在加料前应将嵌件放入模具型腔内一起加热。热固性塑料的压缩过程一般可分为加料、合模、排气、固化和脱模等几个阶段。

1）加料。将一定量的预热物料加入模具型腔中，这一环节的关键是要控制好所加物料的量，它直接影响制件的密度和尺寸精度。常用的加料方法有质量法、容积法和计数法三种。

2）合模。加料完成后将模具闭合，即通过压力机的压力将模具闭合，形成与制件形状一致的型腔。

3）排气。在模压过程中需要卸压，让凸模适当抬起以排除型腔中的气体。排气不但可以缩短固化时间，而且还有利于提高制件的性能和表面质量。

4）固化。热固性塑料压缩成型的过程中需要经过交联反应才能固化成型，这个过程称为固化或硬化。热固性塑料的交联反应程度即固化程度不一定非常完全，它与塑料的品种、模具温度及成型压力有关。

5）脱模。当制件固化完成后，压力机便可卸压回程。打开模具，通过推出机构将制件推出模具外，有侧型芯的应先抽侧型芯再脱模。

（3）压后处理　为了消除制件中的应力，提高制件尺寸的稳定性，减少制件的变形和开裂，使制件进一步交联固化，提高其力学性能和电性能，制件脱模后需要进行退火处理。

3. 压缩成型工艺参数

压缩成型的工艺参数主要有压缩成型压力、压缩成型温度和压缩成型时间。

（1）压缩成型压力　指压力机通过凸模施加在制件分型面单位投影面上的压力，简称成型压力。

成型压力的大小与塑料的种类、制件结构及模具温度等因素有关。塑料的流动性越小，制件越厚、形状越复杂，塑料的固化速度和压缩比越大，所需的成型压力也越大。常用热固性塑料的压缩成型压力见表 9-1。

表 9-1　热固性塑料压缩成型压力和成型温度

塑料类型	压缩成型压力/MPa	压缩成型温度/℃
酚醛塑料(PF)	7~42	145~180
三聚氰胺-甲醛塑料(MF)	14~56	140~180
脲-甲醛塑料(UF)	14~56	135~155
聚酯塑料(UP)	0.35~3.5	85~150
聚邻苯二甲酸二烯丙酯塑料(PDAP)	3.5~14	120~160
环氧树脂或环氧塑料(EP)	0.7~14	145~200
有机硅塑料(SI)	7~56	150~190

(2) 压缩成型温度　压缩成型温度是指压缩成型时所需的模具温度。它是使热固性塑料流动、充模，并最后固化成型的主要工艺参数，它决定了成型过程中塑料交联反应的速度，从而影响制件的最终性能。常用热固性塑料的压缩成型温度见表 9-1。

(3) 压缩成型时间　压缩成型时间是指模具从闭合到开启的这一段时间，也就是塑料从充满型腔到固化成为制件，在型腔内停留的时间。

实践证明，成型温度过高或过低，成型时间过长或过短，制件质量都不高。应在保证质量的前提下，尽可能缩短成型时间。一般酚醛塑料的成型时间为 1~2min，有机硅塑料的成型时间为 2~7min。

9.1.2　压缩模的组成及分类

1. 压缩模的典型结构

典型的压缩模结构如图 9-3 所示。模具分为上模和下模两大部分，这两部分靠导柱、导套导向。上模装在压力机的上工作台面或滑块端面上，下模固定在压力机的下工作台面。上、下模闭合形成型腔。开模时，上模部分上移，上凸模 3 脱离下模一段距离，以手工将侧型芯 19 抽出，压力机顶杆 17 推动推杆 12，将制件推出。

压缩模分为以下几大部分：

(1) 型腔　型腔是直接成型制件的部位，加料时它与加料腔共同起装料作用。图 9-3 中的型腔由上凸模 3、凹模 4、下凸模 9 和型芯 8 构成。

(2) 加料腔　图 9-3 中的加料腔指凹模 4 的上半部分。因为塑料原料的体积与制件的体积差别较大，成型前仅靠型腔容积无法容纳全部原料，所以在型腔上设有加料腔。

(3) 导向机构　如图 9-3 所示，导向机构由导柱 6、导套 10 组成。它的作用是保证合模时上、下模对中。为了保证推出机构运动平稳，在模具的下模座板处也设有推板导柱等导向装置。

(4) 侧向分型抽芯机构　与注射模一样，压制带有侧孔和侧凹的制件时，应设置侧向分型抽芯机构，如图 9-3 中的侧型芯 19。

(5) 推出机构　图 9-3 中的推出机构由推板 16、推杆固定板 18、推杆 12 等构成。

(6) 加热系统　常见的加热方式有电加热、气体加热等，图 9-3 所示的上加热板 5 对凹模加热，支承板 11 对下凸模和凹模加热。

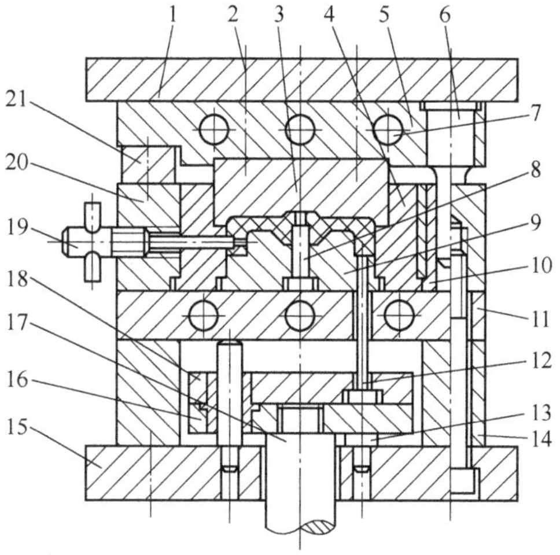

图 9-3 压缩模的典型结构

1—上模座板 2—螺钉 3—上凸模 4—凹模 5—上加热板 6—导柱 7—加热孔 8—型芯 9—下凸模 10—导套 11—支承板（下加热板） 12—推杆 13—限位钉 14—垫块 15—下模座板 16—推板 17—压力机顶杆 18—推杆固定板 19—侧型芯 20—模套 21—限位块

2. 压缩模的分类

压缩模的分类方法很多，可按模具在压力机上的固定方式分类，也可按压缩模的上、下模配合结构特征分类，还可以按型腔数目、分型面特征、制件推出方式等分类。

（1）按模具在压力机上的固定方式分类

1）移动式压缩模，如图 9-4 所示。这种压缩模的特点是模具不固定在压力机上，成型后模具移出压力机，用开模工具（如卸模架）开模，取出制件。因此模具结构简单、制造周期短。但由于加料、开模、取件等工序均为手工操作，模具易磨损且劳动强度大，所以模具质量不宜超过 20kg。它适用于压制批量不大的小型制件以及形状复杂、嵌件较多、加料困难、带螺纹的制件。

2）半固定式压缩模，如图 9-5 所示。这种压缩模的特点是开、合模在机内进行，一般将上模固定在压力机上。

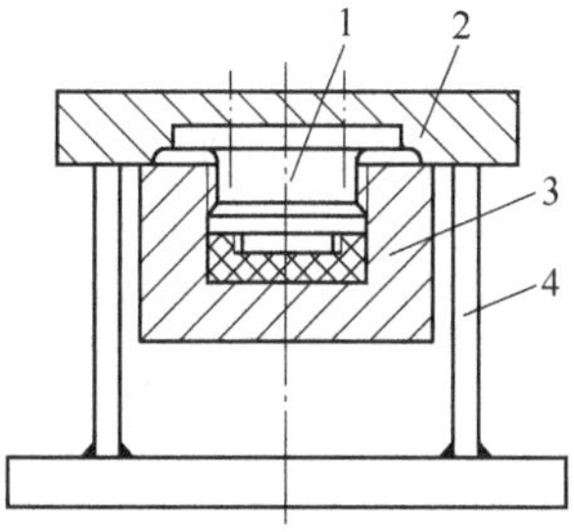

图 9-4 移动式压缩模

1—凸模 2—凸模固定板

3—凹模 4—U 形支架

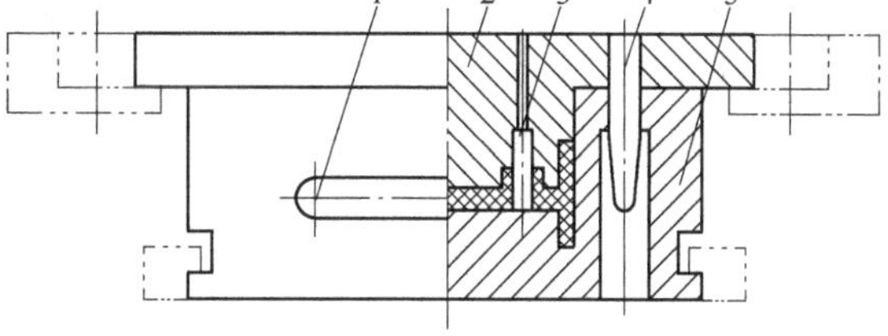

图 9-5 半固定式压缩模

1—手柄 2—上模（凸模） 3—型芯

4—导柱 5—凹模

3）固定式压缩模。图 9-3 所示的压缩模即为固定式压缩模。上、下模都固定在压力机上，开模、合模、脱模等工序均在机内进行，生产率高，操作简单，劳动强度小，开模振动小，模具寿命长，但其结构复杂，成本高，且安放嵌件不方便，适用于成型批量较大或形状较复杂的制件。

（2）按模具加料腔的形式分类

1）溢式压缩模（敞开式压缩模），如图 9-6 所示。这种模具无单独的加料腔，型腔即为加料腔，型腔的高度 h 等于制件的高度，并且模具的凸模与凹模无配合，完全靠导柱定位，仅在最后闭合后凸模与凹模才完全密合而形成水平方向的环形挤压面，即挤压环。压缩成型时多余的塑料极易沿着挤压面溢出，使制件形成径向飞边。故设计时挤压环的宽度 B 应较窄，以减薄制件飞边。

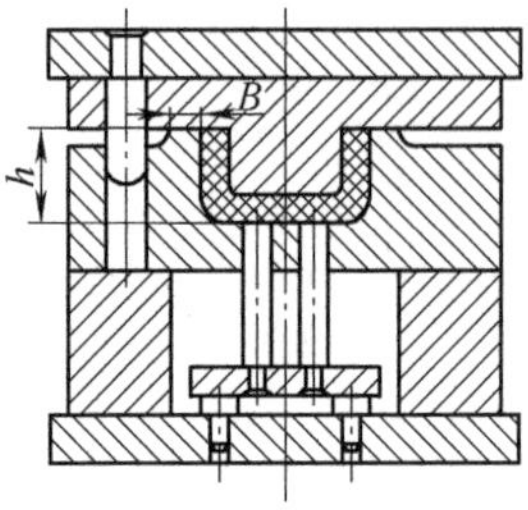

图 9-6　溢式压缩模

溢式压缩模在成型时压力机的压力不能全部传递给塑料，因此制件的密度较低，强度等力学性能也不高，特别是模具闭合较快时会造成溢料量的增加，浪费较大。溢式压缩模结构简单，造价低廉、耐用（凸模、凹模间无摩擦），制件易取出，对加料量的精度要求也不高，加料量一般大于制件质量的 5%左右，常采用预压型坯进行压缩成型，适用于压缩成型精度不高、尺寸小且形状简单的浅型腔制件。

2）半溢式压缩模，如图 9-7 所示。这种模具在型腔上方设有加料腔，但其截面尺寸大于型腔尺寸。凸模与加料腔之间为间隙配合，加料腔与型腔的分界处有一环形挤压面，其宽度为 2~5mm。挤压面可限制凸模的下压行程，并保证制件的径向飞边很薄。

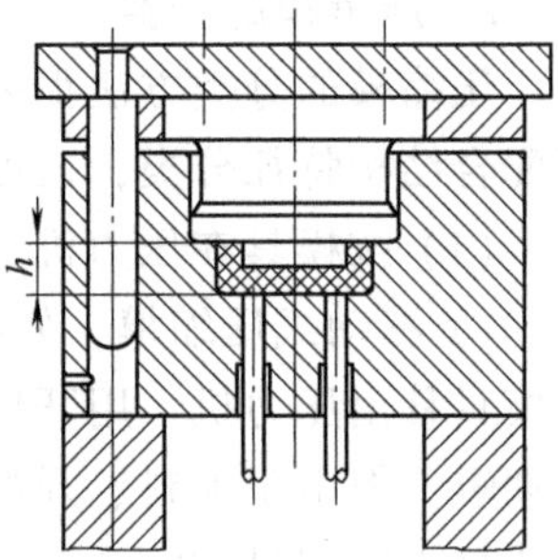

图 9-7　半溢式压缩模

半溢式压缩模的特点如下：

① 模具使用寿命较长。因加料腔的截面尺寸比型腔大，故在推出制件时制件表面不易受损伤。

② 塑料的加料量不必严格控制。因为多余的塑料可通过配合间隙或在凸模上开设的溢料槽排出。

③ 制件的密度和强度较高，制件的径向尺寸和高度尺寸的精度也容易保证。

④ 简化模具加工工艺。当制件外形复杂时，若采用不溢式压缩模，必然造成凸模与加料腔制造困难；而采用半溢式压缩模，则可简化凸模与加料腔周边的配合面。

⑤ 半溢式压缩模由于有挤压面，在操作时要随时注意清除挤压面上的废料，以免模具过早地损坏和破裂。

由于半溢式压缩模兼有溢式压缩模和不溢式压缩模的特点，因此被广泛用于成型流动性较好的塑料及形状比较复杂、带有小型嵌件的制件，而不适于成型以布片或长纤维作填料的制件。

3）不溢式压缩模（封闭式压缩模），如图 9-8 所示。这种模具的加料腔是型腔上部的延续，其截面形状和尺寸与型腔完全相同，没有挤压面；但凸模与凹模有配合高度不大的间隙配合，配合段单边间隙为 0.025~0.075mm，成型时多余的塑料沿着配合间隙溢出，使制件形成轴向飞边。模具闭合后，凸模与凹模即形成完全密闭的型腔，成型时压力机的压力几乎能完全传递给塑料。

不溢式压缩模的特点如下：

① 制件承受压力大，故密实性好、强度高。

② 不溢式压缩模由于塑料的溢出量极少，因此加料量的多少直接影响制件的高度尺寸，每模加料都必须准确称量，否则制件的高度尺寸不易保证。因此流动性好、容易按体积计量的塑料一般不采用不溢式压缩模。

③ 凸模与加料腔侧壁之间的摩擦，不可避免地会擦伤加料腔侧壁；由于加料腔的截面形状和尺寸与型腔相同，因此在推出制件时带有伤痕的加料腔会损伤制件外表面。

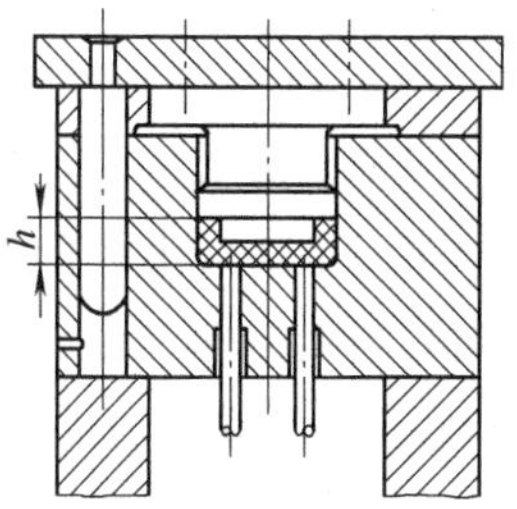

图 9-8　不溢式压缩模

④ 不溢式压缩模必须设置推出机构，否则很难取出制件。

⑤ 不溢式压缩模一般不应设计成多腔模，因为加料不均衡就会造成各型腔压力不等，从而引起一些制件欠压。

不溢式压缩模适用于成型形状复杂、精度高、壁薄、长流程、深型腔制件，也适用于成型流动性差、比体积大的塑料。

9.1.3　压缩模结构设计

1. 塑料制件在模具内加压方向的确定

所谓加压方向，即凸模作用方向。加压方向对制件的质量、模具的结构和脱模的难易都有较大的影响。在确定加压方向时，应考虑下述因素。

(1) 便于加料　图 9-9 所示为同一制件的两种加压方法。图 9-9a 中的加料腔直径小而深，不便加料；图 9-9b 中的加料腔直径大而浅，方便加料。

(2) 有利于压力传递　圆筒太长时，成型压力不易均匀地作用在全长范围内，若从上端加压，则制件下部压力小，易产生制件下部疏松或角落填充不足的现象，如图 9-10a 所示。若将制件横放，如图 9-10b 所示，横向加压可避免上述缺陷；但若型芯过于细长，易发生弯曲。

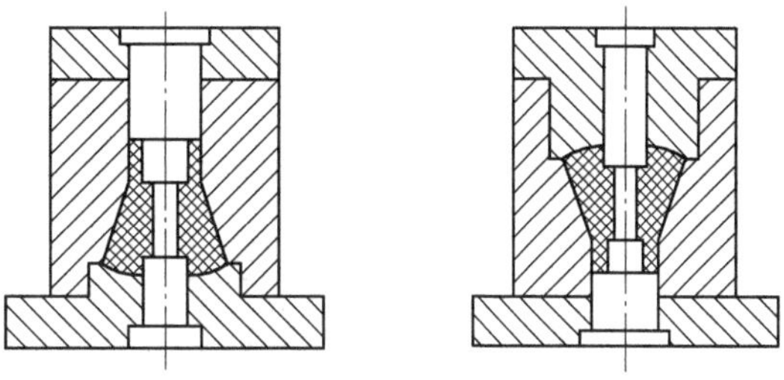

a)　　b)

图 9-9　便于加料的加压方法

(3) 有利于固定嵌件　制件上有嵌件时，应尽量将嵌件安放在下模处，这样可以利用嵌件推出制件，如图 9-11b 所示。嵌件若放在上模，如图 9-11a 所示，既不便操作，又易使嵌件下落而损坏模具。

(4) 保证凸模强度　因为加压时上凸模受力大，所以对于从正、反面都可以加压成型的制件，选择加压方向时应使凸模形状尽量简单，上凸模的形状越简单越好。图 9-12b 所示结构的凸模强度比图 9-12a 所示结构的凸模强度高。

(5) 保证尺寸精度　沿加压方向的制件高度尺寸会因飞边厚度和加料量的不同而变化，尺寸精度要求高的部位不宜放在加压方向上。

(6) 长型芯应放在加压方向上　若制件需设长、短型芯时，应将长型芯放在加压方向

（即开模方向）上，将短型芯放在侧面，作为侧型芯。

（7）便于塑料的流动　为便于塑料流动，应使料流方向与加压方向一致，如图 9-13 所示。图 9-13b 中的型腔设在下模，加压方向与料流方向一致，能有效利用压力。图 9-13a 中的型腔设在上模，加压时塑料逆着加压方向流动，同时由于在分型面上产生飞边，需要增大压力。

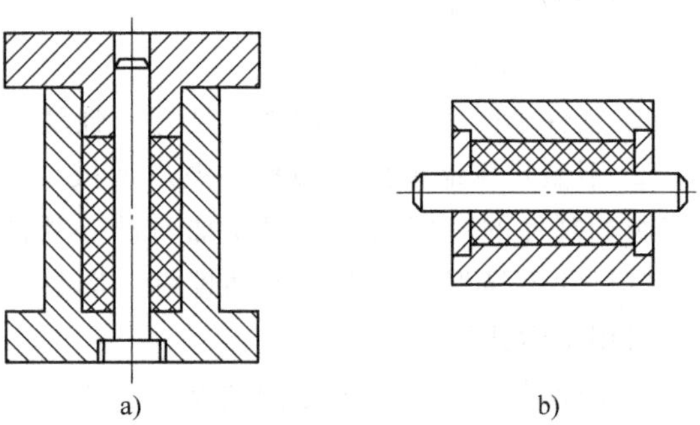

图 9-10　有利于压力传递的加压方向

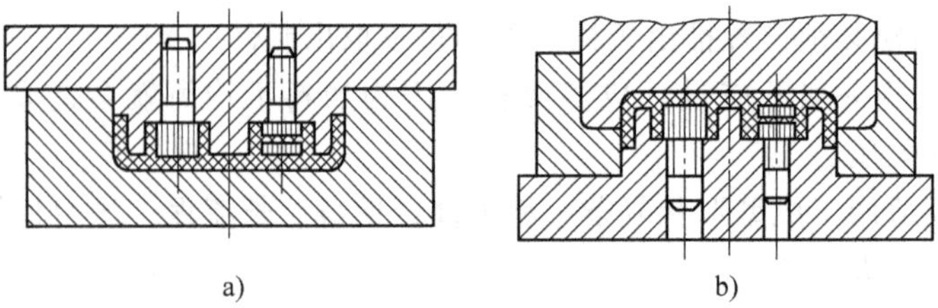

图 9-11　有利于固定嵌件的加压方向

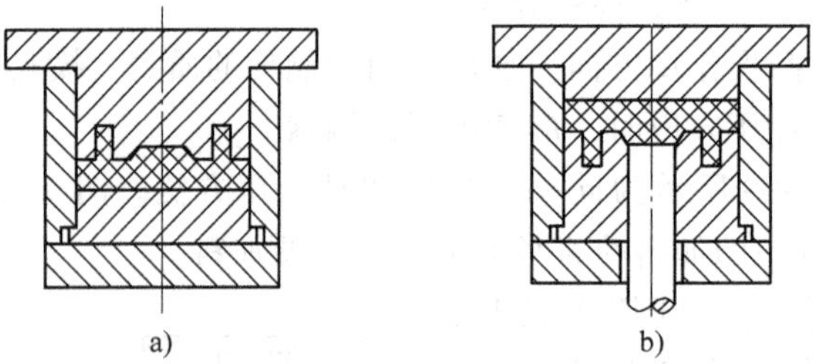

图 9-12　加强凸模强度的加压方向

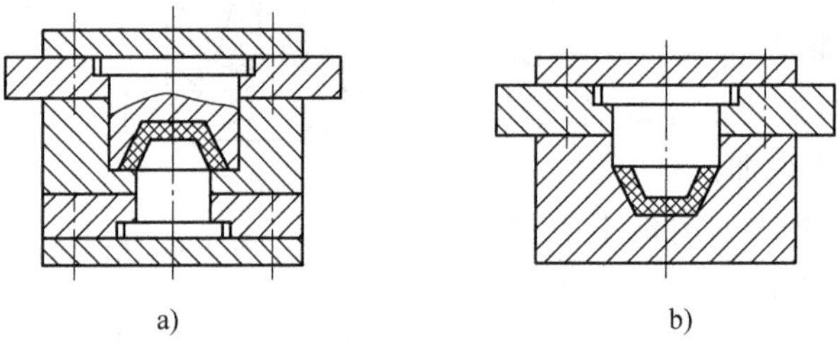

图 9-13　便于塑料流动的加压方向

2. 压缩模凸模、凹模的配合形式

（1）溢式压缩模凸模、凹模的配合形式　为了减薄飞边的厚度，凸模和凹模的水平接触面（溢料面或挤压面）应光滑平整，面积不宜太大，它围绕制件周边形成环形，其宽度为 3~5mm，如图 9-14a 所示。为了防止挤压面过早变形和磨损，可在型腔周边距边缘 3~5mm 处开溢料槽，槽外作为增加的承压面，如图 9-14b 所示。

（2）不溢式压缩模凸模、凹模的配合形式　一般不溢式压缩模的加料腔与型腔是同一截面，凸模和凹模之间没有挤压面，其配合部分的单边间隙最好为 0.025～0.075mm，这样既可顺利排气，溢料又很少。间隙的大小应由塑料的流动性和制件尺寸确定，流动性好时取小值，制件尺寸大时取大值。

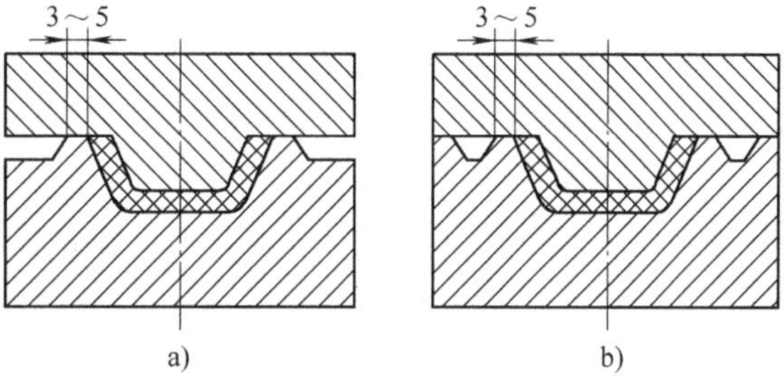

图 9-14　溢式压缩模型腔的配合形式

凸模和凹模的配合高度不宜过长。当加料腔较深时，应将凹模入口附近深10mm 的一段制成带斜度的导向面，如图9-15 所示，其斜角为 15′～20′，入口处制成半径为 1.5mm 的圆角。型腔下面的推杆与凹模孔的配合采用 H8/f8，配合段不宜太长，其有效配合长度 h 一般取 8～10mm。

不溢式压缩模型腔配合形式的缺点是：凸模与加料腔内壁由于摩擦易使壁部擦伤，脱模较困难且擦伤的内壁会造成制件表面伤痕。为克服这些缺点，可采用如图 9-16 所示的改进形式。

图 9-16a 所示是将凹模型腔的成型部分垂直向上延长 0.8mm 后，再往外扩大 0.3～0.5mm，以减小摩擦，同时也在凸模和加料腔之间形成储料槽。

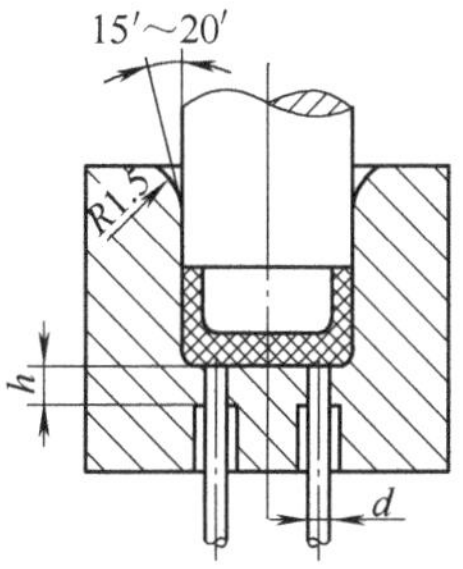

图 9-15　不溢式压缩模型腔的配合形式

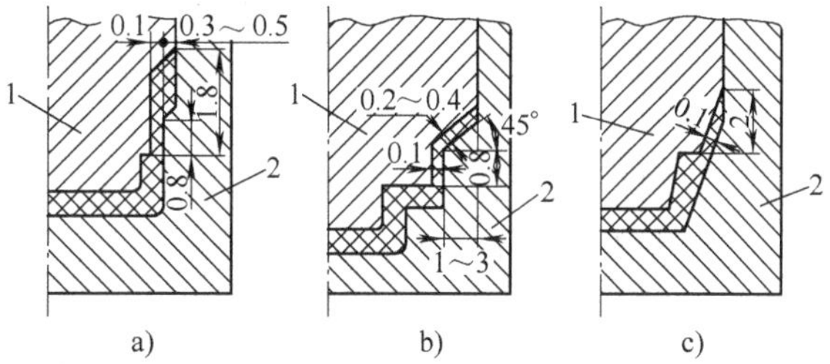

图 9-16　改进后不溢式压缩模型腔的配合形式

1—凸模　2—凹模

图 9-16b 所示是凹模型腔向上延长 0.8mm 后，再倾斜 45°，将加料腔扩大 1～3mm 的形式。

图 9-16c 所示形式用于带斜边的制件，将加料腔按制件的斜度适当增大，其垂直高度约为 2mm，这样制件脱模时就不会与加料腔的内壁产生摩擦。

（3）半溢式压缩模凸模、凹模的配合形式

半溢式压缩模的凸模、凹模配合形式如图 9-17 所示。对于移动式压缩模，α 取 20′～1°30′，对于固定式压缩模，α 取 20′～1°；在有上、下凸模时，为了加工方便，应取 4°～5°；入口处圆角 R 通常取 1～2mm，引导环长度 L_1 取 5～10mm，当加料腔的高度 $H \geqslant 30$mm 时，L_1 取 10～20mm；配合环长度 L_2 应根据凸模、凹模的间隙而定，间

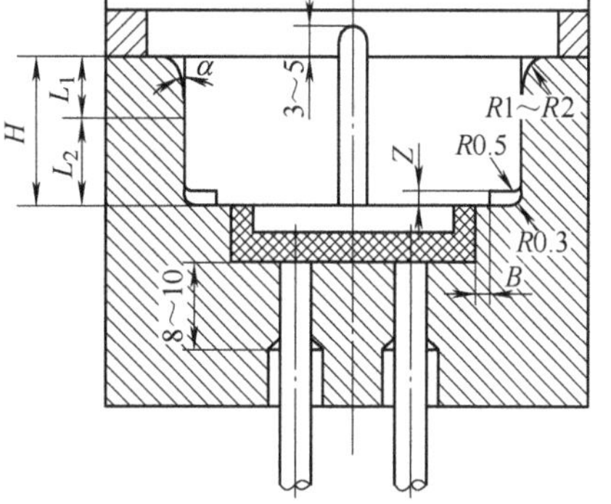

图 9-17　半溢式压缩模凸模、凹模的配合形式

隙小则长度取短些。一般对于移动式压缩模，L_2 取 4~6mm，对于固定式模具，若加料腔的高度 $H \geqslant 30$mm，L_2 取 8~10mm。挤压环的宽度 B 按制件大小及模具用钢而定，对于一般中小型模具，B 取 2~4mm，对于大型模具，B 取 3~5mm。溢料槽的深度 Z 取 0.5~1.5mm。

半溢式压缩模的最大特点是具有溢式压缩模的水平挤压环，同时还具有不溢式压缩模凸模与加料腔之间的配合环和引导环，其中配合环的配合为 H87/f7 或单边留 0.025~0.075mm 的间隙，同时在凸模上设有溢料槽进行排气溢料。

压缩模的成型零件包括凹模、凸模、型芯等。它们的结构与注射模中的成型零件大同小异，这里不再赘述。

9.1.4 加料腔尺寸计算

1. 塑料体积的计算

制件所需塑料原料的体积可按下式计算

$$V_{sl}=(1+c)kV_s \tag{9-1}$$

式中 V_{sl}——制件所需塑料原料的体积；

V_s——制件的体积；

c——飞边溢料的重量系数，根据制件分型面的大小选取，通常取制件净重的 5%~10%；

k——塑料的压缩比，见表 9-2。

若已知制件的质量，求制件所需原料的体积，则可用下式计算

$$V_{sl}=(1+c)km/\rho \tag{9-2}$$

式中 m——制件的质量；

ρ——塑料原料的密度，见表 9-2。

表 9-2 常用热固性塑料的密度和压缩比

塑料		密度 $\rho/(\mathrm{g/cm^3})$	压缩比 k
酚醛塑料	木粉填充	1.34~1.45	2.5~3.5
	石棉填充	1.45~2.00	2.5~3.5
	云母填充	1.65~1.92	2~3
	碎布填充	1.36~1.43	5~7
脲醛塑料(纸浆填充)		1.47~1.52	3.5~4.5
三聚氰胺甲醛	纸浆填充	1.45~1.52	3.5~4.5
	石棉填充	1.70~2.00	3.5~4.5
	碎布填充	1.5	6~10
	棉短线填充	1.5~1.55	4~7

2. 加料腔的截面积计算

加料腔的截面尺寸（水平投影面）可根据模具类型确定。不溢式压缩模的加料腔截面尺寸与型腔截面尺寸相等；半溢式压缩模由于有挤压面，因此加料腔的截面尺寸等于型腔的截面尺寸加上挤压面的尺寸，挤压面的单边宽度为 2~5mm。

3. 加料腔高度的计算

在计算加料腔高度之前，应确定加料腔高度的起始点。一般情况下，不溢式加料腔的高度以制件的下底面开始计算，而半溢式加料腔的高度以挤压面开始计算。

无论不溢式还是半溢式压缩模，其加料腔的高度 H 都可用下式计算

$$H=\frac{V_{sl}-V_j+V_x}{A}+(5\sim10)\text{mm} \tag{9-3}$$

式中　H——加料腔的高度；

V_{sl}——塑料原料的体积；

V_j——加料腔高度起始点以下型腔的体积；

V_x——下型芯占有加料腔的体积；

A——加料腔的截面积。

如图 9-18a 所示，不溢式压缩模加料腔的高度 $H=(V_{sl}+V_x)/A+(5\sim10)\text{mm}$。

如图 9-18b 所示，不溢式压缩模加料腔的高度 $H=(V_{sl}-V_j)/A+(5\sim10)\text{mm}$。

图 9-18c 所示为成型高度较大的薄壁制件的不溢式压缩模，加料腔的高度只需在制件高度 h 的基础上再增加 10~20mm，即 $H=h+(10\sim20)\text{mm}$。

图 9-18d 所示为半溢式压缩模，其加料腔的高度 $H=(V_{sl}-V_j+V_x)/A+(5\sim10)\text{mm}$。

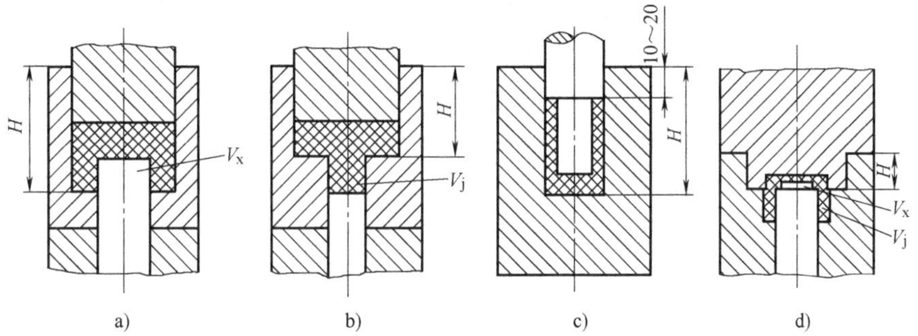

图 9-18　压缩模加料腔的高度

9.2　压注模设计

9.2.1　压注成型原理及工艺

1. 压注成型原理

压注成型又称为传递成型，它是在压缩成型的基础上发展起来的一种热固性塑料的成型方法。压注成型的原理如图 9-19 所示。压注成型时，将塑料原料装入闭合模具的加料腔内，使其在加料腔内受热塑化。和压缩成型时一样，塑料原料为粉料或预压成锭的坯料。在压力的作用下，熔融的塑料通过加热腔底部的浇注系统进入闭合的型腔。塑料熔体在型腔内继续受热、受压，产生交联反应而固化成型，然后打开模具，取出制件。

2. 压注成型的特点

压注成型和注射成型的相同之处是熔体均是通过浇注系统进入型腔，不同之处在于压注

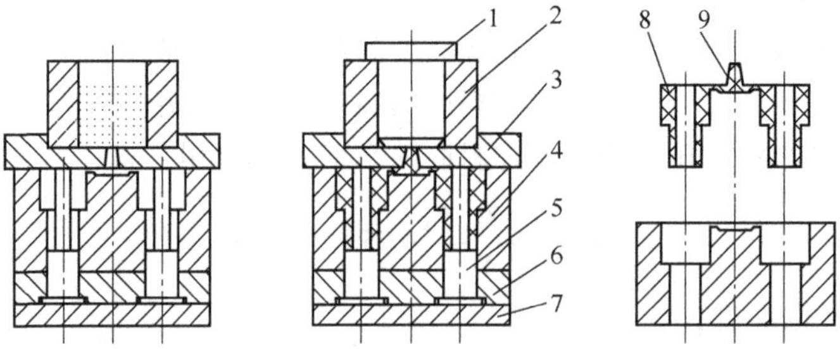

a) 加料　b) 压注　c) 制件脱模

图 9-19　压注成型

1—压注柱塞　2—加料腔　3—上模座板　4—凹模　5—型芯　6—型芯固定板　7—下模座板　8—制件　9—浇注系统凝料

成型时塑料是在模具加料腔内塑化，而注射成型时是在注射机的料筒内塑化。压注成型是在克服压缩成型的缺点、吸收注射成型的优点的基础上发展起来的。它的主要优点有：

1）压注成型前模具已经闭合，塑料在加料腔内加热和熔融，并在压力的作用下，熔体经过狭窄的分流道和浇口进入型腔时，由于摩擦作用，塑料能很快均匀地热透和硬化。因此，制件均匀密实，质量好。

2）压注成型时的溢料较压缩成型时少，而且飞边厚度薄，容易去除。因此，制件的尺寸精度较高，特别是制件的高度尺寸精度较压缩成型的制件高得多。

3）由于成型塑料在进入型腔前已经塑化，对型芯或嵌件所产生的挤压力小，因此能成型深腔薄壁制件或带有深孔的制件，也可成型形状较复杂及带有精细或易碎嵌件的制件。

4）由于成型塑料在加料腔内已经受热熔融，因此进入模具型腔时料温均匀，所需的交联反应固化时间较短，从而成型周期较短，生产率较高。

压注成型虽然具有上述诸多优点，但也存在以下缺点：①成型压力比压缩成型时的高；②工艺条件比压缩成型时的要求更严格，操作比压缩成型时的难度大；③压注模的结构比压缩模的结构复杂；④成型后加料腔内的余料和浇注系统凝料不能回收，增加了生产中原材料的消耗；⑤存在取向问题，容易使制件产生取向应力。

3. 压注成型工艺过程

压注成型的工艺过程和压缩成型基本相似，它们的主要区别是：压缩成型是先加料后合模，而压注成型则一般要求先合模后加料。

4. 压注成型工艺参数

压注成型的主要工艺参数包括成型压力、模具温度和成型时间等，它们均与塑料的品种、模具的结构、制作的形状及尺寸等多种因素有关。

（1）成型压力　成型压力是指压力机通过压注柱塞对加料腔内塑料熔体施加的压力。由于熔体通过浇注系统时有压力损失，故压注时的成型压力一般为压缩成型的 2~3 倍。例如，酚醛塑料粉和氨基塑料粉成型时所需的成型压力通常为 50~80MPa，高者可达 100~200MPa；对于有纤维填料的塑料，成型压力为 80~160MPa。

（2）模具温度　压注成型的模具温度通常要比压缩成型时的温度低一些，一般约为 130~190℃，因为塑料通过浇注系统时能从摩擦中获取一部分摩擦热。加料腔和下模的温度要低些，而中部的温度要高些，这样可保证塑料进入通畅而不会出现溢料现象，同时也可以避免塑料出现缺料、起泡、熔接痕等缺陷。

（3）成型时间　压注成型时间包括加料时间、充模时间、交联固化时间、脱模取制件的时间和清理模具的时间等。压注成型时的充模时间通常为5~50s，而固化时间取决于塑料的品种，制件的大小、形状、壁厚，预热条件和模具的结构等，通常为30~180s。

酚醛塑料压注成型的主要工艺参数见表9-3，其他热固性塑料压注成型的主要工艺参数可查相关资料。

表9-3　酚醛塑料压注成型的主要工艺参数

工艺参数	罐式压注模		柱塞式压注模
	物料未预热	物料高频预热	物料高频预热
预热温度/℃	—	100~110	100~110
成型压力/MPa	160	80~100	80~100
充模时间/min	4~5	1~1.5	0.25~0.33
固化时间/min	8	3	3
成型周期/min	12~13	4~4.5	3.5

9.2.2　压注模的组成及分类

1. 压注模的典型结构

图9-20所示为典型的固定式罐式压注模，由压柱、上模、下模三部分组成，模具上设有加热装置。压柱3随上模座板1固定于压力机的上工作台，下模固定于压力机的下工作台。开模时，压力机上工作台带动上模座板1上升，压柱3离开加料腔，*A—A*分型面分型，以便在该处取出主流道凝料。当上模上升到一定高度时，拉杆17上的螺母迫使拉钩9转动，使之与下模部分脱开，接着定距导柱6起作用，使*B—B*分型面分型，以便推出机构将制件从该分型面处推出。合模时，复位杆11使推出机构复位，拉钩9靠自重将下模部分锁住。

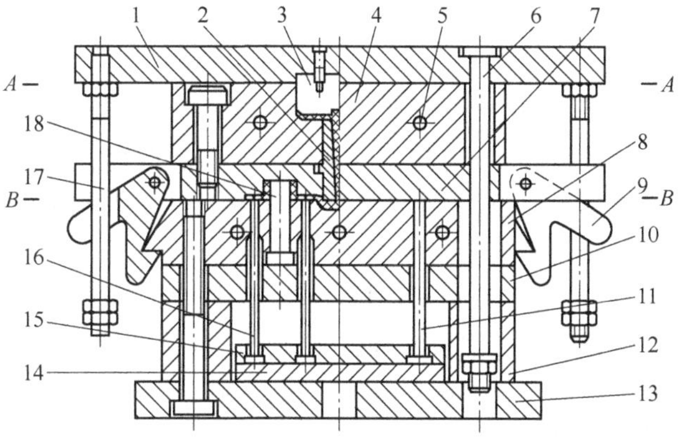

图9-20　压注模典型结构（固定式罐式压注模）

1—上模座板　2—浇口套　3—压柱　4—加料腔　5—加热器安装孔　6—定距导柱　7—上（凹）模板　8—下模板（型芯固定板）　9—拉钩　10—支承板　11—复位杆　12—垫块　13—下模座板　14—推板　15—推杆固定板　16—推杆　17—拉杆　18—型芯

压注模分为以下几大部分：

(1) 成型零件　成型零件是直接成型制件的零件，模具闭合时形成所要求的型腔。图9-20中的成型零件由上（凹）模板7、型芯18等组成，分型面的形式及选择原则与注射模、压缩模相似。

(2) 加料装置　由加料腔4和压柱3组成。移动式压注模的加料腔和模具本体是可分离的，开模前先取下加料腔，然后开模取出制件。固定式压注模的加料腔固定在上模部分，加料时可以与压柱定距分型。

(3) 浇注系统　多型腔压注模的浇注系统与注射模相似，同样包括主流道、分流道和浇口；单型腔压注模一般只有主流道，与注射模不同的是加料腔底部可开设几个流道同时进入型腔。

(4) 导向机构　一般由导柱和导向孔（或导套）组成。在柱塞和加料腔之间、型腔分型面之间，都应设导向机构。

(5) 侧向分型与抽芯机构　压注模的侧向分型与抽芯机构与压缩模和注射模基本相同。

(6) 推出机构　由推杆16、推杆固定板15、推板14、复位杆11等组成，由拉钩9、定距导柱6、可调拉杆17等组成的二次分型机构是为了加料腔分型面和制件分型面先后打开而设计的，也包括在推出机构之内。

(7) 加热系统　固定式压注模由压柱、上模、下模三部分组成，应分别对这三部分加热，如图9-20所示。在加料腔和型腔周围分别钻有加热孔，插入电加热元件。移动式压注模是利用装于压力机上的上、下加热板加热，压注成型前柱塞、加料腔和压注模都应放在加热板上进行加热。

(8) 支承零部件　压注模中的固定板、支承板（加热板）以及上、下模座板等均称为支承零部件，如图9-20中的上模座板1 、上（凹）模板7、下模板（型芯固定板）8、支承板10、垫块12和下模座板13等。它们的作用是固定和支承模具中的各种零部件。

2. 压注模的分类

压注模按其固定方式分为移动式压注模和固定式压注模，移动式压注模在小型制件生产中有着广泛的应用。压注模按其加料腔的特征又可分为罐式压注模和柱塞式压注模，罐式压注模用普通液压机即可成型，而柱塞式压注模需用专用液压机成型。压注模按型腔数目可分为单型腔压注模和多型腔压注模。

(1) 罐式压注模

1) 移动式罐式压注模。如图9-21所示，移动式罐式压注模的加料腔与模具本体是可以分离的。模具闭合后放上加料腔2，将定量的塑料加入加料腔内，利用液压机的压力，通过压柱1将塑化的物料高速挤入型腔，并硬化定型。开模时，先从模具上取下加料腔2，再用手工或专用工具分别进行清理和取出制件。

2) 固定式罐式压注模。图9-20所示的压注模即为固定式罐式压注模。

(2) 柱塞式压注模　柱塞式压注模没有主流道，主流道已扩大成为圆柱形的加料腔，这时柱塞将塑料压入型腔的力对模具不起锁模的作用，因此柱塞式压注模应安装在专用的液压机上使用。这种专用的液压机有主液压缸（锁模）和辅助液压缸（成型）两个液压缸，主缸起锁模作用，辅助缸起压注成型作用。这类模具既可以是单型腔的，也可以是多型腔的。

由于没有主流道的加热作用，因此最好采用经过预热的原料进行压注成型。这时既没有主流道的流动阻力，同时原料经预热后压注的压力可大大降低，单型腔的压注模更是如此。

柱塞式压注模分为上加料腔柱塞式压注模和下加料腔柱塞式压注模。

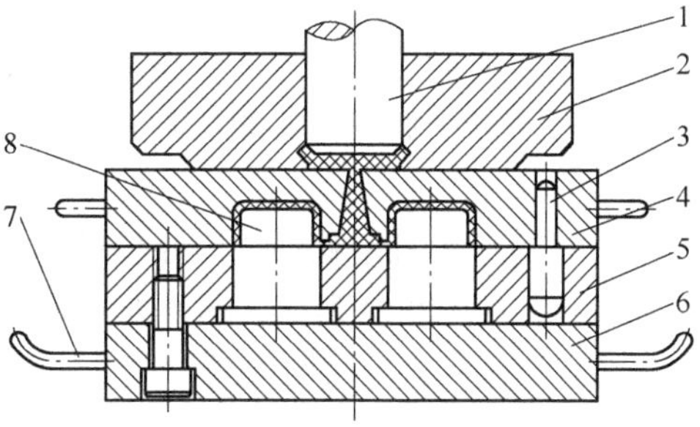

图 9-21　移动式罐式压注模

1—压柱　2—加料腔　3—导柱　4—凹模　5—型芯固定板　6—下模板　7—手柄　8—型芯

1）上加料腔柱塞式压注模。上加料腔柱塞式压注模所用液压机的合模液压缸（主液压缸）在液压机的下方，自下而上合模；成型用液压缸（辅助液压缸）在液压机的上方，自上而下将物料挤入模具型腔，如图 9-22 所示。合模加料后，当加入加料腔内的塑料受热呈熔融状态时，液压机辅助液压缸工作，柱塞将熔融塑料挤入型腔；固化成型后，辅助液压缸带动柱塞上移，主液压缸带动工作台将模具下模部分向下移动而开模，制件与浇注系统留在下模。推出机构工作时，推杆将制件从型腔中推出。

2）下加料腔柱塞式压注模。如图 9-23 所示，这种模具所用液压机的合模液压缸（主液压缸）在液压机的上方，自上而下合模；成型用液压缸（辅助液压缸）在液压机的下方，自下而上将物料挤入模具型腔。它与上加料腔柱塞式压注模的主要区别在于：它是先加料，后合模，最后压注；而上加料腔柱塞式压注模是先合模，后加料，最后压注。

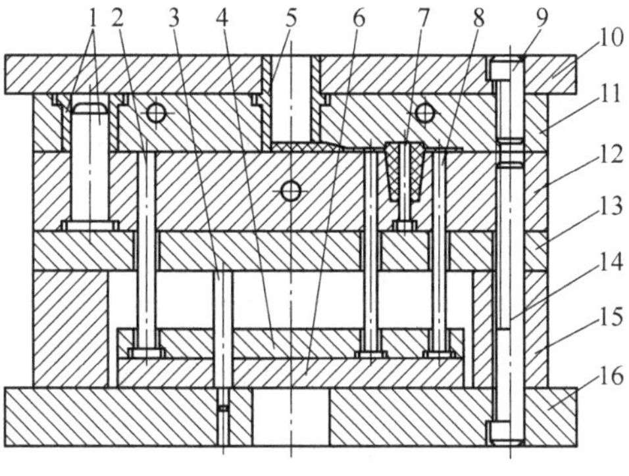

图 9-22　上加料腔柱塞式压注模

1—导柱和导套　2—复位杆　3—推板导柱　4—推杆固定板　5—加料腔　6—推板　7—型芯　8—推杆　9、14—螺钉及销钉　10—上模座板　11—上模板　12—下模板　13—支承板　15—垫块　16—下模座板

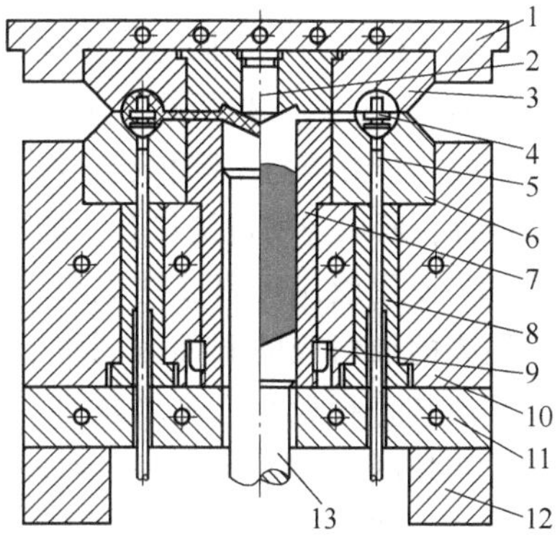

图 9-23　下加料腔柱塞式压注模

1—上模座板　2—分流锥　3—上凹模　4—嵌件　5—推杆　6—下凹模　7—加料腔　8—镶件　9—锁紧螺母　10—下模板　11—支承板　12—垫块　13—柱塞

9.2.3　压注模结构设计

压注模的结构设计在很多方面与注射模、压缩模相似，例如型腔的总体设计、分型面位置、合模导向机构、推出机构、侧向分型与抽芯机构，以及加热系统等，均可参照注射模或压缩模的设计原则。下面仅讨论压注模区别于其他模具的特殊结构的设计要点。

1. 加料腔的结构设计

压注模与注射模的不同之处在于它有加料腔，压注成型之前塑料原料必须加入到加料腔内，并进行预热、加压，才能压注成型。由于压注模的结构不同，所以加料腔的形式也不相同。

（1）普通压力机用移动式压注模的加料腔　移动式压注模的加料腔是活动的，能从模具上单独取下，如图 9-24 所示。图 9-24a 所示为用于加料腔有一个流道的压注模，加料腔与上模座板以凸台定位，这种结构可减少溢料的可能性，应用较广泛；图 9-24b 所示加料腔与模板之间没有定位关系，适用于加料腔有两个以上主流道的压注模，其截面为长圆形；图 9-24 c 所示结构采用 3 个挡销使加料腔定位，圆柱挡销与加料腔的配合间隙较大，加工及使用比较方便；图 9-24 d 所示加料腔采用导柱定位，导柱可固定在上模（图示），也可固定在下模，呈间隙配合，一端应采用较大间隙。采用导柱定位结构时，拆卸和清理不太方便。

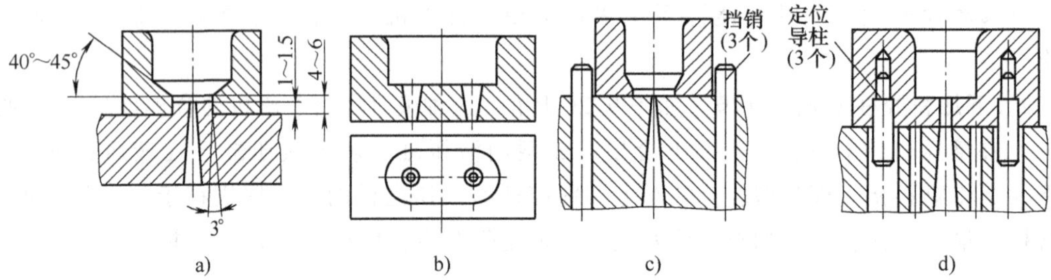

图 9-24　移动式压注模加料腔

（2）普通压力机用固定式压注模的加料腔　固定式压注模的加料腔与上模板连接为一体，在加料腔底部开设一个或几个流道与型腔相通。由于加料腔与上模板是两个零件，所以应增设浇口套，如图 9-25 所示。

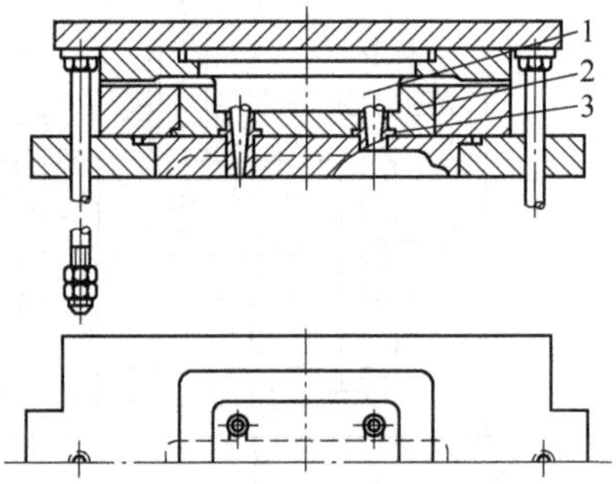

图 9-25　固定式压注模加料腔

1—压柱　2—加料腔　3—浇口套

（3）专用液压机用柱塞式压注模的加料腔　柱塞式压注模的加料腔的截面为圆形，截面尺寸与锁模力无关，故其直径较小，高度较大。加料腔在模具上的固定方式如图 9-26 所示，图 9-26a 所示为采用螺母锁紧的方式；图 9-26b 所示为采用轴肩固定的方式；图 9-26c 所示为采用对剖的两个半环锁紧的方式。

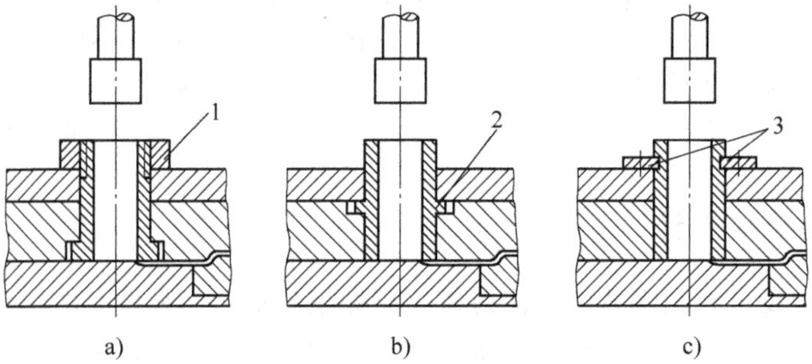

图 9-26　柱塞式压注模上加料腔的固定方式

1—螺母　2—轴肩　3—对剖半环

加料腔的材料一般选用（40Cr、T10A）、CrWMn、Cr12 等，热处理硬度为 52~56HRC，加料腔内腔应镀铬抛光，表面粗糙度为 *Ra*0.4μm。

2. 压柱的结构设计

压注模的压料柱塞简称为压柱，其作用是将加料腔内的塑料原料从浇注系统挤入模具型腔中。

（1）普通压力机用压注模压柱　普通压力机用压注模的压柱结构形式如图 9-27 所示。图 9-27a 所示为顶部与底部带倒角的圆柱形压柱，其结构简单，常用于移动式压注模；图 9-27b 所示为带凸缘结构的压柱，其承压面积大，压注平稳，既可用于移动式压注模，又可用于固定式压注模；图 9-27c 和图 9-27d 所示为带底板的压柱，适用于固定式压注模。

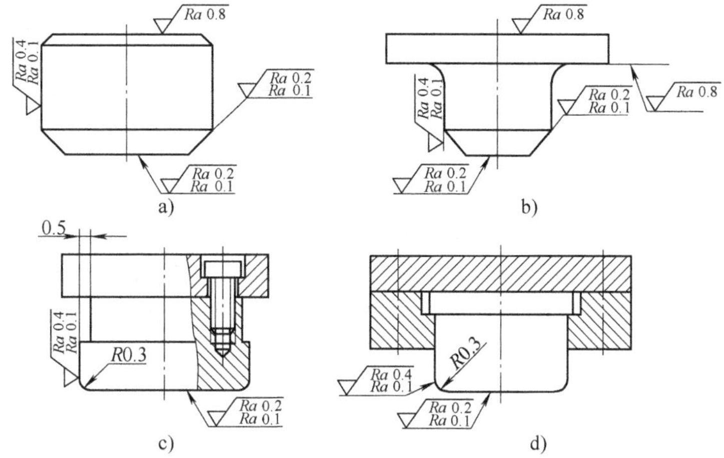

图 9-27　普通压力机用压注模的压柱结构

为了利用开模拉出主流道凝料，可在固定式压柱下面开设拉料沟槽，如图 9-28 所示。图 9-28a 所示结构用于直径较小的压柱；图 9-28b 所示结构用于直径大于 75mm 的压柱。

加料腔与压柱的配合通常为 H9/f8，它们之间的配合关系如图 9-29 所示，其中压柱高度 H'应比加料腔的高度 H 小 0.5~1mm，底部转角处应留 0.3~0.5mm 的储料间隙。

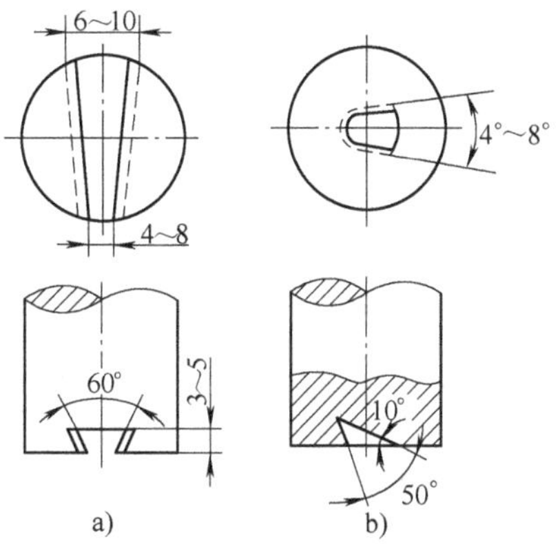

图 9-28　拉料沟槽的结构

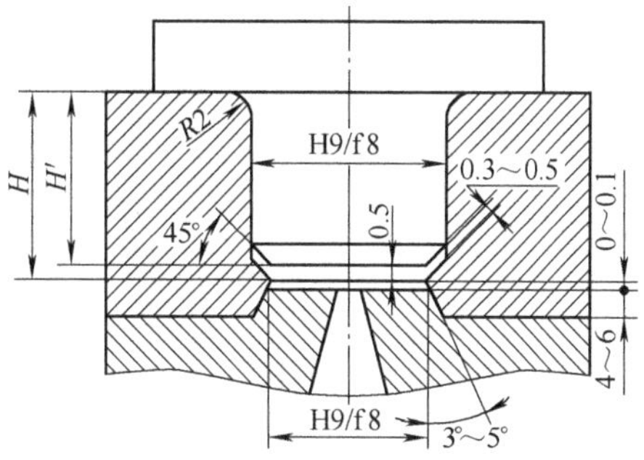

图 9-29　加料腔与压柱的配合

（2）专用液压机用压注模压柱　专用液压机用压注模的压柱结构如图 9-30a 所示，柱塞的一端带有螺纹，可以安装在液压机辅助液压缸的活塞杆上。当直径较小时，压柱与加料腔的径向单边配合间隙为 0.05～0.08mm；当直径较大时，径向单边配合间隙为 0.10～0.13mm。间隙过大时，塑料易造成溢料；间隙过小时，摩擦磨损严重。图 9-30b 所示柱塞的柱面有环形槽，可防止塑料从侧面溢出，头部的球形凹面有利于料流集中。

压柱或柱塞是承受压力的主要零件，压柱材料的选择和热处理要求与加料腔相同。

3. 浇注系统的设计

压注模的浇注系统与注射模的浇注系统相似，也是由主流道、分流道及浇口等组成，不同之处是，在注射成型过程中，熔体与流道的热交换越少越好，压力损失要小，但在压注成型过程中，为了使塑料在型腔中的硬化速度加快，塑料与流道要有一定的热交换，使塑料熔体的温度升高，进一步塑化，以理想的状态进入型腔。

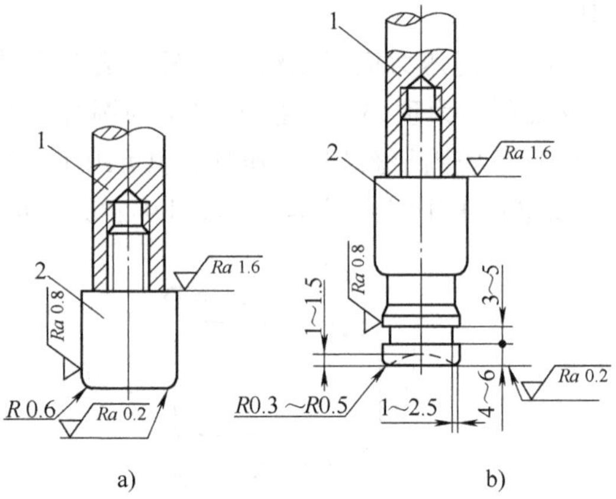

图 9-30　专用液压机用压注模的压柱结构

(1) 主流道　压注模常见的主流道有正圆锥形、倒圆锥形和带分流锥三种形式，如图 9-31 所示。图 9-31a 所示为正圆锥形主流道，主要用于多型腔压注模，流道凝料由拉料杆拉出，脱模时与分流道及制件一同脱出。主流道小端直径为 3.5～5mm，锥角为 6°～10°，主流道应尽可能短些，以减少物料消耗。主流道与分流道过渡处应有半径为 $R3$～$R5$mm 的圆角。图 9-31b 所示为倒锥形主流道，常用于单型腔或同一制件设几个主流道的压注模，开模时主流道与制件在浇口处折断分离，并借助压柱端面的拉料槽将主流道凝料拉出。由于这种流道阻力小，尤其适用于碎布、长纤维为填料的塑料成型。图 9-31c 所示为采用分流锥的结构，适用于制件尺寸较大、型腔分布远离模具中心或分流道较长的压注模。分流锥的形状和尺寸依据制件尺寸和型腔分布而定，当型腔呈圆周分布时，分流锥可采用圆锥形；当型腔呈两排并列时，分流锥可采用矩形截锥形。分流锥与流道的间隙一般为 1～1.5mm，流道可以分布在分流锥表面，也可以在分流锥上开槽形成流道。

当主流道需穿过多块模板时，应设置浇口套，防止塑料熔体进入模板间隙而造成脱料困难。

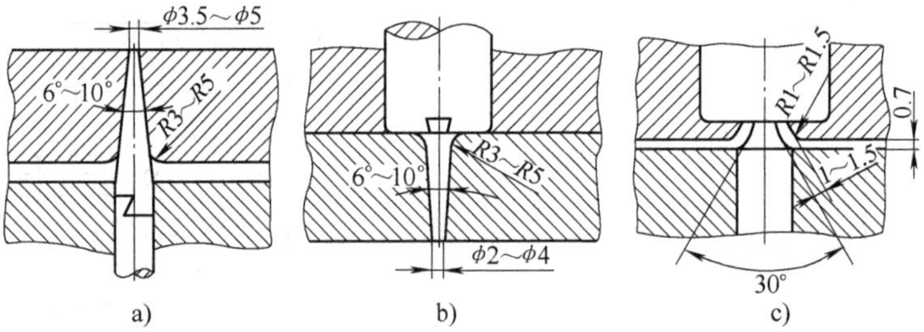

图 9-31　主流道形式

(2) 分流道　压注模分流道常采用梯形，为达到较好的传热效果，分流道宜设计得浅而宽，一般小型制件的分流道深度取 2～4mm，大型制件的分流道深度取 4～6mm，最浅应不小于 2mm；分流道的宽度应取其深度的 1.5～2 倍，如图 9-32 所示。分流道的长度应尽可能短，并应减少急剧的弯折，其长度约为主流道大端直径的 1～2.5 倍。分流道多采用平衡式布置，流道应光滑、平直，尽量避免弯折。流道凝料和制件应留在下模一侧，以便于推出。

（3）浇口　压注模最常采用的浇口是直浇口和侧浇口。对于直浇口，其截面一般为圆形，如图 9-33 所示为倒锥形直浇口。图 9-33a 所示浇口用于以木粉为填料的制件，型腔与浇口连接处设计成圆弧过渡，半径为 0.5～1mm，连接部分最小直径为 2～4mm，长度为 2～3mm，流道凝料将在细颈处折断，以避免去除流道凝料时损伤制件表面。图 9-33b 和图 9-33c 所示浇口多用于以长纤维为填料的制件，由于塑料的流动阻力大，浇口尺寸相应也较大，为了克服易拉伤制件表面的缺点，在浇口附近增设一凸台，成型后再将其磨去。

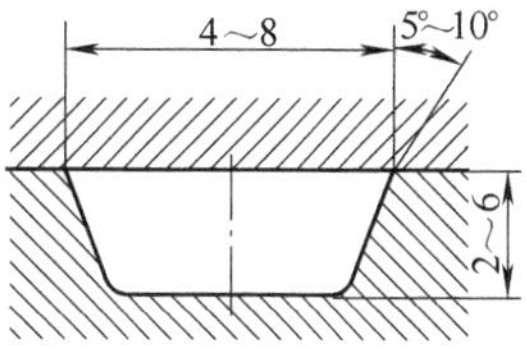

图 9-32　梯形分流道截面

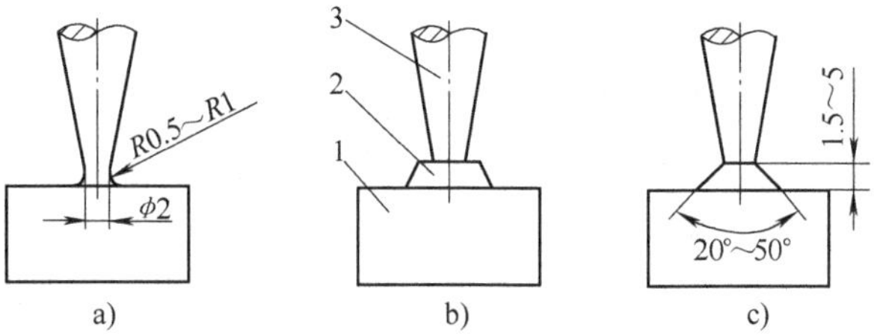

图 9-33　倒锥形直浇口

1—塑件　2—附加凸块　3—主流道

一模多腔的压注模，最常用的是侧浇口，这种形式的浇口结构简单，调节、修整方便。对于不含纤维状填料的中小型制件，浇口深度取 0.4～1.6mm、宽度取 1.6～3.2mm；含有纤维状填料的中小型制件，浇口深度取 1.6～6.5mm、宽度取 3.2～12.7mm；对于大型制件，可适当放大浇口的宽度，浇口深度应与制件厚度的比例为 0.3～0.5，浇口长度一般为 2～3mm。

（4）排气槽的设计　压注成型时，不仅需要有效排出型腔内原有的空气，还应排出热固性塑料在型腔内交联固化释放出的低分子挥发物，比热塑性塑料成型时需要排出更多的气体。一般来说，可利用模具零件间的配合间隙及分型面之间的间隙进行排气；如果不能满足要求，则必须开设排气槽。排气槽的截面形状一般为矩形或梯形，截面尺寸与制件体积和排气槽数量有关。对于中小型制件，分型面上的排气槽的尺寸为深 0.05～0.13mm，宽 3.2～6.5mm。

排气槽截面积的经验计算公式为

$$A = 0.05V/n \tag{9-4}$$

式中　A——排气槽的截面积（mm^2）；

V——包括浇注系统的型腔体积（mm^3）；

n——型腔中需开设的排气槽数量。

根据排气槽的截面积，由表 9-4 可查出推荐的排气槽的槽宽和槽深。

表 9-4　排气槽截面积推荐值

排气槽截面积 A/mm^2	(槽宽/mm)×(槽深/mm)
≤0.2	5×0.04
>0.2~0.4	5×0.08
>0.4~0.6	6×0.10
>0.6~0.8	8×0.10
>0.8~1.0	10×0.10
>1.0~1.5	10×0.15
>1.5~2.0	10×0.20

9.3　热流道注射模设计

9.3.1　热流道注射模概述

热流道注射成型是利用绝热或加热的方法，使从注射机喷嘴起到型腔入口处为止的流道中的塑料一直保持熔融状态，从而在开模时，只需取出制件，无须取出流道凝料。具有这种浇注系统的模具也称为无流道凝料模具。这类模具以加热流道为主。

当前在一些发达国家无流道凝料模具已经标准化，且在注射模中占有较大比例。我国正在推广使用阶段，有些部件也已经标准化。

热流道注射模分为绝热流道注射模和加热流道注射模。

(1) 绝热流道注射模　绝热流道注射模的特点是主流道和分流道截面较大，在注射过程中，靠近流道内壁的塑料容易散热，冷凝成一个固化层，起到绝热作用，而流道中心部位的塑料在连续注射时仍然保持熔融状态，熔融的塑料通过流道的中心部分顺利充填型腔。

图 9-34a 所示为井式喷嘴绝热主流道，它是一种结构最简单的适用于单型腔的绝热流道。这种形式的绝热流道在注射机喷嘴与模具入口之间装有一个主流道杯，杯外采用空气间隙绝热，杯内有截面较大的储料井，其容积约为制件体积的 1/3~1/2。主流道杯的主要尺寸如图 9-34b 所示。

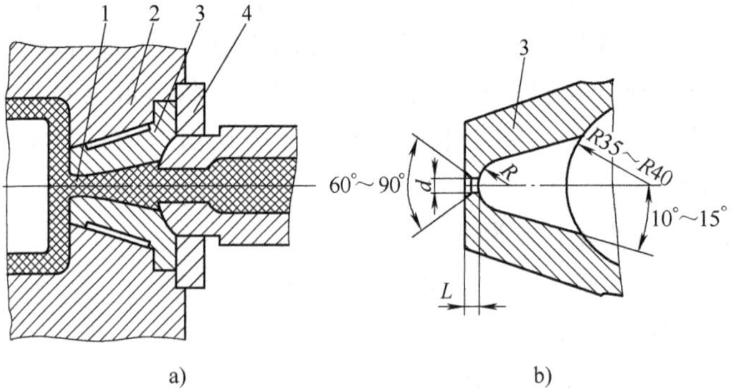

图 9-34　井式喷嘴

1—点浇口　2—定模板　3—主流道杯　4—定位圈

图 9-35 所示为多型腔主流道型绝热流道注射模。这种模具的绝热原理与井式喷嘴注射模相同，其主流道和分流道的截面尺寸也很大，截面形状常为圆形。分流道的直径根据成型周期和制件重量而定，常为 19~32mm，成型周期长时取大值，反之取小值。为减小料流阻力，流道内所有转角处都应圆滑过渡。

绝热流道注射模的优点是结构简单，设计不那么复杂，制造成本低。缺点是有时浇口会形成凝结；为了维持熔融状态，需要很短的工作周期；为了达到稳定的熔融温度，需要很长的准备时间。因此绝热流道模具目前很少采用。

(2) 加热流道注射模　加热流道注射模是对模具的浇注系统进行加热，在生产期间使塑料始终保持熔融的状态，下次开机采用加热方法，将流道凝料熔化，即可开始生产。它相当于将注射机的喷嘴一直延长到模具型腔。

热流道系统的加热方式有两种：一种是外加热式，即加热元件在热流道之外；另一种是内加热式，即加热元件在热流道之内。

热流道系统常用的加热元件有：电加热圈、电加热棒及热管等。

为叙述方便，以下将加热流道注射模简称为热流道注射模。

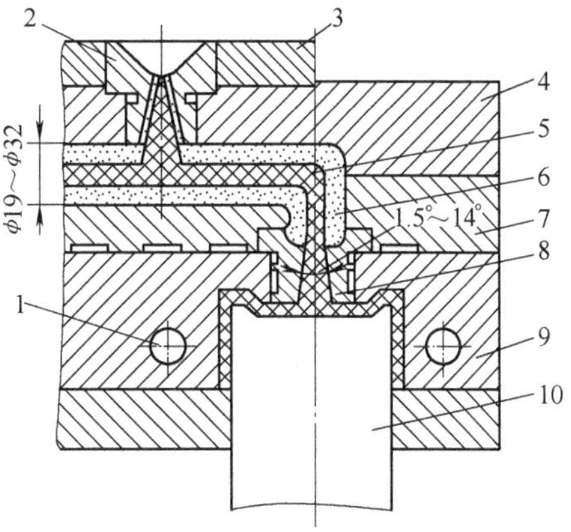

图 9-35　多型腔主流道型绝热流道注射模

1—冷却水孔　2—浇口套　3—定位圈　4—定模座板　5—熔体　6—塑料冷凝层　7—分流道板　8—浇口衬套　9—定模型腔板　10—型芯

9.3.2　热流道注射模典型结构

热流道注射模主要由热流道浇注系统和模架组成。热流道浇注系统由热喷嘴、热流道板、温控电箱等组成。热流道模架的结构与二板式模具大体相同，但型腔进料的方式又和三板式模具相同，同时兼具二者的优点。

常见的热流道系统有单点式热流道和多点式热流道两种形式。它们分别构成了单点式热流道注射模和多点式热流道注射模。

1. 单点式热流道注射模

单点式热流道注射模如图 9-36 所示，是用单一热喷嘴（又称热射嘴），直接把熔融塑料射入型腔，其基本结构主要由定位圈 1、隔热板 2、热喷嘴 3、定模板 4、凹模 5、型芯 7 和动模板 8 等组成。

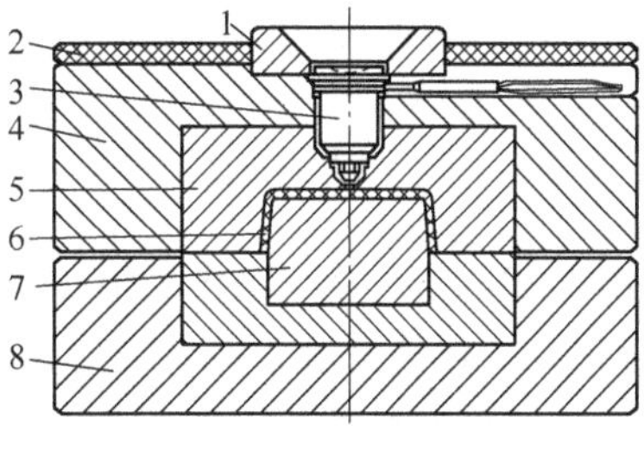

图 9-36　单点式热流道注射模的基本结构

1—定位圈　2—隔热板　3—热喷嘴　4—定模板　5—凹模　6—制件　7—型芯　8—动模板

单点式热流道注射模中没有热流道板，用于单型腔模具注射成型。

2. 多点式热流道注射模

多点式热流道注射模的主要特点是在模具内设有一个热流道板，主流道、分流道及加热装置均设置在这块板上。注射时，注射机喷嘴将熔融塑料射入一级热喷嘴，通过热流道板把熔融塑料分流到各二级热喷嘴中，再进入型腔。它适用于单腔多点式进料或多腔注射模，其基本结构如图 9-37 所示。

根据对流道加热方法的不同，多点式热流道注射模可分为外加热式和内加热式两种。

（1）外加热多点式热流道注射模　这种模具在热流道板中设有加热孔，孔内放入管式加热器（如电热棒等）对流道内的塑料加热，使塑料始终保持熔融状态。热流道板要利用绝热材料（如石棉、水泥板等）或空气间隙与模具其余部分隔热，以减少热量传递。此外，还应考虑热流道板因温度的变化而引起的热膨胀，因此要留出必要的膨胀间隙。主流道和分流道的截面多为圆形，直径为 5~12mm。浇口形式也有主流道型浇口和点浇口两种，比较常用的是点浇口。

外加热多点式热流道注射模流道内的塑料加热均匀，熔体流动阻力小，容易更换塑料和换色。但热损失较大，热流道板的温度较高，需考虑热流道板的热膨胀问题。

为了防止浇口冷凝，必须对浇口喷嘴进行绝热，根据绝热情况不同又可分为半绝热式喷嘴和全绝热式喷嘴两种。

图 9-38 所示为外加热半绝热式喷嘴多点式热流道注射模。热流道板 8 内的加热器孔 7 中放入加热器，二级喷嘴 10 用导热性优良、强度较高的铍青铜合金制造，有利于热量传至喷嘴前端。二级喷嘴前端设有塑料绝热层，绝热层最薄处厚度为 0.3~1.2mm。由于二级喷嘴 10 与浇口衬套 11 之间有一环形的接触面未绝热，故称为半绝热式喷嘴。另外，二级喷嘴与热流道板间为间隙配合，并用胀圈 9 进行密封。注射时，由于熔体的压力使二级喷嘴 10 与浇口衬套 11 在环形接触面处能很好贴合，不会产生溢料现象。

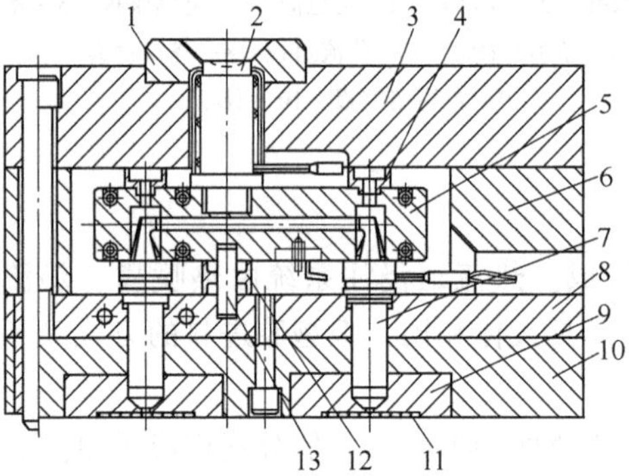

图 9-37　多点式热流道注射模的基本结构

1—定位圈　2—一级热喷嘴　3—定模座板　4—隔热垫片　5—热流道板　6—撑板　7—二级热喷嘴　8—垫板　9—凹模　10—定模 A 板　11—制件　12—中心隔热垫片　13—中心定位销

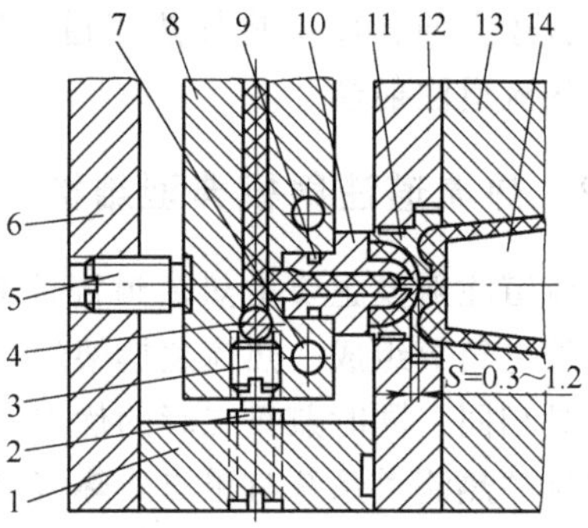

图 9-38　外加热半绝热式喷嘴多点式热流道注射模

1—支架　2—定距螺钉　3—螺塞　4—密封钢球　5—支承螺钉　6—定模座板　7—加热器孔　8—热流道板　9—胀圈　10—二级喷嘴　11—浇口衬套　12—定模板　13—型腔板　14—型芯

图 9-39a 所示为外加热全绝热式喷嘴多点式热流道注射模。模具中的二级喷嘴 11 不与浇口衬套 13 直接接触，两者通过滑动压环 12 隔离，故称为全绝热式喷嘴。图 9-39b 所示为流道及二级喷嘴局部放大图，浇口直径为 0.7mm，适用于成型小型制件。

（2）内加热多点式热流道注射模　这种模具是在整个流道内部和喷嘴内部设置管式加热器（由加热芯棒和加热套管组成），塑料在加热器外围空间流动，依靠流道壁处形成的塑料冷凝层进行绝热，如图 9-40 所示。为了使流道中互相垂直的管式加热器不发生干涉，应采

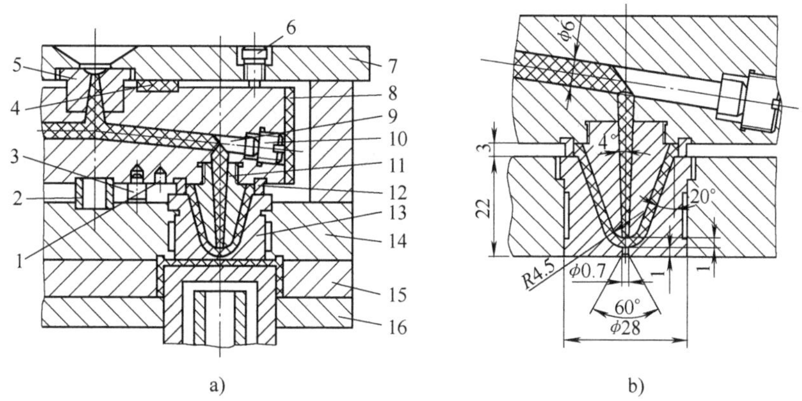

图 9-39　外加热全绝热式喷嘴多点式热流道注射模

1—热电偶测温孔　2—定位环　3—支承柱　4—石棉垫圈　5—主流道衬套　6—定位螺钉　7—定位座板　8—加热圈　9—堵头　10—紧定螺钉　11—二级喷嘴　12—滑动压环　13—浇口衬套　14—浇口板　15—定模型腔板　16—推件板

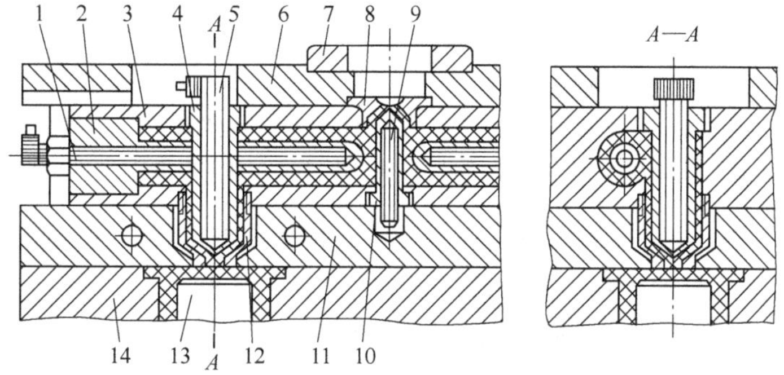

图 9-40　内加热多型腔热流道注射模

1—加热芯棒　2—分流道加热套管　3—热流道板　4—喷嘴加热套管　5—加热芯棒　6—定模座板　7—定位圈　8—浇口套　9—加热芯棒　10—主流道加热套管　11—定模板　12—喷嘴套　13—型芯　14—型腔板

用交错穿通的办法设置流道。

内加热式热流道模具的热损失小，浇口附近的温度容易控制；热流道板的温度低，因此一般不需要考虑其热膨胀问题。但由于加热元件位于流道内部，塑料的流动阻力较大，流道内表面和加热器外表面的温差较大，容易产生局部过热，流道内表面容易产生固化层，且更换塑料及换色较困难。

9.3.3　热流道注射模结构设计

热流道模具与普通流道模具相比，新增的设计内容主要在浇注系统上，内容包括隔热结构设计、热喷嘴的选用、热喷嘴的装配和热流道板的设计。

1. 隔热结构设计

热喷嘴、热流道板应与定模座板、定模板等其他部分有较好的隔热，隔热方式可视情况选用空气隔热和绝热材料隔热，也可二者兼用。

(1) 单点式热流道注射模隔热结构　隔热介质包括陶瓷、石棉板、空气等。除定位、支承、型腔密封等需要接触的部位外，热喷嘴的隔热空气间隙厚度 D 通常为 3mm 左右。图 9-41 所示为单点式热流道注射模隔热结构。

(2) 多点式热流道注射模隔热结构　多点式热流道注射模隔热结构如图 9-42 所示。热流道板与定模座板、定模板（A 板）之间的支承采用具有隔热性质的隔热垫块，隔热垫块由热导率较低的材料制作。

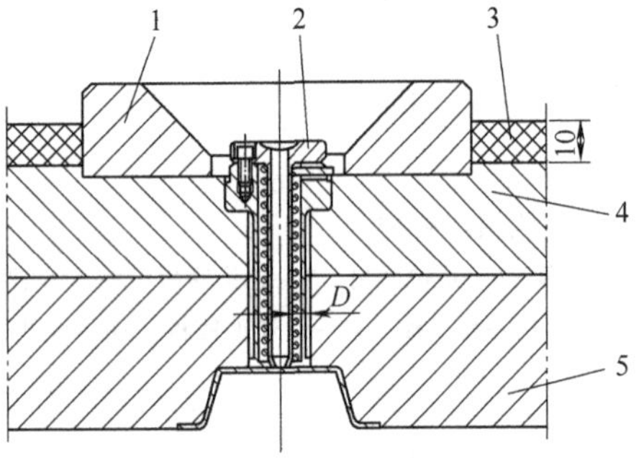

图 9-41　单点式热流道注射模隔热结构

1—定位圈　2—热喷嘴　3—隔热板　4—定模座板　5—定模板

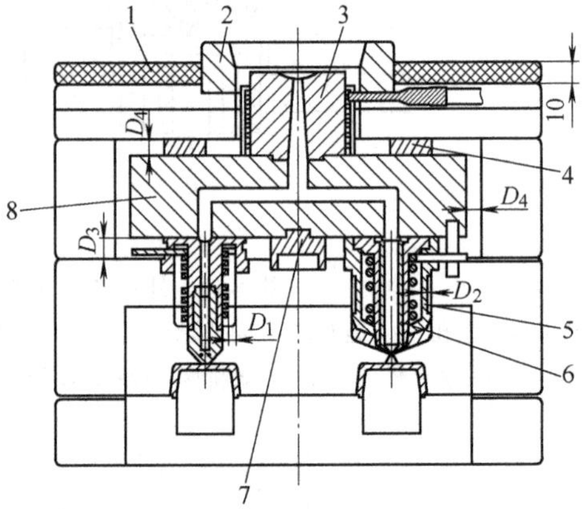

图 9-42　多点式热流道注射模隔热结构

1—隔热板　2—定位圈　3—热喷嘴　4—隔热垫块　5—隔热保护套　6—二级热喷嘴　7—中心隔热垫块　8—热流道板

热射嘴、热流道板及模具的面板上一般应垫石棉板或电木板，用于隔热。隔热板的厚度一般取 10mm。热流道板的隔热空气间隙厚度 D_4 应不小于 8mm。

图 9-42 中，为了保证良好的隔热效果，应满足：$D_1 \geqslant 3$mm；D_2 依据热喷嘴台阶的尺寸而定；$D_3 \geqslant 8$mm，依据中心隔热垫块的厚度而定；$D_4 \geqslant 8$mm。

热流道板与模具其他部分之间的隔热垫块不仅起隔热作用，而且对热流道板起支承作用，支承点要尽量少，且受力平衡，以防止热流道板变形。为此，隔热垫块应尽量减少与模具其他部分的接触面积。隔热垫块使用传热效率低的材料制作，常用的有隔热钢和陶瓷两种。隔热钢常用不锈钢、高铬钢等，形状如图 9-43a 所示。隔热陶瓷的形状如图 9-43b 所示，可承受温度达 1400℃。图 9-43c 所示的结构是专用于模具中心的隔热垫块，它还具有中心定位的作用。

2. 热喷嘴的设计

(1) 热喷嘴的装配　图 9-44 所示为单点式热喷嘴装配图，图 9-45 所示为单点式热喷嘴实物装配图。热喷嘴 3 装配时径向只有 D_1 和定模板上的凹模镶件 5 配合，配合公差为 H7/h6；D_3 与定模座板 4 上的孔配合，配合公差为 H7/f8，其他地方不接触，以减少热量的传递。图中尺寸 H 因热喷嘴型号不同而不同，可查阅有关说明书。

图 9-46 所示为多点式热喷嘴实物装配图，图 9-47 所示为多点式热喷嘴装配图，它比单点式热喷嘴多一块热流道板。热喷嘴的装配方法与单点式热流道相同，热流道板 5 的上、下面要加隔热垫片 2 和 7，以及定位销 12；同时增加支承板 6，以便于装拆。

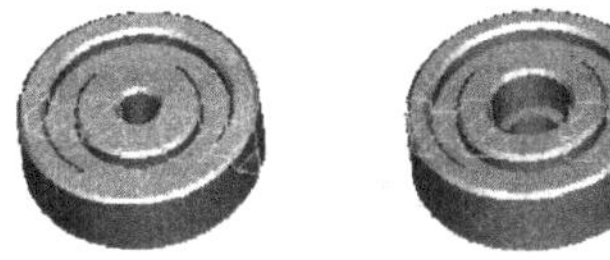

a) 钢隔热垫块

b) 陶瓷隔热垫块

c) 中心隔热垫块

图 9-43　隔热垫块

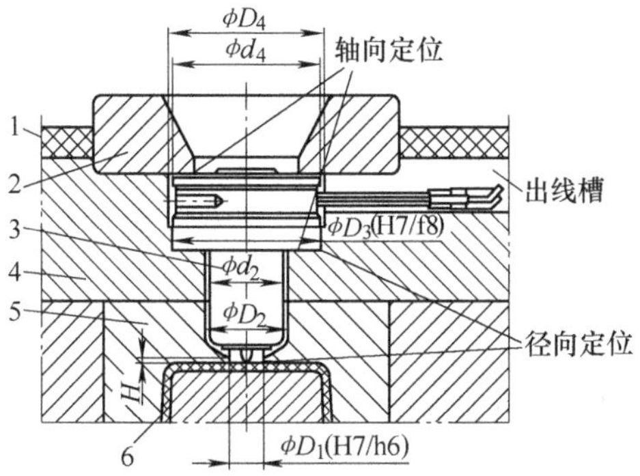

图 9-44　单点式热喷嘴装配图

1—隔热板　2—定位圈　3—热喷嘴

4—定模座板　5—凹模镶件　6—制件

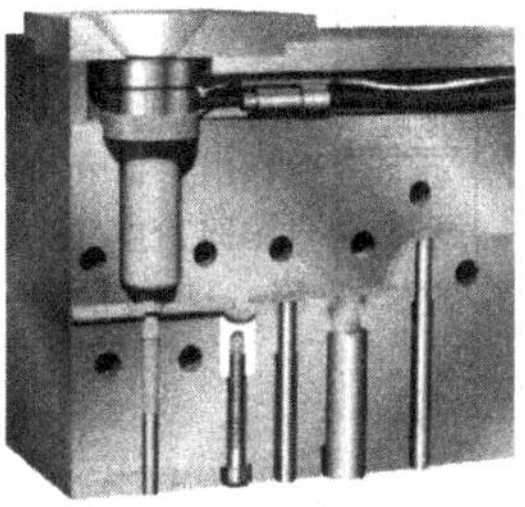

图 9-45　单点式热喷嘴实物装配图

图 9-46　多点式热喷嘴实物装配图

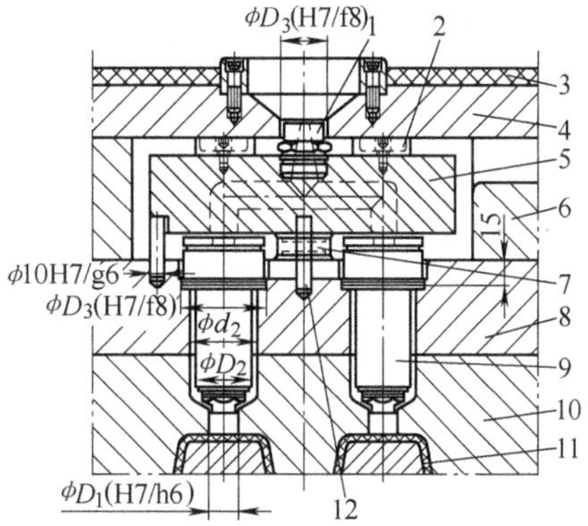

图 9-47　多点式热喷嘴装配图

1—一级热喷嘴　2—隔热垫片　3—隔热板　4—定模座板

5—热流道板　6—支承板　7—中心隔热垫片　8—垫板

9—二级热喷嘴　10—定模（A）板　11—制件　12—中心定位销

（2）热喷嘴的选用　热流道模具中的一级热喷嘴、二级热喷嘴，虽然其结构形式略有不同，但其作用及选用方法相同。为了叙述方便，将一级热喷嘴、二级热喷嘴统称为热喷嘴。

由于热喷嘴的结构及制造较为复杂，模具设计、制作时通常选用专业供应商提供的不同规格的系列产品，如图 9-48 所示。各个供应商采用不同的系列标准，因此热喷嘴的结构、规格标识均不相同。在选用热喷嘴时一定要明确供应商的规格标识，然后根据以下三个方面确定合适的规格。

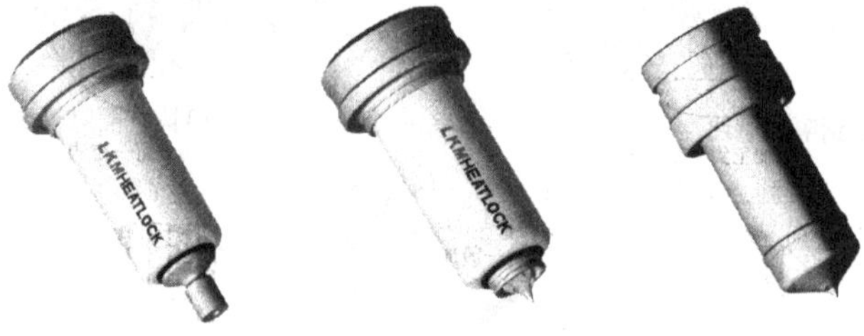

图 9-48　热喷嘴实物图

1）热喷嘴的注射量。不同规格的热喷嘴具有不同的最大注射量，这就要求模具设计者根据所要成型的制件大小、所需流道大小和塑料种类选择合适的规格，并取一定的保险系数。保险系数一般取 0.8 左右。

2）制件允许的流道形式。制件是否允许热喷嘴顶端参与成型、热喷嘴顶端的结构形状等都会影响热喷嘴的规格，流道形式将影响热喷嘴的长度。

3）流道与热喷嘴轴向固定位的距离。热喷嘴轴向固定位是指模具上安装、限制热喷嘴轴向移动的平面。此平面的位置直接影响热喷嘴的长度尺寸。

3. 热流道板的设计

（1）热流道板的分类　热流道板按其形状可分为 I 型热流道板、H 型热流道板、X 型热流道板和 X-X 型热流道板，如图 9-49 所示。模具设计时应根据型腔数量和排位情况选用热流道板的形状。

（2）热流道板的装配　热流道板的装配如图 9-47 所示，热流道板装在支承板 6 中，与定模座板、定模板之间的支承采用具有隔热性质的隔热垫块。图 9-50 所示为热流道板装配的分解图。

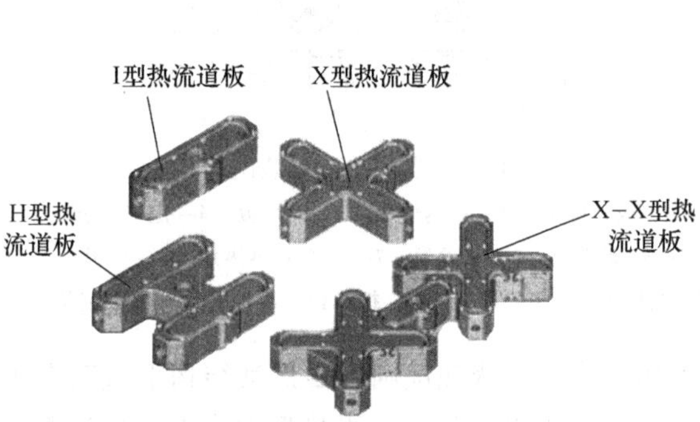

图 9-49　热流道板形状

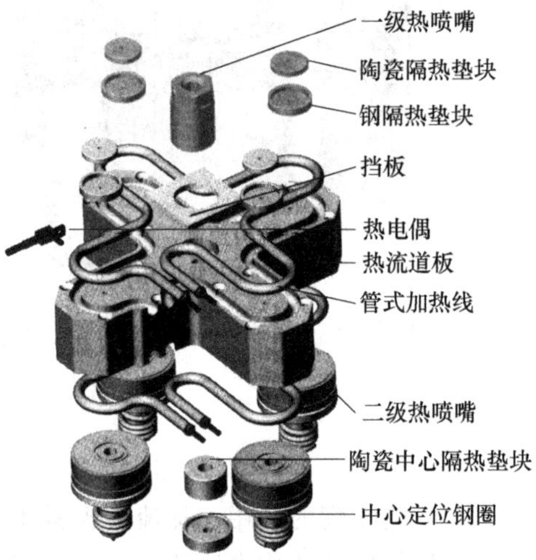

图 9-50　热流道板装配的分解图

热流道板设计要点如下：

1）热流道板必须定位。为防止热流道板的转动及整体偏移，满足热流道板的受热膨胀要求，通常采用中心定位和槽形定位的联合方式对热流道板进行定位，具体结构如图 9-51 所示。

为避免受热膨胀的影响，起定位作用的长形槽的中心线必须通过热流道板的中心，如图 9-51b 所示。

2）热流道板和热流道套要选用热稳定性好、线胀系数小的材料。

3）合理选用加热组件，热流道板的加热功率要足够。

4）在需要的部位配备温度控制系统，以便根据工艺要求监测与调节工作状况，保证热流道板在理想状态下工作。

5）装拆方便。热流道模具除了热流道板，还有热喷嘴、加热组件和温控装置，结构较复杂，发生故障的概率也相应较多，设计时要考虑装拆、检修方便。图 9-47 所示结构中将支承板 6 和垫板 8 做成两件，就是为了防止装拆时损坏加热线圈。

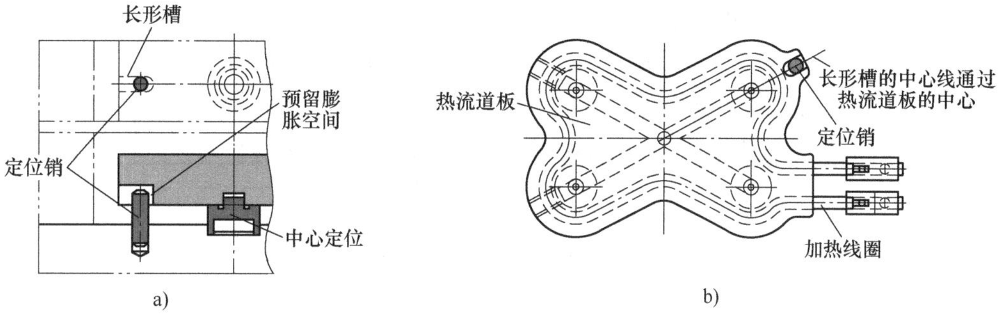

图 9-51　热流道板的定位

4. 热流道注射模设计实例

图 9-52 所示为单点式热流道注射模。模具采用的热喷嘴是美国 DME 标准大型热喷嘴。与普通流道注射模一样，该模具通过定位圈 6、隔热板 1 和定模座板 2 安装在注射机上，注射机喷嘴与模具的热喷嘴相配合（相当于普通流道注射模中的浇口套）进行注射成型。定模和动模的成型部分采用镶件结构，凹模开设在定模镶件 4 上，型芯（图中未标出）镶嵌在动模镶件 7 上，采用斜推杆 9 成型制件的内凸台并进行内侧抽芯。开模时，动模后移，制件包紧在型芯上，热喷嘴前端与制件分离（相当于双分型面模具中的点浇口被拉断），制件脱出型腔；之后推出机构动作，斜推杆 9 与推杆 14、推管 15 一起推出制件。

该模具的模架结构与二板式模具大体相同，模架采用直浇口基本型 C 型，但型腔进料的方式又和三板式模具的点浇口相同，即采用热流道模具简化了模具结构，节约了原料。但热流道模具中采用的热喷嘴以及与热喷嘴安装相对应的模板位置的加工等又增加了模具的成本。单点式热流道注射模的热喷嘴一般安装在定模板上，定模板上相应的加工尺寸按所选用的热喷嘴要求的尺寸加工。多点式热流道注射模的热喷嘴一般安装在定模板中的热流道板上，热流道板上相应的加工尺寸按型腔分布和所选用的热喷嘴要求的尺寸加工。

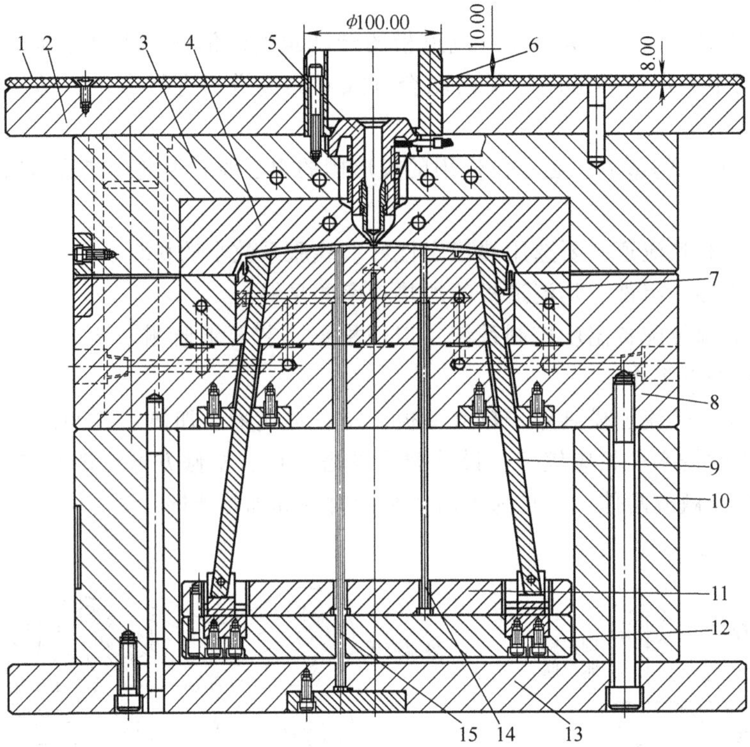

图 9-52 单点式热流道注射模实例

1—隔热板 2—定模座板（面板） 3—定模板（A 板） 4—定模镶件（型腔板） 5—热喷嘴 6—定位圈 7—动模镶件 8—动模板（B 板） 9—斜推杆 10—垫块 11—推杆固定板 12—推板 13—动模座板（底板） 14—推杆 15—推管

思考与练习

1. 对于压缩成型的制件，在选择模内施压方向时要注意哪几点？(用简图说明。)

2. 绘出溢式、不溢式、半溢式压缩模的凸模与加料腔的配合结构简图，并标出典型的结构尺寸与配合精度。

3. 压缩模加料腔的高度是如何计算的？

4. 压注模与压缩模有何区别？

5. 压注模按加料腔的结构可分成哪几类？

6. 压注模浇注系统与注射模浇注系统有何异同？

7. 柱塞式压注模和罐式压注模有何区别？

8. 与普通流道相比，热流道有哪些优点？

9. 热流道系统的加热方式有哪些？热流道系统常用的加热元件有哪些？

10. 热喷嘴有哪些形式？它在模具装配中是如何定位的？

11. 什么情况下要使用热流道板？热流道板的形状有哪些？热流道板在模具装配中是如何定位的？

附　　录

附录 A　部分常用冲压材料的力学性能

材料名称	牌号	材料状态	抗剪强度 τ_b/MPa	抗拉强度 R_m/MPa	断后伸长率 A(%)	屈服强度 /MPa
碳素结构钢	Q195	未退火	260~320	320~400	28~33	200
	Q235		310~380	380~470	21~25	240
	Q275		400~500	500~620	15~19	280
优质碳素结构钢	08F	退火	220~310	280~390	32	180
	08		260~360	330~450	32	200
	10		260~340	300~440	29	210
	20		280~400	360~510	25	250
	45		400~560	550~700	16	360
	65Mn		600	750	12	400
不锈钢	12Cr13	退火	320~380	400~470	21	415
	06Cr18Ni11Ti	退火	430~550	540~700	40	200
铝	1060(L2)、1050A(L3)、1200(L5)	退火	80	75~110	25	50~80
		加工硬化	100	120~150	4	—
铝锰合金	3A21(LF21)	已退火	70~110	110~145	19	50
硬铝	2A12(LY12)	已退火	105~150	150~215	12	—
		淬硬后加工硬化	280~320	400~600	10	340
纯铜	T1、T2、T3	软态	160	200	30	7
		硬态	240	300	3	—
黄铜	H62	软态	260	300	35	—
		半硬态	300	380	20	200
	H68	软态	240	300	40	100
		半硬态	280	350	25	—

附录 B　部分标准公差数值（GB/T 1800.2—2009）

公称尺寸/mm		公差等级																	
		IT1	IT2	IT3	IT4	IT5	IT6	IT7	IT8	IT9	IT10	IT11	IT12	IT13	IT14	IT15	IT16	IT17	IT18
大于	至	μm											mm						
—	3	0.8	1.2	2	3	4	6	10	14	25	40	60	0.10	0.14	0.25	0.40	0.60	1.0	1.4
3	6	1	1.5	2.5	4	5	8	12	18	30	48	75	0.12	0.18	0.30	0.48	0.75	1.2	1.8
6	10	1	1.5	2.5	4	6	9	15	22	36	58	90	0.15	0.22	0.36	0.58	0.90	1.5	2.2
10	18	1.2	2	3	5	8	11	18	27	43	70	110	0.18	0.27	0.43	0.70	1.10	1.8	2.7
18	30	1.5	2.5	4	6	9	13	21	33	52	84	130	0.21	0.33	0.52	0.84	1.30	2.1	3.3
30	50	1.5	2.5	4	7	11	16	25	39	62	100	160	0.25	0.39	0.62	1.00	1.60	2.5	3.9
50	80	2	3	5	8	13	19	30	46	74	120	190	0.30	0.46	0.74	1.20	1.90	3.0	4.6
80	120	2.5	4	6	10	15	22	35	54	87	140	220	0.35	0.54	0.87	1.40	2.20	3.5	5.4
120	180	3.5	5	8	12	18	25	40	63	100	160	250	0.40	0.63	1.00	1.60	2.50	4.0	6.3
180	250	4.5	7	10	14	20	29	46	72	115	185	290	0.46	0.72	1.15	1.85	2.90	4.6	7.2
250	315	6	8	12	16	23	32	52	81	130	210	320	0.52	0.81	1.30	2.10	3.20	5.2	8.1
315	400	7	9	13	18	25	36	57	89	140	230	360	0.57	0.89	1.40	2.30	3.60	5.7	8.9
400	500	8	10	15	20	27	40	63	97	155	250	400	0.63	0.97	1.55	2.50	4.00	6.3	9.7

注：公称尺寸小于 1mm 时，无 IT4～IT8。

附录 C　落料、冲孔模刃口初始双边间隙 Z（Z=2c）

材料名称	45 钢，T7、T8（退火），65Mn（退火），磷青铜（硬），铍青铜（硬）		10、15、20 冷轧钢带，30 钢板，H62、H68（半硬）、2A12（LY12，硬铝），硅钢片		Q215、Q235、08、10、15 钢，H62、H68（半硬），纯铜（硬），磷青铜（软），铍青铜（软）		H62、H68（软），纯铜（软），3A21（LF21）、5A02（LF2），1060（L2）、1050A（L3）、1035（L4）、1200（L5）、8A06（L6），2A12（LY12，退火），铜母线、铝母线		环氧酚醛玻璃布板、酚醛层压纸板、酚醛层压布板	钢纸板（反白板）、绝缘纸板、云母板、橡胶板
力学性能	190HBW，R_m=600MPa		140~190HBW，R_m=400~600MPa		70~140HBW，R_m=300~400MPa		≤70HBW，R_m≤300MPa		—	—
厚度 t/mm	初始间隙 Z/mm									
	Z_{min}	Z_{max}	Z_{min}	Z_{max}	Z_{min}	Z_{max}	Z_{min}	Z_{max}	Z_{min}	Z_{max}
0.1	0.015	0.035	0.01	0.03	—	—	—	—	—	—
0.2	0.025	0.045	0.015	0.035	0.01	0.03	—	—		
0.3	0.04	0.06	0.03	0.05	0.02	0.04	0.01	0.03		
0.5	0.08	0.10	0.06	0.08	0.04	0.06	0.025	0.045		
0.8	0.13	0.16	0.10	0.23	0.07	0.10	0.045	0.075		
1.0	0.17	0.20	0.13	0.26	0.10	0.13	0.065	0.095	0.01~0.03	0.015~0.045
1.2	0.21	0.24	0.16	0.19	0.13	0.16	0.075	0.105		
1.5	0.27	0.31	0.21	0.25	0.15	0.19	0.10	0.14		
1.8	0.34	0.38	0.27	0.31	0.20	0.24	0.13	0.17		
2.0	0.38	0.42	0.30	0.34	0.22	0.26	0.14	0.18		
2.5	0.49	0.55	0.39	0.45	0.29	0.35	0.18	0.24		
3.0	0.62	0.68	0.49	0.55	0.36	0.42	0.23	0.29	0.04	0.06
3.5	0.73	0.81	0.58	0.66	0.43	0.51	0.27	0.35		
4.0	0.86	0.94	0.68	0.76	0.50	0.58	0.32	0.40		
4.5	1.00	1.08	0.78	0.86	0.58	0.66	0.37	0.45	—	—
5.0	1.13	1.23	0.90	1.00	0.65	0.75	0.42	0.52	0.05	0.07
6.0	1.40	1.50	1.10	1.20	0.82	0.92	0.53	0.63		
8.0	2.00	2.12	1.60	1.72	1.17	1.29	0.76	0.88	—	—
10	2.60	2.72	2.10	2.22	1.56	1.68	1.02	1.14		
12	3.30	3.42	2.60	2.72	1.97	2.09	1.30	1.42		

注：表中第 4 种材料组（H62、H68（软）等）的 Z_{min}、Z_{max} 列之后另有一组 Z_{min}/Z_{max} 列，见下表。

厚度 t/mm	Z_{min}	Z_{max}
0.1	—	—
0.2	—	—
0.3	—	—
0.5	0.01	0.02
0.8	0.015	0.03
1.0	0.025	0.04
1.2	0.035	0.05
1.5	0.04	0.06
1.8	0.05	0.07
2.0	0.06	0.08
2.5	0.07	0.10
3.0	0.10	0.13
3.5	0.12	0.16
4.0	0.14	0.18
4.5	0.16	0.20
5.0	0.18	0.23
6.0	0.24	0.29
8.0	—	—
10	—	—
12	—	—

附录 D 常用材料模塑件公差等级的选用（GB/T 14486—2008）

材料代号	模塑材料		公差等级		
			标注公差尺寸		未注公差尺寸
			高精度	一般精度	
ABS	丙烯腈-丁二烯-苯乙烯共聚物		MT 2	MT3	MT5
CA	乙酸纤维素		MT3	MT4	MT6
EP	环氧树脂		MT2	MT3	MT5
PA	聚酰胺	无填料填充	MT3	MT4	MT6
		30%玻璃纤维填充	MT2	MT3	MT5
PBT	聚对苯二甲酸丁二酯	无填料填充	MT3	MT4	MT6
		30%玻璃纤维填充	MT2	MT3	MT5
PC	聚碳酸酯		MT2	MT3	MT5
PDAP	聚邻苯二甲酸二烯丙酯		MT2	MT3	MT5
PE-HD	高密度聚乙烯		MT4	MT5	MT7
PE-LD	低密度聚乙烯		MT5	MT6	MT7
PESU	聚醚砜		MT2	MT3	MT5
PET	聚对苯二甲酸乙二酯	无填料填充	MT3	MT4	MT6
		30%玻璃纤维填充	MT2	MT3	MT5
PF	苯酚-甲醛树脂	无机填料填充	MT2	MT3	MT5
		有机填料填充	MT3	MT4	MT6
PMMA	聚甲基丙烯酸甲酯		MT2	MT3	MT5
POM	聚甲醛	≤150mm	MT3	MT4	MT6
		>150mm	MT4	MT5	MT7
PP	聚丙烯	无填料填充	MT4	MT5	MT7
		30%无机填料填充	MT2	MT3	MT5
PPE	聚苯醚		MT2	MT3	MT5
PPS	聚苯硫醚		MT2	MT3	MT5
PS	聚苯乙烯		MT2	MT3	MT5
PSU	聚砜		MT2	MT3	MT5
PVC-U	硬质聚氯乙烯（无增塑剂）		MT2	MT3	MT5
PVC-P	软质聚氯乙烯		MT5	MT6	MT7
UF	脲-甲醛树脂	无机填料填充	MT2	MT3	MT5
		有机填料填充	MT3	MT4	MT6

附录 E 部分模塑件尺寸公差（GB/T 14486—2008）

（单位：mm）

公差等级	公差种类	基本尺寸												
		>0~3	>3~6	>6~10	>10~14	>14~18	>18~24	>24~30	>30~40	>40~50	>50~65	>65~80	>80~100	>100~120
标注公差的尺寸公差值														
MT1	a	0.07	0.08	0.09	0.10	0.11	0.12	0.14	0.16	0.18	0.20	0.23	0.26	0.29
	b	0.14	0.16	0.18	0.20	0.21	0.22	0.24	0.26	0.28	0.30	0.33	0.36	0.39
MT2	a	0.10	0.12	0.14	0.16	0.18	0.20	0.22	0.24	0.26	0.30	0.34	0.38	0.42
	b	0.20	0.22	0.24	0.26	0.28	0.30	0.32	0.34	0.36	0.40	0.44	0.48	0.52
MT3	a	0.12	0.14	0.16	0.18	0.20	0.22	0.26	0.30	0.34	0.40	0.46	0.52	0.58
	b	0.32	0.34	0.36	0.38	0.40	0.42	0.46	0.50	0.54	0.60	0.66	0.72	0.78
MT4	a	0.16	0.18	0.20	0.24	0.28	0.32	0.36	0.42	0.48	0.56	0.64	0.72	0.82
	b	0.36	0.38	0.40	0.44	0.48	0.52	0.56	0.62	0.68	0.76	0.84	0.92	1.02
MT5	a	0.20	0.24	0.28	0.32	0.38	0.44	0.50	0.56	0.64	0.74	0.86	1.00	1.14
	b	0.40	0.44	0.48	0.52	0.58	0.64	0.70	0.76	0.84	0.94	1.06	1.20	1.34
MT6	a	0.26	0.32	0.38	0.46	0.52	0.60	0.70	0.80	0.94	1.10	1.28	1.48	1.72
	b	0.46	0.52	0.58	0.66	0.72	0.80	0.90	1.00	1.14	1.30	1.48	1.68	1.92
MT7	a	0.38	0.46	0.56	0.66	0.76	0.86	0.98	1.12	1.32	1.54	1.80	2.10	2.40
	b	0.58	0.66	0.76	0.86	0.96	1.06	1.18	1.32	1.52	1.74	2.00	2.30	2.60
未注公差的尺寸允许偏差														
MT5	a	±0.10	±0.12	±0.14	±0.16	±0.19	±0.22	±0.25	±0.28	±0.32	±0.37	±0.43	±0.50	±0.57
	b	±0.20	±0.22	±0.24	±0.26	±0.29	±0.32	±0.35	±0.38	±0.42	±0.47	±0.53	±0.60	±0.67
MT6	a	±0.13	±0.16	±0.19	±0.23	±0.26	±0.30	±0.35	±0.40	±0.47	±0.55	±0.64	±0.74	±0.86
	b	±0.23	±0.26	±0.29	±0.33	±0.36	±0.40	±0.45	±0.50	±0.57	±0.65	±0.74	±0.84	±0.96
MT7	a	±0.19	±0.23	±0.28	±0.33	±0.38	±0.43	±0.49	±0.56	±0.66	±0.77	±0.90	±1.05	±1.20
	b	±0.29	±0.33	±0.38	±0.43	±0.48	±0.53	±0.59	±0.66	±0.76	±0.87	±1.00	±1.15	±1.30

（续）

公差等级	公差种类	基本尺寸											
		>120～140	>140～160	>160～180	>180～200	>200～225	>225～250	>250～280	>280～315	>315～355	>355～400	>400～450	>450～500
标注公差的尺寸公差值													
MT1	a	0.32	0.36	0.40	0.44	0.48	0.52	0.56	0.60	0.64	0.70	0.78	0.86
	b	0.42	0.46	0.50	0.54	0.58	0.62	0.66	0.70	0.74	0.80	0.88	0.96
MT2	a	0.46	0.50	0.54	0.60	0.66	0.72	0.76	0.84	0.92	1.00	1.10	1.20
	b	0.56	0.60	0.64	0.70	0.76	0.82	0.86	0.94	1.02	1.10	1.20	1.30
MT3	a	0.64	0.70	0.78	0.86	0.92	1.00	1.10	1.20	1.30	1.44	1.60	1.74
	b	0.84	0.90	0.98	1.06	1.12	1.20	1.30	1.40	1.50	1.64	1.80	1.94
MT4	a	0.92	1.02	1.12	1.24	1.36	1.48	1.62	1.80	2.00	2.20	2.40	2.60
	b	1.12	1.22	1.32	1.44	1.56	1.68	1.82	2.00	2.20	2.40	2.60	2.80
MT5	a	1.28	1.44	1.60	1.76	1.92	2.10	2.30	2.50	2.80	3.10	3.50	3.90
	b	1.48	1.64	1.80	1.96	2.12	2.30	2.50	2.70	3.00	3.30	3.70	4.10
MT6	a	2.00	2.20	2.40	2.60	2.90	3.20	3.50	3.90	4.30	4.80	5.30	5.90
	b	2.20	2.40	2.60	2.80	3.10	3.40	3.70	4.10	4.50	5.00	5.50	6.10
MT7	a	2.70	3.00	3.30	3.70	4.10	4.50	4.90	5.40	6.00	6.70	7.40	8.20
	b	2.90	3.20	3.50	3.90	4.30	4.70	5.10	5.60	6.20	6.90	7.60	8.40
未注公差的尺寸允许偏差													
MT5	a	±0.64	±0.72	±0.80	±0.88	±0.96	±1.05	±1.15	±1.25	±1.40	±1.55	±1.75	±1.95
	b	±0.74	±0.82	±0.90	±0.98	±1.06	±1.15	±1.25	±1.35	±1.50	±1.65	±1.85	±2.05
MT6	a	±1.00	±1.10	±1.20	±1.30	±1.45	±1.60	±1.75	±1.95	±2.15	±2.40	±2.65	±2.95
	b	±1.10	±1.20	±1.30	±1.40	±1.55	±1.70	±1.85	±2.05	±2.25	±2.50	±2.75	±3.05
MT7	a	±1.35	±1.50	±1.65	±1.85	±2.05	±2.25	±2.45	±2.70	±3.00	±3.35	±3.70	±4.10
	b	±1.45	±1.60	±1.75	±1.95	±2.15	±2.35	±2.55	±2.80	±3.10	±3.45	±3.80	±4.20

注：a—不受模具活动部分影响的尺寸公差值；b—受模具活动部分影响的尺寸公差值。

附录 F　海天 HTF 系列注射机的型号规格及主要技术参数

型　　号		HTF60-Ⅰ	HTF60-Ⅱ	HTF90	HTF120	HTF160	HTF200	HTF250	HTF280	HTF320	HTF380	HTF470	HTF530
注射装置	螺杆直径/mm	22	26	32	36	40	45	50	55	60	65	70	80
	理论注射容积/cm^3	38	66	121	173	253	334	471	618	792	1068	1424	2212
	注射质量(PS)/g	35	60	110	157	230	304	429	562	721	972	1296	2013
	注射速率(PS)/(g/s)	52	66	87	117	135	191	205	270	277	330	390	448
	塑化能力(PS)/(g/s)	5.1	7	11	12.6	15.4	20	24	29.6	33.7	38.2	44.9	58.7
	注射压力/MPa	266	236	249	237	238	231	215	219	213	211	207	205
合模装置	锁模力/kN	600	600	900	1200	1600	2000	2500	2800	3200	3800	4700	5300
	开模行程/mm	270	300	320	360	430	490	540	590	640	700	780	850
	拉杆有效间距(长/mm)×(宽/mm)	310×310	310×310	360×360	410×410	470×470	530×530	580×580	630×630	680×680	730×730	820×800	840×830
	最大模厚/mm	330	330	380	450	520	550	580	630	680	730	780	850
	最小模厚/mm	120	120	150	150	180	200	220	230	250	280	320	350
	喷嘴圆弧半径/mm	10	10	10	10	10	10	10	10	10	15	15	15
	喷嘴孔直径/mm	2	2	3	3	3	3	3	3	3	4	4	4
	顶出行程/mm	70	70	100	120	140	140	150	150	160	180	200	220
	顶出力/kN	22	22	33	33	33	62	62	62	62	110	110	158
	顶出杆根数及直径/mm	1×ϕ40	1×ϕ40	1×ϕ80+4×ϕ28	1×ϕ100+4×ϕ28	1×ϕ100+4×ϕ28	1×ϕ100+8×ϕ38	1×ϕ100+8×ϕ38	1×ϕ100+12×ϕ38	1×ϕ100+12×ϕ38	1×ϕ100+12×ϕ38	1×ϕ120+12×ϕ38+4×ϕ58	1×ϕ120+12×ϕ38+4×ϕ58
	动、定模板尺寸(长/mm)×(宽/mm)	482×469	482×469	540×540	625×625	705×705	791×791	860×860	940×940	990×990	1040×1036	1210×1180	1250×1240
其他	最大液压压力/MPa	16	16	16	16	16	16	16	16	16	16	16	16
	液压马达功率/kW	11	11	15	18.5	22	30	30	37	37	45	55	60
	电热功率/kW	4.55	5.1	6.2	9.75	9.75	14.25	16.65	17.85	19.65	24.85	29.45	44.45
	外形尺寸(长/m)×(宽/m)×(高/m)	3.64×1.2×1.76	3.64×1.2×1.76	4.2×1.25×1.85	4.73×1.34×1.94	5.06×1.45×1.97	5.4×1.57×2.04	5.9×1.68×2.08	6.43×1.83×2.08	6.9×1.91×2.08	7.36×1.96×2.15	8.16×2.13×2.28	9.23×2.2×2.66
	机器质量/t	2.3	2.3	3.46	4.6	5.3	6.9	8.3	10.5	13	16	21	30
	料斗容积/kg	25	25	25	25	25	50	50	50	50	50	50	100
	油箱容积/L	210	210	240	280	345	385	555	705	730	750	900	1040

注：1. 每种规格的注射机根据螺杆直径不同细分为 2~4 个品种（A~D），表中所列为 A 型螺杆注射机的参数。

2. A 型螺杆直径最小，随着螺杆直径的增大，注射装置中的理论注射容积、注射质量、注射速率、塑化能力增大，而注射压力减小，其余参数不变。

参考文献

[1] 杨志立，朱红．塑料模具设计［M］．北京：机械工业出版社，2016.
[2] 袁小江，于丹．冲压塑料成型工艺与模具技术［M］．北京：机械工业出版社，2012.
[3] 张永江，周宇明．模具基础［M］．北京：高等教育出版社，2014.
[4] 贾俐俐．冲压工艺与模具设计［M］．2版．北京：人民邮电出版社，2016.
[5] 杨占尧．冲压模具图册［M］．北京：高等教育出版社，2008.
[6] 陈剑鹤，叶锋，徐波．模具设计基础［M］．3版．北京：机械工业出版社，2015.
[7] 刘长伟．模具技术概论［M］．北京：机械工业出版社，2017.
[8] 杨占尧．塑料成型工艺与模具设计［M］．北京：航空工业出版社，2012.
[9] 刘朝福．注塑模具设计师速查手册［M］．北京：化学工业出版社，2010.
[10] 李学锋．塑料模具设计与制造［M］．2版．北京：机械工业出版社，2010.
[11] 张维合．注塑模具设计实用教程［M］．2版．北京：化学工业出版社，2011.
[12] 李洪达，赖华清．塑料模具设计与制造［M］．北京：科学出版社，2012.
[13] 齐卫东．塑料模具设计与制造［M］．2版．北京：高等教育出版社，2009.
[14] 屈华昌，吴梦陵．塑料成型工艺与模具设计［M］．4版．北京：高等教育出版社，2018.